中国气田开发丛书

低渗透致密砂岩气田开发

贾爱林　张明禄　谭　健　等编著

石油工业出版社

内 容 提 要

本书从阐述国内外低渗透致密砂岩气藏的分布与开发现状开始，到国内外几个成功开发的同类气田的解剖结束共十章，内容包括：低渗透致密砂岩气藏的分布与开发技术、储层评价、渗流特征、气井产能评价及生产规律、开发方式与特征、水平井开发技术、储层改造技术、提高采收率技术、地面管理以及典型开发实例，力图对我国在该类气藏开发上的技术方法进行总结，以推动我国该类气藏开发技术的进一步发展。

本书可供从事气藏开发的技术人员、研究人员和管理人员参考，也可供相关、相近专业的师生阅读使用。

图书在版编目（CIP）数据

低渗透致密砂岩气田开发／贾爱林等编著．
北京：石油工业出版社，2016.1
（中国气田开发丛书）
ISBN 978-7-5183-0786-9

Ⅰ．低…
Ⅱ．贾…
Ⅲ．低渗透油气藏－砂岩油气田－气田开发－研究
Ⅳ．P618.13

中国版本图书馆 CIP 数据核字（2015）第 144818 号

出版发行：石油工业出版社
　　　　（北京安定门外安华里 2 区 1 号楼　100011）
　　　网　　址：www.petropub.com
　　　编辑部：（010）64523541　图书营销中心：（010）64523633
经　　销：全国新华书店
印　　刷：北京中石油彩色印刷有限责任公司

2016 年 1 月第 1 版　2016 年 1 月第 1 次印刷
889×1194 毫米　开本：1/16　印张：16.75
字数：460 千字

定价：138.00 元
（如发现印装质量问题，我社图书营销中心负责调换）
版权所有，翻印必究

《中国气田开发丛书》
编委会

顾　问：赵政璋　李鹭光　刘振武
主　任：马新华
副主任：孟慕尧　张卫国　何江川
委　员：（按姓氏笔画排序）
　　　　万玉金　马力宁　冉启全　任　东
　　　　江同文　杜志敏　李保柱　李海平
　　　　张明禄　陆家亮　胡　勇　胡永乐
　　　　贾爱林　廖仕孟　谭　健　熊建嘉
主　编：马新华　孟慕尧
副主编：张明禄

《中国气田开发丛书》
专家组

组　长：孟慕尧
成　员：（按姓氏笔画排序）
　　　　冉隆辉　李士伦　岳清山　袁愈久　钱　凯

《中国气田开发丛书·低渗透致密砂岩气田开发》

编 写 组

组　长：贾爱林
副组长：张明禄　谭　健
成　员：何东博　张宗林　冀　光　程立华　位云生
　　　　杜秀芳　王丽娟　唐海发　宁　波　魏铁军
　　　　姬鹏程　付宁海　罗　娜　贾成业　季丽丹
　　　　杨顺智　刘群明　陈涛涛　王　健

序

　　我国常规天然气开发建设发展迅速，主要气田的开发均有新进展，非常规气田开发取得新突破，产量持续增加。2014年全国天然气产量达$1329\times10^8m^3$，同比增长10.7%。目前，塔里木盆地库车山前带克深和大北气田，鄂尔多斯盆地的苏里格气田和大牛地气田，四川盆地的磨溪—高石梯气田、普光和罗家寨气田等一批大中型气田正处于前期评价或产能建设阶段，未来几年天然气产量将持续保持快速增长。

　　近年来，中国气田开发进入新的发展阶段。经济发展和环境保护推动了中国气田开发的发展进程；特别是为了满足治理雾霾天气的迫切需要，中国气田开发建设还将进一步加快发展。因此，认真总结以往的经验和技术，站在更高的起点上把中国的气田开发事业带入更高的水平，是一件非常有意义的工作，《中国气田开发丛书》的编写实现了这一愿望。

　　《中国气田开发丛书》是一套按不同气藏类型编写的丛书，系统总结了国内气田开发的经验和成就，形成了有针对性的气田开发理论和对策。该套丛书分八个分册，包括《总论》《火山岩气田开发》《低渗透致密砂岩气田开发》《多层疏松砂岩气田开发》《凝析气田开发》《酸性气田开发》《碳酸盐岩气田开发》及《异常高压气田开发》。编著者大多是多年从事现场生产和科学研究且有丰富经验的专家、学者，代表了中国气田开发的先进水平。因此，该丛书是一套信息量大、科学实用、可操作性强、有一定理论深度的科技论著。

　　《中国气田开发丛书》的问世，为进一步发展我国的气田开发事业、提高气田开发效果将起到重要的指导和推动作用，同时也为石油院校师生提供学习和借鉴的样本。因此，我对该丛书的出版发行表示热烈的祝贺，并向在该丛书的编写与出版过程中给予了大力支持与帮助的各界人士，致以衷心的感谢！

中国工程院院士　韩大匡

前　言

低渗透致密砂岩气藏作为一种特殊类型的气藏，近年来受到高度重视，并在开发方面取得了良好的效果。这一情况出现的推动力，一是低渗透致密砂岩气藏储量规模巨大，在不同类型的盆地和不同年代的地层中均有分布，人们通过不懈地探索与研究，已基本掌握了该类气藏的分布特征与规律；二是伴随着开采工艺，特别是储层改造工艺技术的不断进步，使得对这类复杂类型气藏的商业开发成为可能。

低渗透致密砂岩储层作为一种特殊类型的储层，与常规砂岩储层的界线并不是非常清楚，即使人们按照渗透率的大小给出了明确的界线，但在实际地质体中，也经常会交错分布。那么，在确定一个砂岩气藏是常规砂岩气藏还是低渗透致密砂岩气藏时，必须从气藏的宏观面貌入手，研究主要产层段的物性是否属于低渗透这一范畴。对于低渗透储层的成因，目前的认识已非常清楚，主要是长期的深埋压实作用，使原生孔隙几乎损失殆尽，虽然个别储层在后期的成岩改造过程中得到一定程度的改造，但仍表现出较低的孔隙度与渗透率。

我国的低渗透致密砂岩气藏主要分布于鄂尔多斯盆地上古生界、四川盆地须家河组、松辽盆地登娄库组、吐哈和准噶尔盆地的下侏罗统以及塔里木盆地的大北、迪那等地区与层段，大致可划分为以岩性控制为主的苏里格型气藏，以构造控制为主的须家河型气藏和以裂缝较为发育的邛西型气藏。我国低渗透致密砂岩气藏的资源量与探明储量均占总量的40%以上，而且近年产量占比也在快速攀升，已达到中国天然气总产量的25%以上。在今后新增的储量中，低渗透致密砂岩气藏的比例将会进一步上升。因此，如何开发好这一类型的资源已经成为我国天然气工业的核心内容之一。经过近年来不断探索与实践，现已经形成一套独具特色的评价与开发该类气藏的技术与方法，并使得苏里格这一巨型低渗透致密砂岩气藏得以成功开发。在天然气工业大发展的历史阶段，低渗透致密砂岩气藏作为我国各种类型气藏之一，如何总结好对该类气藏成功开发的经验与技术方法，显得尤为重要。作为《中国气田开发丛书》的分册之一，本书从国内外低渗透致密砂岩气藏的分布与开发现状开始，到国内外几个成功开发的同类气田的解剖结束共十章，力图对我国在该类气藏开发上的技术方法进行总结，以推动我国该类气藏开发技术的进一步发展。

在本书的编写过程中，胡文瑞院士多次组织专家审查提纲，阐述了丛书编辑的目的与意义。孟慕尧具体组织内容审查与结构安排，提出了很多建设性的建议，马新华、张卫国、任东、杨炳秀等人多次对编写组给予指导，在此表示感谢。同时，在具体的编写过程中，何东博、张宗林、冀光、程立华、位云生、杜秀芳、王丽娟、唐海发、魏铁军、姬鹏程、付宁海、罗娜、宁波、贾成业、季丽丹、杨顺智、陈涛涛、刘群明、王键等对本书的编写做了大量的工作，在此一并表示感谢。另外，该书的出版，也是近年来相关领域技术人员共同攻关的成果，书中部分图表引用了他们的研究成果，在此一并对他们表示感谢！

　　鉴于编者的水平有限，书中定有不少不妥之处，敬请广大读者不吝赐教，批评指正。

本书编写组
2015年10月

目 录

第一章 绪论 ... 1
第一节 低渗透致密砂岩气藏开发必要性 ... 2
第二节 低渗透致密砂岩气藏地质特征 ... 4
第三节 低渗透致密砂岩气藏分布特征 ... 6
第四节 低渗透致密砂岩气藏开发特征 ... 13
第五节 低渗透致密砂岩气藏开发历史及发展趋势 ... 17
参考文献 ... 24

第二章 低渗透致密砂岩气藏储层评价 ... 26
第一节 储层特征与分类 ... 26
第二节 储层成因与控制因素 ... 31
第三节 储层评价 ... 33
第四节 富集区筛选 ... 50
第五节 储层预测与井位优选 ... 59
参考文献 ... 61

第三章 低渗透致密砂岩气藏渗流特征 ... 63
第一节 储层微观特征 ... 63
第二节 可动水分析 ... 68
第三节 应力敏感性分析 ... 72
第四节 滑脱效应 ... 75
第五节 启动压力 ... 77
参考文献 ... 80

第四章 低渗透致密砂岩气藏气井产能评价及生产规律 ... 81
第一节 气井产能评价 ... 81
第二节 气井单井控制动态储量与合理配产 ... 97
第三节 气井生产规律分析 ... 106
参考文献 ... 109

第五章 低渗透致密砂岩气藏开发 ... 111
第一节 制订合理开发方案 ... 111
第二节 开发方式 ... 115
第三节 井型与井网 ... 117
第四节 数值模拟与开发指标优化 ... 129
第五节 开发主体技术 ... 145
第六节 低产气井生产管理 ... 161
第七节 稳产接替 ... 165
参考文献 ... 165

第六章　低渗透致密砂岩气藏水平井开发 … 167
第一节　水平井开发现状 … 167
第二节　水平井地质目标评价与优化设计 … 170
第三节　水平井开发指标预测 … 173
第四节　关于水平井开发的几点思考 … 175
参考文献 … 179

第七章　低渗透致密砂岩气藏储层改造技术 … 180
第一节　压裂工艺技术 … 180
第二节　压裂液体系 … 189
第三节　压后评估 … 191
参考文献 … 197

第八章　低渗透致密砂岩气藏提高采收率技术 … 199
第一节　井网密度与采收率 … 199
第二节　气井类型与采收率 … 201
第三节　气井工作制度与采收率 … 211
第四节　气井废弃条件与采收率 … 214
第五节　工艺技术与采收率 … 215
参考文献 … 222

第九章　低渗透致密砂岩气藏开发地面工程管理 … 223
第一节　标准化设计 … 223
第二节　模块化建设 … 227
第三节　数字化管理 … 228
第四节　地面管理模式 … 231
参考文献 … 234

第十章　低渗透致密砂岩气藏典型开发实例 … 235
第一节　苏里格气田 … 235
第二节　川中须家河组气藏 … 250
参考文献 … 256

第一章 绪 论

低渗透致密砂岩气藏具有一般气藏的共性（圈闭类型、孔隙度、渗透率、储层条件、盖层、气藏范围），也具有诸如储层渗透率低、储量丰度低等若干特性。从目前的勘探开发实践来看，这种气藏具有三个特点：一是气藏分布具有隐蔽性，一般的勘探方法难以发现；二是客观认识这类气藏的周期较长，在短期内难以认识气藏特性并做出客观评价；三是气藏必须经过一定的改造措施，才具有一定的产能，即使发现、认定为具有工业价值的储量，非采取特殊方法也难以采出，其产能发挥程度是否能进行工业性开采，决定于当前的开发工艺水平。

从概念上说，"低渗透致密砂岩气藏"没有明确的定义，由于低渗透致密砂岩气藏多以共存的形式存在，所以这成为中国业内人士的习惯提法。

1978年，美国天然气政策法案中规定，只有砂岩储层对天然气的渗透率不大于0.1mD时才可以被定义为致密砂岩气藏。美国联邦能源委员会（FERC）把致密砂岩气藏定义为地层渗透率小于0.1mD的砂岩储层。在实际生产和研究中，国外一般将孔隙度低（一般10%以内），含水饱和度高（大于40%），渗透率低（小于0.1mD）的含气砂层作为致密砂岩气层。现在这个定义已成为通用的标准[1]。

中华人民共和国国家标准GB/T 26979—2011《天然气藏分类》规定，气藏储层有效渗透率大于50mD为高渗透储层，有效渗透率为5~50mD属中渗透储层，有效渗透率为0.1~5mD属低渗透储层，有效渗透率小于或等于0.1mD为致密储层，与国外标准是统一的[2]。

石油天然气行业标准SY/T 6832—2011《致密砂岩气地质评价方法》规定，覆压基质渗透率不大于0.1mD的砂岩气层为致密砂岩气层，其特点是单井一般无自然产能或自然产能低于工业气流下限，但在一定经济条件和技术措施下可以获得工业天然气产量。通常情况下，这些措施包括压裂、水平井、多分支井等[3]。

实际应用中，致密砂岩气藏的渗透率低，划分气藏类型时，应注意以下三点：一是覆压校正后的岩心渗透率小于0.1mD的样品超过50%；二是大面积低渗透条件下存在一定比例的相对高渗透样品；三是裂缝可以改善储层渗流条件"甜点"，但评价时不含裂缝渗透率。

综合对比来看，国外多采用地层条件下的渗透率来评价致密储层，通过试井或实验室覆压渗透率测试来求取地层条件下的渗透率值。中国一般习惯采用常压条件下实验室测得的空气渗透率来评价储层，测试围压条件一般为1~2MPa。考虑到致密储层的滑脱效应和应力敏感效应的影响，对于不同孔隙结构的致密砂岩，地层条件下渗透率0.1mD大体对应于常压空气渗透率0.5~1.0mD。与渗透率不同，从常压条件下恢复到地层压力条件下，致密砂岩的孔隙度变化不大。地层条件下渗透率为0.1mD致密砂岩对应的孔隙度一般在7%~12%。

综合目前国内低渗透致密砂岩气藏地质、生产动态特征及技术经济条件，本书将在覆压条件下含气砂岩渗透率小于0.1mD的储层称为致密砂岩气藏。在覆压条件下，含气砂岩渗透率0.1~1mD的储层称为低渗透砂岩气藏。但是，尽管在储层渗透率大小上可以给出低渗透和致密气藏的界限，但在论述气田和储量分布等方面难以把二者截然分开。

苏里格气田和四川盆地须家河组气藏的砂岩储层常压条件下孔隙度一般为3%~12%、渗透率为0.001~1.000mD，覆压条件下渗透率小于0.1mD的样品比例占80%以上，两者属于致密砂岩气藏，局部区块属于低渗透砂岩气藏。

第一节 低渗透致密砂岩气藏开发必要性

一、世界工业和经济生活的发展对天然气的需求不断增长

天然气作为一种清洁、方便、价廉和用途广泛的能源和原料，其需求量在最近50年的能源结构中一直呈增长趋势，并且是增长最快的一种。据统计[4]，1973—1993年间，世界能源需求增长了38%，天然气、石油、煤分别增长了65%、12%、28%；天然气在能源需求结构中的比例也由25年前的19%提高到21%。据国际能源机构专家Oliver Appere预测，到2020年，天然气在能源需求结构中的比例将进一步提高至30%。

据2002年《BP世界能源统计年鉴》记载，尽管"9·11"事件加上其他因素导致世界经济发展变缓，但世界能源的总需求量仍然增长了0.3%，世界天然气的总需求量也大致增长了0.3%，具体表现为北美市场的天然气需求量严重紧缩，亚洲天然气需求依然强劲，中国的总需求量增长高达12.9%。2010年《BP世界能源统计年鉴》表明[5]，2009年天然气消费量居世界前10位的国家包括美国、俄罗斯、伊朗、加拿大、中国、日本、英国、德国、沙特阿拉伯和意大利，美国消费量为$6466\times10^8m^3$，占全球总消费量的22.2%，位居第一；俄罗斯消费量为$3897\times10^8m^3$，占全球总消费量的13.2%，位居第二；排在第三位的伊朗为$1317\times10^8m^3$，占全球总消费量的4.5%；中国消费量为$887\times10^8m^3$，比2008年增长了9.4%，占全球总消费量的3.0%，超过日本，进入全球天然气消费量的前五位。

随着人们对环境保护意识的增强，对天然气这种清洁能源的需求越来越多，天然气必将成为未来能源消费的主体。

二、资源分布不均

世界范围内天然气资源分布十分不均，气田探明储量在$0~40\times10^{12}m^3$之间均有分布，大部分国家缺乏天然气资源。同时，各国对天然气的消费和使用也严重不均。一些地区的天然气资源已经得到较大程度的开发，现存资源量不足以维持长期的需求。一些地区的天然气资源量巨大，远远超出消费需求，但由于天然气储存、输送上的困难，不能提供给天然气短缺的地区。因此，资源分布的不均衡和储运技术的限制，使得需求天然气资源的国家不得不把更多的技术和资金投入到本国或临近地区，去开发新的、低品位、低渗透率的气藏。技术的不断突破也使得低渗透致密砂岩气藏的储量级别不断升

级，规模逐渐扩大，这充分证实低渗透致密砂岩气藏的开发能够在一定程度上缓解天然气资源分布不均的现状。

三、常规天然气无法满足消费需求

常规气藏勘探、开发技术难度相对较低，经过多年的实践，已经基本得到了开发利用。随着世界各地区对天然气资源的需求不断增加，尤其是受天然气资源分布不均的影响，促使各国不断提高勘探开发技术水平，寻找和利用非常规天然气资源。在这一领域中，美国一直占据世界领先地位。2009年，美国天然气产量$5928.85 \times 10^8 m^3$，非常规天然气产量占总产量的55.7%左右，其中致密砂岩气产量$1864.97 \times 10^8 m^3$，煤层气产量$509.4 \times 10^8 m^3$，页岩气产量$928.24 \times 10^8 m^3$。致密砂岩气产量占美国天然气总产量的31.4%。

中国天然气开发处于快速发展阶段，勘探潜力大，有80%以上的可采资源量待发现。探明未开发资源中有85%以上为低品位储量，其中，约有50%以上的天然气储于低渗透和致密储层中，这是中国今后天然气工业勘探开发的重要物质基础和方向。

四、致密砂岩气藏在一定地质条件下仍然具有经济开采价值

M.奥尔森（Terrilyn M.Olson）认为[1]，致密气藏能获得经济上有吸引力的气井，主要原因是气体黏度较低，易流动。一般认为，气井产能的渗透率下限是0.01mD；布兰尼甘（Brannigan）认为，如果有大范围的裂缝系统与气井相连，即使基质渗透率低至0.08mD，也能够获得相当高的产量。

伊朗的气藏以基质低渗透率但裂缝高度发育而著称，产层的基质孔隙度为7%~8%，渗透率约1mD。美国的特拉华（Delaware）气田和瓦尔费尔得（Val Verde）气田很多方面与伊朗气田相似，其主产层Fusselman的渗透率约为0.1~90mD（包括裂缝的影响）。东得克萨斯（East Texas）盆地白垩系底部的Trvis Peak层和上侏罗统的棉花谷层（Cotton Valley）是天然气主要开采层位，由砂岩和页岩组成，孔隙度约13%，渗透率约0.1~10mD。密执安盆地（Michigan Basins）范围较大，下部地层为有机质十分丰富的厚层石炭系页岩，孔隙度和渗透率都很低。科罗拉多州的皮昂斯盆地（Picence Basin of Colorado）的产层为上白垩统的梅萨费尔得（Mesa Verde）地层，其中，许多气藏都属于致密砂岩气藏，储层孔隙度约6.5%，渗透率非常低（0.0012mD），但天然裂缝系统发育（长度可达300m），因此，仍然可以获得经济的天然气生产能力。这些气田的开发充分说明，在一定地质条件下，致密砂岩气藏大多具有开发潜力。

五、高新技术的依托

20世纪90年代以来，计算机科学前所未有地进入了世界各行各业，各种软件和技术成功地服务于石油天然气勘探开发，在地质、测井解释、地震勘探数据处理、气藏描述、试井和数值模拟、动态分析等各个方面的应用不断成熟。这使得低渗透储层评价、有效储层和有利区块识别、大型改造措施施工设计等方面也获得突破并取得了很好的实用效果。特别是钻井和储层改造技术的进步，大大提高了

低渗透致密砂岩气藏单井产量，使得更多的低渗透致密砂岩气藏得到经济有效开发。因此，各种新方法、新技术的发展和成熟，使得以前人们无法开发利用的低渗透致密砂岩气藏，成为了新的开发领域和目标。

第二节　低渗透致密砂岩气藏地质特征

低渗透致密砂岩气藏在不同的沉积环境中广泛发育，目前，国外开发的低渗透致密气储层主要以沙坝—滨海平原和三角洲沉积体系为主，河流相沉积较少，储层分布相对较稳定，累计有效厚度较大，但优质储层连续性和连通性较差，多以透镜状分布。国内开发的低渗透致密砂岩气藏主要以辫状河沉积体系为主，有效储层多呈透镜状发育，连续性和连通性更差。

中国低渗透致密砂岩气藏总体地质特征是：圈闭类型多样，储层大规模分布，储量规模大，饱和度差异大，油气水易共存，无自然产量或自然产量极低，需进行储层改造，稳产时间长。

一、圈闭特征

圈闭类型具有多样性，既有构造圈闭，也有岩性圈闭，以及构造—岩性复合圈闭。圈闭类型主要与其所处盆地的构造位置有关，盆地斜坡区等低缓构造区带主要为岩性圈闭或构造—岩性复合圈闭，高陡构造带多形成构造圈闭。构造圈闭气藏如迪那、大北、八角场、邛西等，岩性圈闭气藏如苏里格、榆林、子洲、昌德等，构造—岩性复合圈闭气藏如广安、合川、白马庙、长岭等。

从圈闭性质而言，一般构造圈闭形成的气藏其富集程度和储量丰度较高，资源品质较好，分布范围较为局限，具有明确的气藏边界，一般存在边水或底水。岩性气藏的富集程度和储量丰度一般较低，资源品质较差，分布范围广，整体储量规模大。

二、储层类型

储集空间主要有孔隙型和裂缝—孔隙型两大类。

孔隙型储层多处于盆地的构造平缓区，断层和裂缝不发育，孔隙类型多为原生残余孔隙与次生孔隙混合型。目前发现的低渗透致密砂岩气藏多为孔隙型储层。

裂缝—孔隙型储层多位于构造发育区，地层所受构造应力强，变形明显，断层和裂缝较发育，虽然储层基质渗透率低，但裂缝改善了储层的渗流能力，严格意义上讲，部分该类气藏不需要储层改造措施即可获得工业产量，已不属于低渗透致密砂岩气藏范畴。

根据低渗透致密砂岩气藏地质特点以及开发的需要，按照气藏储集体形态，可以将其划分为块状、层状和透镜体状等三种类型。

三、地层压力

受气藏地质条件和成藏演化过程的影响，原始地层压力低压、常压、高压均有分布，少量区块还形成超高压气藏。由于气体的强压缩性，高压气藏所蕴含的天然气更加丰富。

（1）低压气藏。以苏里格气田为代表的大面积、低丰度、低渗透致密砂岩气田，埋藏深度为3300~3500m，平均地层压力系数为0.87，气藏主体不含水。

（2）常压气藏。以川中须家河组气藏为代表的多层状致密砂岩气藏，天然气充注程度弱，构造平缓区表现为大面积气水过渡带的气水同层特征，埋藏深度为2000~3500m，构造高部位含气饱和度为55%~60%，平缓区含气饱和度一般为40%~50%，压力系数为1.1~1.5。以长岭气田登娄库组气藏为代表的多层致密砂岩气藏储层横向分布稳定，天然气充注程度较高，含气饱和度为55%~60%，埋藏深度为3200~3500m，地层平均压力系数为1.15。

（3）高压气藏。以库车坳陷迪北气田为代表的块状致密砂岩气藏，埋藏深度为4000~7000m，压力系数为1.2~1.8。

四、气水关系

受构造条件、储层条件和烃源条件多重因素控制，不同气藏具有不同的气水分布特征。

构造型气藏气水关系较为简单，如我国的迪那、邛西、大北气田具有明显的气水界面，地层水以边底水形式存在。

岩性气藏地层水分布较为复杂。苏里格气田由于天然气充注程度较高，除苏里格西区局部区块有残存的可动地层水之外，气田大部分储层中的地层水都以束缚水形式存在，气井基本不产地层水。四川盆地川中地区须家河组气藏天然气充注程度较低，构造平缓，低渗透储层毛细管阻力较大，天然气在储层中发生二次运移调整聚集的能力较弱，从而使气水分异差，大部分地区的气水分布类似于常规气藏的气水过渡带性质，仅有局部构造位置或裂缝发育带形成较好的气水分异。

五、气体相态

中国干气、湿气、凝析气气藏均有分布，以干气气藏为主。鄂尔多斯盆地为干气气藏，四川盆地干气、湿气气藏均有分布，塔里木盆地主要分布凝析气藏（表1-1）。

低渗透致密砂岩气藏储量规模与储量丰度表现出反比关系，构造气藏具有小而优，岩性气藏具有大而贫的特征（图1-1），主要受储层厚度、构造幅度等因素控制；前陆冲断带高陡背斜部位的低渗透致密砂岩气藏一般气柱高度大，富集程度较高，储量丰度一般为$(3\sim5)\times10^8m^3/km^2$，盆地构造低缓的斜坡区储量丰度较低，一般为$1\times10^8m^3/km^2$左右。

表1-1 中国低渗透致密砂岩气藏气体相态特征统计

气藏类型	储量大于$100\times10^8m^3$的低渗透致密砂岩气藏		
	数量，个	储量，10^8m^3	名　称
干气	13	12730	昌德、长深、召探1-陕13、陕251、米脂、苏里格、乌审旗、榆林、子洲、白马庙、充西、邛西、平落坝
凝析气	6	3096	霍尔果斯、莫索湾、迪那、吐孜洛克、八角场、中坝
湿气	6	3903	大北、广安、荷包场、安岳

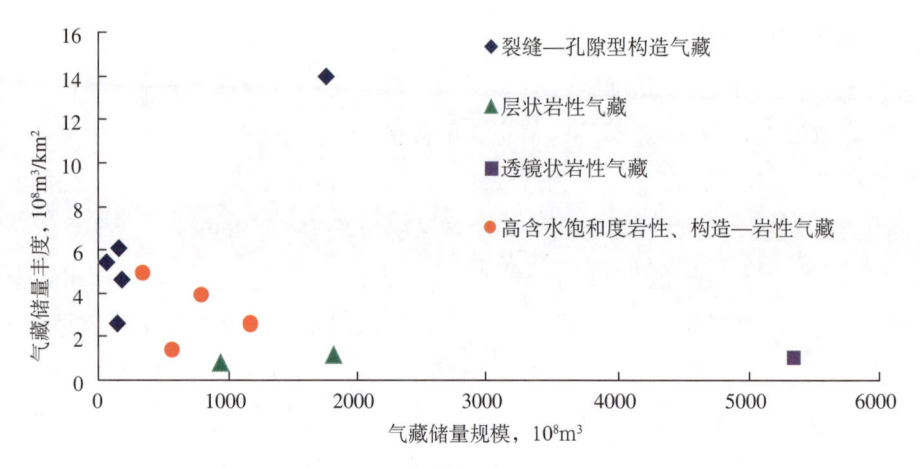

图1-1 中国低渗透致密砂岩气藏储量规模与储量丰度关系图

第三节 低渗透致密砂岩气藏分布特征

据统计，全球已发现或推测发育低渗透致密砂岩气的盆地有70多个，主要分布在北美洲、欧洲和亚太地区。全球已开发的大型低渗透致密砂岩气藏主要集中在美国西部和加拿大西部，即落基山及其周围地区。美国落基山地区西侧以逆掩断层带开始，向北与加拿大阿尔伯达盆地西侧逆掩带对应，向东、向南依次散布着数十个盆地，蕴含着丰富的低渗透致密气资源。中国低渗透致密砂岩气藏在多个盆地都有分布，包括鄂尔多斯盆地、四川盆地、松辽盆地、吐哈盆地等，其中鄂尔多斯盆地资源潜力最大，气藏地质条件相对简单，已经实现了规模开发。

一、美国典型含致密砂岩气盆地

美国本土现有含气盆地113个，其中含有致密砂岩气藏的盆地23个（图1-2），主要的含致密砂岩气区包括东得克萨斯州棉花谷盆地、新墨西哥州圣胡安盆地、西得克萨斯州二叠纪盆地的峡谷砂岩、犹他州尤因塔盆地、南得克萨斯州以及怀俄明州的绿河盆地。

2010年美国剩余探明可采储量超过$5 \times 10^{12} m^3$，剩余探明可采储量大约一半的致密气探明资源来源于落基山地区，2010年该地区致密砂岩气产量达$1754 \times 10^8 m^3$，约占美国天然气总产量的26%，在天然气产量构成中占有重要地位。致密砂岩储层以白垩系和新近—古近系的砂岩、粉砂岩为主。以下是美国几个典型低渗透致密砂岩气田简介。

（1）圣胡安盆地。发现于1927年，圣胡安盆地3个边界为逆冲断层，盆地主体部位为向东北倾斜的单斜。盆地白垩纪经历了两次海侵和海退，形成Dakota，Mesaverde，Pictured Cliffs三套砂岩储层，顶部形成Fruitland Coal煤系地层。4套产层均广泛分布，单井钻遇气层厚度40~100m，各层系单井最终可采储量较少，一般$(0.2~0.5) \times 10^8 m^3$。砂岩储层中普遍存在天然裂缝，是低渗透致密气藏得以有效开发的重要地质条件。储层基质的有效渗透率基本上小于0.1mD；单井最终可采储量少，大部分小于$0.5 \times 10^8 m^3$。单井产量递减快、长期低产是气井生产的主要特征。大量的生产井才能使气田产量达到一定规模；不断地钻开发井，是保持气田稳产的基础；逐步加密井网，是提高气藏采收率的主要手段。

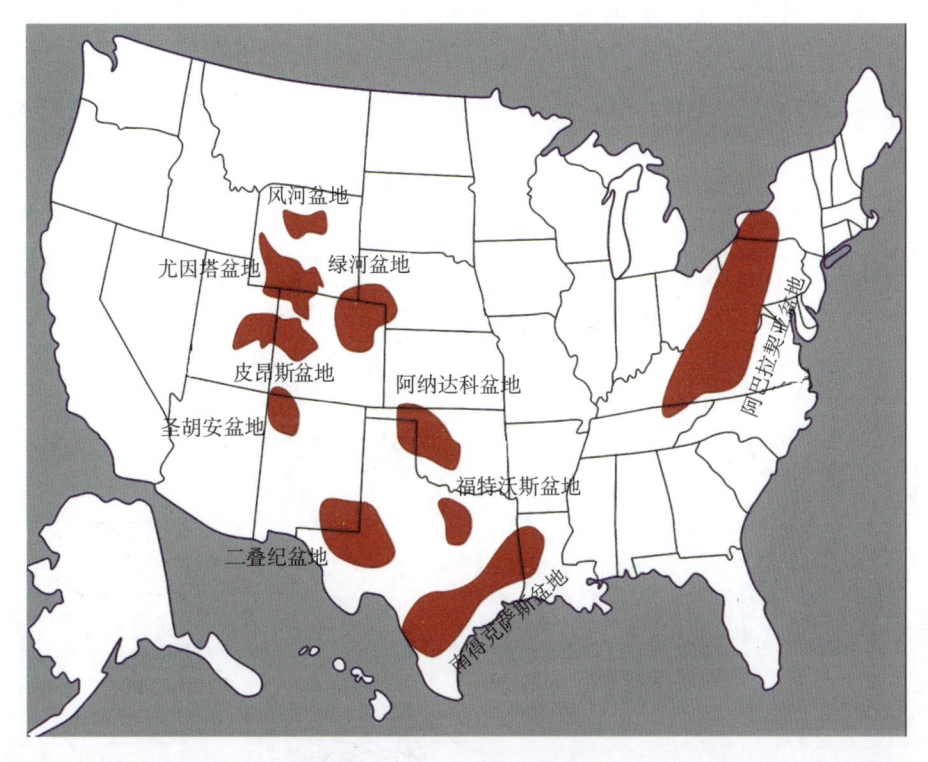

图1-2 美国低渗透致密砂岩气藏分布的主要盆地

（2）奥卓拉气田。位于得克萨斯州西部，有三套产层：二叠系狼营统Canyon砂岩层天然气储量55.2×10^{8}m^3；宾夕法尼亚系Strawn灰岩层天然气储量7.8×10^{8}m^3；下奥陶统Ellenburger白云岩层天然气储量34.8×10^{8}m^3。Canyon砂岩是主要的产气层段，属岩性—构造圈闭气藏，沉积类型为三角洲相。储层渗透率0.27mD，孔隙度9%～15%，平均11.2%，储层埋深1900～2100m，气层厚度6.1～30.5m，原始地层压力18.19MPa。采取均匀布井，开发过程中逐渐加密井网。20世纪60年代开发初期，单井控制面积1.3km^2，通过两次加密后，单井控制面积达到0.65km^{2}和0.32km^2；1995年主力区单井控制面积加密到0.16km^2；1996—1997年计划打加密井400～600口，1999年已钻开发井超过1500口，气田大约52%的单井控制面积小于0.16km^2，23%的单井控制面积在0.16～0.32km^{2}之间。

（3）棉花谷气田。位于得克萨斯州东北部，地质储量3074.2×10^{8}m^3，沉积年代是晚侏罗—早白垩，砂岩产层厚度300～427m，渗透率介于0.015～0.043mD之间。

（4）瓦腾伯格气田。位于美国丹佛盆地轴部，气藏主要为下白垩统（J）砂岩，储层为朝北西方向推进的三角洲前缘的海退滨线砂体；岩性以细砂岩和粉砂岩为主；孔隙度8%～12%，渗透率0.0003～0.01mD；天然气的富集主要受岩性控制；气井自然产能约为（0.2～0.3）×10^{4}m^3/d，需要压裂改造才能投产。

二、加拿大典型含致密砂岩气盆地

加拿大在北美洲天然气市场占有重要地位。据2009年的World Energy Outlook统计，2009年加拿大致密砂岩气产量500×10^{8}m^3。目前，天然气产量占北美洲地区的四分之一，天然气主要来自西部的阿尔伯达地区。阿尔伯达盆地位于落基山东侧，内部构造格局简单，为一巨大的西倾单斜构造，地层厚度由西向东呈楔形急剧减薄,中生界厚度达4600m。致密气藏主要分布于盆地西部最深坳陷的深盆区,发现了20多个产气层段,含气面积62160km²。另外,在加拿大的其他几个盆地中也发现了致密气藏,包括新斯科舍(Nova Scotia),魁北克(Quebec),安大略湖(Southern Ontario)以及西北地区(图1-3)。

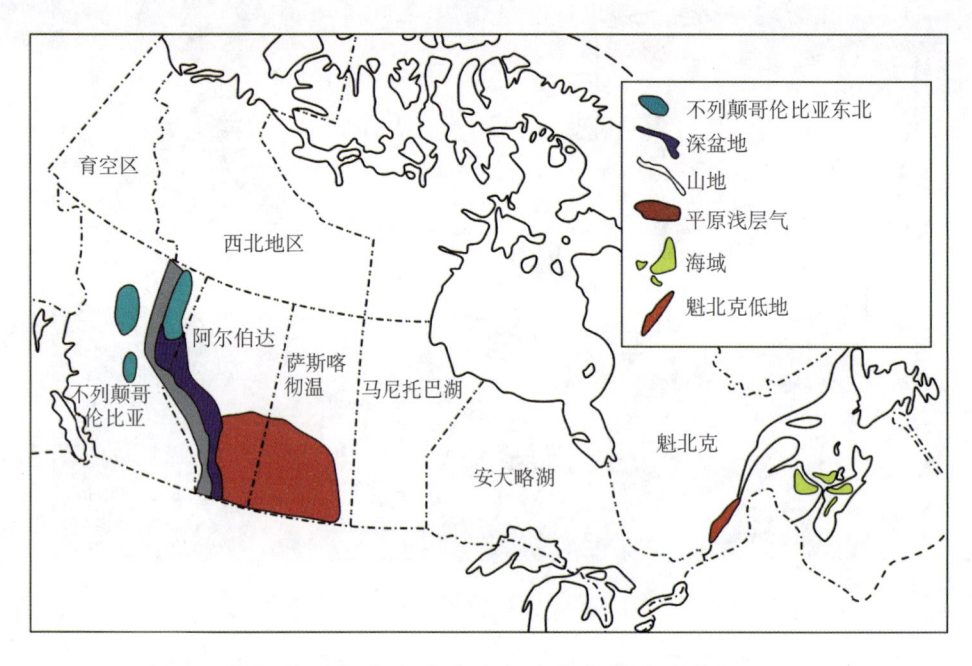

图1-3 加拿大潜在致密砂岩气藏分布地区

三、中国低渗透致密砂岩气藏的主要类型和分布

中国发现的低渗透致密砂岩气资源在多种类型盆地和盆地的不同构造位置均有分布,但更具规模意义的大型致密砂岩气主要分布在坳陷盆地的斜坡区。根据中国陆相坳陷盆地的地质条件,致密砂岩气的发育有以下基本特征:大型河流沉积体系形成了广泛分布的砂岩沉积,整体深埋后在煤系成岩环境下形成了致密砂岩,储层与烃源岩大面积直接接触为致密砂岩气提供了良好的充注条件,平缓的构造背景和裂缝不发育有利于致密砂岩气的广泛分布和保存。

根据中国近年来发现的大型致密砂岩气藏的开发地质特征,可将致密砂岩气藏划分为三种主要类型[6]。

1. 透镜体多层叠置致密砂岩气藏

以鄂尔多斯盆地苏里格气田为代表,发育众多的小型辫状河透镜状砂体,交互叠置形成了广泛分布的砂岩群,整体上叠置连片分布,气藏内部多期次河道的岩性界面约束了单个储渗单元的规模,导致井间储层连通性差,单井控制储量低。苏里格气田砂岩厚度一般为30~50m,辫状河心滩形成的主力气层厚度平均10m左右,埋藏深度3200~3500m,砂岩孔隙度一般4%~10%,常压渗透率0.001~1.000mD,含气饱和度55%~65%,异常低压,平均压力系数0.87,气藏主体不含水。

2. 多层状致密砂岩气藏

砂层横向分布稳定，以川中地区须家河组气藏、松辽盆地长岭气田登娄库组气藏为代表。川中地区须家河组气藏发育3套近100m厚的砂岩层，横向分布稳定，但由于天然气充注程度较低，构造较高部位含气饱和度较高，而构造平缓区表现为大面积气水过渡带的气水同层特征。须家河组砂岩孔隙度一般为4%~12%，常压渗透率一般为0.001~2.000mD，埋藏深度2000~3500m，构造高部位含气饱和度55%~60%，平缓区含气饱和度一般为40%~50%，压力系数1.1~1.5，属于常压—高压气藏。长岭气田登娄库组气藏砂层横向稳定，为砂泥岩互层结构，孔隙度4%~6%，常压渗透率一般小于0.1mD，天然气充注程度较高，含气饱和度55%~60%，埋藏深度3200~3500m，为常压气藏。

3. 块状致密砂岩气藏

以塔里木盆地库车坳陷迪北气田为代表，迪西1井区侏罗系阿合组砂岩厚度可达200~300m，内部泥岩隔夹层不发育，孔隙度4%~9%，常压渗透率一般小于0.5mD，埋藏深度4000~7000m，压力系数1.2~1.8，为异常高压气藏，储量丰度较高。

这些情况说明，我国沉积盆地类型的多样性为低渗透致密砂岩气藏的分布提供了广阔的地质背景，随着勘探和开发的不断深入，将发现更多的低渗透致密砂岩气藏。低渗透致密砂岩气藏在我国多种类型沉积盆地、不同时代地层中的分布见表1-2。

表1-2　我国已发现的主要低渗透致密砂岩天然气藏类型与分布

盆地	构造类型	地质层位	圈闭类型	储集空间	地层压力	孔隙度 %	渗透率 mD	气体性质	埋藏深度 m	典型气田
鄂尔多斯	伊陕斜坡	C, P	透镜体多层叠置	孔隙型	常压—低压	4~12	0.01~1	干气	2500~4000	苏里格、榆林、乌审旗、神木
四川	川中斜坡	T_3x	多层状	孔隙型，局部裂缝—孔隙型	常压—高压	4~12	0.001~2	湿气凝析气	2000~3500	广安、合川、八角场、西充
	川西前陆	J, T_3x	多层状	裂缝—孔隙型为主	常压	3~6	<0.01基质	干气		邛西平落坝
塔里木	库车坳陷	E, K	块状	裂缝—孔隙型	常压高压	4~9	<0.5	湿气凝析气	4000~7000	迪北、大北、吐孜洛克
松辽		K_1d	多层状	孔隙型	常压	4~6	0.01~0.1	干气	3200~3500	长岭、徐深
渤海湾		E	块状					凝析气		白庙、文23、牛居
吐哈		J_1b, J_1s	透镜体多层状	裂缝—孔隙型	常压	4~8	<0.1	湿气凝析气	3000~4000	巴喀、红台

四、低渗透致密砂岩气藏的储量和产量分布

1. 国外分布状况

低渗透致密砂岩气藏作为一种非常规天然气藏，其开发需要采用特殊的钻井和增产技术，目前认识到的非常规天然气主要包括低渗透致密砂岩气、煤层气和页岩气，在世界上广泛分布。非常规气

藏的地质储量估算通常较为复杂，原因是这类气藏储层非均质性强，含气范围不受构造约束，与常规气相差较大。全世界的非常规天然气资源总量估计超过了$900\times10^{12}m^3$，其中，美国和加拿大合计占25%，中国、印度和苏联各占15%。

2007年，世界低渗透致密砂岩气可采储量估算为$200\times10^{12}m^3$，拥有储量比较多的地区有美洲（38%）、亚太（25%）、苏联（13%）、中东和北非（11%）以及非洲撒哈拉以南地区（11%）。美国能源信息署（EIA）2009年2月预测，致密气技术可采储量达$309.58\times10^{12}ft^3$（$87663.769\times10^8m^3$），占美国天然气总可采储量的17%以上。其中，50%左右来自得克萨斯州南部，30%来自落基山地区，其余主要来自二叠纪Permian和Anadarko盆地，阿巴拉契亚盆地不足2%。

据美国能源信息署2007年预测，美国非常规天然气在天然气总产量中所占比例从2004年的40%将增加到2030年的50%。1996—2006年的10年里，是美国非常规天然气开发大发展的阶段。2006年，非常规天然气产量上了一个新台阶，从1996年以前的$14\times10^9ft^3/d$（$5.0\times10^{12}ft^3/a$）上升到$24\times10^9ft^3/d$（$8.6\times10^{12}ft^3/a$），占美国天然气总产量的43%，非常规气中，致密气达到$5.7\times10^{12}ft^3$（$1614.069\times10^8m^3$）（图1—4），几乎相当于煤层气、页岩气等其他几种非常规气的总和。1996—2006年，三种非常规气资源的产量都有所增长，但致密气增加最快，产量接近$6\times10^9ft^3/d$（$2.1\times10^{12}ft^3/a$）。页岩气增长比例较大，10年间翻了3倍。煤层气也从1996年的$3\times10^9ft^3/d$增加到$5\times10^9ft^3/d$。2007年，非常规天然气占美国天然气总产量的44%，相当于非常规天然气年产量达到$8\times10^{12}ft^3$（$2265.36\times10^8m^3$）。

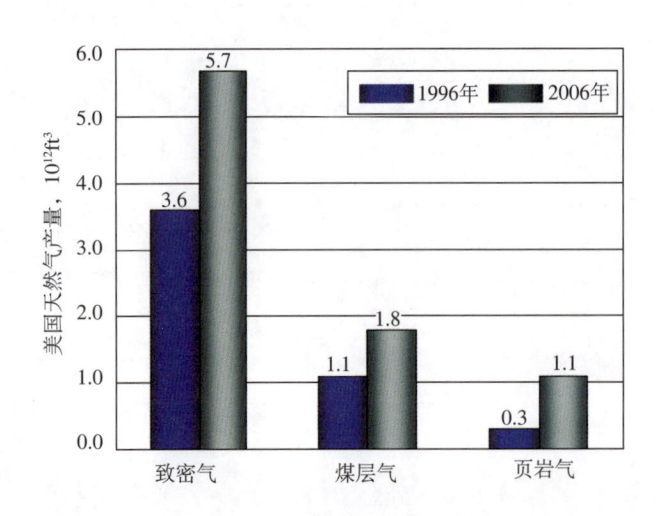

图1—4 三种非常规气资源的年产量增长量示意图

（图来源：Advanced Resources International data base，JAP02657.PPT）

非常规气产量的增长，主要是新发现天然气层带的大规模开发，以及几个新层带的发现。例如，随着大规模钻加密井和扩边，Piceance盆地的Mesaverde储层已经从10年前不足$0.1\times10^9ft^3/d$上升到$1\times10^9ft^3/d$。随着棉花谷气田开发的扩大，东得克萨斯州的致密砂岩气产量从10年前的$1.5\times10^9ft^3/d$上升到$3.6\times10^9ft^3/d$。受技术进步和持续的高气价推动，1996—2000年，大约每年钻近5000口井，2005—2006年，每年非常规气钻井超过20000口，其中，致密气钻井每年13000口，煤层气和页岩气每年钻井均为4000口。

2. 国内分布状况

中国低渗透致密砂岩气分布广泛，资源潜力巨大，第四次油气资源评价表明，中国陆上主要盆地致密砂岩气有利勘探面积$32×10^4km^2$，总资源量为$(17.0～23.8)×10^{12}m^3$，可采资源量为$(8.1～11.3)×10^{12}m^3$，其中，鄂尔多斯盆地上古生界、四川盆地须家河组和塔里木盆地库车坳陷致密砂岩气地质资源量位列前三，分别为$(5.88～8.15)×10^{12}m^3$、$(4.3～5.7)×10^{12}m^3$和$(2.69～3.42)×10^{12}m^3$，三者总和占全国致密砂岩气总量的75%（表1-3）[7]。

表1-3 中国陆上主要盆地致密砂岩气资源预测汇总表

盆 地	盆地面积 10^4km^2	勘探层系	勘探面积 10^4km^2	资源量 $10^{12}m^3$	可采资源量 $10^{12}m^3$
鄂尔多斯	25	C—P	10	5.88～8.15	2.94～4.08
四川	20	T_3x	5	4.3～5.7	2.03～2.93
松辽	26	K_1	5	1.32～2.53	0.53～1.01
塔里木	56	J+K+S	6	2.69～3.42	1.48～1.88
吐哈	5.5	J	1	0.56～0.94	0.31～0.52
渤海湾	22.2	Es_{1-3}	3	1.48～1.89	0.59～0.76
准噶尔	13.4	J，P	2	0.74～1.2	0.30～0.48
合计	188.1		32	17.0～23.8	8.1～11.3

目前，具有现实勘探开发价值的盆地有两个：一是鄂尔多斯盆地，盆地面积$25×10^4km^2$，目的层C—P，有利面积$10×10^4km^2$，资源量$8.15×10^{12}m^3$；二是四川盆地，盆地面积$20×10^4km^2$，目的层三叠系须家河组，有利面积$5×10^4km^2$，资源量$5.7×10^{12}m^3$。具有风险勘探开发价值的盆地有两个，一是松辽盆地，盆地面积$26×10^4km^2$，目的层白垩系，有利面积$5×10^4km^2$，资源量$2.53×10^{12}m^3$。二是吐哈盆地，盆地面积$5.5×10^4km^2$，目的层侏罗系，有利面积$1.0×10^4km^2$，资源量$0.94×10^{12}m^3$。具有准备勘探开发价值的盆地有3个，一是渤海湾盆地，盆地面积$22.2×10^4km^2$，目的层古近系沙河街组，有利面积$3×10^4km^2$，资源量$1.89×10^{12}m^3$。二是塔里木盆地，盆地面积$56×10^4km^2$，目的层侏罗系、白垩系和志留系，勘探有利面积$6×10^4km^2$，资源量$3.42×10^{12}m^3$。三是准噶尔盆地，盆地面积$13.4×10^4km^2$，目的层侏罗系，有利面积$2×10^4km^2$，资源量$1.2×10^{12}m^3$。

截至2010年底，中国共发现了低渗透致密砂岩大气田15个[8]（图1-5），探明地质储量$28656.7×10^8m^3$（表1-4），分别占全国探明天然气地质储量和大气田地质储量的37.3%和45.8%。2010年，低渗透致密砂岩气产量$222.5×10^8m^3$，占当年全国产气量的23.5%。可见，中国低渗透致密砂岩大气田总储量和年总产量已分别约占全国天然气储量和产量的三分之一和四分之一。

预计在今后相当长一个时期内，中国每年将新增致密砂岩气探明地质储量在$(2500～3500)×10^8m^3$之间。预计2015年陆上主要盆地将生产致密砂岩气$500×10^8m^3$左右，到2020年，全国致密砂岩气年产量有可能达到$600×10^8m^3$以上，产量将主要集中在鄂尔多斯、四川和塔里木三大盆地。

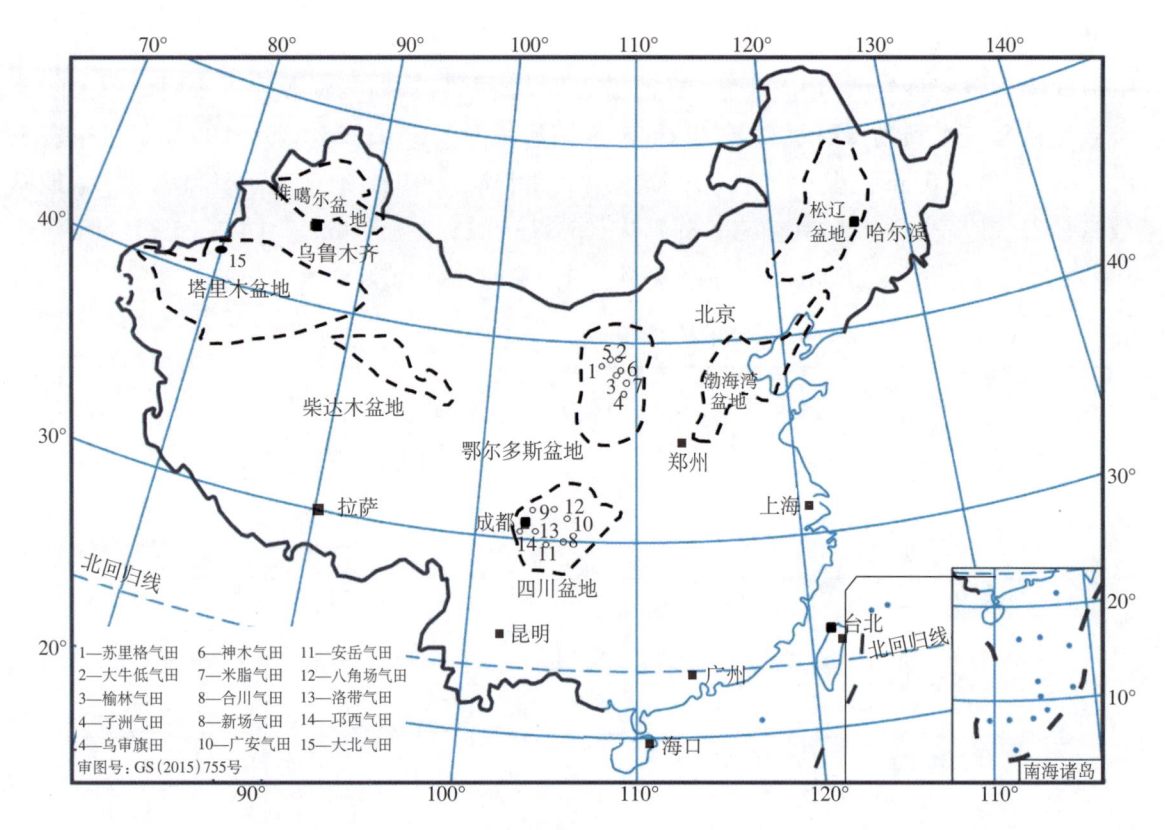

图1-5 中国低渗透致密砂岩大气田分布图

表1-4 中国低渗透致密砂岩大气田基础数据（截至2010年数据）

盆 地	气 田	产 层	地质储量 $10^8 m^3$	年产量 $10^8 m^3$	平均孔隙度 %（样品数）	渗透率 mD范围/平均（样品数）
鄂尔多斯	苏里格	P_1sh, P_2x, P_1s_1	11008.2	104.75	7.163（1434）	0.001~101.099/1.284（1434）
	大牛地	P, C	3926.8	22.36	6.628（4068）	0.001~61.000/0.532（4068）
	榆林	P_1s_2	1807.5	55.30	5.630（1200）	0.003~486.000/4.744（1200）
	子洲	P_2x, P_1s	1152.0	5.87	5.281（1028）	0.004~232.884/3.498（1028）
	乌审旗	P_2xh, P_2x, O_1	1012.1	1.55	7.820（689）	0.001~97.401/0.985（687）
	神木	P_2x, P_1s, P_1t	935.0	0	4.712（187）	0.004~3.145/0.353（187）
	米脂	P_2sh, P_2x, P_1s_1	358.5	0.19	6.180（1179）	0.003~30.450/0.655（1179）
四川	合川	T_3x	2299.4	7.46	8.45	0.313
	新场	J_3, T_3x	2045.2	16.29	12.31（1300）	2.560（大于1300）
	广安	T_3x	1355.6	2.79	4.20	0.350
	安岳	T_3x	1171.2	0.74	8.70	0.048
	八角场	J, T_3x	351.1	1.54	7.93	0.580
	洛带	J_1	323.8	2.83	11.8（926）	0.732（814）
	邛西	J, T_3x	323.3	2.65	3.29	0.0636
塔里木	大北	K	587.0	0.22	2.62（5）	0.036（5）

第四节　低渗透致密砂岩气藏开发特征

低渗透致密砂岩气藏总体开发特征是：岩相岩性变化大，有效厚度不稳定且识别难度大，短期内难以认识并作出客观评价；单井产能差异大，单井产量低，改造增产后，由于自然能量补给缓慢，产量递减快。但是不同储层类型的低渗透致密砂岩气藏，表现出来的开发特征略有不同。

一、裂缝—孔隙型

该类气藏储层在整体低渗透的背景上，裂缝较为发育，主要发育于背斜、断背斜、断块型圈闭中，储量丰度较高，气井产能较高。储量规模主要受气层厚度和圈闭面积控制，可形成上百亿立方米至上千亿立方米的储量规模，是低渗透致密砂岩气藏中储量品质最好的气藏类型。国内已发现的这类气藏主要分布在前陆盆地冲断带，如塔里木盆地库车前陆冲断带和四川盆地川西前陆冲断带，代表型气田有迪那、大北、邛西、平落坝、九龙山等。由于推覆构造的影响，地层变形强烈，形成构造幅度大的正向构造，低渗透储层发育与断层相关的裂缝。但由于强烈的构造应力挤压作用，储层基质的孔隙度和渗透率都大幅下降，往往基质孔隙度小于5%，渗透率小于0.01mD，形成裂缝—孔隙型储层，甚至孔隙—裂缝型储层。由于裂缝对储层渗透性的改善，加之构造幅度大，形成了很好的气水分异，气柱高度大，天然气富集程度和储量丰度较高。该类气藏一般具有边水或底水。

该类气藏气井产能主要受裂缝发育程度控制，裂缝发育带上气井产量可达$10×10^4 m^3/d$以上，而且稳产能力较强（图1-6）。

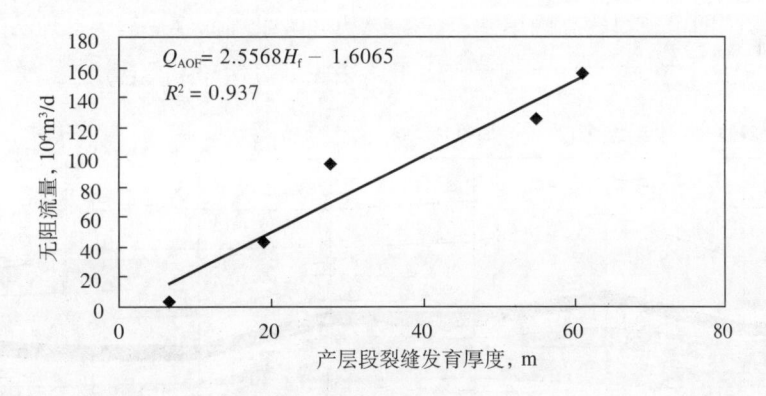

图1-6　邛西气藏产层段裂缝发育厚度与无阻流量关系图

井间连通性较好，单井控制储量和累积产量较高，可采用稀井高产的开发模式。采气速度不宜过快，否则会引起边底水的快速锥进，导致气井过早见水，降低气藏采收率。特别是储层中有大量裂缝的存在下，采气速度过高会导致气井的暴性水淹，稳气控水式开发是主要对策之一。

裂缝发育程度较高的区块一般不需要储层改造，或经过酸洗后即可投入生产，如邛西气田（图1-7）、中坝气田等；在裂缝发育程度相对较弱的区块，则需要储层压裂措施来提高气井产量，如迪那、吐孜洛克、大北气田等。受具体成藏条件的控制，该类气藏中的部分气藏为高压或异常高压气藏，这进一步提升了该类气藏储量的品质。

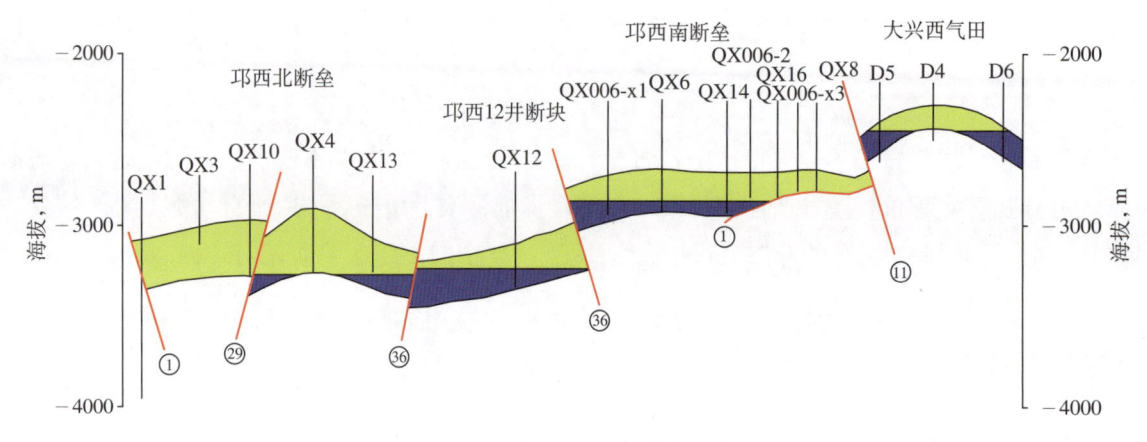

图1-7 邛西气田气藏剖面图

二、层状型

该类气藏的储层为水动力条件较为稳定的河流相沉积或三角洲相沉积，储层粒度和物性分布较为均质，岩石成熟度高，多为石英砂岩，以原生孔隙为主。由于石英脆性颗粒在强压实作用下产生了部分微裂缝，具有相对低孔隙度、高渗透率的特征，孔隙度一般4%~6%，绝对渗透率可达1mD以上。

储层为层状分布，具有较好的连续性，且主力层段集中，易于实施长水平段水平井来获得较高的单井控制储量和单井产量。以鄂尔多斯盆地榆林（图1-8）和子洲气田为典型代表。榆林气田单井控制储量可达（3~5）×10^8m³以上，水平井初期单井产量可达100×10^4m³/d。由于渗透率相对较好，一般不需压裂而通过酸洗即可获得较高的单井产量。层状气藏采气速度一般为2.5%左右，开发条件有利的气藏有时可达3%以上，有一定的稳产期，气藏最终采收率可达50%以上。

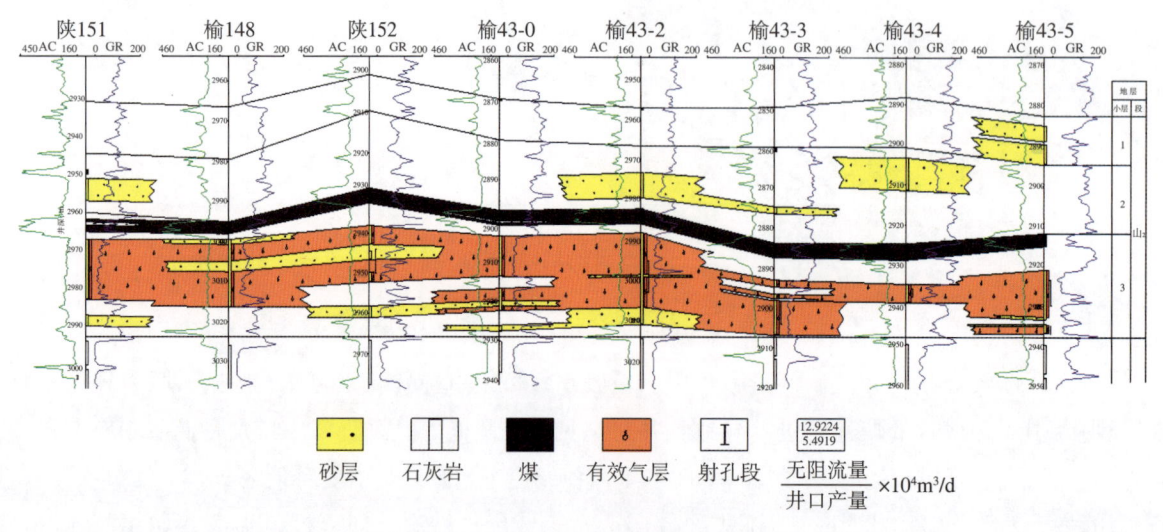

图1-8 榆林气田气藏剖面图

三、透镜状型

该类气藏沉积相主要为河流相砂岩沉积，由于河流沉积水动力变化较大，使这类储层形成了明显的粗细沉积分异，主河道心滩沉积了粗粒砂岩，其他部位沉积中粒、细粒砂岩。经过强烈的成岩作用后，粗砂岩形成了孔隙度5%以上的相对优质含气砂体，成为主力产层相带；中细砂岩形成了孔隙度5%以下的致密层，对气井产能贡献有限。这种沉积和成岩特征决定了有效砂体规模小、分布分散。单个有效砂体一般在几十至几百米范围内，横向连续性和连通性差。但在空间范围内数量巨大的有效砂体具有多层、广泛分布的特征，所有有效砂体平面叠置后，含气面积可达到95%以上。由于非均质性强烈，储量丰度低，受井网密度与经济条件制约，储量动用程度一般较低，采气速度一般低于1%，采收率一般只有30%～40%。

该类气藏储层为孔隙型储层，含气面积大，没有明显的气藏边界，整体储量规模大，是中国低渗透致密砂岩气藏的主体，苏里格气田为其典型代表。苏里格气田分布在鄂尔多斯盆地构造平缓的伊陕斜坡区，面积达数万平方千米，储量规模数万亿立方米。气藏范围内断层和裂缝不发育，以孔隙型储层为主，孔隙度在5%～12%之间，绝对渗透率介于0.01～1mD，含气性主要受岩性和物性控制，具有岩性圈闭的特征。气藏基本不含水，为干气气藏。由于特定的成藏演化过程，形成了原始低压地层压力系统，平均压力系数0.87。透镜状储层分布高度分散的特征决定了该类气藏的产能特征。由于气井钻遇的有效砂体规模小，造成该类气藏单井控制储量低、产量低、稳产能力差、最终累积产量低。苏里格气田一般直井控制动态储量小于5000×10^{4}m^3，单井日产量保持1×10^{4}m^{3}左右可稳产3年，稳产期后可以以小产量维持多年生产（图1-9）。

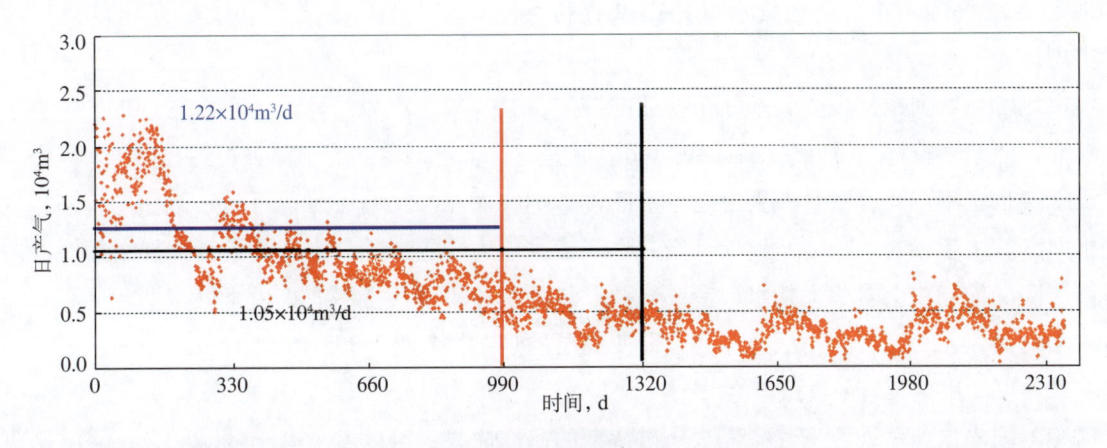

图1-9　II类井平均单井日产气生产曲线

四、高含水饱和度型

该类气藏气水同产，由于水的影响，气井产量低，稳产能力差，目前开发难度最大。含水饱和度高的主要原因是构造平缓、储层毛细管压力大，气藏充满程度较低，造成气水分异作用较差，除部分构造幅度较大的区块天然气富集程度较高外，广大地区表现为气水过渡带特征，多为气水同层。

四川盆地川中地区须家河组气藏为其典型代表（图1-10），气藏砂岩沉积厚度大、横向分布稳定，连续厚度可达100m，总砂岩厚度近300m，砂岩孔隙度一般在5%～10%之间，绝对渗透率小于0.1mD，裂缝不发育，多为孔隙型储层。

低渗透致密砂层内泥质隔夹层不发育。也正是由于砂岩的发育程度强，造成天然气的充注量相

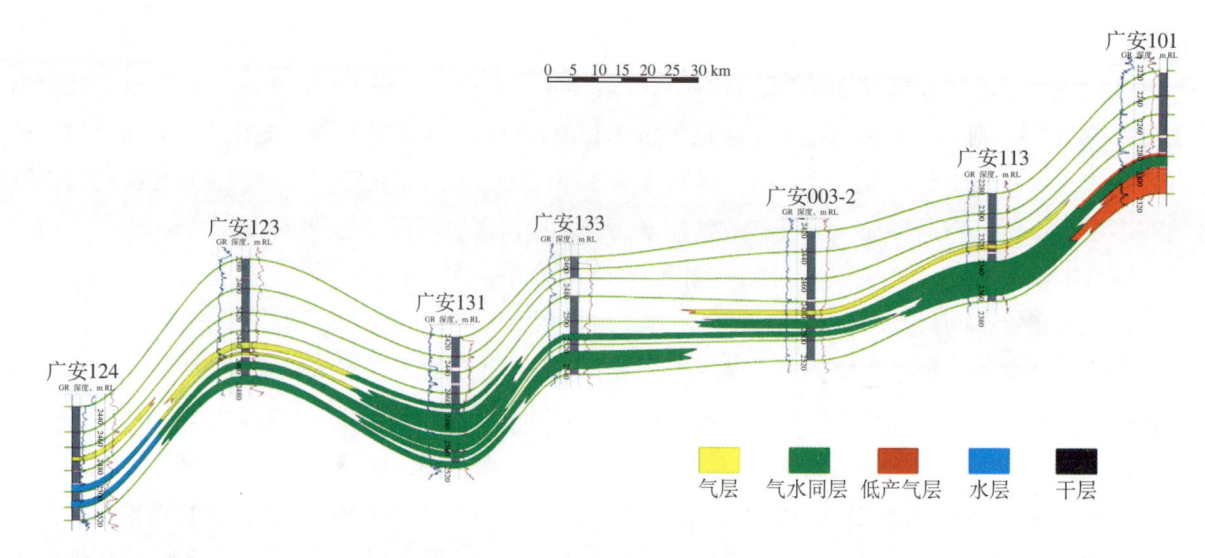

图1-10 广安气田须家河组须四段气藏剖面图

对不足，加之构造平缓、低渗透储层毛细管阻力较大，造成气水分异的动力不足，形成了气水同层分布的特征。局部构造相对较高的部位气水分异相对较强，天然气富集程度较高，形成该类气藏的"甜点"。在整体岩性气藏的背景上，这些"甜点"表现为构造—岩性复合圈闭的特征。另外，在局部的裂缝发育区，裂缝会为气水分异提供有利条件，在上倾段含气饱和度较高，是另一种"甜点"类型。

川中地区须家河组气藏受气水分布特征的控制，气井单井产能差异大。在"甜点"区，由于气层厚度较大、连续性较好，可以获得 $3×10^4m^3/d$ 以上的稳定产量，单井控制储量可达 $1×10^8m^3$ 以上，气井产少量水或基本不产水，对气井生产基本不产生影响。而在气水同层区，可动水饱和度较高，气井多为气水同产。由于该类气藏能量较低，气井生产带水能力较弱，随着生产的进行，在较短时间内井底和井筒周围的地层中会聚集大量水，造成气井产量的快速下降甚至停产。由于气水两相的存在，对于气体的流动会存在一定的启动压力梯度，即使储层的连续性较好，也会引起有效泄流面积的缩小，从而影响单井可动用储量与采气量。

借鉴美国皮昂斯盆地致密气藏气水分布特征的研究成果，可以看出一定的圈闭条件是控制天然气富集的主要因素。皮昂斯盆地致密气藏有4套代表性砂岩层（图1-11）。

4套砂岩层中下部的科克伦-斯格-城门层是海相砂岩沉积，连续性好，但埋藏深度大、胶结致密，为无效层；其上部的罗林斯层为滨岸砂岩沉积、连续性好，产水量大；再上部的威廉姆斯·弗克层砂岩为远端辫状河沉积，透镜状砂体分散分布在泥岩中，是主要的产气层位；顶部的俄亥俄州层为近端辫状河沉积，砂体相互切割叠置连续性好，而且由于粒度粗、埋藏较浅，物性较好，除局部构造位置产气外，其他位置产水量大。连续性好的罗林斯层和俄亥俄州层由于处于盆地的低洼和斜坡部位，缺乏有效的圈闭遮挡条件，其中的天然气会沿着砂岩持续向上倾方向运移而散失，仅在局部有遮挡条件的位置富集保存。而透镜状分布的威廉姆斯·弗克层砂岩，由于砂体周围的岩性变化形成了有效遮挡，透镜状砂体内形成天然气富集。这些特征说明，即便在低渗透砂岩中，一定的圈闭条件仍是天然气富集的主要控制因素。所以在须家河组这种连续性好的砂岩地层中，要寻找天然气的富集区，对于圈闭遮挡条件的评价非常必要。在川中大斜坡背景上，局部的正向构造发育区、岩性变化带是形成圈闭遮挡条件的有利位置。

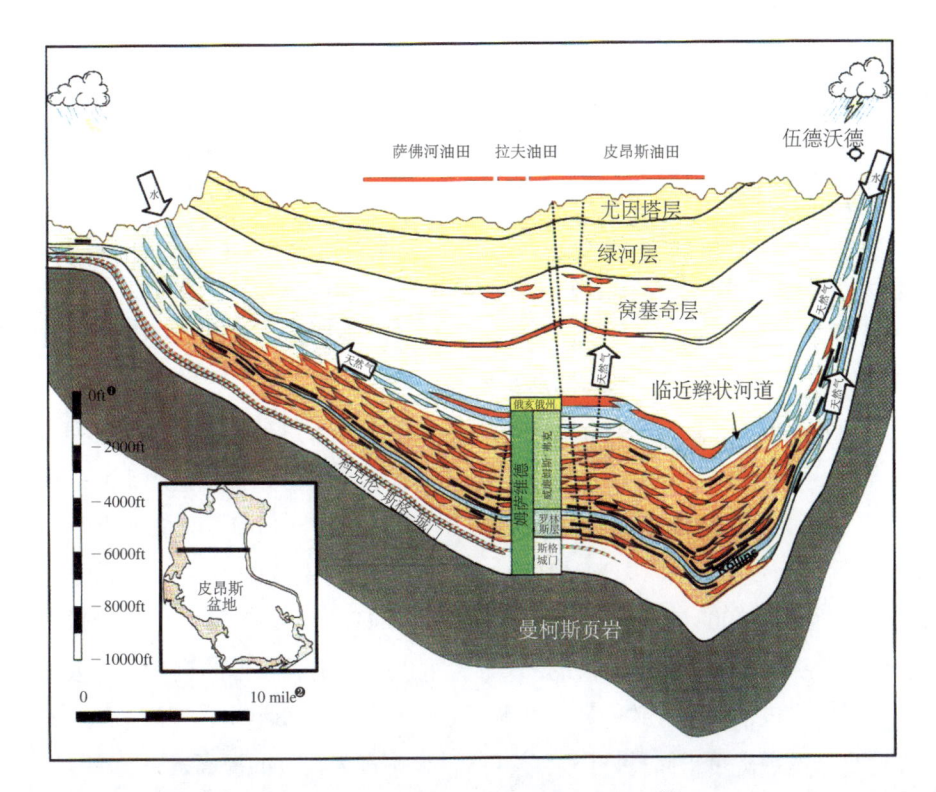

图1-11 皮昂斯盆地气藏剖面图[9]

第五节 低渗透致密砂岩气藏开发历史及发展趋势

低渗透致密砂岩气藏虽然得到了一定程度的成功开发，但在其具体开发过程中，仍然面临着巨大的挑战，这些挑战既有认识上的问题，也有技术方法上的问题，还有开发技术对策的问题。不管是不断困扰人们的问题，还是人们努力追求解决的问题，但归根到底，其最终追求的目标是对该类气藏制定的开发对策更加科学合理，更加经济有效。另外，低渗透致密砂岩气藏的开发是一个系统工程，综合开发效益的提高，需要各个环节协同发展与进步；同时，在这些复杂的问题中，每一个环节都有一个或几个最为关键的困扰着开发技术水平提高的核心问题。正是基于这样的认识，本书在各章节的安排中不是追求面面俱到，而是力求对每个关键问题的深入论述，以期今后对类似气藏的开发起到很好的借鉴与参考作用，避免开发决策与开发技术对策上的失误。

一、低渗透致密砂岩气藏的开发历史

天然气开发利用的历史悠久，可以追溯到公元前1600年前。但对致密砂岩气藏的开发历史并不长，开发利用致密砂岩气藏的国家也不多。具有代表性的包括美国、加拿大和中国。美国在低渗透致密砂岩气藏开发方面取得了较大的效益，一直保持着技术优势，积累了相当多的成功经验，成为工业化开采低渗透致密砂岩气藏的主力，引领了世界低渗透致密砂岩气藏的开发。

---

❶ 1ft=0.3048m（准确值）。
❷ 1mile=1609.344m（准确值）。

1. 美国低渗透致密砂岩气藏开发历程

美国低渗透致密砂岩气藏开发始于20世纪70年代。20世纪60年代和70年代初期，西方世界正处于能源危机之中，油气价格（特别是石油价格）上涨，天然气开采量居高不下，储采比严重失调，供求关系紧张，这些因素在客观上刺激了天然气工业的发展。美国政府处于政治、经济和全球战略的考虑，在政策上对低渗透致密砂岩气藏的勘探开发给予了各种优惠政策和大力支持。

美国低渗透致密砂岩气藏开发存在两个钻井高峰期：一是1977—1984年间，政府给予税收上的优惠政策，在技术发展上投入大量资金，形成了第一个钻井高峰期；二是1990年后，空气钻井等低成本钻井技术的大规模应用，形成了第二个钻井高峰期。

美国本土现有含气盆地113个，其中有23个盆地中发现了低渗透致密砂岩气藏。据美国国家石油委员会（1980年）估计，在现有技术经济条件下，这23个盆地中的可采储量达 $(5.4 \sim 16.3) \times 10^{12} m^3$。在此情况下，1970年美国从致密砂岩中仅采出天然气$142 \times 10^8 m^3$，1981年上升至$396 \times 10^8 m^3$。2005年低渗透致密砂岩天然气产量已经达到了天然气总产量的15%，主要来源于绿河盆地、尤因塔盆地、皮昂斯盆地及棉花谷盆地。2008年，美国天然气产量$5736.41 \times 10^8 m^3$，其中，低渗透致密砂岩气产量$1910.25 \times 10^8 m^3$，致密砂岩气产量占总产量的33.3%。可以说，随着技术的进步，以及对天然气清洁能源消费量的增加，大大推进了低渗透致密砂岩气藏开发。1996—2008年间，低渗透致密砂岩气藏开发技术发展迅速，无论是技术经济可采储量，还是单井产量，都有大幅度的提高。

由于高新技术的大量采用和勘探开发的成功，美国低渗透致密砂岩气藏的勘探开发技术在世界范围内处于领先地位，目前已经具备了一套较为完整的地质研究、地震勘探数据处理、测井解释、钻完井以及储层改造工艺技术。

2. 中国低渗透致密砂岩气藏开发历程

我国是世界上最早发现和利用天然气的国家之一。古书《易经》中"泽中有火、上火下泽"的记述表明，3000多年前古人已注意到天然气在水面上的燃烧现象。中国天然气资源的开发利用是伴随着盐业钻井而发展起来的。1600年前，四川自贡自流井场一带的浅层天然气已被大量开发，成为世界上第一个开发的气田[10]。

中国天然气工业真正起步始于1950年，有计划开展油气勘探普查始于1953年。1958—1975年间，中国初步建立起天然气工业基地，1975以后天然气工业才开始处于持续发展阶段。

中国天然气工业所走过的历程，基本与世界相似，但在勘探开发低渗透致密砂岩气藏方面大约晚了一二十年。20世纪六七十年代以前，中国基本上是以寻找构造圈闭油气藏为主的时期。20世纪六七十年代是发现气田数量最多的时期，已发现的气田约80%是在这个时期发现的。80年代开始探索致密砂岩气藏的开发利用[11]，主要针对川西地区，目的层包括三叠系须家河组和侏罗系两套层系。由于当时工艺技术的局限性，主要选取裂缝较为发育的局部富集区块进行开发，直井套管射孔完井、酸洗解堵后投入生产，后期采用排水采气保持气井生产，整体开发规模较小。"十一五"以来，随着一批大面积分布的中低丰度致密砂岩气藏的发现和压裂工艺技术的突破，孔隙型致密砂岩气藏获得工业气流，储量和产量快速增长，以苏里格、大牛地、广安、合川、长岭、新场等为代表的一批致密砂岩气藏先后投入规模开发，带动了中国致密气领域的快速发展。2011年，苏里格、大牛地、广安、合川、长岭登娄库组、新场等主要致密砂岩气田年产量已超过$185 \times 10^8 m^3$。其中，苏里格气田具有$4 \times 10^{12} m^3$探明储量、年产能规模近$300 \times 10^8 m^3$的开发潜力，成为中国储量和产能规模最大的低渗透致密密砂岩气田。

客观上讲，与中东国家、苏联国家甚至北美国家相比，中国的地质条件明显较差，单位面积储量、产量都比较低。为了建立中国自己的石油天然气工业，我们必须针对低渗透致密砂岩气藏实施开发。

二、气藏描述技术与发展趋势

气藏描述属于认识上的问题，即如何准确客观地认识气藏与储层的特征和规律，鉴于低渗透致密砂岩气藏的特殊性，以及人们对该类气藏的认识程度，尚需在以下两个方面不断进行攻关与研究。

1. 气藏的成因及类型

气藏成因控制和影响气藏类型，气藏类型又直接控制气藏的形态、规模及范围。一般来讲，以岩性为主控因素的低渗透致密砂岩气藏分布范围一般巨大，如苏里格气田；以构造为主控因素的低渗透致密砂岩气藏一般是在一定的构造圈闭内，对于具有较大闭合高度与面积的构造而言，也可以形成相当规模的气藏，如大北、迪那等气田。但在整体比较平缓的地层条件下，这类气藏的形成受到相当的限制，只有在局部的次级构造高部位可以形成气藏，不仅气藏规模受到了限制，往往具有较高的含水饱和度，给开发带来相当难度。

2. 气藏的沉积体系与砂体类型

对这类气藏沉积体系的研究，主要是结合以下几个方面开展工作。

（1）沉积体系内部不同沉积相带的深入研究。这一研究的基本单元是微相，对应的砂体为成因单元。不仅要研究各成因单元砂体的类型，也要研究其规模、形态、方向性与展布规律。由于总体低渗透致密的沉积背景，在这种类型的储层中，砂体与有效砂体的规模有着极大的差异，有时有效砂体仅为砂体的一部分或一小部分（如苏里格有效砂体只约为砂体的三分之一），如果具有这一特征，对有效砂体的沉积特征与成因类型的研究将是重中之重。

（2）有效储层控制因素的研究，需要继续加强。对于该种类型的气藏而言，在开发过程中表现出的直接差异是物性的高低，但仅从这一参数很难做到对未钻井区的预测，所以建立不同微相单元与物性之间的关系是非常必要的，如果知道什么微相为有利的沉积相带，那么只要我们清楚了解不同沉积体系各微相的形态、特征与规律，就可使得沉积相带控制下的有利储层发育带预测成为可能。

（3）地球物理研究对储层与气藏预测的重要性日益明显。由于低渗透致密砂岩气藏强烈的非均质性，在气藏的不同部位差异性极大，从已开发的几个气藏来看，在气藏内部进一步的划分是非常必要的。地球物理预测一般分两个层次进行，首先是在气藏内部进行富集区选择，二是在富集区进行井位部署。通过多年的实践与技术攻关，对苏里格型气藏的预测已经取得了良好的效果，但对须家河组含水气藏的预测还要深入开展工作。就该项技术而言，在储层预测方面的可靠性是值得信赖的，下一步攻关的方向是在进一步提高储层预测精度的同时，进行流体饱和度的预测，同时，做好地质与地球物理的结合，真正做到在地质模式指导下的储层预测，以期取得更加可靠的效果。

（4）测井对低渗透储层的参数解释还需要进一步加强。低孔隙度、低渗透储层的参数解释一直是测井研究的重点与难点之一，在几个重要的参数中，目前来看，孔隙度的解释是最为可靠的，渗透率的解释虽然一直作为攻关重点，但仍表现出较大的随意性与不确定性。对于气藏而言，由于气体极好的流动性及气水两相的极大差异性，除渗透率的解释仍然作为重点需要解释的参数之外，饱和度的解释，特别是可动水饱和度的解释显得尤为重要。在今后的重点攻关中，气藏描述对测井的需要主要有以下几个方面，一是建立更加有针对性的测井图版，可以解释不同地质条件下的储层参数；二是更加准确地进行气、水饱和度解释，特别是可动水饱和度的解释；三是攻关致密储层的参数解释，为地质研究与气田开发提供准确可靠的参数体系。

三、产能评价技术与发展趋势

1. 产能试井评价技术

对于气藏产能评价，从目前来看，产能试井是比较常用且较准确的一种方法。气藏产能试井从常规回压试井发展到等时试井、修正等时试井，在测试时间、测试费用等方面有了很大的改进和创新[12,13]，但仍有一个共同的问题，就是必须至少有一个产量数据点的压力达到稳定。对于低渗透致密砂岩气藏来说，稳定测试点仍是一个巨大的挑战。一点法产能试井尽管只需测试一个稳定点的产量和压力，缩短了测试时间，减少了气体放空，节约了大量费用，是一种测试效率比较高的方法，但是对资料的分析方法带有一定的经验性和统计性，其分析结果误差较大。

从试井技术本身来讲，对于非均质性较强的低渗透致密砂岩气藏而言，多"边界反应"造成的多解性问题，不稳定二项式产能直线斜率为负的问题，以及生产时间较长或产出量较大时地层压力的取值问题等，都需要从试井技术的发展、改进以及资料的处理方法上来满足和适应低渗透致密砂岩气藏产能评价的需要。

从气藏评价的现场要求来讲，产能试井方法的下一步发展应本着测试程序简单、操作方便、测试结果可靠，或者采用不稳定试井与产能试井不稳定部分的测试数据联合评价的方法，从而避开低渗透储层稳定测试点的尴尬问题。近年来，产能试井技术的发展非常缓慢，利用生产数据评价气井的实际生产能力已成为目前及今后攻关的一个方向。

2. 用不同开发阶段的生产数据评价产能

对于均质无限大气藏而言，整个开发过程中，生产数据反映的气井生产规律和生产能力是一样的，与生产制度无关。但对于强非均质性低渗透致密砂岩气藏而言，气井生产的不同阶段却表现出不同的生产规律和生产能力。以苏里格气田为代表的低渗透致密砂岩气藏，表现出明显的多段式的生产规律，不同阶段的生产规律反映了不同储层的渗流特性及生产能力。

对于低渗透致密砂岩气藏来说，初期的生产数据一般不能真实地反映气井最终的生产能力。以苏里格气田透镜状有效储层分布模式为例，如果直井钻在相对高渗透层上，则初期的产量高，压力快速下降，接着产量也随之降低，表现出的生产能力是"高渗"的储供能力。实际上，随着相对高渗透层压力的降低，当周围低渗透层与高渗透层的压差达到边界气体的启动压力时，低渗透层开始供气，即气井的生产能力有所增加。

对该类气藏，外围相对低渗透层流体启动后的生产数据，反映了该类气井最根本的生产特征。早期的采气速度较快，后来相对低渗透层的动用，导致气井"细水长流"，此时评价的控制储量越来接近气井实际的最终累计产量。井底压力开始处于低压状态,但下降较慢,从压降曲线上看,在低压阶段有很大的生产能力,最终动用了初期认为不可能动用的储层,直接提高了气藏的采收率。因此,依据气井该阶段的生产数据评价的气井产能,可以有效地校正前期的评价结果,更重要的是这时的评价能合理指导后期的生产制度和生产指标的制定。

低渗透气井进入生产后期,由于储层渗透性的降低、泄气范围内资源基础的减少以及地层水或其他施工因素的影响,气井产量和压力都很低,现场一般会采取一些措施来延缓或维持气井的产量,如关井、改变生产制度、重复压裂等,这些措施的实施会对气井的生产能力有所改善,使气井产量有所增加。但如果要反复使用这些措施,气井产量会上下波动,给气井产能评价带来很大困难。常规评价方法对这一阶段的产能已经无法评价,即使有评价结果,也失去了原本产能的意义。

总的看来,不同生产阶段的产能反映了不同压力波及范围内储层的地质和渗流特征,产能评价方法和意义也是不同的,因此,低渗透致密砂岩气藏的产能评价应该分不同阶段进行。而在实际生产中,利用初期生产数据评价气井产能是现场最需要的,原因是能有效地指导气井合理配产,确定合理的生产制度,以及指导或改进地面工程方案。在不进行产能试井、快速投产的情况下,怎样利用初期的生产数据来准确评价气井的生产能力呢?目前,有关专家采用的是经验统计法。针对某一个具体气藏,统计、总结探井、评价井或早期开发井的初期生产数据,评价气井生产能力与最终生产能力之间的相关关系,将这种关系应用到该气藏的其他新投产井上,从而预测出气井的最终产能。目前来看,这种经验方法能够对投产初期的气井产能进行评价,但是,在非均质性较强的低渗透致密砂岩气藏中,不同气井钻遇的有效储层特征差异较大,经验方法的适用性受到质疑,况且经验方法缺少理论基础。从渗流理论和气藏工程角度解决这一问题,将是以后的研究方向。

3. 单井生产规律与区块生产规律

对于生产区块中的单井,其生产规律与钻遇储层条件、稳产时间、配产量、压力降落速率、增产措施等因素有关。一口单井,大致经历稳产、递减两个阶段。当配产合理时,气井都会有一定的稳产期,稳产时间的长短受钻遇储层条件、配产量等因素影响。当单井配产较高,超出钻遇储层的供给能力时,稳产时间就会很短,很快就进入递减阶段。

在国内,为了满足产量需求,单井一般是先定产生产,待压力降到一定值,不能满足定产条件时,转为定压生产。此时,产量开始递减。单井递减规律有Arps提出的三种经典递减规律:指数递减、双曲线递减及调和递减,以及后人在三种经典递减规律的基础上提出的修正双曲线递减、衰竭递减等。低渗透气井产量递减阶段一般很长,递减规律也不是一成不变的。在递减阶段的不同时期,可能有不同的产量递减规律。总的来看,产量递减速率是逐渐减小的,单位压降产量是逐渐增加的。准确认识气井不同产量递减阶段的递减规律,对预测气井未来的产量具有重要的指导意义。

整个区块的生产规律受单井生产规律的影响,但又不同于单井。区块开发的实际经验表明,无论何种储集类型、驱动类型和开发方式,就区块开发的全过程看,产量都可以划分为上升期、稳定期、递减期。产量上升期主要受建井时间以及建产井产量的影响,即开发方案中的建产期。区块产量稳定阶段,其中的部分单井可能处于产量递减阶段,但有新投产井(井间加密或新区块)弥补产量递减,整体保证区块的产量稳定。产量稳定期的长短主要受建产规模、钻井总数、单井产能等因素决定。区块产量递减阶段即新井投产或老井增产已无法弥补老井的产量递减,区块开始进入整体产量递减。区块产量的递减规律分析方法同样采用Arps的研究成果,就是用统计方法对产量变化的信息加工,虽然对这些变化的机理不清楚,但通过对生产数据的加工处理,就可以在某种程度上揭示气藏中出现的一些问题的本质。从而可以从根本上解决这些问题,预测区块的未来产量和累计采出量,更有效地指导气田合理开发。

4. 合理采气速度

合理的采气速度应以气藏储量为基础,以气藏特征为依据,以经济效益为出发点,尽可能地满足实际需要,保证较长时期的平稳供气,并获得较高的采收率。研究方法一般首先建立气藏三维地质模型,再对气藏的实际生产历史进行拟合,定量确定出气藏参数分布和气井参数。在此基础上,利用开发指标、经济指标来优化采气速度。

对于无边底水的弹性均质低渗透砂岩气藏,采气速度的大小完全受气藏弹性能量大小和渗流供给能力的影响。这样的气藏,在储层渗流补给能力允许的范围内,采气速度对其最终采收率影响不大,因此可适当加大采气速度。如长庆油田分公司与壳牌石油公司合作开发的长北气田采气速度是3.68%,目前地层压力和生产情况良好。

对于边、底水不活跃的非均质性弹性低渗透致密砂岩气藏,可以作为气驱气藏开发。但由于其地质特征的复杂性,采气速度的大小会影响气藏的最终采收率。苏里格气田相对高渗透的有效储层,土豆状分布在大面积的致密砂岩储层中,这种地质特征决定了即使气井钻在了相对高渗透层上,单井初始产能较高,可以以较高的速度开采,但是其储量和能量有限,难以保持较长的稳产期。这是因为,低渗透区的渗流与相对高渗透区的渗流相比存在"滞后现象",不能及时供给,这势必引起气藏过早进入递减期,因此采气速度的大小对这类气藏的稳产期影响很大,但对气藏的最终采收率影响不大,因为气藏的最终采收率决定于废弃条件。对苏里格气田考虑8～10年的稳产期,其合理的采气速度为1.3%左右。

对于边、底水活跃的裂缝—孔隙型非均质性低渗透致密砂岩气藏,采气速度的大小直接影响气藏的开发效果和最终采收率。四川盆地西部地区须家河组低渗透致密砂岩气藏属构造控制的断层—背斜气藏,储层类型为裂缝—孔隙型,裂缝和储层的有效搭配是气井获得高产的重要条件。气藏普遍具有边水或底水,水体较活跃,水侵方式为沿裂缝水窜,气井见水后产能下降明显,因此,在气藏开发过程中应严格控制采气速度(2%以下),以避免气藏过早见水,造成恶性水淹,影响总体开发效果和最终采收率。中坝气藏优化合理采气速度为1.49%,但投产后气藏很快出水,导致方案未实施。最后通过充分掌握地层水活动规律,实施了科学合理的侧向堵水、排水采气方案,最终获得了较高的开发效果和较高的采收率。平落坝气藏方案设计合理采气速度1.36%,而实际采气速度超过了设计值,结果造成裂缝水窜,所有气井出水,气藏整体进入带水采气期,这是开发方案未预见的。气藏稳产期提前结束,产量开始递减。邛西气藏方案设计合理采气速度1.1%,投产后仍造成气藏早期出水。因此,对于边底水活跃的裂缝—孔隙型非均质低渗透致密砂岩气藏,严格控制采气速度,结合堵水、排水措施,充分利用地层能量、发挥裂缝高渗透优势是保持高产稳产、提高最终采收率的最有效途径。

总的来看,对于无边底水或边底水不活跃的低渗透致密砂岩气藏,采气速度主要由稳产期决定,其对气藏最终采收率影响不大;而对于边底水活跃的低渗透致密砂岩气藏,特别是有裂缝发育的储层,采气速度的大小能有效地防止底水锥进、边水侵入,故需充分利用地层能量。

四、水平井技术及发展趋势

中国天然气水平井开发技术近年发展迅速，水平井段长度1000～2000m，压裂5～15段，产量达到了直井的4倍以上。但与国外先进技术水平相比，还有很大的提升空间。进一步提高水平井技术的应用水平，应从三个方面加强技术攻关和试验。

（1）水平井轨迹优化设计。加强三维地震气层预测技术的应用，形成气藏三维结构数据体指导井眼轨迹优化设计；需要结合中国致密砂岩气藏多薄层的地质特征，突破水平井单一井型，开展阶梯、分支等多种类型的水平井攻关试验，进一步完善水平井井型与储集层展布的匹配性试验，提高储量动用程度。

（2）进一步发展水平井分段改造技术。在工具和压裂液体系技术发展的基础上，需要系统开展压裂效果检测和评价研究，改进压裂工艺，提高改造措施的波及体积并避免含水层的影响；在有利的地应力场条件下，开展体积压裂技术攻关，最大限度地提高储层改造效果。

（3）探索降低水平井建井成本的新途径，提升开发效益。另外，提高单井产量要与提高气藏储量整体动用程度综合考虑，进行井型井网的优化设计，在气层厚度大、丰度高的区块应继续探索直井多层改造技术的应用。

五、开采工艺技术与发展趋势

最近若干年，由于低丰度、低渗透气田开发规模的不断扩大，通过储层改造获得较高产能成为必然选择，由此推动了储层改造工艺技术的快速发展。目前在压裂液体系设计与支撑剂选择、储层改造规模、裂缝控制与监测、直井分层压裂和水平井多段压裂方面都取得了突出的进展。然而，由于面对的开发对象日益复杂，对开采技术工艺也提出了越来越高的要求，也明确了该技术领域的重点发展方向。

1. 压裂液体系研究面临的挑战与发展趋势

压裂液设计作为储层改造中关键技术之一，在储层改造中作用极为明显，而且其追求的一贯思路也是非常明确的，即首先是压裂液的性能，这当中包括要具有较长时间的稳定性，特别是高温、高压情况下性能的稳定。其二是较小的污染性或对地层的伤害性，这对低渗透储层的改造是特别重要。通过目前的研究证实，储层改造过程中对地层造成的伤害相当程度上是不可逆的，即部分伤害将是永久的。第三是要具有较好的反排效果，反排效果的好坏用两个指标来衡量，一是反排时间，二是反排率，即要求在相同的施工条件下，较短时间内具有较高的反排率。除了对压裂液体系优质的性能指标追求外，对更为廉价的产品设计也是非常重要的，特别是对于储量丰度低和开发难度较大的气藏，经济指标始终都是生产作业者面对的巨大问题，因此，未来压裂液体系的发展方向必然是更加优质高效的性能与低廉的价格。

对于支撑剂而言，目前国内及进口支撑剂基本能满足储层改造后对裂缝的支撑作用，但实际生产对支撑剂支撑作用的要求是更大的强度、更长的有效时间和更加合理的价格，特别是伴随着国内大批低渗透气田的开发，材料的国产化是必然要求，对能够适应特殊条件（如高温高压）的特种支撑剂的开发，也将是未来的主要方向之一。

2. 储层改造规模面临的挑战与发展趋势

在均质的地质模型条件下，压裂规模越大，泄流面积也越大，改造效果也就越好。低渗透致密储层改造规模一定要与被改造地质体的客观面貌结合起来，才能达到最佳的经济技术效果。如苏里格气田这样有效砂体规模小，分布较为分散的气藏，目前的改造工艺尚不具备沟通不同有效砂体的能力，只能对井所钻遇到的砂体达到改造效果，最终回归到适度规模的压裂这一方式上来，并取得了良好的效果。因此，在压裂规模上，结合所改造对象进行压裂规模设计，今后仍将是努力发展的方向。

3. 裂缝控制与监测面临的挑战与发展趋势

储层改造是一个地质条件与工程设计紧密结合的过程，在相同的改造规模条件下，裂缝的条数、规模和产状是最重要的参数。如何达到设计要求的裂缝状态，需要充分考虑施工条件、地层结构与地应力条件，只有充分认识到这些因素，才能提高裂缝控制水平，提高储层改造效果。同时，裂缝监测也是目前面临的主要问题之一，特别是埋藏深度超过3000m以上的裂缝监测，难度比较大。只有通过科学方法，掌握了已施工井的裂缝延伸情况，才能为下一步储层改造提供更好的设计参数与技术要求，真正做到储层改造的可控性。

4. 直井分层压裂与水平井多段压裂改造技术

对于层状特征较为明显的低渗透致密砂岩气藏，无论是直井分层压裂还是水平井多段压裂改造，目的都是最大程度地打开所钻遇的储层，提高储量动用程度。

目前该技术国内外差异较大。国外的压裂技术在理论上达到了无极限层段的能力，从实际施工情况可见，水平井压裂20段以上，直井压裂近30层的改造实例；国内的改造能力目前为水平井压裂5段左右，直井压裂4层以下的水平。由于近年发现的气藏纵向上层数较多，水平井水平段也都达到1000m左右，如何进一步提高改造层段数，最大程度地提高直井的纵向和水平井全水平段的动用程度，乃是今后相当长时间内储层改造的主要攻关方向。

参考文献

[1] Terrilyn M Olson. 几个低孔低渗气藏的若干特征 [J]. 赵芬译. 天然气工业，1985：12–22.

[2] 中华人民共和国国家标准. GB/T 26979—2011天然气藏分类.

[3] 中华人民共和国石油天然气行业标准. SY/T 6832—2011致密砂岩气地质评价方法 [S]. 北京：石油工业出版社.

[4] 中国石油天然气股份有限公司对外合作经理部. 中国石油对外合作开发技术论文集 [M]. 北京：中国石化出版社，2001.

[5] BP Statistical Review of World Energy. 2010 [R/OL] [2010–07]. http：//www.bp.com/statistical review.

[6] 马新华，贾爱林，谭健，等. 中国致密砂岩气开发工程技术与实践 [J]. 石油勘探与开发，2012，5.

[7] 李建忠，郭彬程，郑民，等. 中国致密砂岩气主要类型、地质特征与资源潜力 [J]. 天然气地球科学，2012，23（4）.

[8] 戴金星，倪云燕，吴小奇. 中国致密砂岩气及在勘探开发上的重要意义 [J]．石油勘探与开发，2012，39（3）．

[9] Curnella S P, Shanley K W, Camp W K. Understanding, exploration, and developing tight-gas sands, 2005 Vail Hedberg conference [M]．AAPG Hedberg Series, 2008.

[10] 国外天然气经济研究课题组.美国天然气工业与天然气交易 [M].北京：石油工业出版社，2004.

[11] 马新华，贾爱林，谭健，等. 中国致密砂岩气开发工程技术与实践 [J].石油勘探与开发，2012，5（39）：572-579.

[12] 庄惠农. 气藏动态描述与试井 [M]．北京：石油工业出版社，2004.

[13] 叶昌书. 气井分析 [M]．北京：石油工业出版社，1997.

第二章 低渗透致密砂岩气藏储层评价

与常规砂岩储层相比，低渗透致密砂岩储层在地质特征、形成机制及控制因素上既有共同点，又有其自身的特点。无论何种砂岩储层，都是陆源碎屑岩的沉积产物，因而具有陆相碎屑岩储层的一些共性。不同之处在于低渗透致密砂岩储层的成因更加复杂，分布更加隐蔽，储层的连续性、连通性较差，直接影响到气藏的产能及生产动态。因此，从低渗透致密砂岩储层的地质特点出发，揭示低渗透致密砂岩储层的成因及控制因素，应用各种储层评价技术及方法寻找"相对高渗透区"，是低渗透致密砂岩气藏勘探和开发成功的关键。

第一节 储层特征与分类

一、地质特征

1. 沉积特征

北美、加拿大低渗透致密砂岩气藏主要发育在海陆过渡带上的沙坝—滨海平原和三角洲沉积体系。中国已发现的低渗透致密砂岩气藏大多分布在陆相河流—三角洲沉积体系中，储层具有横向相变快，砂体连续性、连通性差，开发难度更大等特点。下面就这两种主要沉积体系的沉积特征作一详细阐述。

1）河流相储层

河流是陆相储层沉积物搬运和沉积的重要地质营力，也是沉积的主要场所。在已发现的低渗透致密砂岩气藏中，河流相储层主要包括曲流河和辫状河两种沉积类型。

曲流河沉积主要分布在河流的中下游地区，侧向侵蚀和加积作用使河床向凹岸迁移，凸岸则形成"弯月状"的边滩沉积。曲流河河道坡度较缓，流量稳定，搬运形式以悬浮负载和混合负载为主，沉积物较细，一般为泥、砂沉积，垂向剖面具有典型的二元结构特征。二元结构的底层即河床滞留沉积和边滩沉积，是曲流河的骨架砂体，具正韵律沉积，底部沉积物粒度粗，物性好，向上粒度变细，物性变差。二元结构的顶层为天然堤和决口扇沉积，粒度细，一般以细砂岩、粉砂岩为主，物性较差。因此，曲流河二元结构中底层的顶部和顶层的下部极易形成低渗透储层。

辫状河沉积多发育在河流的上游及近山地区，具有多河道，河床坡降大、宽而浅，侧向迁移迅速等特点，以心滩相发育为其典型特征。心滩沉积物一般粒度较粗，以（含砾）粗砂、中砂岩为主，成分复杂，成熟度低。沉积物石英颗粒含量高，抗压实能力强，可保存一定的原生粒间孔，同时也有助于流体的流动，为后期溶蚀孔隙的形成提供了物质基础，是低渗透背景上形成相对高渗透的重要原因，而细粒沉积物中岩屑含量普遍高，机械压实作用强烈，柔性颗粒受挤压变形充填孔隙，导致储集物性变差，是形成低渗透的重要原因之一。

苏里格气田主要目的层是上古生界二叠系下石盒子组盒$_8$段和山西组山$_1$段，地层厚度为80～100m左右，埋藏深度大约在3200～3500m。鄂尔多斯盆地山西组—石盒子组沉积时期，盆地整体为北高南低，物源主要来自北部，苏里格地区物源主要来自杭锦旗以北的元古界地层，从北向南依次发育冲积扇—河流—三角洲—湖相沉积，并随湖泊的扩张和收缩在垂向上形成多旋回沉积。盒$_8$、山$_1$段沉积时期为大面积分布、地势平缓、沼泽背景下的辫状河沉积（图2-1）。下部沉积时期气候湿润、植被发育，对河道的侧向迁移摆动造成一定的限制作用；上部沉积时期气候向干旱转化，河流摆动增强，辫状河频繁改道，垂向上河道与心滩砂体互相切割、叠置，平面上复合连片，构成了苏里格气田的主要储集砂体。

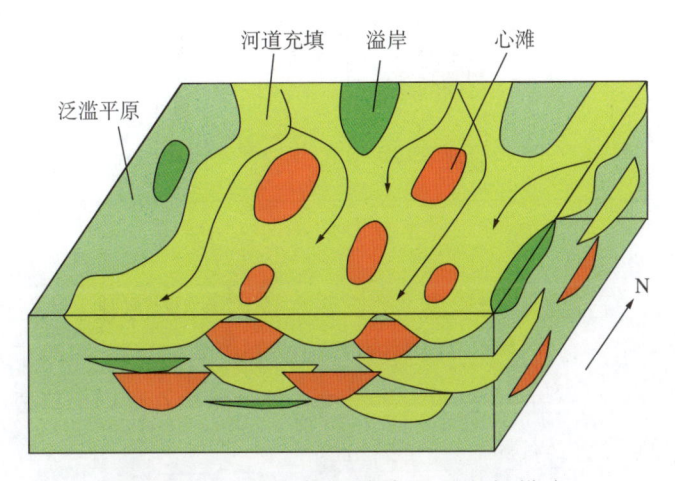

图2-1 苏里格气田辫状河沉积相模式

心滩是辫状河河道内的主要沉积单元之一。沉积物粒度较粗，内部层理构造发育，可见槽状、板状交错层理、块状层理等。与曲流河边滩相比较，心滩一般不发育上部细岩性段，砂体的正粒序特征不明显，电测曲线以箱形为主。当心滩随着河水的冲刷而向下游前积移动时，电测曲线略呈现漏斗状。由于辫状河水流强度变化较为频繁，在心滩中会出现粗细互层的砂岩沉积（图2-2）。

河道充填沉积为河床底迁移而形成，以槽状交错层理为特征沉积构造，还可有小层板状交错层理、平行层理等，一般在坡降较陡、水体较深的河道中易发育。

2）三角洲相储层

三角洲为河流入海（湖）的河口处，流速降低，水流所携带的沉积物便在河口处堆积下来，形成平面上呈三角形或舌状，剖面上呈透镜状的碎屑堆积体。一个完整的三角洲沉积体可划分为三角洲平原（包括分流河道、河道间等）、三角洲前缘（包括水下分流河道、河口坝、远沙坝、席状砂等）以及前三角洲。其中三角洲平原分流河道是陆上河流相在三角洲上的延伸，具有陆相河流的沉积特征。三角洲前缘水下分流河道、河口坝砂体经河流和海（湖）水的双重筛洗作用，岩性较纯，石英颗粒含量高，泥质较少，因此储集物性好。远沙坝和席状砂砂泥岩交互，渗透性较差。

根据河流的类型不同，三角洲相可分为曲流河三角洲和辫状河三角洲，前者属于正常三角洲，后者为陆上辫状河入海（湖）等稳定水体中形成的粗碎屑岩体，其发育受季节性水流量的控制，主要储集体为辫状河三角洲平原沉积，由单条或多条低负载荷河流提供物质。这两种沉积类型在低渗透砂岩储层中均有发育。

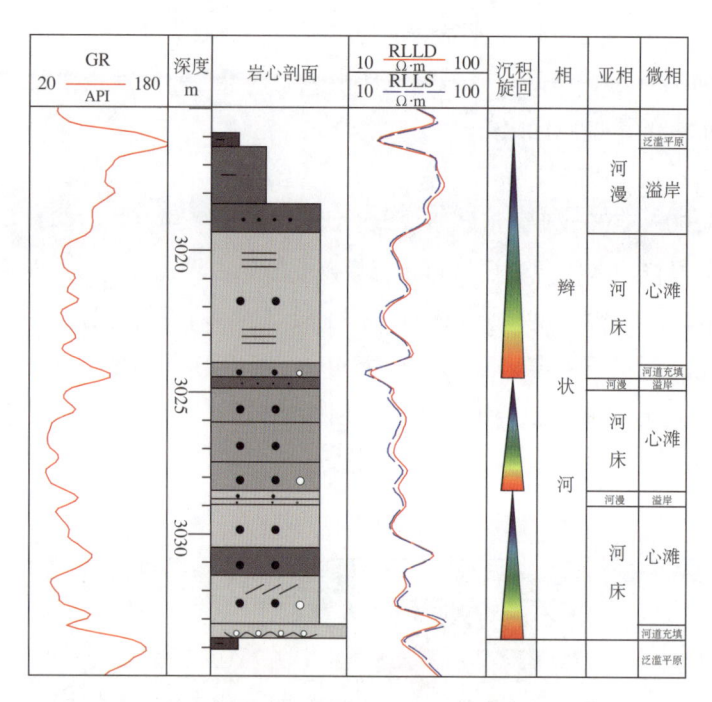

图2-2 苏里格气田辫状河垂向层序特征

四川盆地须家河组低渗透致密砂岩气藏主要沉积在该类沉积体系中。与一般辫状河三角洲不同，四川盆地上三叠统须家河组为多河道砂质辫状河三角洲沉积（图2-3）。由于基准面的升降与湖平面的振荡，形成了须家河气藏源-储的"三明治"结构，这种结构在纵向上形成了多套优质生储盖组合（图2-4），从而在平面上形成具有满盆含气的特征。

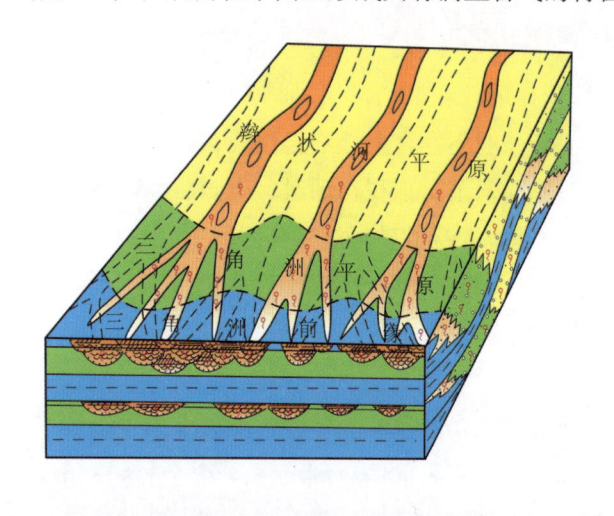

图2-3 川中须家河组多河道砂质辫状河三角洲模式图

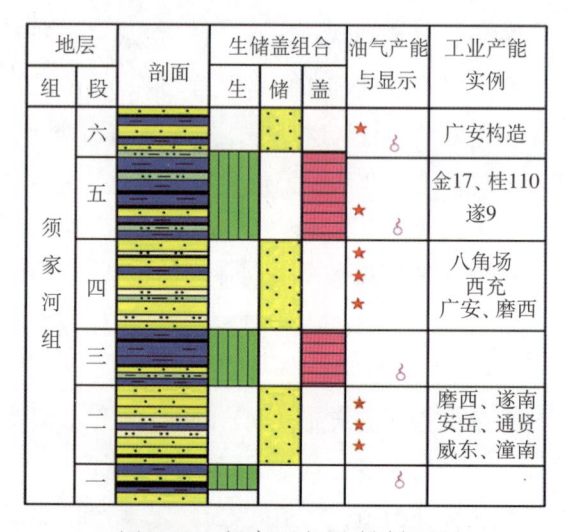

图2-4 须家河组地层剖面图

2. 储层特征

由于储层形成的沉积环境独特以及受沉积后成岩作用和构造作用的影响，使其具有一些特殊的典型特征：沉积物成熟度低、储层物性差、孔喉半径小、成岩差异大、裂缝比较发育和非均质性强等特征。

1) 岩石学特征

低渗透致密砂岩储层最显著特点是岩石矿物成分成熟度低，碎屑颗粒中长石和岩屑含量普遍较高，黏土和碳酸盐胶结物含量高。岩石类型多为长石砂岩、岩屑长石砂岩、长石岩屑砂岩、岩屑砂岩和岩屑石英砂岩，石英砂岩少见（图2-5）。长石、岩屑等这些柔性颗粒含量的增多，直接导致了沉积物在成岩过程中的强烈机械压实作用下而弯曲变形，使孔隙缩小，从而使储层变得致密、物性变差。岩石颗粒粒度分布范围较大，大小混杂，分选和磨圆较差，颗粒之间多表现为线接触、凹凸接触和缝合线接触。

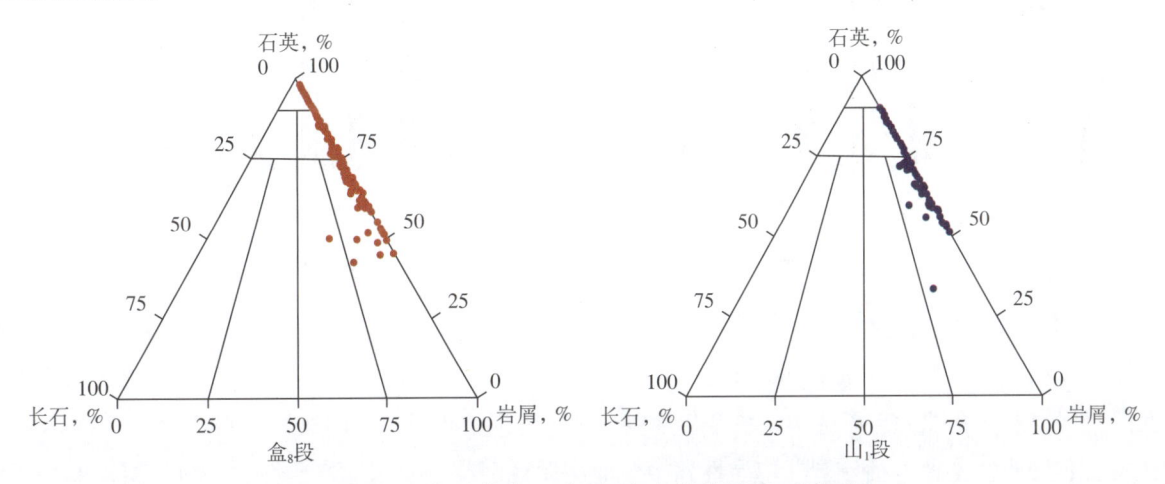

图2-5 苏里格气田低渗透砂岩储层岩石类型

2) 孔隙结构特征

由于经历了强烈的成岩作用改造，储层原始粒间孔几乎消失殆尽，储集空间主要以各类溶孔（颗粒溶孔、岩屑溶孔、杂基溶孔等）、晶间孔、残余粒间孔等次生孔隙为主，其次为少量微裂隙（图2-6）。

(a) 粒间溶孔及高岭石晶间孔
（陕246井，3055m，单×100）

(b) 粒间溶孔及高岭石晶间孔
（苏东23-J3井，2928m，单×100）

图2-6 苏里格气田孔隙类型镜下特征

储层渗透率除受岩石孔隙大小的影响外，更主要是受孔隙连通情况，即喉道半径大小、几何形态和结构系数的控制。根据孔隙和喉道的大小，可将储层的孔隙结构分为大孔细喉型和小孔细喉型两种。前者孔隙类型主要为残余原生粒间孔、粒间溶孔，喉道主要为细颈型和窄片型，孔喉比较大；后者孔隙类型以粒间溶孔和晶间微孔为主，喉道主要为管束状、细管状和窄片状，孔隙较小，喉道也较小，孔喉比较小。

3）储层物性特征

储层孔隙度大多在4%～14%之间，平均8%左右；渗透率主要分布在0.05～1mD范围内，平均小于1mD（图2-7、图2-8）。

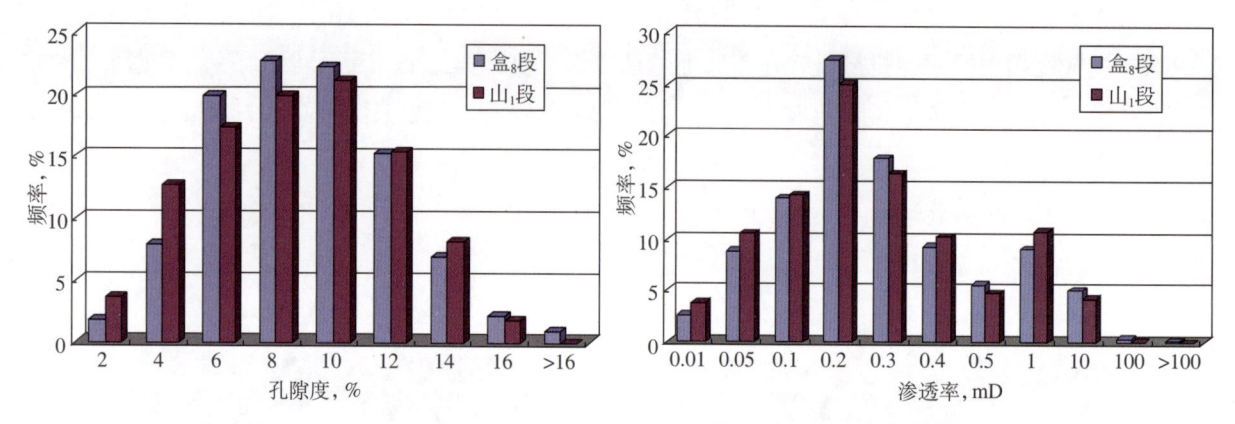

图2-7　苏里格气田储层孔隙度分布直方图　　图2-8　苏里格气田储层渗透率分布直方图

4）储层非均质性特征

受沉积和成因作用的双重影响，低渗透砂岩储层非均质性极强，储层渗透率在水平方向和垂直方向上都变化较大，孔隙度与渗透率关系复杂，在半对数坐标上不是简单的线性关系。

储层非均质性主要包括宏观非均质性和微观非均质性两类，宏观非均质性主要包括层内非均质性和层间非均质性。层内非均质性主要是由于沉积形成时水动力条件、水流方向、古地形差异等，使同一层内沉积物粒度分布不均，大小混杂，从而孔隙度和渗透率大小也相差较大。层间非均质性主要指不同层之间的变化。微观非均质性是指储层的微观孔隙、喉道的大小和分布特征等方面的变化。

3. 裂缝特征

砂岩储层随岩石致密程度增加，岩石的强度和脆性加大，在构造应力场的作用下，岩石会不同程度地产生裂缝，形成裂缝性储层。裂缝主要包括由构造活动引起的构造缝和由异常高压产生的微裂缝。裂缝通常是主要的渗流通道，控制着低渗透致密砂岩气藏的渗流特性，对低渗透致密砂岩气藏的开发具有重要的影响。

二、储层分类

根据储层的物性特征及成因，低渗透砂岩储层主要有两种分类法。

1. 物性分类法

按孔隙度和渗透率特征，将其分为两类[1]：

（1）高孔低渗储层。该类储层埋藏浅，主要由沉积粒度较细的粉砂岩构成，储层的孔隙度相对较高（原始孔隙度可达10%～40%）。由于颗粒粒度细、粒内和粒间孔隙小，束缚水饱和度高（一般为90%左右），导致储层渗透率很低。

（2）低孔低渗储层。该类储层埋藏较深，孔隙度和渗透率都很低，毛细管压力相对较高，束缚水饱和度介于45%～70%之间。储层的孔隙主要是由分散的微孔隙构成，孔隙之间的连通性差，造成储层渗透率低。

2. 成因分类法

按照成因可将低渗透致密砂岩储层分为原生型、次生型和裂缝性三类[2]。

（1）原生型。主要受沉积作用的影响。岩石颗粒成分、大小和分选以及胶结物成分和含量等沉积作用过程是影响储层渗透性的主要因素。该类储层大多埋藏较浅，未经历强烈的压实和成岩作用的改造，岩石脆性低，裂缝不发育，孔隙度较高，但连通性差，因而渗透率低。

（2）次生型。主要是各种成岩作用改造的结果。机械压实、胶结、重结晶、交代和溶蚀等成岩作用都会造成储层岩石原孔隙度和渗透率的丧失，形成次生储层。由成岩作用形成的低渗透致密砂岩储层多数具有低孔隙度、低渗透性的特征。

（3）裂缝性。比较致密的砂岩岩石一般脆性较大，成岩后期构造作用产生的外力使这些脆性较大的致密岩石发生破裂，形成一定的构造裂缝，从而提高了储层渗透率，形成裂缝性储层。裂缝既是这类储层的有效储集空间，也是主要的渗流通道。

第二节　储层成因与控制因素

低渗透致密砂岩储层的形成主要受沉积和成岩作用控制，有时还受构造因素影响。沉积作用决定了后期成岩作用的类型和强度；成岩作用特别是成岩早期强烈的压实和胶结作用对形成低渗透致密储层起了决定性作用。

一、沉积作用

沉积作用是低渗透致密砂岩储层形成的基本因素，它既影响储层的原始孔隙度和渗透率，又影响埋藏阶段储层的孔隙度和渗透率演化。沉积作用的不同，直接导致储层岩石成分、颗粒大小、分选、磨圆上的差异，并最终导致储层低孔隙度、低渗透率、致密。

从沉积成因的角度来分析，低渗透致密砂岩储层的形成大致上有两种情况：一种是近源沉积，表现为流水动力强劲，沉积物分选差，碎屑物颗粒大小不等，砾、砂、泥混杂，泥质充填了砂砾间的孔隙和喉道，降低了孔隙间的渗透性，形成了低渗透储层。这类储层多发生在靠近山麓附近的冲（洪）积扇、辫状河等沉积体系。一种是远源沉积，沉积物经过长距离的搬运，颗粒变细，多为细砂岩和粉砂岩沉积，碎屑颗粒分选、磨圆较好，如水动力条件（单向水流、波浪等）很弱乃至非常平静的前三角洲沉积多属于这种沉积机制。这种细粒沉积物一般泥质（钙质）含量高，在后期成岩强烈的压实作用下极易形成低渗透致密储层。

二、成岩作用

低渗透储层的形成，除沉积作用外，沉积物的后期成岩作用对储层物性的变化起着重要的影响。通过各种成岩作用，可以降低原生孔隙，形成低渗透层或致密层，也可在形成低渗透层或致密层的基础上溶蚀形成次生渗透层或局部相对高渗透储层。另外，不同的成岩环境成岩作用类型各异，因此，形成低渗透或致密储层的机理不同。

根据成岩作用对储层物性的改造不同，可将成岩作用划分为两类：一类是使储层物性变差的成岩作用，包括机械压实作用、胶结作用等，另一类是使储层物性得到改善的成岩作用，包括溶蚀作用、交代作用等。

机械压实作用是沉积物在上覆压力及静水压力作用下，发生水分排出，碎屑颗粒紧密排列而使孔隙体积缩小、孔隙度降低、渗透性变差的成岩作用。在强烈的压实作用下，岩石中脆性矿物颗粒破裂、片状矿物、塑性组分（岩屑、云母）受挤压变形，颗粒接触面积增大，由点接触变为线接触、凹凸接触、缝合线接触，使颗粒排列更加紧密，导致储层物性变差。

胶结作用是指矿物质沉淀在碎屑沉积物孔隙中，形成自生矿物并使沉积碎屑物固结为岩石的作用，它是使储层孔隙度降低的重要因素。在低渗透砂岩储层中，常见的胶结有硅质胶结、碳酸盐胶结、硫酸盐胶结和沸石胶结。特别是石英次生加大和碳酸盐矿物胶结普遍发育。

溶蚀作用是低渗透砂岩储层形成次生孔隙的主要原因。在碎屑颗粒中，碳酸盐、长石及岩屑最容易发生溶蚀作用。溶蚀作用所需大量酸性水主要来自4个方面：混合黏土矿物转化释放出来的大量层间水；有机质经热转化达到成熟后生产的大量有机酸、二氧化碳和水；黏土与碳酸盐发育形成的二氧化碳；长石风化成高岭石生产的HCO_3^-。

依据成岩环境的不同，可将砂岩储层的成岩环境划分为3种：酸性成岩环境、碱性成岩环境和弱酸—弱碱性成岩环境[3]。

酸性成岩环境主要发育在潮湿环境煤系地层或与煤系地层相邻的储层中，在成岩早期，植物遗体在喜氧菌的作用下遭受氧化分解，形成大量腐殖酸，使地层水变为酸性，颗粒间缺乏胶结物的支撑，压实作用强烈，泥质或软岩屑呈杂基状充填在原生孔隙中，孔隙度一般小于10%。在中成岩早期，烃源岩中形成的有机酸性水只能有限地进入并改善部分储层的储集性能。因此酸性成岩环境中压实作用是形成低孔隙度、低渗透率或致密储层的主要原因。如苏里格气田盒$_8$、山$_1$段储层主要为该种成岩环境类型。

碱性成岩环境指干旱环境中沉积的盐系地层（碎屑岩和盐岩互层），这种成岩环境与煤系酸性成岩环境正好相反，它们在成岩早期地层水为碱性条件。因此，原生孔隙被大量方解石或石膏等充分充填胶结，储层物性变差。不仅如此，盐系地层常常缺乏烃源岩，形成的有机酸性水很有限，酸性水的溶蚀作用弱，因此碱性成岩环境中的胶结作用是形成低孔隙度、低渗透率或致密储层的主要原因。

弱酸—弱碱成岩环境主要发育在淡水、半咸水湖泊的三角洲沉积中，它们在成岩早期为弱碱性成岩环境，方解石、石膏、浊沸石等在早成岩阶段胶结充填在原生粒间孔隙中，抑制了压实作用的进行。在中成岩早期，湖相泥岩中生成的有机酸性水，沿着层序界面、断层面以及三角洲叠置砂体，从烃源岩向砂岩的运移过程中，溶蚀其中的胶结物及长石和岩屑颗粒，形成次生溶蚀孔隙。这些次生孔隙发育带常常是优质储层的发育带。

三、低渗透背景下局部相对高渗透储层的特征与分布

目前中国发现的低渗透致密砂岩气藏相对高产的成因是以沉积作用为主导，后期成岩作用（特别是溶蚀作用）为辅的作用机制，主要表现为相对高渗透储层主要发育在河道、心滩、分流河道等骨架砂体的主体部位，这些部位的沉积物粒度粗，石英等刚性颗粒含量高，碎屑颗粒抗压实作用强，虽经各种成岩作用改造，仍可保存一点残余粒间孔隙。同时，这些残余粒间孔隙也为后期溶蚀作用的发生

提供了溶蚀通道，有利于次生孔隙的生成。所有这些都为高渗透储层的形成提供了条件。

下面以苏里格气田为例，详细阐述低渗透或致密背景下局部相对高渗透储层的特征与分布。苏里格气田砂体大面积广泛分布，但是有效砂体仅为砂体的三分之一左右，这些有效砂体主要分布在辫状河沉积体系中河道微相的中下部和心滩微相的粗岩相中。

1. 河道中下部粗砂岩相形成的局部相对高渗透储层

由于辫状河的水动力强，河道频繁迁移，在主河道附近可形成多期河道叠加，因此，垂向上可发育多段有效砂体，均发育在单期河道充填的下部，并被泥质夹层所分割。单期河道粗砂岩相厚度一般小于4m，占砂岩总厚度的8%～10%。测井曲线表现为钟形或钟形-箱形组合，底部发育冲刷面（图2-9）。

2. 心滩粗岩相的相对高渗透储层

该类储层为单独的成因单元，厚度可达5m以上，顶底突变，与中细砂岩不连续沉积。内部结构均匀，测井曲线箱状，无泥质夹层，以块状层理为主（图2-10）。

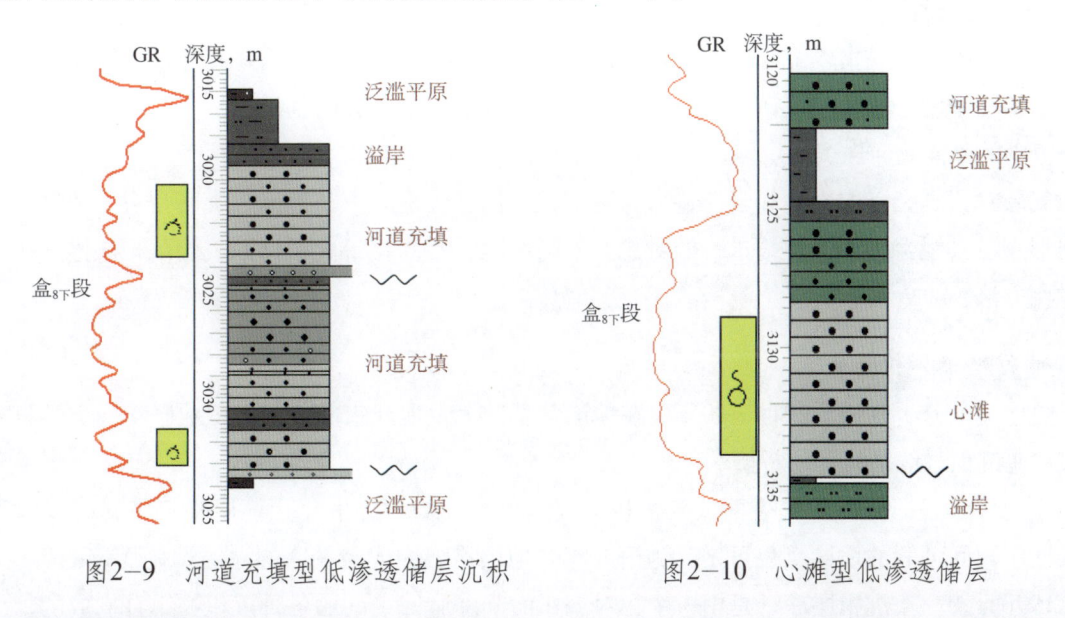

图2-9 河道充填型低渗透储层沉积　　　图2-10 心滩型低渗透储层

第三节　储层评价

一、地层精细划分与对比

地层划分与对比是开发地质工作的基础，也是油气藏描述最基础的工作之一，其目的是建立等时的地层格架，明确地层接触关系，了解地层纵横向变化，确定油气田开发区内统一的地层划分与对比方案[4]。

储层划分与对比是相辅相成、不可分割的整体。只有根据地质规律划分地层并进行正确的等时对比，才能建立合理的储层格架，揭示储集体的非均质特性，指导油气田的合理开发。对储层认识的精细程度，取决于层组划分的精细程度。评价阶段，层组划分对比的精度要求达到砂层组一级，对单层可以划分但不必过分追求。开发中后期，层组划分对比的精度则要求达到成因单元（或单砂体）。

储层划分与对比是根据岩性组合、沉积旋回和地层接触关系等特性对地层剖面分成不同级次的层组,并建立全油气藏各井之间各级层次的等时对比关系,在油气藏范围内实现统一的分层。储层层组划分与对比是研究储层形态特征和参数空间分布状况的手段。在油气田范围内大的地层分界容易划分与对比,但对砂层组以下地层单元(或更小级别)的划分与对比则难度较大,因此储层精细划分与对比是油气藏描述首要研究的内容。

油气储层精细划分对比主要有两种思路方法。一种是针对陆相储层具有多层、层薄、砂泥岩间互、平面相带窄、相变快、侧向连续性差的沉积特征,建立了"旋回对比,分级控制"的方法[5];另一种是T. A. Cross等提出的基准面旋回高分辨率层序地层理论方法[6]。

1. "旋回对比,分级控制"的储层对比方法

"旋回对比,分级控制"是利用沉积岩的旋回性及从大旋回到小旋回一级套一级的特点,在标准层的控制下,进行逐级旋回对比,即在一级旋回内对比二级旋回,在二级旋回内对比三级旋回,直到四级旋回。在各级相应的旋回内对比气层组、砂岩组及小层分界,逐级控制对比精度,这就是常说的"旋回对比,分级控制"的小层对比方法。

油气层层组划分是指以岩心资料为基础,以测井曲线形态特征为依据,充分考虑层间接触关系,结合沉积相在垂向上的演变规律,在区域地层划分和含油层系划分的基础上,将含油气层段划分为稳定分布范围的不同旋回性沉积层段。

油气层对比是指以古生物和岩性特征为基础,在标志层控制下,以沉积旋回为主要依据,运用测井曲线形态及其组合特征,逐级进行的对比。不同地区、不同相带应根据油气层沉积成因采用不同的具体对比方法。

2. 高分辨率层序地层学分析方法

层序地层学分析方法是20世纪80年代在地层学基础上发展起来的一门沉积地层学分支学科,它是划分和对比沉积岩地层的一种新技术和新方法。

层序地层学是研究以不整合面或与之相对应的整合面为边界的年代地层格架中具有成因联系、旋回岩性序列间关联的地层。也可定义为研究年代地层格架中成因关联的地层学科(Vail Wagoner,1988,1990)。一个沉积层序,是由一个相对海平面升降旋回之间的各种沉积物组合构成的。一个层序中地层单元的几何形态和岩性受构造沉降、海平面升降、沉积物供给速度和气候变化等4个基本因素控制。其中构造沉降提供了可供沉积物沉积的可容空间,全球海平面变化控制了地层和岩相的分布模式,沉积物供给速度控制了沉积物的充填过程和盆地古水深的变化,气候控制了沉积物的类型以及沉积物的数量。一般来说,构造沉降速度、海平面升降速度和沉积物供给速度3个参数控制了沉积盆地的几何形态,沉降速度和海平面升降变化控制了沉积物的可容空间变化。Vail(1987)认为,全球海平面升降变化是控制地层叠置样式的最基本因素。

层序地层学分析方法的核心是在全盆地建立起等时地层格架,在此基础上将盆地充填序列解释为不同级别的层序地层单元,并进一步研究各级层序地层单元的划分和横向等时性对比。随着勘探开发的发展和现代油藏精细描述的需要,以Cross领导的科罗拉多矿业学院成因地层研究组为代表的高分辨率层序地层学迅猛崛起,它以岩心、露头、测井和高分辨率地震剖面资料为基础,运用精细层序划分和对比技术对三维地层关系进行预测,建立区域、油气田乃至油藏级别的储层层序地层格架,对储层、隔层及生油层分布进行评价。高分辨率层序地层学的问世,不仅拓展了层序地层学的研究范围,

而且丰富和完善了层序地层学的理论基础，使层序地层学向高精度化、定量化迈出了重要一步。

高分辨率层序地层学的基本原理有：地层基准面原理、体积划分原理、相分异原理和旋回对比法则。其中，基准面原理是理论基础，是地层的时空演化过程，是"因"；体积划分和相分异是沉积响应，是"果"；旋回等时对比法则是应用方法。

基准面旋回的识别是指地层记录中不同级次的地层旋回记录了相应级次的基准面旋回。高分辨率等时地层对比的关键是识别地层记录中这些代表多级次基准面旋回的地层旋回。根据基准面旋回和可容空间变化原理，地层的旋回性是基准面相对于地表位置的变化产生的沉积作用、侵蚀作用、沉积物过而不留时形成的非沉积作用和沉积欠补偿作用随时间发生空间迁移的地层响应。因而，每一级次的地层旋回内必然存在着能够反映相应级次基准面旋回所经历的时间中A/S值变化的"痕迹"，以露头、钻井、测井和地震资料为基础，根据这些"痕迹"识别基准面旋回，这是高分辨率层序划分和对比的基础。

基准面旋回对比—等时对比法则。高分辨率地层对比是同时代地层与界面的对比，不是旋回幅度的岩石类型的对比，一个完整的基准面穿越旋回及与其伴生的可容空间的增加和减小，在地层记录中由代表着二分时间单元（每部分分别代表基准面上升与下降）的完整地层旋回组成，有时仅由不对称的半旋回和代表侵蚀作用和非沉积作用的界面构成（图2-11）。

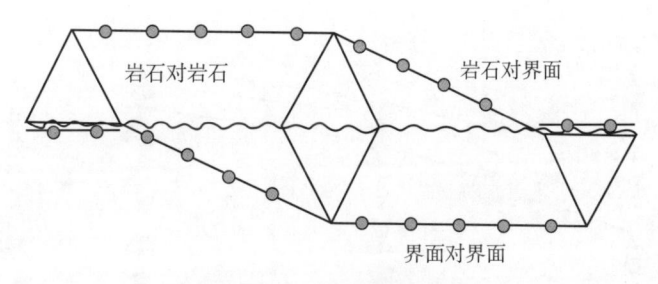

图2-11 成因层序对比

成因层序对比是通过分析堆积方式来识别基准面旋回的基础上进行的。堆积方式的分析是由成因地层研究发展起来的一种比较实用的方法，它用相序和地层界面来识别成因层序的位置和边界，识别成因层序在空间上的分布、堆积样式等。用相序、地层界面和保存程度推断A/S值的升降趋势。同一时间上的基准面旋回识别是地层对比的基础。

在成因层序的对比中，基准面旋回的转折点，即基准面由下降到上升或由上升到下降的转换位置，可作为时间地层对比的优选位置，因为转折点为可容空间增至最大值或减至最小值的单向变化的极限位置。基准面旋回对比时，可以出现岩石与岩石对比、岩石与界面对比、界面与界面对比。基准面旋回能靠岩石和界面的结合来体现地层记录的全部时间，并由此识别可容空间发生地理迁移的位置。基准面变化、沉积作用、无沉积作用、沉积物路过及侵蚀等作用的时空分布特征等，可相当成功地体现于时空图（Wheeler图）上。时空表示法展示了各种作用运作的时空区域，而不管产物是一个地层面还是一个沉积层。据此，一个标准的地层横剖面相当于一张地层响应图，而一张时空横剖面相当于一幅地层作用图。图2-12展示了基准面旋回的岩石地层横剖面及与之匹配的Wheeler图。时间—空间图解是对地层剖面进行时间空间反演的最有效方法，有助于对地质过程（时间+空间）的地层响应（岩石+界面）理解，并有助于确定什么时候岩石对比岩石、岩石对比界面或界面对比界面。

T. A. Cross的成因地层研究小组在对海岸平原—浅海沉积体系进行分析的基础上，总结出了浅海环境成因地层对比方案（图2-13）。

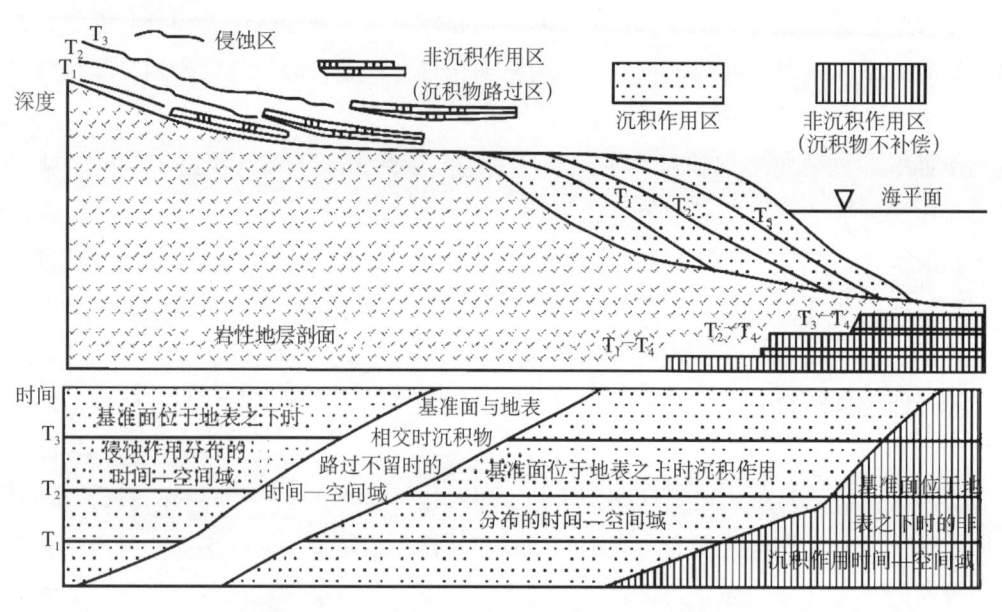

图2-12 地质作用的Wheeler图解（据Wheeler）

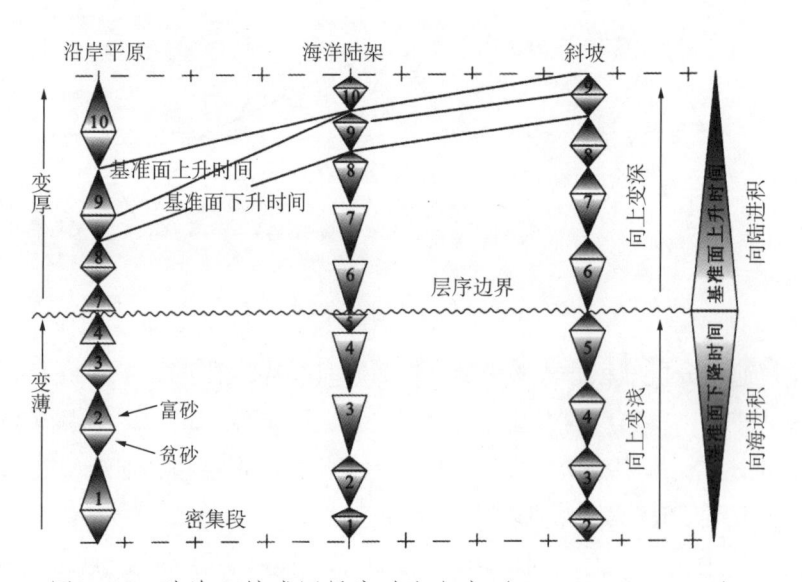

图2-13 浅海环境成因层序对比方案（T.A. Cross，1994）

如图2-13所示，在长期基准面下降期间，可容空间越来越少，随着可容空间的减少，在浅海和海岸平原位置处的短期地层旋回越来越薄，且多为基准面下降的不对称旋回，而且被基准面下降不整合面或沉积物路过面削顶。随着可容空间的减少，基准面上升期间沉积的沉积物在基准面下降期间被剥蚀。基准面下降到上升的转换点时标志着一个事件的开始。海岸平原位置处，在基准面上升和下降旋回中，更多的沉积物沉积并保存下来，地层旋回更为对称，且变厚。越向陆的方向位置处，随着长期可容空间的减少，只在基准面上升期间具有沉积的可能。基准面下降时沉积物路过或被侵蚀。在基准面穿越旋回中，这些部分表现为地层界面。如果基准面上升时的沉积物在基准面下降时没有被侵蚀掉，那么，在长期基准面上升的转折点处，地层旋回更可能是基准面上升的不对称旋回。当长期基准面上升时，地层旋回对称性更好，且更厚，反映了在基准面短期上升和下降期都有沉积物沉积并保存下来。同样，在长期基准面下降转为上升的转折点处，越向物源方向，越是基准面上升不对称旋回，越远离物源则为下降旋回。

在越向海的方向位置，沉积物通量有增加的趋势，且在长期基准面下降时发生沉积作用，结果，在转折点处，地层旋回表现为基准面下降的非对称旋回，且较厚。在长期基准面上升时，地层旋回对称性增加且变薄，反映了在基准面两个半旋回中均发生沉积作用，但沉积物供给在不断减少。

一旦高分辨率时间界面被置于岩石格架中来考虑并进行对比，关于相、相序特征的信息也就赋存于这一格架中。在控制点上，相特征和相序也就与高分辨率时间格架结合起来。然而，对地层学知识很有帮助且以前不曾有的一点是，在每个控制点上对地层岩石物理的、几何形态的和连续性特征的描述赋予了可容空间和基准面变化的内容。在控制点之外和之间沉积的地层特征，也可用质量守恒、体积划分和相分异的时间信息来预测。这样，如果知道在特定位置处特定时间内沉积的是何种相、基准面和可容空间变化等，就可以预测控制点之间和之外地层的相对体积和相特征。

从基准面和可容空间的动力学观点出发，相同沉积体系域或相域的体积分配、沉积物的保存程度、地层堆积样式、相序特征和相类型，不是固定不变的，而是其在基准面旋回中所处位置和可容空间的函数，即时间和空间的函数。因而用沉积动力学的观点，分析沉积物堆积期间基准面变化所导致的可容空间的变化，来解释地层结构和沉积学特征，从而从根本上不同于传统的相模式类比法，它具有强大的优势。

二、储层沉积相分析

沉积相分析简称相分析，指通过对沉积剖面的岩性、古生物及地球化学等方面相标志的研究，进而恢复地质时期沉积环境及其演变规律的一种研究方法[7]。它是油气区岩相古地理研究和油气储层评价的基础工作。

1. 沉积相标志研究

沉积相标志是指最能反映沉积相的一些标志，包括岩性的、古生物的、地球化学的、电性的和地震的。

岩性标志包括颜色、岩石类型、成分、结构、构造、组合及其韵律等。其中以结构特征和构造特征最能反映古沉积环境水流机制和动力条件。对各类岩性标志要进行定性的和定量的描述，并作图示和拍照。

古生物标志包括生物化石、遗迹化石及植物根痕迹等。狭盐性生物化石具有指相意义，应研究其颜色、形态、大小、成分、分布、丰度、保存完好程度，以及门类、类型、种属和组合关系。对于遗迹化石应研究其类型、产状、丰度、组合关系及遗迹相。

地球化学标志主要指最能反映水介质物理化学条件的一些标志，如黏土岩的颜色、自生矿物和一些具有指相性的微量元素（如锶、钡、镁、铁、锰、氯等），以及碳、氧同位素等。

电性标志是指能表示沉积岩特征，并可使该沉积岩与其他沉积岩区别开来的一组测井响应。利用自然电位、自然伽马、电阻率、密度测井及含氢指数能有效地研究沉积环境。利用高分辨率地层倾角测井可指示沉积构造及古水流流向，显示的方法是矢量图和电阻率相关曲线图。

地震相划分主要根据地震反射参数形态和内部结构及有关典型地震相的反射特征来进行。在研究中要注意地震相与地质相的差异。

2. 测井相分析

在实际地质研究中，由于取心井比较少，难于满足沉积相研究的需要，而每口井都有测井曲线，利用测井资料进行沉积相研究是目前通用的一种方法。具体做法是，通过岩心标定测井，选取一系列有效测井曲线组合，根据每种微相的测井响应特征，建立测井相模式。然后根据测井相模式对没有取心的井进行沉积相分析。

在测井相分析过程中，通常利用测井曲线（自然电位或自然伽马曲线）的形态进行相分析，包括测井曲线的幅度、形态、顶底接触关系、光滑程度、齿中线、多层组合形态等，同时结合对取心井做出的各类微相与测井响应的关系，定出各类微相的典型测井曲线，编制出测井相模式图。测井相模式建立后，就可以在所有井中进行划相，为后续的沉积微相研究提供基础。

3. 剖面与平面相分析

为了研究沉积相的时空演化，在单井划相的基础上，选择若干条平行和垂直于物源方向的剖面来进行沉积微相的连井对比，研究沉积微相在垂向上的组合、演化及其分布。

平面相分析以主力层为重点，以沉积单元为基本作图单元，编制沉积微相平面分布图，进而分析平面上物源、微相组合和分布，并预测有利沉积相带。

三、储层测井评价

1. 测井评价

在低渗透致密砂岩气藏中，以河流—三角洲砂体为储集空间的气藏占主体地位。气藏一般都经历了较为强烈的沉积作用和成岩作用，并具有独特的成藏作用。储层则表现为孔隙结构复杂、物性非均质性强、岩性复杂、气水分布多变等特点。低渗透致密砂岩气藏的这些复杂特性导致测井响应复杂，测井解释结果多解，给测井评价带来许多困难与挑战。

针对低渗透致密砂岩气藏的这些特点，测井评价工作应该从低渗透储层成因和岩石物性特征研究入手，综合分析岩性、岩石物性、含油性和电性之间的关系，在准确识别岩性的基础上，建立储层参数的精细模型，识别流体，确定储层下限，并进行气井分类和产能级别评估。

2. 储层"四性"关系分析

储层"四性"（岩性、物性、电性、含气性）关系研究是建立储层测井参数解释模型和确定气层有效厚度下限的基础。测井采集到的物理信息是地下储集岩矿物组合、物性、孔喉结构和流体类型，及其相互作用的综合反映。对于岩性气藏，岩性控制物性，物性控制含气性，是该类气藏的一般规律[8]。

例如，苏里格气田盒$_8$段、山$_1$段储层岩性主要为岩屑石英砂岩、石英砂岩和岩屑砂岩，储层孔隙类型主要为溶蚀孔和微孔。储层物性与岩性密切相关，一般石英含量越高，物性越好（图2—14）。

储层致密化的主要因素是压实作用及硅质、钙质等对孔隙的充填胶结。其中泥质岩屑或陆源杂基含量高是导致储层物性变差的最普遍的因素。储层物性相同，孔隙结构不同，含气饱和度也会有差异。岩屑砂岩的含气饱和度明显低于石英砂岩。当气藏背景条件大体一致时，储层含气饱和度主要受物性的影响。岩性变纯，渗透率升高，含水饱和度明显降低，含气性变好（图2—15）。

(a) 石英类矿物含量与储层渗透率关系图

(b) 岩屑类矿物含量与储层渗透率关系图

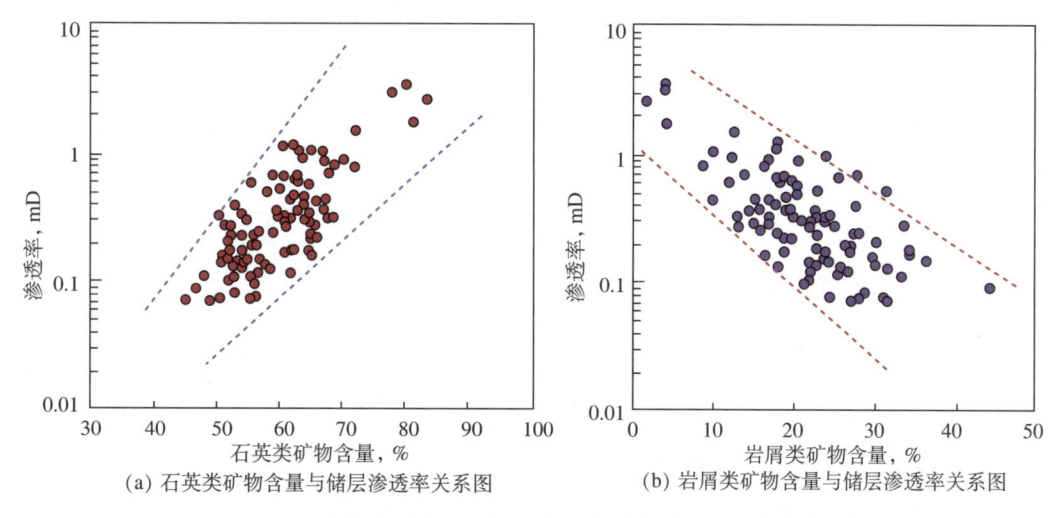

图2—14 石英类矿物、岩屑类矿物含量与储层渗透率关系

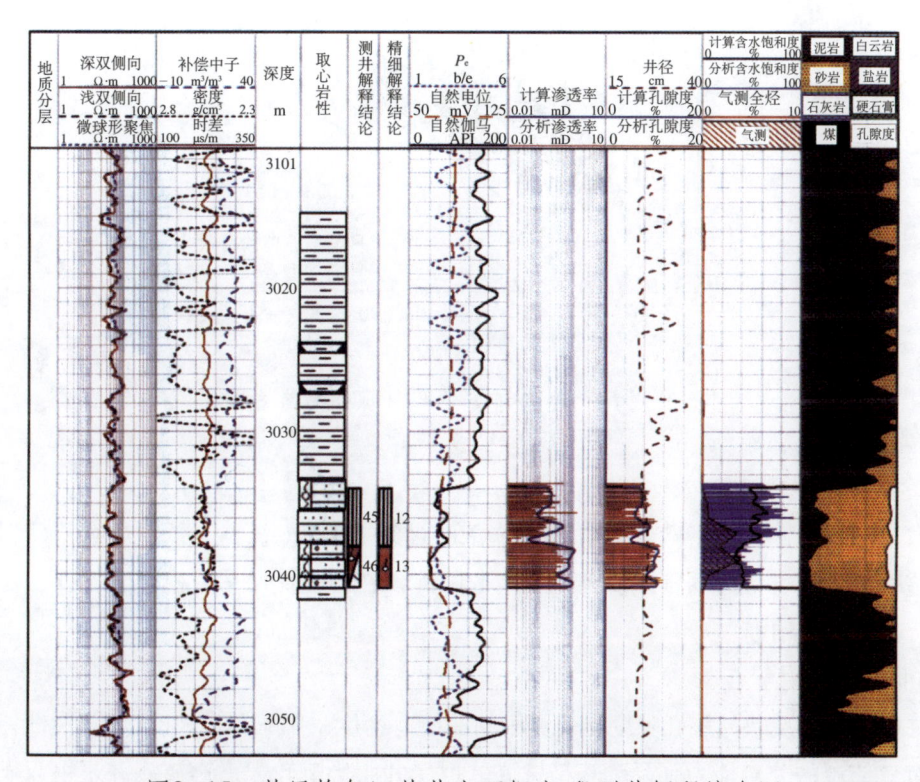

图2—15 苏里格气田某井山西组山₁段测井解释综合图

岩性不同，测井响应也不相同。石英砂岩、岩屑石英砂岩和岩屑砂岩的P_e、GR分别分布在不同范围。此外，岩石组分中的石英矿物、硅质胶结物、黏土矿物含量等对测井响应也有影响。

3. 岩性识别与储层分类

低渗透致密砂岩气藏在剖面上多表现为砂泥岩互层，测井评价工作的第一步就应该是岩性识别：排除泥岩层，去掉致密层，寻找识别出具有一定孔隙度且电阻率相对较高的储层段。

低渗透砂岩储层类型复杂，有石英类、长石类、岩屑类以及其他的混杂类。各种类型砂岩的物性差异大，石英类组分含量对储层物性具有明显的控制作用。石英砂岩的孔隙度比岩屑砂岩高3%～8%，其渗透率则高出岩屑砂岩几个数量级。因此，利用测井资料确定砂岩类型十分有助于储层参数的精细建模。

由于石英、长石和岩屑在孔隙度、自然伽马和光电吸收截面指数P_e等参数上均存在一定的差异，利用这些参数可以有效地识别砂岩类型（表2-1、图2-16）。

表2-1 砂岩类型测井识别参数（鄂尔多斯盆地苏里格气田）

砂 岩 类 型	GR—P_e交会图	
	P_e, b/e	GR, API
石英砂岩	1.66<P_e≤2.2	≤50
岩屑石英砂岩	2.2<P_e≤2.6	40<GR≤70
岩屑砂岩	>2.4	>50

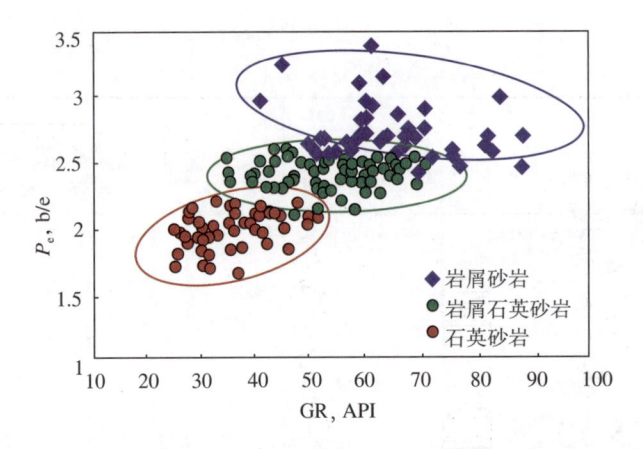

图2-16 砂岩类型测井参数识别交会图（鄂尔多斯盆地苏里格气田）

4. 储层参数的精细建模

储层参数计算是低渗透致密砂岩气藏测井评价的主要内容之一。由于低渗透致密砂岩气藏评价对孔隙度、渗透率、饱和度计算的精度要求比较高，因此，在建立储层参数模型时，要立足于岩心刻度测井的思想，并要做到精细。

1）孔隙度精细建模

常规测井曲线中，反映储层孔隙度比较灵敏的曲线有密度、中子和声波时差3条曲线。一般而言，密度测井对有效储层的分辨能力强，计算精度高，但受井眼影响较大；声波测井采用双发双收补偿技术可有效地减小测井仪器在井筒中的不对称及井壁不规则的影响，但影响因素仍比较复杂，计算精度和有效储层分辨能力都不如密度测井；中子孔隙度的测量值是孔隙流体和泥质中氢原子的共同响应，当地层泥质含量较高时，计算结果误差较大。因此，建立储层孔隙度参数模型时，必须考虑地层的实际情况，在进行岩心孔隙度和测井孔隙度之间相关关系分析的基础上，选择合适的测井曲线建立孔隙度参数模型（图2-17）。

低渗透致密砂岩储层孔隙结构复杂，储层类型多样，因此，建立孔隙度模型时要尽量做到精细，这样才能提高测井解释的精度，为气田有效开发提供支持。

储层分类建模是指在对储层准确分类的基础上，利用经岩心刻度的孔隙度测井曲线分别建立相应储层类型的孔隙度解释模型，并进行泥质校正，提高孔隙度的解释精度。

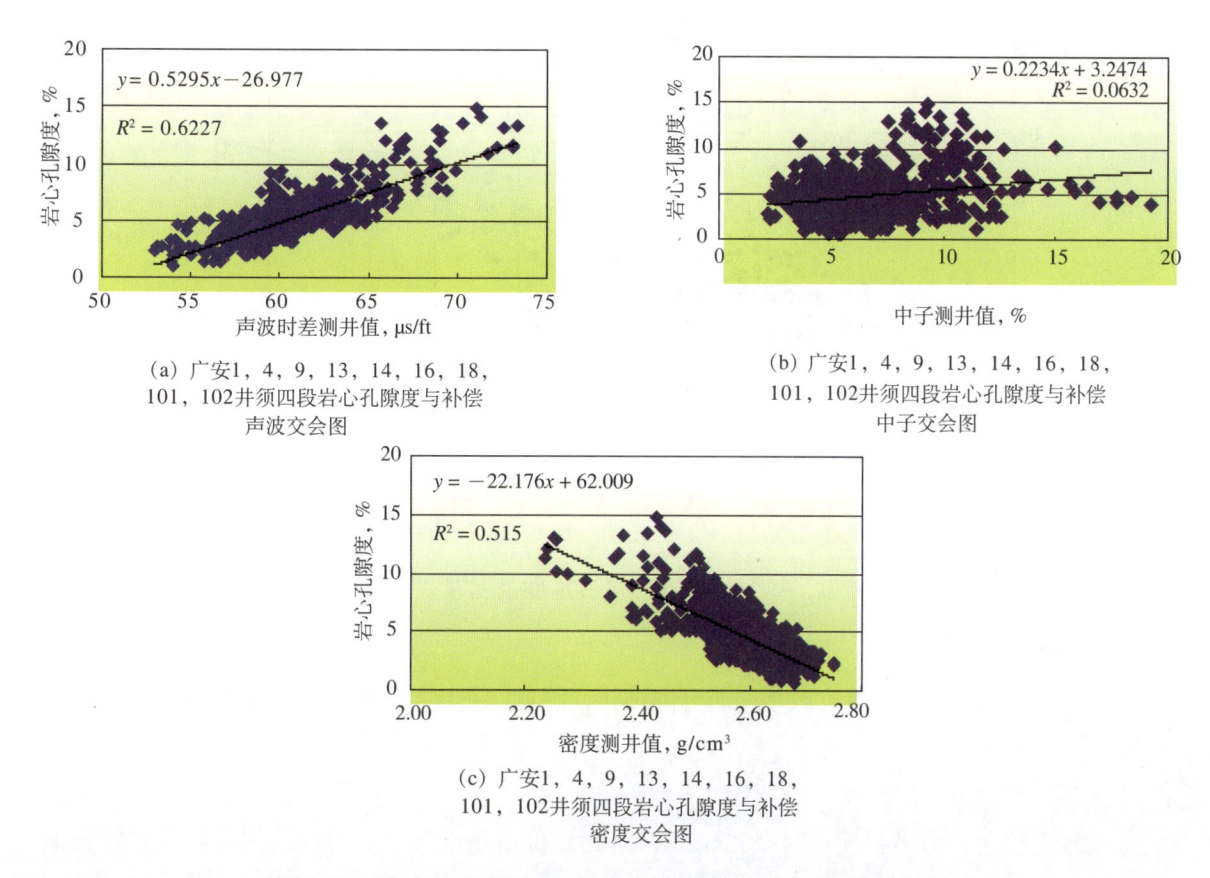

(a) 广安1，4，9，13，14，16，18，101，102井须四段岩心孔隙度与补偿声波交会图

(b) 广安1，4，9，13，14，16，18，101，102井须四段岩心孔隙度与补偿中子交会图

(c) 广安1，4，9，13，14，16，18，101，102井须四段岩心孔隙度与补偿密度交会图

图2-17　广安地区须六段岩心孔隙度与三孔隙度曲线交会图

相控建模，由于不同沉积微相的骨架成分、颗粒粗细及胶结物含量等都有明显的差别，因此，针对不同沉积微相，利用经岩心刻度的孔隙度测井曲线建立相应的孔隙度解释模型，并进行泥质校正，可以显著提高计算精度。

2）渗透率精细建模

低渗透砂岩储层对渗透率评价的精度要求比较高，因此，建立渗透率模型时要尽量做到精细，从而提高解释精度。

岩性组分（Herron）模型：

$$K = \frac{\phi^3}{(1-\phi)^2} \exp\left(\sum B_i M_i\right) \tag{2-1}$$

式中　ϕ——孔隙度，%；

M_i——第i种矿物的百分含量，%；

B_i——第i种矿物的渗透率贡献常数，无因次；

K——空气渗透率，mD。

Herron模型将岩性组分与渗透率相联系，适应性好，精度高，在低渗透致密储层解释中具有推广价值。

孔隙度分类建模，低渗透砂岩储层，孔隙结构差异大，孔隙度分布范围不同，其渗透率与孔隙度之间的关系也不同。因此，可以针对不同的孔隙度分布范围，建立不同的渗透率解释模型（图2-18）。

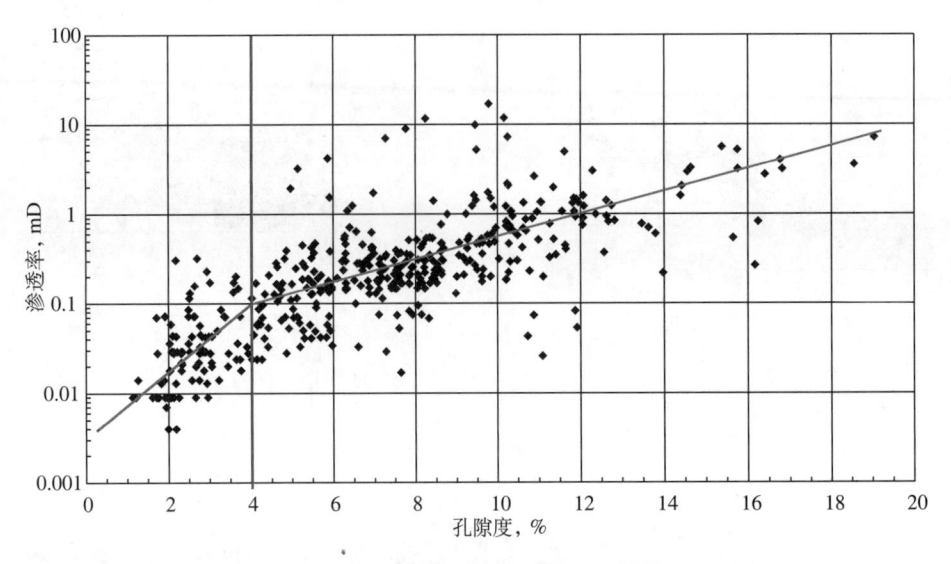

图2-18 苏西地区山₁段渗透率和孔隙度关系图版

3）相控建模

一般地，不同沉积微相具有大致相同的孔隙结构，因此，可以在沉积微相识别的基础上，建立相应的相控渗透率模型。

4）饱和度精细建模

低渗透砂岩储层，大多数泥质含量比较低，因此，目前还广泛地使用着阿尔奇公式计算其饱和度。但是，由于有些低渗透砂岩储层孔隙结构复杂，岩电参数取值范围大，因此，在符合地下实际情况的前提下，在深入系统的岩电实验基础上，有人对阿尔奇公式中的参数进行了适当修正，从而提高了饱和度的计算精度[9]。

（1）地层因素：

$$F = R_o/R_w = a/\phi^m \tag{2-2}$$

式中　F——地层因素；

　　　m, a——孔隙指数、比例系数；

　　　R_o——地层百分之百饱含水时的电阻率，$\Omega \cdot m$；

　　　R_w——地层水电阻率，$\Omega \cdot m$。

（2）电阻率增大系数（图2-19）：

$$I = R_t/R_o = b/S_w^n \tag{2-3}$$

式中　I——电阻率增大系数；

　　　S_w——储层含水饱和度，小数；

　　　R_o——地层百分之百饱含水时的电阻率，$\Omega \cdot m$；

　　　R_t——地层电阻率，$\Omega \cdot m$；

　　　n, b——饱和度指数、比例系数。

①修正m。

m是孔隙指数，与岩石孔隙结构有关。低渗透砂岩储层孔隙结构复杂，孔隙变化，孔隙指数也发生变化（图2-20），因此，有人在计算鄂尔多斯盆地中上古生界储层的饱和度时，对孔隙指数进行了修正，即利用孔隙度计算孔隙指数m的方法：

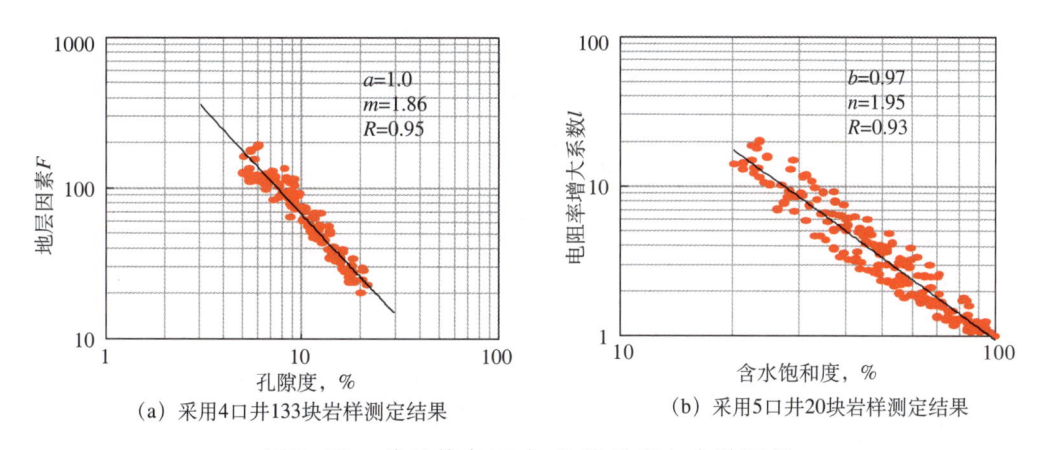

(a) 采用4口井133块岩样测定结果　　(b) 采用5口井20块岩样测定结果

图2-19　苏里格气田盒$_8$段储层岩电参数图版

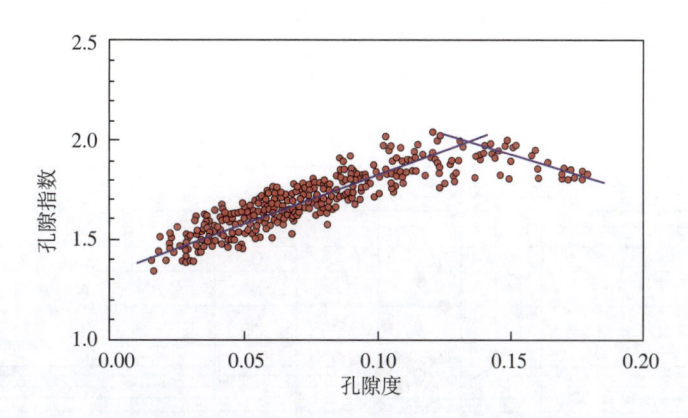

图2-20　孔隙指数和孔隙度关系图（鄂尔多斯盆地上古生界）

$$\phi \leqslant 12\%,\ m=4.75\phi+1.3586 \tag{2-4}$$

式中　ϕ——孔隙度，%。

m值变化范围为1.3~2.0，表明低孔隙度储层以溶蚀孔为主要孔隙类型，孔隙度增加对喉道改善不明显，岩石导电率降低。

$\phi>12\%$，m与ϕ呈负相关关系，但斜率较小，值域窄，m变化范围1.7~2.0。

②修正n。

n是饱和度指数，与油、气、水在孔隙中的分布状况有关。在岩石物性研究的基础上，有人提出用孔隙度确定n值的方法（图2-21）：

$$\phi \leqslant 12\%,\ n=0.48\phi^{-0.57} \tag{2-5}$$

$\phi>12\%$，n值比较稳定，分布范围1.6~1.8，平均为1.7，表明岩石结构趋于稳定。

对于泥质含量较高的砂岩储层，可以选用Simandoux、印度尼西亚等泥质砂岩饱和度解释模型。

5）流体性质识别

测井解释评价识别油气层的方法主要为取心法、试油（气）法和交会图法。前者虽然准确、直接，但是成本高。因此，交会图技术是最常用、最基本的油、气、水层的识别方法之一。低渗透致密砂岩气藏的气、水层在测井曲线响应上还是存在一定差异的，因此，制作各种交会图版，可以把大部分低渗透致密砂岩气层从解释层段中筛选出来。

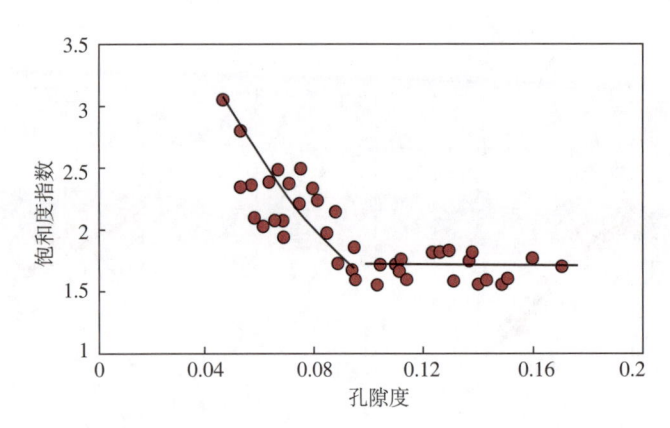

图2-21 饱和度指数和孔隙度关系图（鄂尔多斯盆地上古生界）

（1）电性—物性交会图法。

电性—物性交会图法是当前低渗透砂岩气层测井识别的主要方法，它以储层的岩性、水性基本一致为基础，这个条件在实际应用中可以通过对复杂的低渗透储层划分不同区域、不同沉积储层而得到满足（图2-22）。

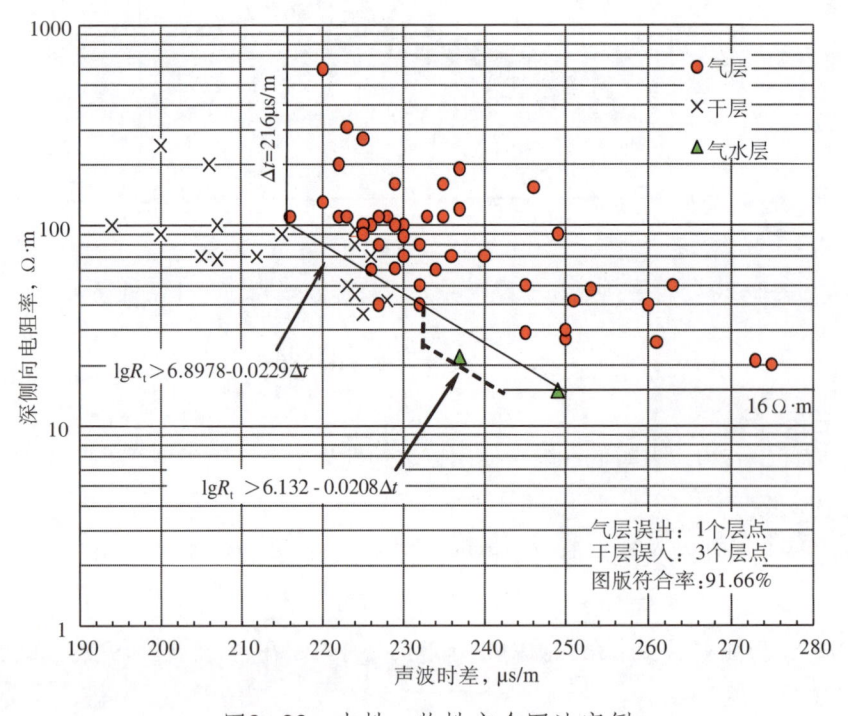

图2-22 电性—物性交会图法实例

（2）基于钻井液侵入原理的识别方法。

在复杂孔隙结构的低渗透砂岩储层中，水层在淡水钻井液侵入条件下，由于高侵入剖面的存在，冲洗带电阻率对双侧向测井电阻率影响较大，测得值比地层实际电阻率会偏高很多，使得油层与水层的测井电阻率差别变小。由于受到气层低侵剖面的影响，双感应测井值在气层段会有所下降，但是气层与水层的双感应测井电阻率的差别要远大于油层与水层的双侧向电阻率的差别。

由于淡水钻井液在气层和水层形成的侵入剖面的差别，使其对双感应测井和双侧向测井响应的影响不同，因此，可以根据气层和水层侵入剖面的差异，应用测量原理不同的感应测井和侧向测井联合识别储层流体（图2-23）。这种方法在物性较差的低渗透砂岩储层中应用效果也很好，因此，在低渗透储层中应该加强感应测井和侧向测井联测[10]。

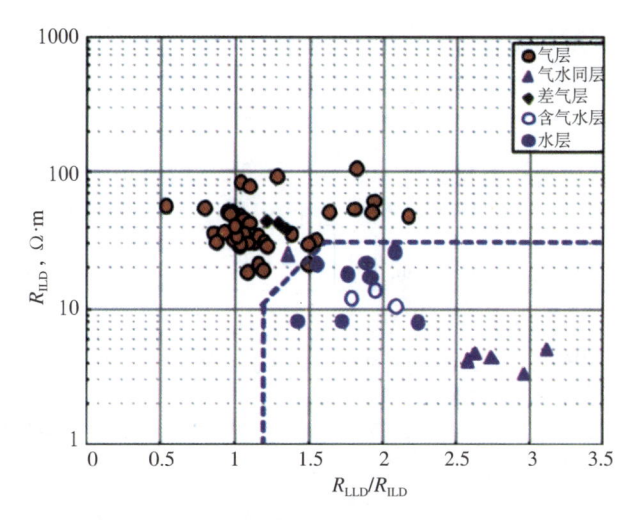

图2-23 苏里格地区R_{LLD}/R_{ILD}与R_{ILD}交会图

6）有效厚度下限的确定和产能级别的评估

制定储层物性标准主要使用岩心、试油气和测井资料。有效厚度下限的确定方法如下所述。

（1）测试法。根据单层试气资料作比采气指数与渗透率的关系图，外推比采气指数降为零点的渗透率值为渗透率下限（图2-24）。该方法比较直观，物性资料点越多，确定的下限结果就越准确。

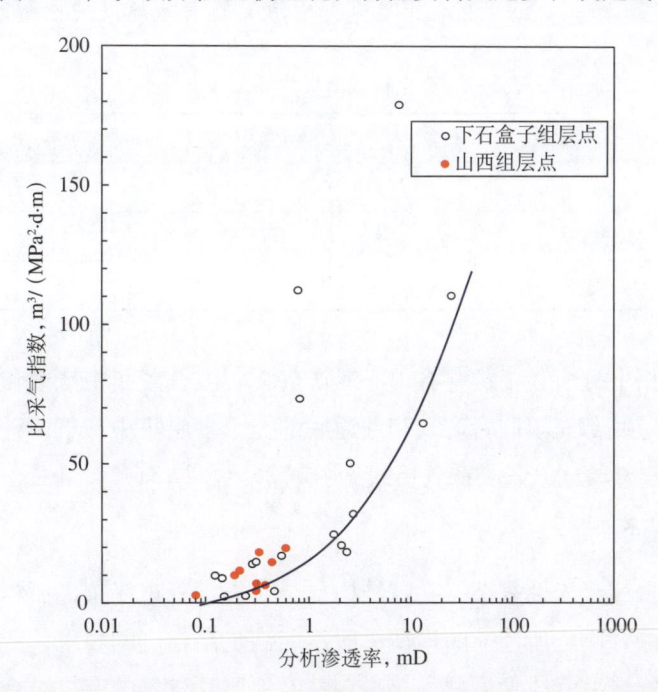

图2-24 苏里格气田盒$_8$段、山$_1$段储层比采气指数与分析渗透率关系图

（2）经验统计法。对于中低渗透性砂岩储层，将全油气田储层的平均渗透率乘以5%后作为该油气田的渗透率下限。

（3）丢失法。用丢失法作孔隙度、渗透率累计储能和产能丢失曲线，以低渗透段累计储能丢失量占总累计量的5%左右确定为储层的孔隙度和渗透率下限。

(4) 相渗透率曲线与含水饱和度—渗透率关系组合法。在相渗透率曲线上，找到气相渗透率接近零时所对应的含气饱和度，然后在含水饱和度—渗透率关系图上，取相应含水饱和度所对应的渗透率即为储层含可动气的绝对下限。

(5) 产能级别评估。储层产能的影响因素比较多，大致可分为三类：储层品质，包括储层的岩性、物性、孔隙结构、所含流体及其性质；井眼环境，钻井、完井液对储层的伤害；射孔完善程度、酸化压裂改造措施等。因此，储层产能是自身条件、外部条件和油气性质共同反映的结果。但是在同一区块，由于压裂、钻井、油气性能等基本不变，因此，储层的自身条件将是储层产能的决定因素。

一般情况下，储层的岩性、物性、含油性越好，储层的产能或投产产量越高。以苏里格气田为例，气井的有效厚度与无阻流量大体上呈正相关关系（图2-25）。因此，根据气井的有效厚度并结合沉积微相和测井相就可对气井进行分类，并按照气井类别对其产能级别进行评估（表2-2）。

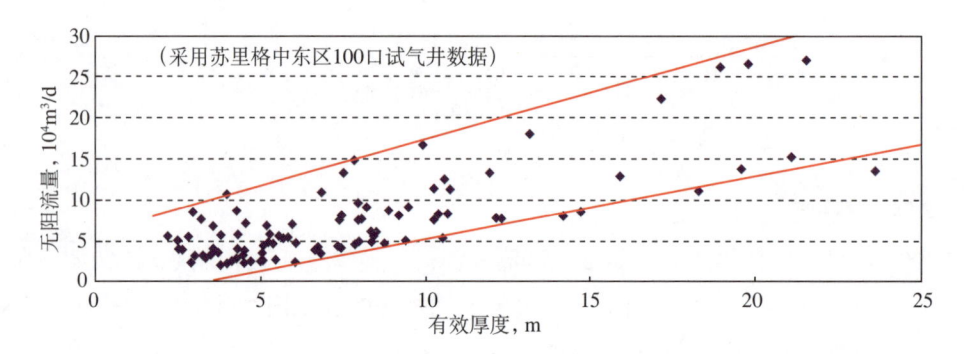

图2-25 苏里格气田气井无阻流量与有效厚度关系图

表2-2 苏里格气田气井静态分类标准

井类别	最大单层有效厚度，m		累计有效厚度，m	无阻流量，10^4m^3
Ⅰ类井	≥5	或	≥8	≥10
Ⅱ类井	3~5	或	5~8	4~10
Ⅲ类井	<3	或	<5	<4

从沉积微相和测井相上分析，Ⅰ类井有单心滩产气、心滩叠置集中产气和多心滩产气三种不同模式；Ⅱ类井有心滩与河道底部充填联合产气和河道底部充填多层集中产气两种不同模式；Ⅲ类井只有河道底部充填薄层产气一种模式（各类产气模式见图2-26至图2-31）。

5. 新测井技术的应用

由于低渗透致密砂岩气藏岩性复杂、孔隙结构复杂、气水分布复杂，而常规测井方法又往往分辨率低，因此，基于常规测井响应所建立的模型一般不能满足高精度的要求，所以，低渗透致密砂岩气藏测井解释开始朝着常规测井、成像测井、核磁测井及地层测试器的有机结合、多种方法互补并结合区域地质资料综合解释的方向发展[11]。

1) 电缆地层测试

电缆地层测试测量的是某一深度点压力随时间变化的情况。由各测点的压力梯度数据可以准确地判断油、气、水层及油、气、水界面；电缆地层测试还可以评价渗透率，电缆地层测试记录的是随时间变化的压力曲线，利用压降法和压力恢复法可以估算地层渗透率。由于其探测深度较大，因此该方

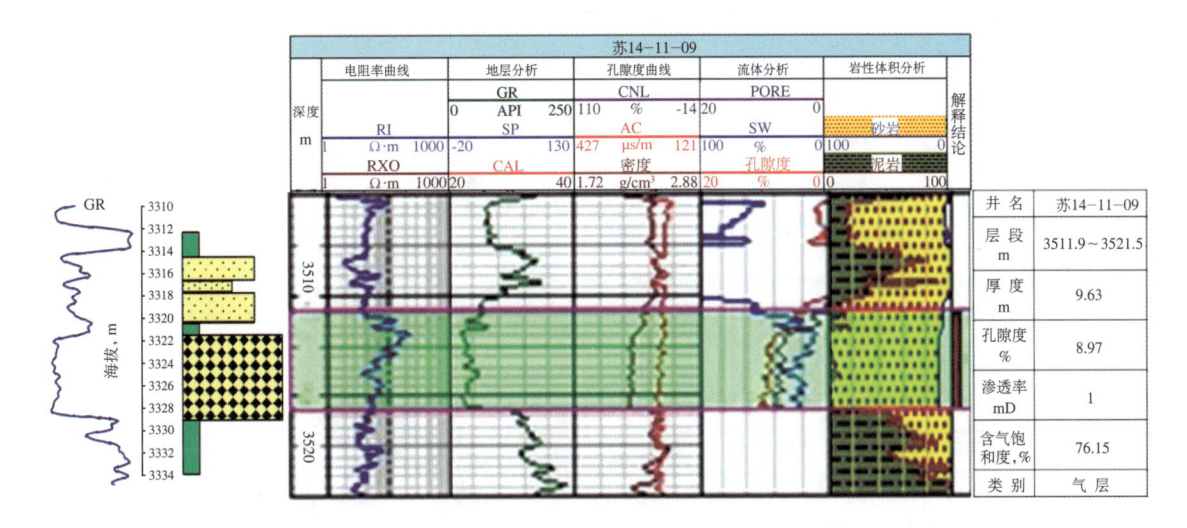

第二章 低渗透致密砂岩气藏储层评价

图2-26 单心滩产气模式

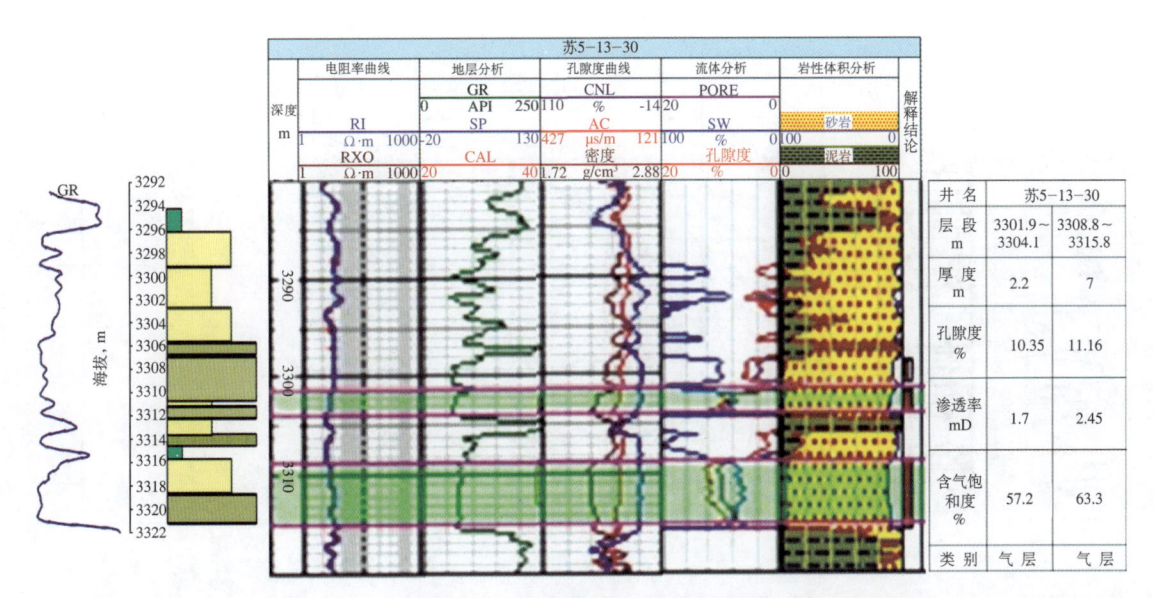

图2-27 心滩叠置集中产气模式

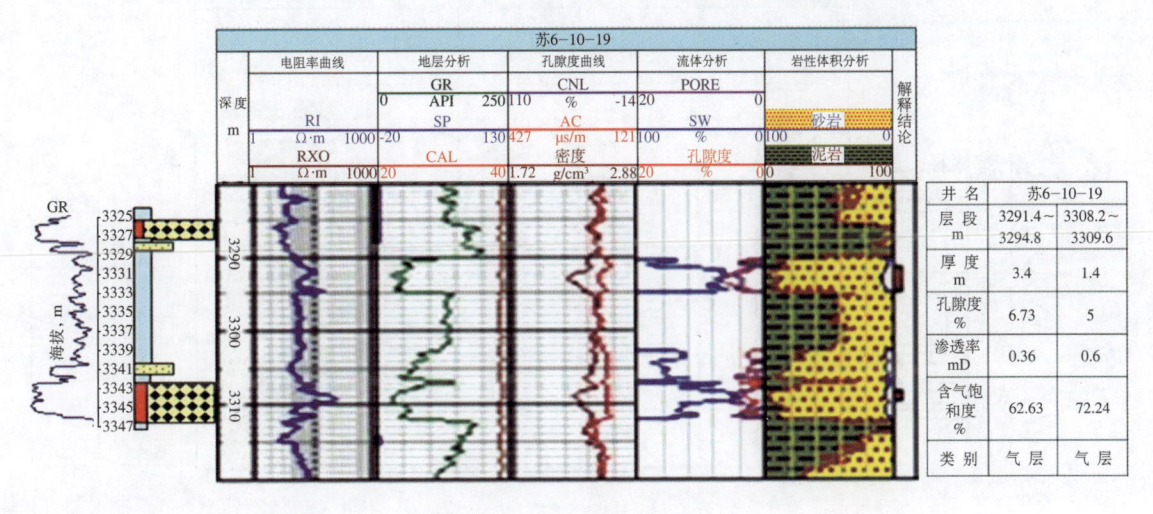

图2-28 多心滩产气模式

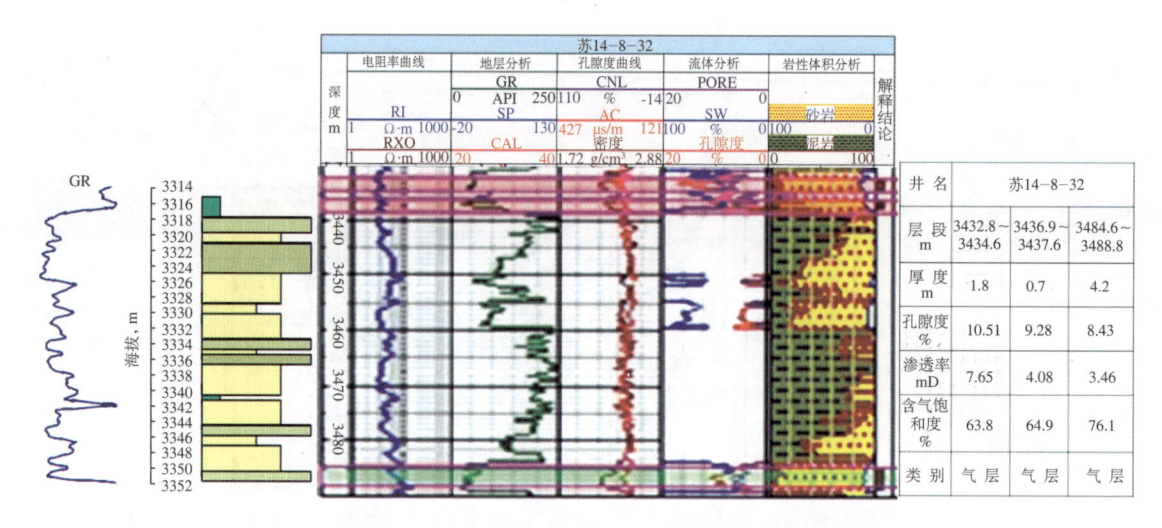

图2-29 心滩与河道底部充填联合产气模式

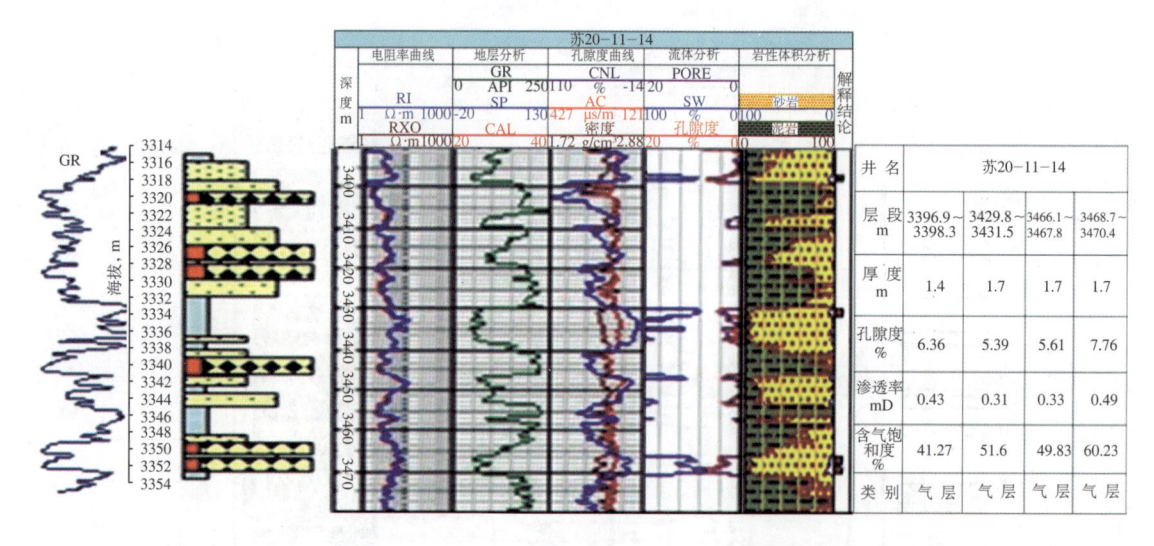

图2-30 河道底部充填多层集中产气模式

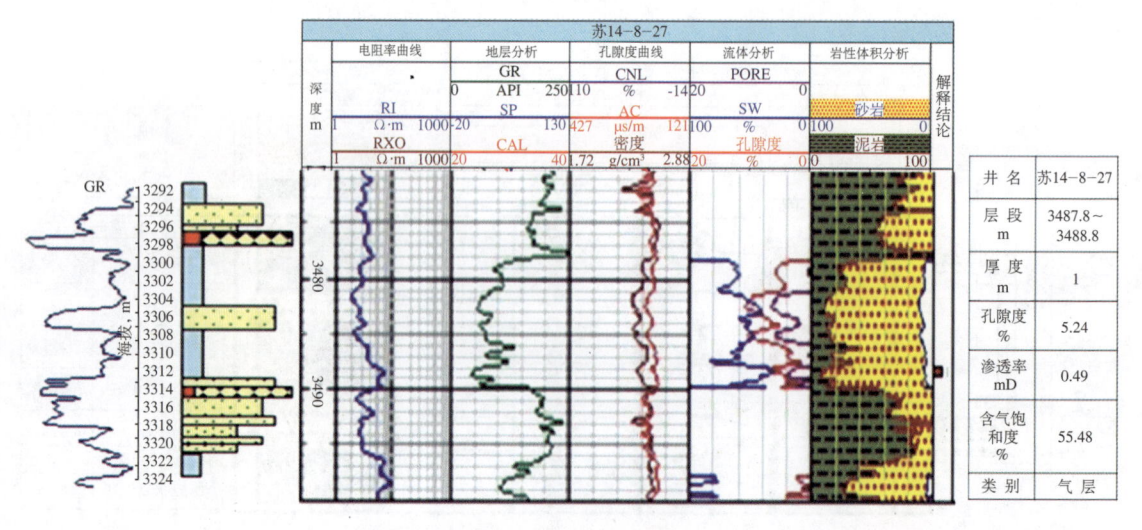

图2-31 河道底部充填薄层产气模式

法比常规测井方法精度更高。由于低渗透地层存在增压效应，必须首先确定增压大小，才能利用地层测试资料进行解释。由于渗透率低，要使测试压力恢复到原始地层压力，需要很长时间，这容易导致仪器卡在地层中，造成事故。为了发挥电缆地层测试技术在确定低渗透储层的渗透率、地层压力、流体类型，判断油气水界面、储层连通性等方面的重要作用，已开展了研究低渗透储层的增压问题、增压资料的评价与解释、最优工作方式等问题。

2）成像测井

成像测井可以对来自井下和地面的多学科、多种类、多形态测量数据体进行处理、分析和解释，并用可视化方法把地层的各种信息，如岩石结构、矿物含量、地层孔隙、流体组分及空间分布以图像的形式表示出来。由于能对井下地层的细微差异在成像图上表现出来，因此成像测井的分辨率比常规测井高，结合其他测井资料可以定量计算地层岩性及物性、含油性参数。成像测井技术主要解决识别低孔隙、低渗透致密油气藏以及低渗透裂缝型气藏的难题，但目前成像测井的大量信息尚未充分提取和利用，因此，目前国内外正在致力发展相关技术，并研制开发适应具体情况的仪器和解释技术。

3）核磁共振测井

核磁共振测井对岩石骨架没有响应，测量的是岩石孔隙中的流体。在复杂岩性地层中它计算的孔隙度比传统的依赖于骨架参数评价的孔隙度更为准确，因此，该方法已成为复杂储层的重要测井评价手段之一。利用核磁共振技术可进行双孔隙模型可动流体评价和含气饱和度定量评价，获得地层有效孔隙度、渗透率、自由流体和束缚流体体积、孔隙结构等与储层物性和产能有关的地质信息，正确评价气藏开发潜力。

确定核磁渗透率的传统方法是以T_2分布谱为基础，通过T_2截止值的选取计算可动流体以及束缚流体的相对体积，再通过Coates模型、SDR模型、Coates扩展模型等经验公式，计算核磁渗透率。根据以上分析，核磁共振测井在一定条件下可以求出高精度的孔隙度，因此，核磁共振测井也可以求出高精度的核磁渗透率。

测井新技术与常规测井相比具有独特的技术优势，它们以全新的理论提供全新的信息，通过全新的响应关系，更加直接地确定储层孔隙度、渗透率和饱和度。如成像测井是研究储层沉积特征、岩相分析以及裂缝识别的直接有效方法。核磁共振测井不仅可以用来研究孔隙结构，而且可以用来划分储层，求算孔隙度、渗透率，识别流体性质。因此，对低渗透油气藏要完善裸眼井测井系列，根据特殊的地质情况选用自然伽马能谱、核磁共振、声电成像、电缆地层测试等新测井方法，力求准确全面地评价储层。

4）阵列测井

阵列测井气水层识别技术具有分层能力强、层厚影响小和井眼影响规律性好等优点，不同探测深度的多条测量曲线能较好判断侵入剖面和侵入性质，对复杂地层特别是在测量地层电阻率、反演地层真电阻率、定量评价薄层、评价地层侵入特征、计算含水饱和度和识别油水界面等方面具有重要作用，已能够有效分辨厚度为0.3m的薄层。

6. 测井识别气层方法

基于测井资料识别评价低渗透致密砂岩气层的方法，通常有以下几种：

（1）基于天然气"挖掘"效应的三孔隙度方法。当地层孔隙中含有天然气时，声波时差增大甚至会发生周波跳跃，中子伽马测井测出的中子孔隙度偏低而密度测井测出的密度孔隙度偏大。利用三孔隙度曲线重叠或根据三孔隙度引出的其他方法和参数，如差值法和比值法、含气特征曲线重构法、特征参数、含气当量及气层指数等，可以识别气层。

（2）多测井参数组合放大天然气的测井响应特征的方法。有 $\Delta t/\rho - \phi \cdot S_g$ 交会图法、$R_D/R_S - V_{sh}$ 交会图法及声波差值法等。

（3）新测井技术的应用，包括以核磁共振为基础的差谱法、移谱法、幅度法、回波比法、密度孔隙度与核磁共振孔隙度的交会图法、交叉偶极声波测井等成像测井法。

差谱法：由于水与烃的纵向弛豫时间相差很大，意味着它们的纵向恢复速率大不相同，水的纵向恢复远比烃快。根据这一特性，用长、短两种不同等待时间 T_W 的 CPMG 脉冲序列进行两次测量，其等待时间分别为长的等待时间 T_L 和短的等待时间 T_S。由于水的 T_L 很短，因此无论是长的还是短的等待时间，其横向弛豫时间 T_2 分布谱的幅度都是相同的；而油和气由于 T_L 的建立需要较长的时间，因此用 T_S 得到 T_2 的分布谱的幅度，将小于用 T_L 得到的 T_2 分布谱的幅度。又因为油和气的 T_2 值有较大的不同，可以从 T_2 的分布上区分出来。据此可以识别和定量解释油、气、水层。

移谱法：利用不同流体的扩散系数不同，选择不同的回波间隔来定性地判断流体的性质。设置足够长的等待时间，使 $T_g > (3\sim5) T_{1h}$（T_{1h} 为轻烃的纵向弛豫时间），每次测量时使纵向弛豫达到完全恢复，利用两个不同的回波间隔 T_{EL} 和 T_{ES}，测量两个回波串。由于水与气的扩散系数不一样，使得各自在 T_2 分布上的位置发生变化，对含气地层，T_E 增大，气的 T_2 峰前移甚至消失，而水的 T_2 峰相对移动不大（图2-32）。

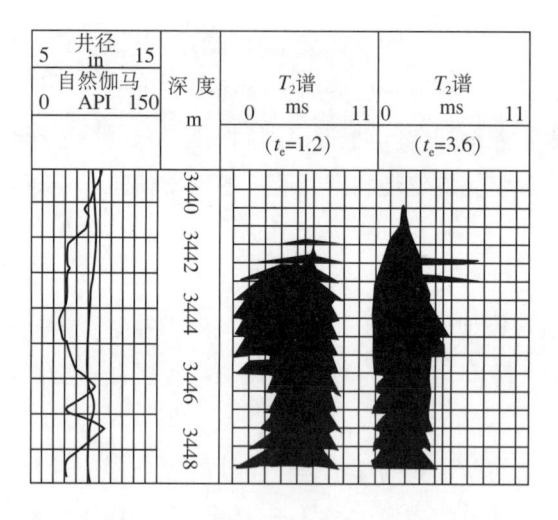

图2-32 苏里格气田B井移谱成像图

纵波差值法：在纯含水砂岩地层条件下，纵波和横波速度（单位：km/s）有如下关系：$v_p = 1.16v_s + 1.36$，因而利用偶极横波测井横波时差可计算出含水砂岩纵波时差，根据实测纵波时差与该值的差值可直观指示气层。

密度孔隙度与核磁共振孔隙度的交会图法：用核磁共振识别天然气的密度孔隙度与核磁共振孔隙度交会法，是应用传统的信号处理解释技术，计算密度孔隙度和核磁共振孔隙度。两条曲线重叠后，其两者间有较大的幅度差时为气层的标志。应用密度孔隙度和核磁共振总孔隙度交会，比应用中子—密度孔隙度交会图识别气层更加明显。这是因为中子测井易受泥质的影响，而核磁测量的只是岩石孔隙中流体的含氢指数。

第四节 富集区筛选

大面积低渗透致密砂岩气田在低丰度背景下仍然存在相对富集区。在开发建产过程中，通过地质、地震等多学科技术手段进行相对富集区筛选，能够降低产能建设投资风险。

一、技术方法

以区块岩心分析、钻井、测井、测试及地震资料为基础，将地质与地震结合（图2-33），通过沉积相模式展布和地震横向预测技术，刻画储层横向展布特征；通过有利成岩相带分析和地震含气性检测手段，描述储层物性、含气性的空间分布特征；在此基础上，展开储层综合评价，筛选相对富集区。

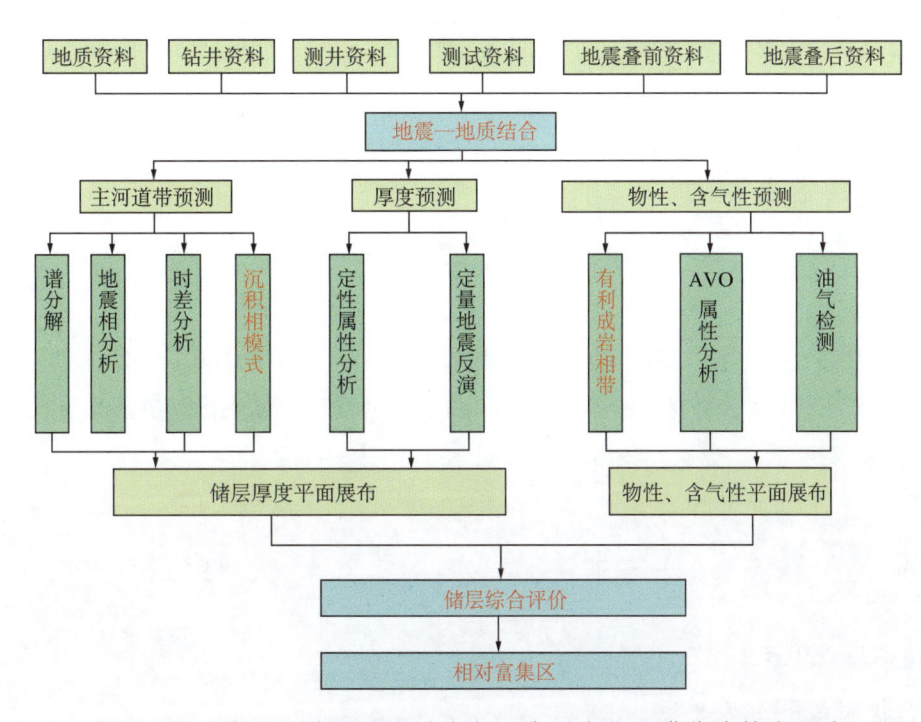

图2-33 大型低渗透致密砂岩气田有利富集区带优选技术思路

早期的富集区筛选技术，主要依赖于高精度二维地震资料，但随着开发的深入，二维地震受地震测网密度的限制，已无法满足加密井，尤其是丛式井、水平井部署的要求。为此，立足二维地震，开展了三维地震试验，在原有富集区筛选技术基础上，进一步完善了该项技术[12]。

首先，地质与二维地震相结合，综合运用多种方法预测有利区。地震上采用时差分析、波形特征分析、叠后反演、弹性参数反演等方法进行河道带识别。地质上进行沉积微相分析，开展单井相分析，划分单井优势微相，建立区块沉积模式，精细刻画沉积微相展布。将地震河道带预测成果与骨架井沉积微相研究相结合，综合确定河道带的分布。

其次，在重点区实施三维地震、强化储层预测。在二维地震选区基础上，在优选潜力区开展三维地震。充分利用三维资料信息量大、地质内涵丰富的优势，以主河道带预测为基础，以有效储层预测为核心，以叠前技术为主，以叠后技术为辅，进行主河道带预测、储层及含气性预测，并利用三维可视化手段对储层及有效储层进行精细刻画。最后通过综合评价优选高产富集分布区[12]（图2-34）。

第三，依据区带特征，开展针对性研究，进一步落实富集区。以苏里格为例：（1）在苏里格中区，将高精度二维地震和有限的三维地震资料相结合，预测砂岩厚度及含气性；描述河道砂体展布范围，刻画有效储层分布特征，进行相对富集区筛选；（2）在苏里格东区，在分析开发井的基础上，将静态资料与动态资料结合，对盒$_8$、山$_1$段和下古生界进行再认识，对上、下古生界综合考虑，落实富

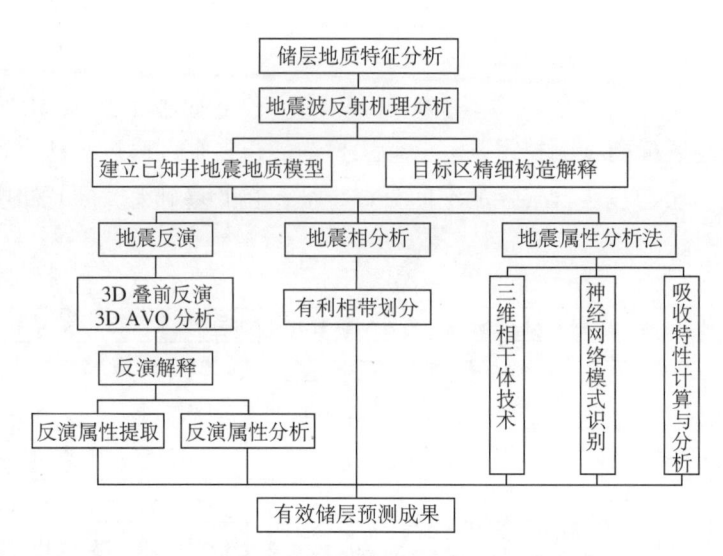

图2-34 三维地震有效储层预测流程图

集区；(3) 在苏里格气田西区，深化地层水分布规律研究，综合应用地质、测井、测试、地层水分析及生产动态等资料，采取多学科交叉渗透，在统一的技术思路下对苏里格气田西区气水关系进行一体化研究，通过"避水找气"，落实富集区。

二、主要技术

1. 主河道带预测技术

1) $T_{P8} - T_{P9}$ 波时差分析[13]

$T_{P8} - T_{P9}$ 波时差大小与河道下切深度有关，$T_{P8} - T_{P9}$ 波时差相对较大，则河道下切较深，反映为主水流方向（即主河道）。在精细解释 T_{P8}、T_{P9} 两个反射波基础上所编绘的 $T_{P8} - T_{P9}$ 波时差图大致反映了苏里格气田东区盒$_8$段和山$_1$段沉积时期主河道的空间展布形态。

根据储层特点以及地震资料现状，开发评价早期阶段，地震工作的主要任务是预测砂体厚度，描述主河道的分布规律，通过不断深化研究提高地震资料的纵横向分辨能力，尽可能详细地描述主河道的横向变化规律及延伸范围，在勘探阶段提交探明储量的含气面积内进行相对富集区块的筛选。

苏里格气田二叠系下石盒子组盒$_8$段和山$_1$段气层是一种典型的薄互层砂泥岩组合，这种薄互层砂泥岩剖面中的单砂体厚度一般小于地震的垂向分辨率，识别难度非常大。但在现有分辨率条件下（时间分辨率仅为20~25m），利用地震技术可以识别出一个多旋回的叠加砂体，即确定河道带的砂层厚度，再以地质规律为指导，进一步刻画含气面积内河道带的展布规律，从而进行相对富集区块的筛选。

2) 频谱分解

把时间域的地震剖面转换到频率域，利用频率与地层厚度的干涉效应来定性预测主河道的展布（黄色区域代表主河道），河道整体上呈现出南北向展布特征，对时差分析的主河道进一步细化，反映了河道的迁移、摆动、分流、汇聚的频繁变迁。

通过对时差分析和频谱分解得到的河道展布形态进行综合分析，可以较准确地刻画出苏里格东区研究区内盒$_8$、山$_1$段主河道带的平面展布形态。

3）多种地震属性综合分析

综合应用时差分析、频谱分解、地震相分析、相干体分析等技术，描绘出研究区河道带的分布，见图2-35。

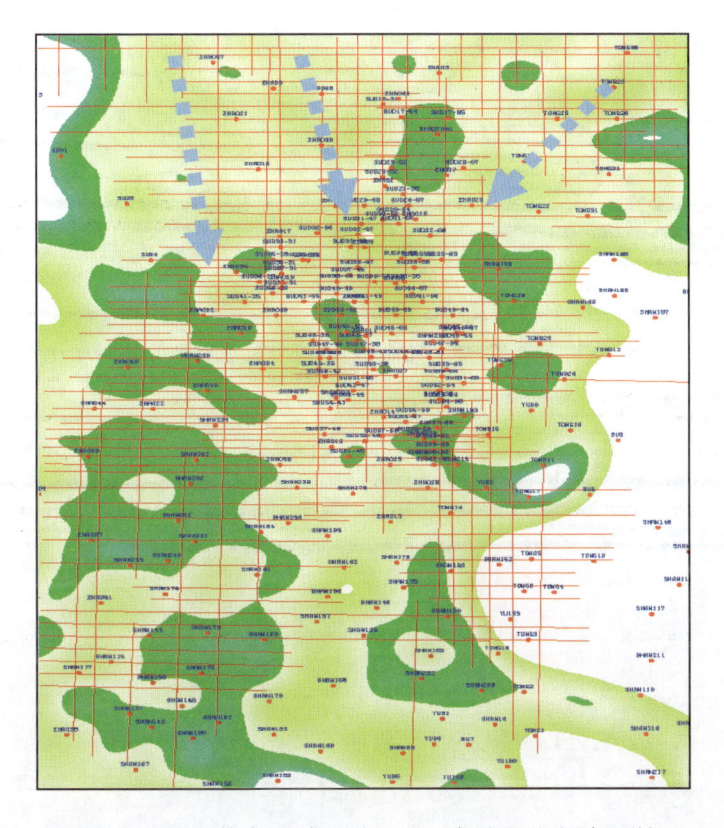

图2-35 苏里格气田东区$T_{P7}-T_{P8}$有效弧线长度属性图

2. 储层厚度预测技术

利用波阻抗预测砂岩储层，尤其是有效储层（渗透性砂岩）存在多解性，为此在主河道带定性预测的基础上，采用了稀疏脉冲的反演方法，尽可能地提高预测精度。稀疏脉冲反演的关键在于子波的提取，子波提取合理，合成记录与地震剖面匹配好，则反演结果与已知井吻合好，其结果可信度高。储层厚度预测的具体作法是：第一步，将主河道的形态、地震属性分析的厚薄趋势与已知井情况相结合进行地质建模，用JASON软件中的稀疏脉冲模块进行反演，得到波阻抗剖面；第二步，将波阻抗剖面转化为砂泥岩剖面；第三步，求出砂岩的时间厚度，由已知井出发，按照公式$\Delta H=V_i \times T/2$计算出砂体厚度，并进行平面成图。

1）微地震相分析

微地震相分析技术是预测储层横向变化的一种新技术。地质情况的任何物理参数变化总对应着地震道波形的变化，利用人工神经网络技术，根据每道的数值对地震道形状进行模拟，通过多次迭代，构造出几种具有典型特征，并与实际地震道之间有较好相关性的模型地震道；这些模型道代表了在整个区域内的地震层段中地震信号的总体变化，然后逐道与模型道相比进行判别归类，形成微地震相图，利用色标变化可以很直观地显示出微地震相的平面分布区，根据不同的已知井信息就可以判断出哪些相区较为有利。

通过微地震相分析，预测苏东27-53井盒$_8$段砂体厚度25m，实钻证实为25.1m（图2-36）；预测苏东27-56井盒$_8$段砂体厚度20m，实钻证实为17.4m；预测苏东50-49井盒$_8$段砂体厚度30~35m，实钻证实为40.32m。

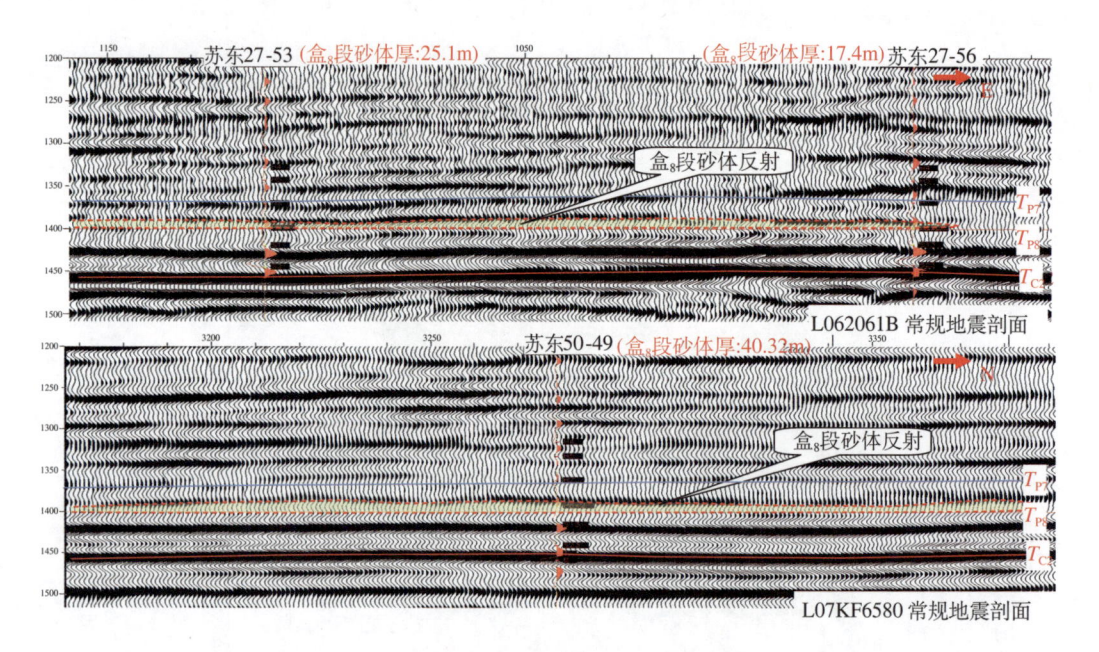

图2-36　苏里格气田东区L062061B常规地震剖面和L07KF6580常规地震剖面

2）叠前反演技术

叠前反演技术是利用道集数据以及纵波、横波速度、密度等测井资料，反演出多种岩石物理参数来综合判别储层岩性、物性及含气性的一种新技术。叠前反演的关键技术是求准井的弹性阻抗曲线和子波提取（图2-37）。

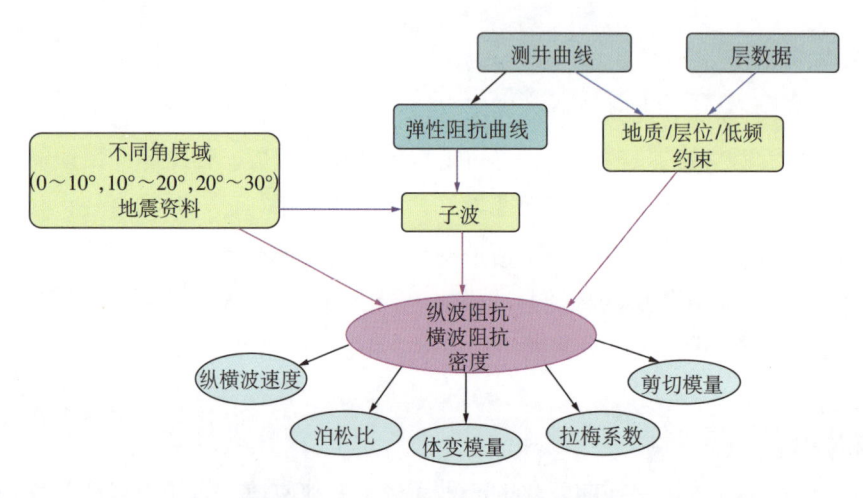

图2-37　地震叠前反演流程图

3. 含气性检测技术

在主河道带和砂体厚度预测的基础上，利用地震属性分析、AVO烃类检测以及油气检测、反演、属性融合技术等方法进行物性、含气性预测（图2-38至图2-41）。

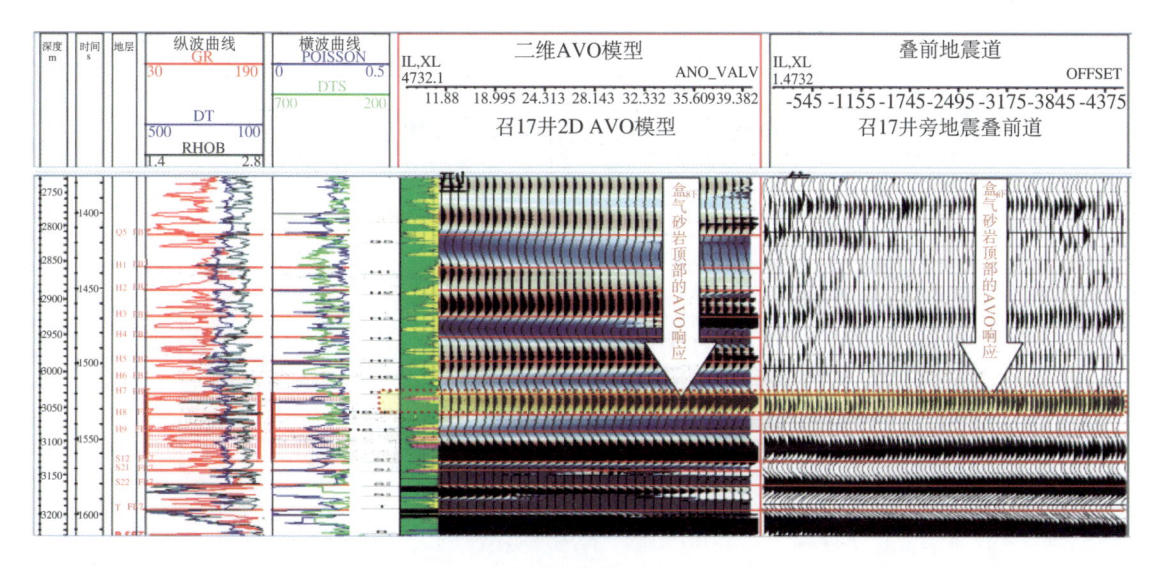

图2-38 含气砂岩2D AVO正演模型

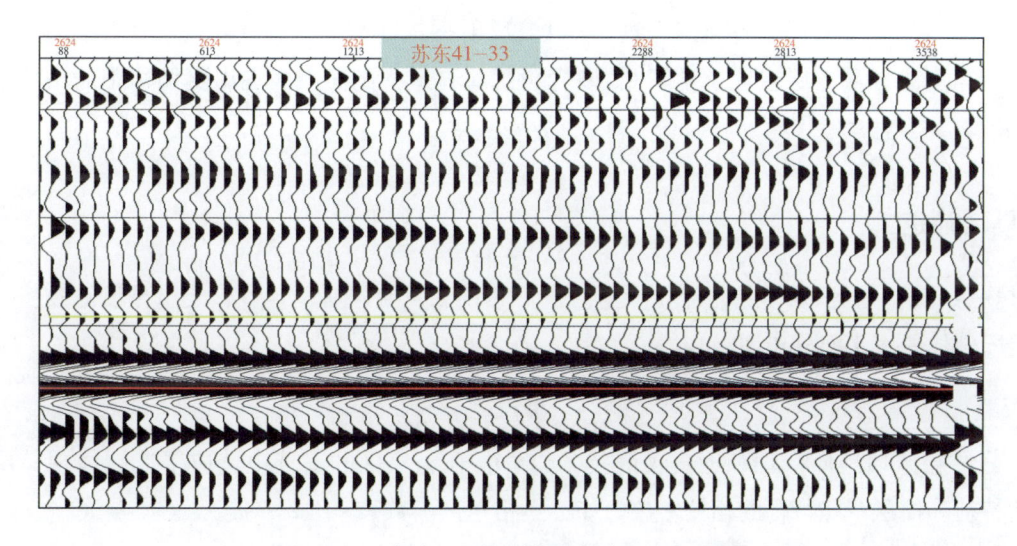

图2-39 苏东41-33井叠前道集AVO剖面

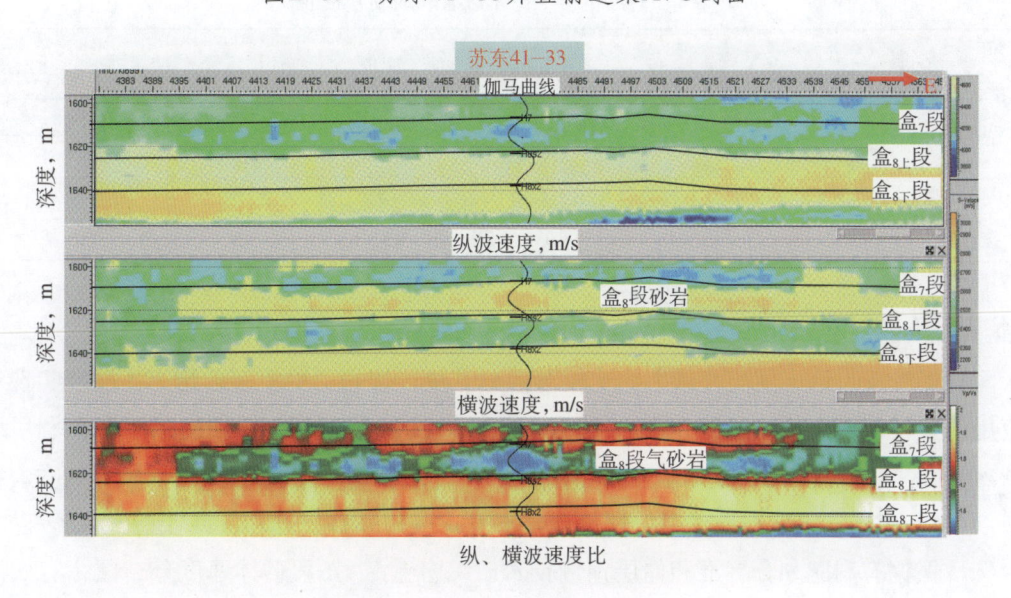

图2-40 07KF6991测线叠前反演

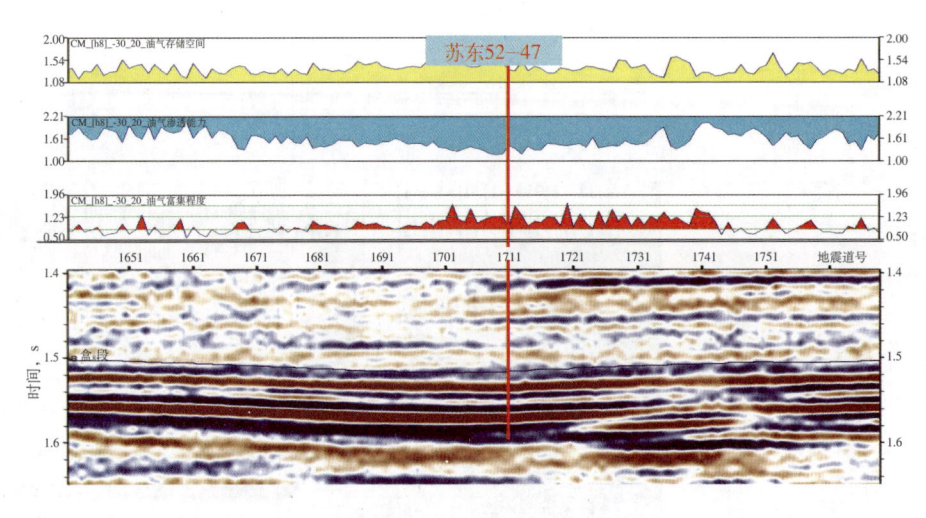

图2-41　L061935测线叠前KLinversion含气性检测

AVO烃类检测是一项利用叠前振幅信息研究岩性并检测油气的重要技术，它是依据不同岩石或同一岩石含流体后泊松比有明显变化的原理，从纵波反射振幅随偏移距的变化隐含了泊松比（或横波速度）信息的角度来预测地层岩性及含气性。砂岩含气时在道集剖面上表现出随偏移距的增加而振幅明显加强。

三、富集区筛选

通过物源分析、沉积相模式的建立、主河道形态预测及储层厚度定性、定量预测等技术，可以预测目的层段砂体厚度平面分布图。

1. 筛选标准

除充分结合区域地质认识和地震预测技术以外，在富集区的筛选中选取了能够体现储层发育特征、物性特征和储层产能特征的相关参数，如苏里格东区参数表（表2-3）。

表2-3　苏里格气田东区有利区划分标准

有利区	气层单层厚度 m	气层累计厚度 m	孔隙度 %	渗透率 mD	含气饱和度 %	无阻流量 $10^4 m^3/d$	储量丰度 $10^8 m^3/km^2$ 范围	储量丰度 $10^8 m^3/km^2$ 平均
Ⅰ	≥6	≥8	≥13	≥1.0	≥75	≥10	≥1.3	1.50
Ⅱ	≥3	5~8	8~13	0.3~1.0	55~75	2~10	0.8~1.3	1.18
Ⅲ	<3	<5	<9	<0.6	<55	<2	<0.8	0.69

2. 富集区筛选

在大面积低渗透、低丰度的背景上优选相对富集区块，优先动用、滚动建产，逐步实现气田规模开发，应用的主要技术包括：（1）以露头和岩心分析为核心的单砂体描述技术；（2）利用地震叠前资料检测含气性；（3）在三维区采用小波衰减属性、弹性波阻抗、多属性气层识别等技术，综合预测气层分布；（4）建立三维区地质模型，评价含气丰度；（5）用纵、横波资料解释气层。以苏里格气田东区为例，根据有利划分标准和储层预测技术，综合盒$_8$、山$_1$段砂体厚度分布图、有效储层厚度分布图、储层产能特征等综合静态、动态特征，筛选盒$_8$段储层Ⅰ类有利区带8个，面积382.7km^2；Ⅱ

类有利区带面积1636.8km²（图2-42）。山$_1$段储层Ⅰ类有利区带14个，面积236.9km²；Ⅱ类有利区带2个，面积973.3km²（图2-43）。

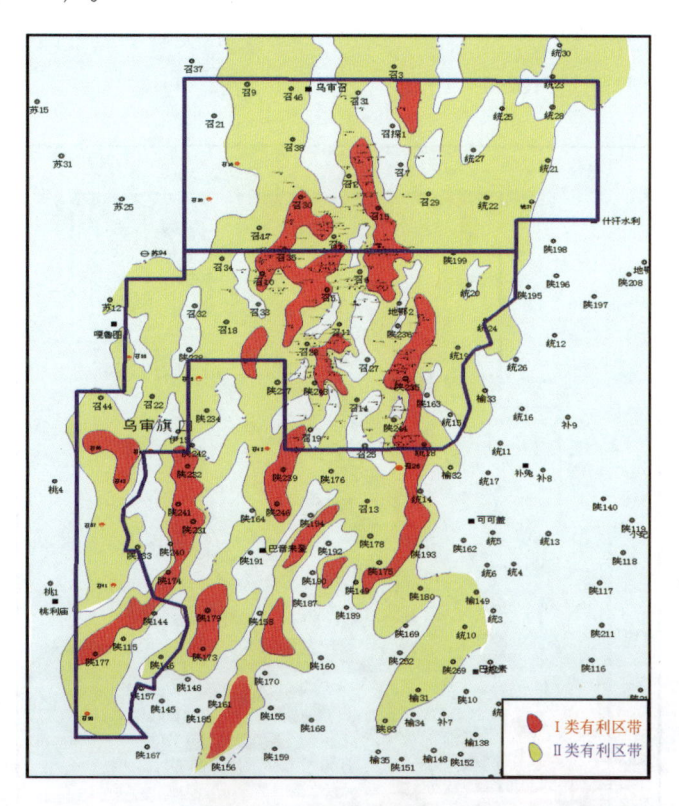

图2-42 苏里格东区盒$_8$段有利区带平面分布图

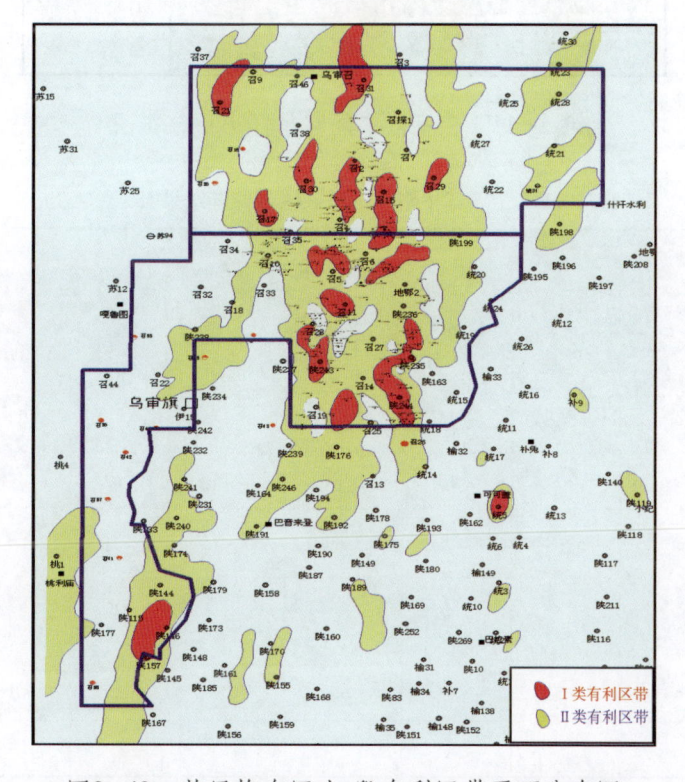

图2-43 苏里格东区山$_1$段有利区带平面分布图

在单层综合评价基础上，将盒$_8$、山$_1$段有利区带进行叠加，叠加后根据各层储层类别、试气资料以及AVO响应特征，进行富集区筛选。

富集区筛选结果：Ⅰ类有利区带10个，面积583.2km^2，Ⅱ类有利区带面积1953.1km^2。Ⅰ+Ⅱ类有利区带面积2536.3km^2，计算储量3186.6×10^{8}m^3（图2-44、表2-4）。

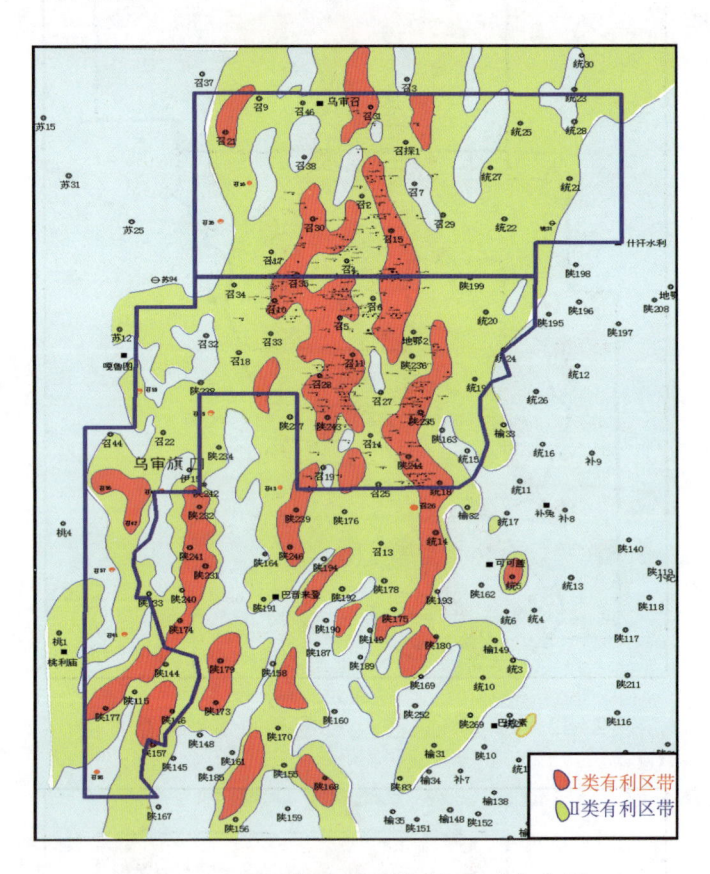

图2-44 苏里格东区富集区平面分布图

表2-4 苏里格东区有利区带筛选结果表

有利区带	面积 km^2	单层厚度 m	累计厚度 m	孔隙度 %	渗透率 mD	含气饱和度 %	无阻流量 10^{4}m^3/d	储量丰度 10^{8}m^3/km^2 范围	储量丰度 10^{8}m^3/km^2 平均	储量 10^{8}m^3
Ⅰ	583.2	≥6	≥8	≥13	≥1.0	≥75	≥10	≥1.3	1.50	874.8
Ⅱ	1953.1	≥3	5~8	8~13	0.3~1.0	55~75	2~10	0.8~1.3	1.18	2311.8
Ⅰ、Ⅱ 合计	2536.3								1.256	3186.6
Ⅲ	596.0	<3	<5	<9	<0.6	<55	<2	<0.8	0.69	411.2
合计	3132.3								1.15	3597.8

第五节　储层预测与井位优选

中国低渗透致密砂岩气藏类型多样，富集区主要受构造及圈闭条件、沉积动力分异造成的砂岩结构差异、沉积分异引起的后续成岩差异、沉积微相以及流体分布等因素的控制。针对控制因素，采取相应的储层预测方法，优选开发井位，为获得高产气井创造基本条件。

大面积、低丰度、低渗透致密砂岩气田，如苏里格气田，主力含气砂体小而分散，埋藏深度大，使用地球物理信息进行准确识别和定量预测的难度大。在气田范围内大面积布井，需要采取滚动描述的思路，综合应用地质与地球物理手段，并随着资料的增多进行分级控制、逐级加密，以提高相对高效井的成功率。

一、复合砂体分级构型划分

对于大型复杂油气田，需要在不同尺度上认识沉积特征与储层分布模式及砂体的规模尺度，以满足开发概念设计、富集区优选、井网设计和井位确定的需要。根据沉积体的生长发育过程，由小到大可划分为不同的成因单元。以河流相为例，可划分为纹层（组）、层（系）、单砂体、单河道、河道复合体、河流体系、盆地充填复合体等，其规模尺度由毫米级发展到数千米级。在实际应用过程中可根据具体地区的地质特征和研究需要进行相应调整，建立适应该地区的构型划分方案。

以苏里格气田为例，由大到小将其划分为四级构型：辫状河体系、主河道叠置带、单河道、心滩（表2–5、图2–45）。

表2–5　苏里格气田复合砂体四级构型划分

构型划分	一级	二级	三级	四级
	辫状河体系	主河道叠置带	单河道	心滩
地层单元	组—段	段	小层	小层
构型尺度 厚	几十米级	十几米级	米级	米级
构型尺度 宽	十千米级	千米级	百米级	十米至百米级
构型尺度 长	上百千米级	几十千米级	千米级	百米至千米级
几何形态	宽条带	条带状		不规则椭圆状
识别方法	砂泥岩分布、地震相	岩心、测井相叠置样式、地震相	岩心、测井相	岩心、测井相、试井
研究目的	预测富集区、部署评价井	预测高能河道叠置带、部署骨架井	预测单砂体、部署加密井	

辫状河体系以段为研究单元，可划分为盒$_{8下}$、盒$_{8上}$和山$_1$三段地层单元。辫状河体系的厚度一般在几十米以上、宽度达数千米、长度可达上百千米，呈宽条带状分布，形成了宏观上"砂包泥"的地层结构。在辫状河体系内，根据砂体叠置样式可划分为主河道叠置带和辫状河体系边缘带两部分。叠置带砂地比大于70%，是含气砂体的相对富集区，剖面上具有下切式透镜复合体特征，平面上呈条带状分布，厚度一般十几米至几十米、宽度百米至千米级。边缘带砂地比30%～70%，配置在叠置带两侧呈片状分布。在叠置带和边缘带内，以小层为研究单元，进一步划分出单河道和心滩砂体。心滩砂体

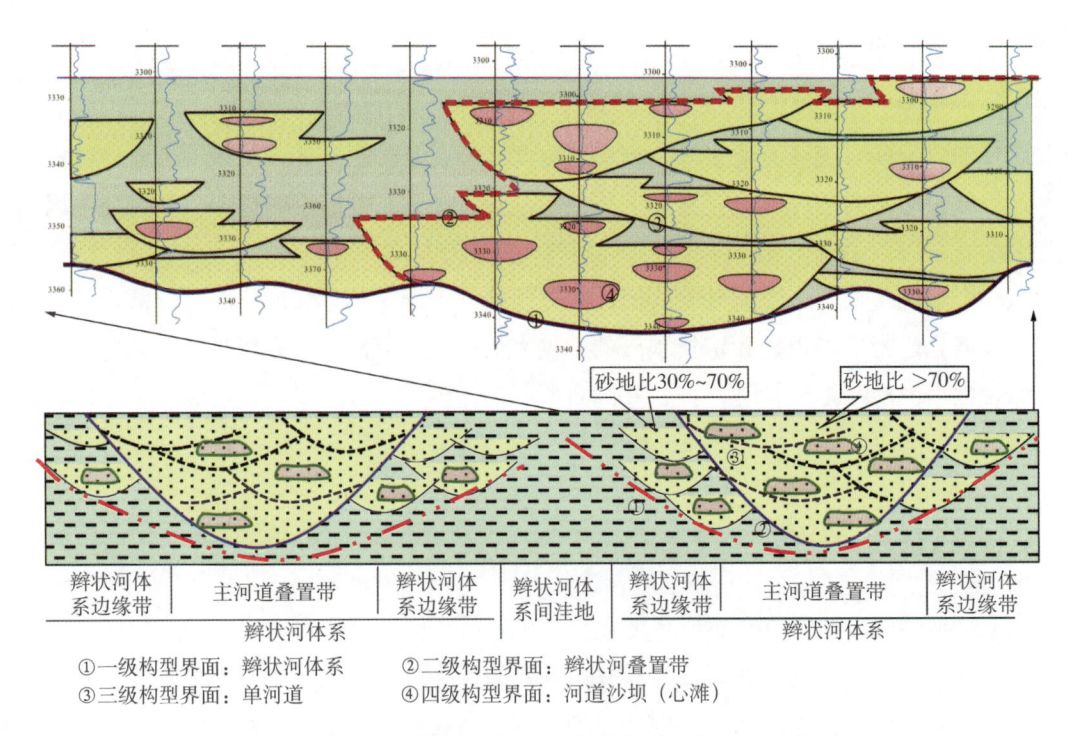

图2-45 苏里格气田复合砂体分级构型划分示意图

是形成主力含气砂体的基本单元，呈不规则椭圆状，厚度为米级，宽度为几十米至百米级，长度为百米至千米级。辫状河体系控制了含气范围，主河道叠置带控制了相对高效井的分布，心滩砂体的规模尺度为井网设计提供了地质约束条件。

二、分级构型分布预测与井位部署

将复合砂体分级构型描述与井位部署有机结合，并采用评价井、骨架井、加密井的滚动布井方式可有效提高钻井成功率。

一级构型分布研究主要利用区域钻井和地震反演资料，结合宏观沉积背景，研究区域上辫状河体系的展布和砂岩分布特征[14]。以苏里格气田中区盒$_{8下}$段为例，可划分为3个辫状河体系，呈南北向分布，砂岩厚度15m以上的区域可作为相对富集区，以此为依据部署区块评价井，落实区块含气特征。

在一级构型分布研究基础上，将气田分解为多个区块开展二级构型分布预测。主河道叠置带分布在辫状河体系地势相对较低的"河谷"系统中，河道继承性发育，一定的地形高差和较强水动力条件有利于粗岩相大型心滩发育，主力含气砂体较为富集，沉积剖面具有厚层块状砂体叠置的特征，泥岩隔夹层不发育。主河道叠置带两侧地势相对较高部位发育辫状河体系边缘带，以洪水期间歇性河流为主，心滩规模一般较小，沉积剖面为砂泥岩互层结构。在已钻评价井砂体叠加样式约束基础上，研究沉积相分布特征，利用目的层时差分析、地震波形分析、AVO含气特征等方法可以预测辫状河体系中主河道叠置带的分布，进而部署骨架井。

在二级构型分布研究基础上，可进一步细化到小层，开展单河道和单砂体分布预测。在评价井和骨架井约束条件下，通过井间对比，利用沉积学和地质统计学规律，结合地球物理信息，进行井间储层预测，并编制小层沉积微相图，指导加密井的部署。根据加密井试验区和露头资料解剖，认识到苏里格气田心滩砂体多为孤立状分布（图2-46），厚度主要为2~5m，宽度主要为200~400m、长度主要为600~800m，单个小层中心滩的钻遇率为20%~40%。加密井位的确定优先考虑三方面因素：骨架井井间对比处于主河道叠置带砂体连续分布区，地震叠前信息含气性检测有利，与骨架井的井距大于心滩砂体的宽度和长度。

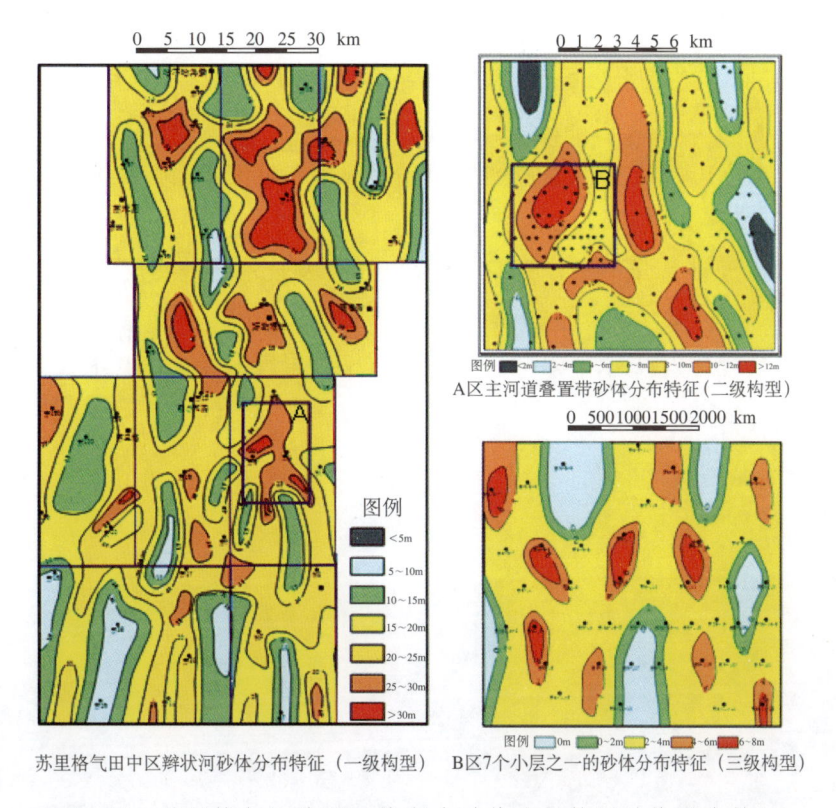

图2-46　苏里格气田典型区块复合砂体分级构型砂体分布特征

通过砂体构型分级预测，逐步细化砂体分布认识。采用评价井、骨架井、加密井滚动布井、逐级加密的方式，使苏里格气田Ⅰ+Ⅱ类井比例达到了75%~80%的较高水平，提高了气田开发效益。

总之，低渗透致密砂岩气藏储层的预测难度较大，采用单一技术很难准确预测有效储层的分布状况，必须通过有针对性的地震技术与精细地质研究相结合才能提高储层的预测精度，从而提高高产气井的钻遇比例，保证气井获得高产。

参考文献

[1] 张志强，郑军卫. 低渗油气资源勘探开发技术进展 [J]. 地球科学进展，2009，24（8）.

[2] 郑军卫，庚凌，孙德强. 低渗油气资源勘探开发主要影响因素与特色技术 [J]. 天然气地球科学，2009，20（5）：651-656.

[3] 杨晓萍，赵文智，邹才能，等. 低渗储层成因机理及优质储层形成与分布 [J]. 石油学报，2007，28（4）：57-60.

[4] 贾爱林. 精细油藏描述与地质建模技术 [M]. 北京：石油工业出版社，2010.

[5] 叶庆全. 油气田开发地质 [M]. 北京：石油工业出版社，1999.

[6] 邓宏文，王红亮，祝永军. 高分辨率层序地层学 [M]. 北京：地质出版社，2002.

[7] 裘亦楠，薛叔浩. 油气储层评价技术 [M]. 北京：石油工业出版社，1997.

[8] 孙小平，石玉江，姜英昆. 长庆低渗气层测井评价方法 [J]. 石油勘探与开发，2000，27（5）.

[9] 张明禄，石玉江. 复杂孔隙结构砂岩储层岩电参数研究 [J]. 石油物探，2005，44（1）：21-28.

[10] 中国石油勘探与生产分公司. 低孔低渗油气藏测井评价技术与应用 [M]. 北京：石油工业出版社，2009.

[11] 何雨丹，肖立志，毛志强，等. 测井评价"三低"油气藏面临的挑战和发展方向 [J]. 地球物理学进展，2005，20（2）：282-288.

[12] 何光怀，李进步，王继平，等. 苏里格气田开发技术新进展及展望 [J]. 天然气工业，2011，31（2）.

[13] 何东博，贾爱林，冀光，等. 苏里格大型致密砂岩气田开发井型井网技术 [J]. 石油勘探与开发，2013，40（1）：79-89.

第三章 低渗透致密砂岩气藏渗流特征

渗流是指流体在多孔介质中的流动，储层的渗流特征取决于4大要素：（1）储层特征；（2）流体特征；（3）流动状况；（4）地应力的影响。对于低渗透致密砂岩气藏，其复杂的特殊渗流机理是导致试井曲线不易或不出现径向流直线段的主要原因。

第一节 储层微观特征

一、孔隙结构

储层岩石的孔隙结构是指岩石中的孔隙和喉道的几何形状、大小及相互连通关系。它既能揭示储层的内部结构，又是影响渗流特征的直接因素，并最终决定气藏产能的大小。因此，研究储层的微观孔隙结构非常必要。低渗透致密砂岩气藏储层孔隙类型多样、孔喉半径小，决定其微观孔隙结构更加复杂。

1. 孔隙类型

低渗透致密砂岩气藏的孔隙类型多样，主要有以下几种类型[1]。

粉砂岩原生粒间孔的孔隙结构与常规砂岩气藏储层孔隙结构类似，主要区别在于低渗透致密粉砂岩原生粒间孔由较细碎屑颗粒组成，孔喉小，渗透率低，一般在0.1mD左右，但孔隙度较高，一般大于12%，具有该类孔隙结构的气藏一般埋深较浅。

碎屑砂岩剩余原生孔隙是由常规砂岩气藏中的孔喉被自生黏土和方解石等矿物不同程度充填后演化而成，渗透率为0.1~1mD，孔隙度在18%左右，孔、喉直径比为2~10。

碎屑砂岩次生孔隙由常规砂岩气藏孔隙演化而成，其中石英次生加大边使原生粒间孔消失殆尽，溶蚀孔是主要的储集空间。石英加大边之间扁平、弯曲的狭缝成为连接溶孔的喉道，渗透率一般为0.0001~0.01mD，大多在0.007mD左右，孔隙度在6%左右，狭缝宽度一般小于0.1μm，孔、喉直径比可达10~50。

基质晶间孔隙是由不同大小的石英颗粒悬浮于黏土、碳酸盐及石英组成的基质之中，呈基质支撑。基质晶间孔既是孔隙，又是喉道。孔隙度一般在2%以下，渗透率小于0.0001mD，属典型的致密孔隙结构，具有该类孔隙结构的气藏比较少见。

国内以原生粒间孔和次生溶孔为主的气藏占比较多，比如鄂尔多斯盆地的苏里格、子洲、榆林和米脂气田，四川盆地川中地区须家河组气藏等。苏里格气田盒$_8$段储层孔隙中颗粒溶孔占总孔隙的55%，孔径较大，一般为0.2~0.6mm；粒间孔占总孔隙的8.7%，孔径较小，一般为0.03~0.06mm；粒间溶孔占总孔隙的26%，孔径一般为0.05～0.15mm；微孔隙占总孔隙的10%，孔径小于0.01mm（图3-1）。四川盆地川中须家河组储层也是以残余粒间孔、粒间溶孔和粒内溶孔为主，占总孔隙的70%左右。残余粒间孔是机械压实作用和硅质胶结物充填之后残留下来的原生粒间孔；粒内溶孔主要是沿长石解理缝或火山岩屑粒间缝溶蚀所形成的粒内溶孔；粒间溶孔是烃源岩中的有机质在大量生成油气前，由于干酪根脱羧作用形成大量有机酸水，这些酸性水沿粒间余孔发育的砂层运移时溶蚀其中的部分长石、岩屑甚至黏土矿物，形成粒间溶蚀扩大孔（图3-2）。

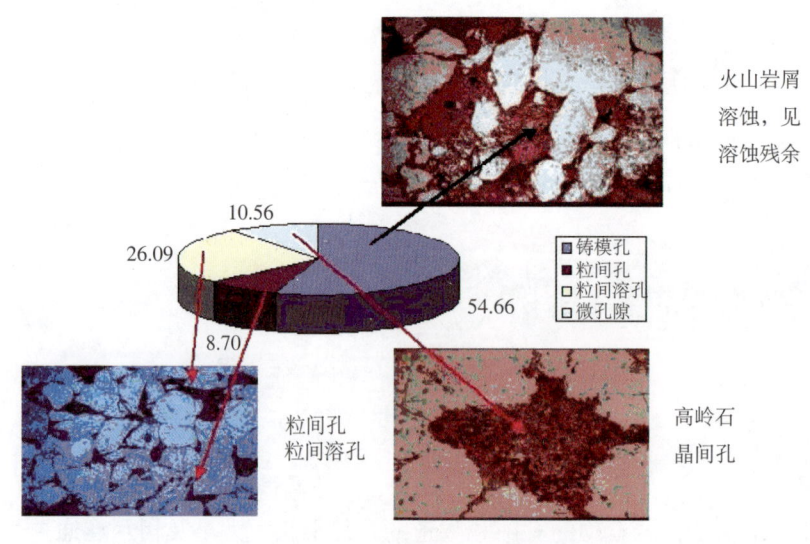

图3-1 苏里格气田孔隙类型

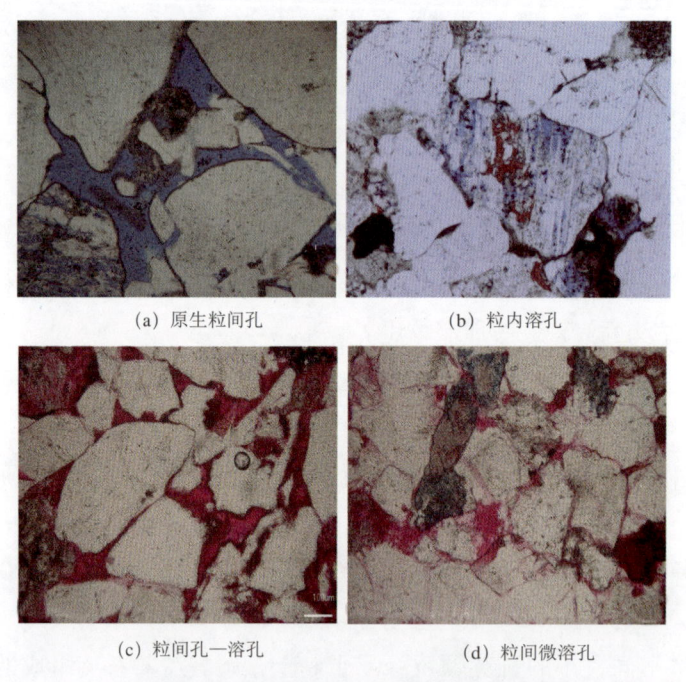

图3-2 川中须家河组孔隙类型图

(a) 原生粒间孔　(b) 粒内溶孔　(c) 粒间孔—溶孔　(d) 粒间微溶孔

2. 孔隙结构特征

砂岩的孔隙空间主要由孔隙和喉道组成，孔隙的大小和形状决定岩石的储集能力，喉道的大小和形状控制着孔隙的储集和渗流能力。砂岩的孔隙结构特征主要通过孔喉比、孔隙配位数、迂曲度来描述。这些参数可以用高倍显微镜观察岩石铸体薄片来确定，也可以通过压汞法、离心法和半渗透隔板法测定毛细管压力曲线来研究孔隙大小分布情况。

低渗透致密砂岩气藏的孔隙结构特征一般具有孔喉半径小，分形维数、毛细管弯曲度、孔喉直径比大和岩石非均质性明显的特征，喉道半径一般小于2μm。下面以苏里格气田和广安须家河组气藏为例，剖析低渗透致密砂岩气藏的孔隙结构特征。

通过对苏里格气田储层岩石的物性参数（孔隙度、渗透率）、孔隙结构参数（喉道均值D、分选系数、变异系数）、毛细管曲线特征参数（排驱压力、饱和度中值压力等）的关系可以看出，该气藏的储层物性与喉道均值D具有较好的线性关系，而其他参数没有太好的对应关系，因此以喉道均值作为该类气藏孔隙分类的主要微观参数。依据铸体薄片的D值，苏里格气田储层孔隙结构分为3大类，详见表3-1。

表3-1 苏里格气田孔隙结构分类与评价标准表

孔隙参数		相对粗孔喉型	细孔喉型		微细孔喉型
分类参数	孔隙喉道均值D	>13	12~13	11~12	<11
孔喉大小范围	排驱压力p_d, MPa	<0.4	0.4~0.6	0.6~0.8	>0.8
	中值压力p_{c50}, MPa	<5	5~10	10~25	>25
	最大连通孔喉半径, μm	>2	1~2	0.3~1	<0.3
	中值半径, μm	>0.1	0.06~0.1	0.02~0.06	<0.02
物性参数	孔隙度, %	>10	7~10	5~7	<5
	渗透率, mD	>0.81	0.1~0.81	0.03~0.1	<0.03
储层评价		Ⅰ	Ⅱ	Ⅲ	Ⅳ
		好	中等	差	最差
		有效储层			非储层

苏里格气田的储层孔隙半径主要分布在110~200μm之间，喉道半径主要分布在0~2μm之间，并且分布极不均匀，微观非均质性严重（图3-3至图3-6）。

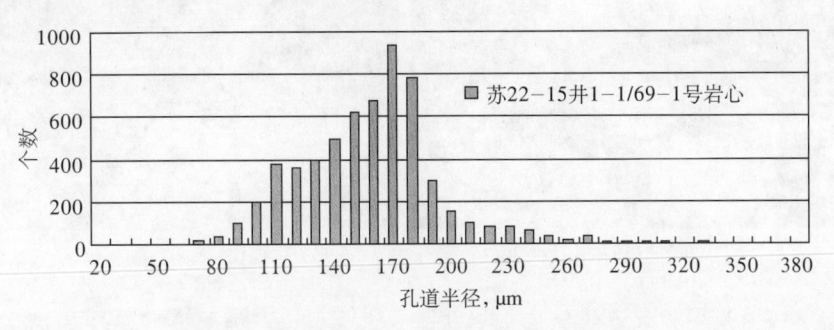

图3-3 苏里格气田1号岩心孔道半径分布

川中须家河组储层的喉道类型以缩颈型喉道和片状喉道为主（图3-7），其次是管状喉道。对缩颈型喉道来说，由于砂岩颗粒经过压实，排列紧密，颗粒间常以点接触，使两颗粒之间的喉道变成瓶颈状，瓶颈处喉道变得很小，渗透率比缩颈型喉道要小很多。对管状喉道来说，由于压实作用进一步加强，使颗粒排列更加紧密而使颗粒间成线接触，两颗粒之间的通道形成管状，喉道细而狭窄，喉道

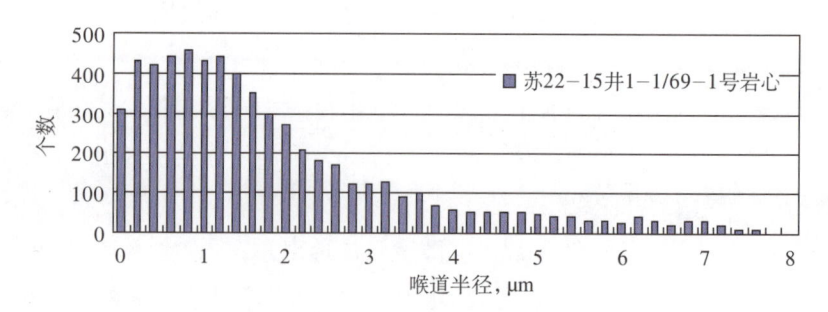

图3-4 苏里格气田1号岩心喉道半径分布

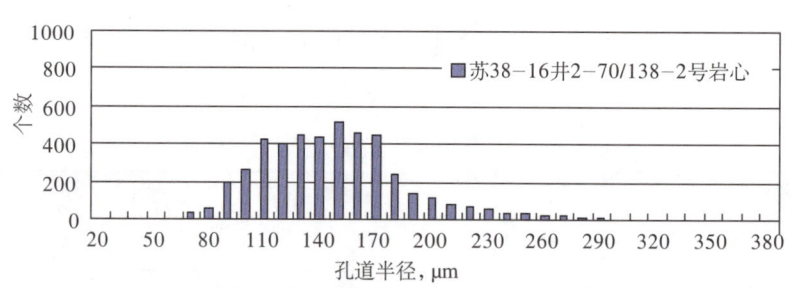

图3-5 苏里格气田2号岩心孔道半径分布

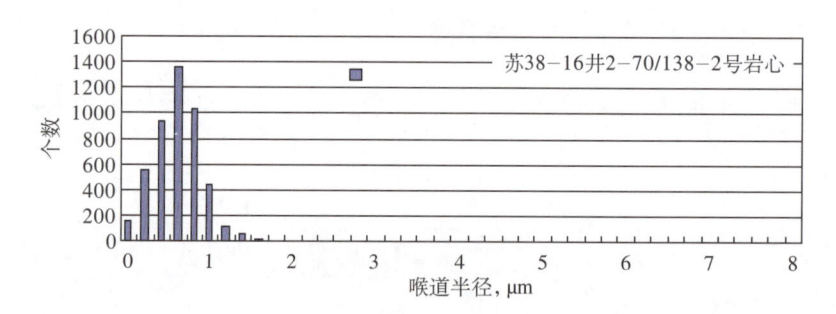

图3-6 苏里格气田2号岩心喉道半径分布

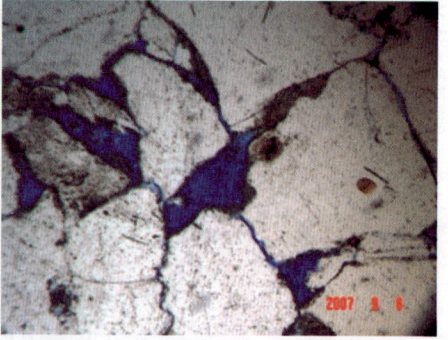

(a) 广安128须四段的缩颈型喉道　　(b) 广安127须四段的片状喉道

图3-7 川中须家河组储层主要孔隙喉道类型——缩颈型喉道、片状喉道

为0.5~1μm，呈交叉状、树枝状分布。而对片状喉道来说，管状喉道进一步缩小，使颗粒间孔隙呈网状相连，喉道在0.1~0.5μm之间。

薄片和扫描电镜分析表明，孔隙形态多为不规则形状，仅个别呈椭圆状或长条状，孔径小。川中须家河组储层压汞曲线毛细管参数特征（即排驱压力、中值压力和残余饱和度）相对于常规孔隙型储层都偏高，孔隙中值半径小，属于典型的低孔、低渗透致密砂岩气藏特征。

二、泥质含量

与常规气藏相比，低渗透致密砂岩气藏泥质含量高，所含的自生黏土多以水敏黏土（蒙皂石、伊利石和高岭石）以及酸敏性矿物（绿泥石）为主，黏土形态又以膜状或桥状为多，黏土颗粒的释放、迁移、堵塞和膨胀是造成储层伤害的主要原因。苏里格气田盒$_8$段储层黏土含量较高，经过强烈的成岩作用，晶体较大，晶体间的微孔隙对总孔隙有贡献，但孔径微小，渗透率低；山$_1$段煤含量和高岭石含量比盒$_8$段高。因此，由黏土矿物造成的低孔低渗的孔隙结构特征更明显。

三、毛细管压力

毛细管压力就是毛细管中弯液面两侧非湿相与湿相的压力差，是附着张力和界面张力共同作用对其弯液面内部产生的附加压力。毛细管压力曲线的形态主要受孔隙喉道的分布和喉道大小所控制。喉道大小分布越集中，则分选性越好，毛细管压力曲线的中间平缓段越长；喉道半径越大，毛细管压力曲线越低。低渗透致密砂岩气藏的喉道半径较小，毛细管压力较大，毛细管压力曲线较高。

图3-8是苏里格气田不同类型储层的典型压汞曲线。从图上可以看出，毛细管压力曲线总体表现为分选较差、细歪度的形态特征。毛细管压力是造成油基或水基钻井液在储层中捕集的主要原因，也是捕集液相与孔道内气体之间界面张力作用的结果。

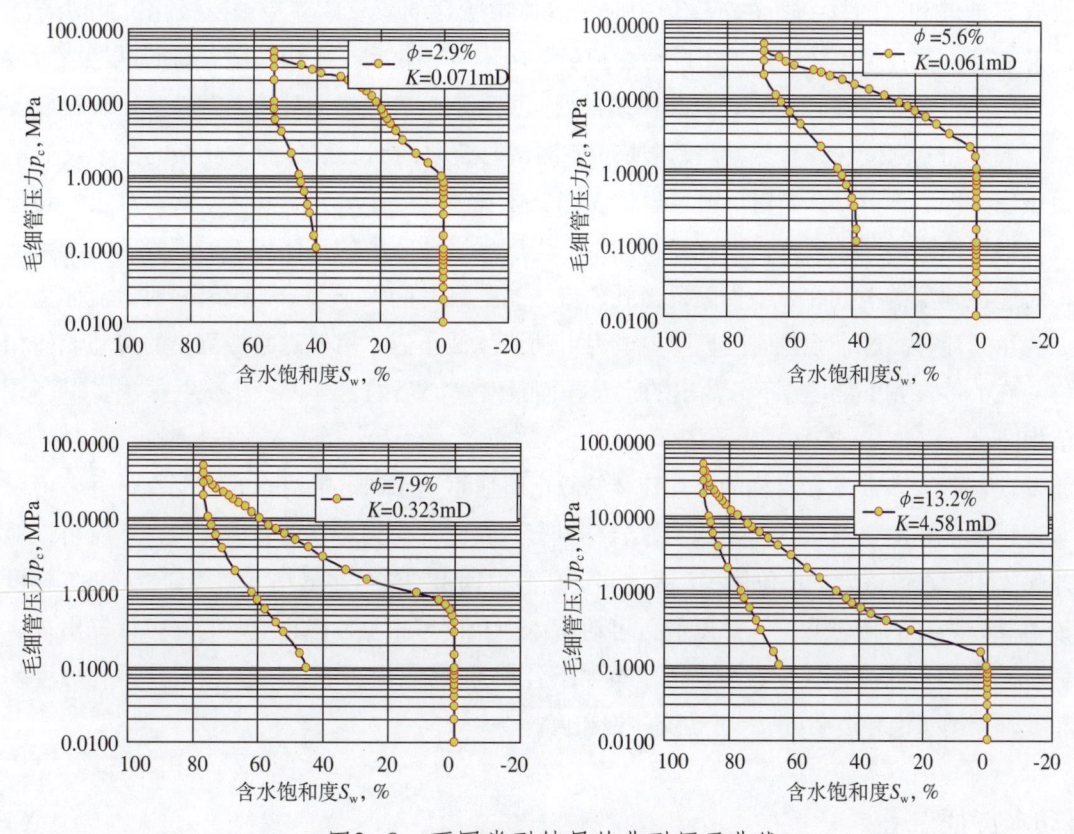

图3-8 不同类型储层的典型压汞曲线

第二节 可动水分析

高含水饱和度是低渗透致密砂岩气藏的一个典型特征。合理、高效开发该类气藏一直是研究者普遍关注的热点，特别是产水气藏的开发更是世界级的难题，像四川盆地的广安须家河组气藏就是典型的低渗透产水气藏。该气藏在开发过程中，大部分气井出水严重，采出的水一般是气层中的可动水。因此，分析可动水的特征对该类气藏的有效开发具有重要意义。

一、可动水分析方法

直接确定岩心中的可动水比较困难，一般是先用离心毛细管压力法、气驱水法和核磁共振法确定气藏束缚水饱和度，再根据测井数据确定原始含水饱和度，最终得到可动水饱和度。

1. 离心毛细管压力法和气驱水测试原理[2]

离心法测毛细管压力曲线是利用离心机产生的离心力代替外加的排驱压力来达到非润湿相驱替润湿相的目的，常用的实验仪器设备是美国BECKMAN公司生产的高速离心仪。气驱水测试实验是用地层水将岩心饱和，用气以不同的速度连续驱替，测含水饱和度和气相有效渗透率，常用的实验仪器是美国CORE公司生产的相渗测试仪。

2. 核磁共振法测试可动水实验原理[3]

核磁共振法测试的仪器设备是MPSK-4型核磁共振分析仪。核磁共振测井检测的是氢核H^1的磁化强度，当含有油气和水的样品处在静磁场中时，流体中所含的氢核H^1就会被磁极化，此时若施加一定频率的射频场，就会产生核磁共振；随后撤掉射频场，可接收到一个幅度随着时间以指数函数衰减的信号，可用两个参数描述该信号衰减的快慢：纵向弛豫时间T_1和横向弛豫时间T_2。在岩石核磁共振测量中，一般采用T_2测量法。核磁共振T_2谱是由T_2测试时获得的回波信号经过复杂的数学反演计算得到的。由核磁共振原理可知，T_2谱反映了岩样内部流体孔隙的大小分布，T_2值越大，对应的孔隙半径也就越大。根据油层物理学理论，当孔径小到某一程度后，孔隙中的流体将被毛细管压力所束缚而无法流动，对应在弛豫谱上存在一个界限，当孔隙流体的弛豫时间大于某一弛豫时间时，流体为可动流体，反之为束缚流体。这个弛豫时间界限，成为可动流体截止值。用核磁共振测出的可动流体相当于饱和水岩心在0.6664MPa离心力下分离出的水量，而且对离心后的岩样进行核磁共振测量，测量参数与离心前相同。

实验发现，绝大多数砂岩岩样的可动流体T_2截止值通常位于T_2谱中两峰的交汇点附近，可以通过该方法实现可动流体的快速确定，对饱和水岩样进行T_2测试，得到岩样的T_2幅度和，然后用该值除以岩样的外观体积，求得该岩样单位体积T_2幅度和，最后根据每块岩样的T_2幅度和得到岩样的T_2幅度和，然后用该值除以岩样的核磁共振孔隙度值。可动流体饱和度可根据T_2截止值从T_2谱中计算出来，确定核磁共振孔隙度和可动流体百分数后，可求得如下各项重要值：可动孔隙度=核磁共振孔隙度×可动流体饱和度，束缚水饱和度=100%-可动流体饱和度。

二、可动水特征

选用苏里格气田盒$_8$段储层的岩心作为实验样品，采用核磁共振测试的方法来分析可动水。大量的实验表明：岩样孔隙中可动水与残余水分界值T_2的时间为12~16ms之间，大于分界值的部分表示大孔隙中的可动水，小于分界值的部分表示小孔隙中的残余水。故根据岩心核磁共振测试T_2谱，可以得出不同孔隙类型岩心中水的存在形式。

大孔隙中的水主要以可动水形式存在，小孔隙中的水主要以残余水形式存在，且岩心孔隙度、渗透率越小，孔隙中可动水越少，残余水越多。图3-9至图3-12分别是1号、2号、3号、4号四块岩心在不同压力下气驱后测试的T_2谱曲线。

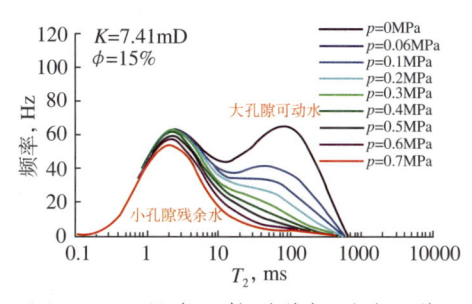

图3-9　1号岩心核磁共振测试T_2谱

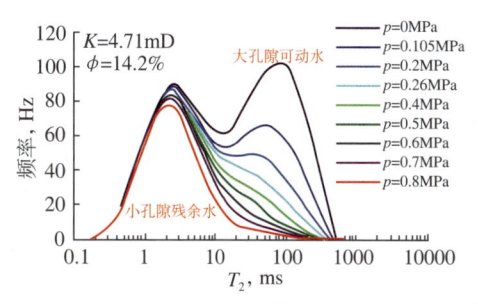

图3-10　2号岩心核磁共振测试T_2谱

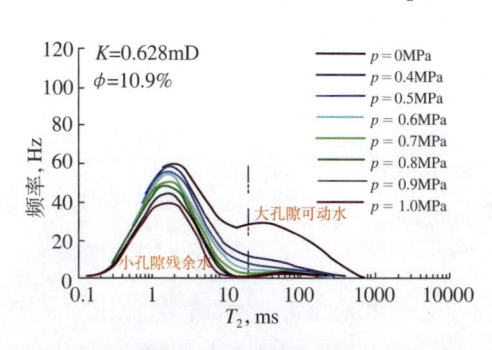

图3-11　3号岩心核磁共振测试T_2谱

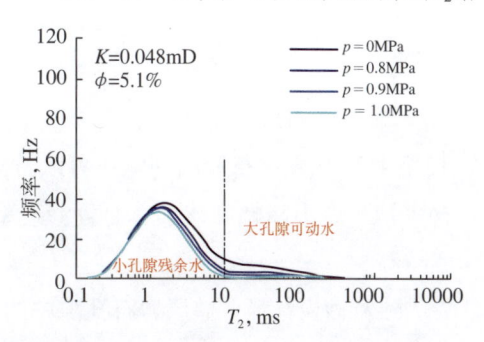

图3-12　4号岩心核磁共振测试T_2谱

从图3-9至图3-12可以看出，在低压气驱阶段，随着压力逐渐增大，大于截止值的信号逐渐减弱，小于截止值的信号基本不变，当压力增大到一定程度后，大于截止值的信号降到很低，且基本保持不变。对于低渗透气层，一旦产水，气驱压力较小时很难将水排出，证明小孔隙中的水束缚力（毛细管压力）强，难于驱动。

核磁共振是原子核和磁场之间的相互作用，石油勘探与开发研究中最常用的原子核是氢核H^1。无磁场作用时，氢核处于平衡态，磁场发出脉冲后，氢核失衡，其由非平衡状态恢复到平衡状态所需要的时间称为弛豫时间。对于油气藏而言，岩石孔隙结构对弛豫时间有影响，小孔隙中的氢核恢复平衡状态需要时间短，弛豫时间短，而大孔隙中的氢核恢复平衡状态需要时间长，弛豫时间长。

综上所述，图3-13至图3-16横坐标可以理解为孔隙的尺寸，纵坐标可以理解为不同尺寸的孔隙中流体体积占总孔隙体积百分比的累积曲线，因而，研究不同驱替压力下流体的变化情况，只需对比分析每条曲线的平直段变化幅度。

1号、2号两块岩心渗透率较大（大于1.0mD），在气驱压力为0.05~0.1MPa时，含水饱和度就开始降低，以1号岩心为例，驱替压力升高0.06MPa，含水饱和度降低约25%。而3号、4号两块岩心渗透率较小（小于1.0mD），致使含水饱和度开始降低的气驱压力均较大，3号岩心含水饱和度开始下降的气驱压力达到0.4MPa，气驱后含水饱和度只降低约30%，4号岩心含水饱和度开始下降的气驱压力甚至高达0.8MPa，而气驱后含水饱和度降低幅度却只有约20%。由此可见，渗透率越低，气驱时含水饱和度开始下降所需的压力越大；相同驱替压力下，含水饱和度下降的幅度越小。

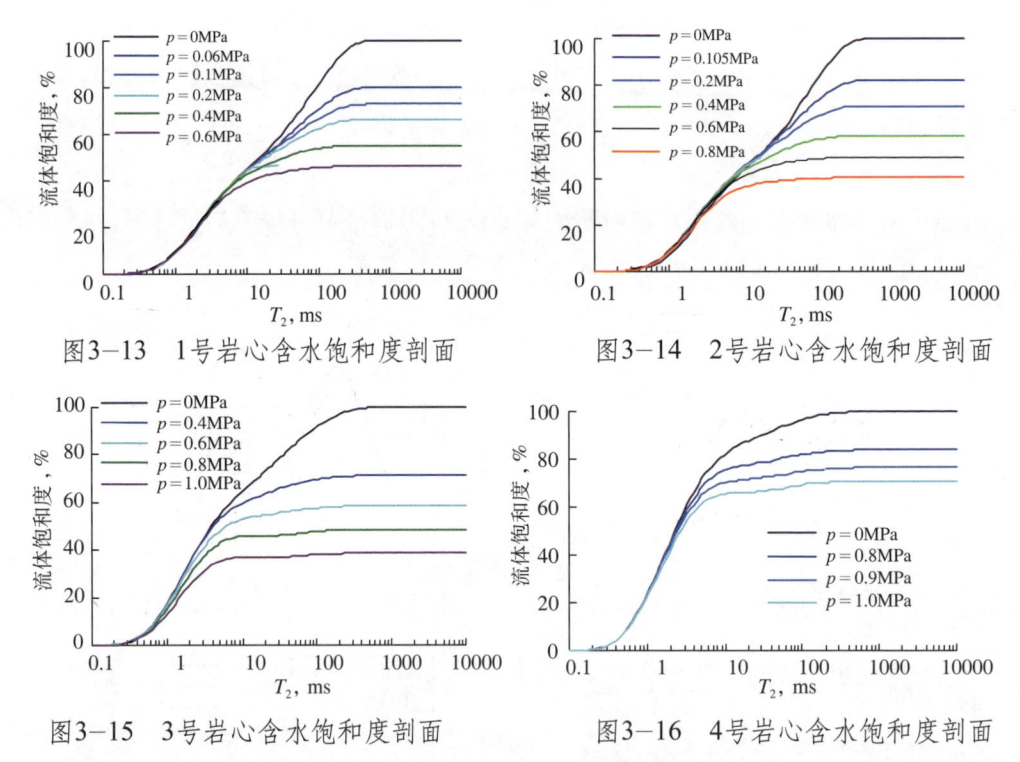

图3-13 1号岩心含水饱和度剖面

图3-14 2号岩心含水饱和度剖面

图3-15 3号岩心含水饱和度剖面

图3-16 4号岩心含水饱和度剖面

从图3-13至图3-16中平行段的间隔还可以看出，含水饱和度在气驱初始阶段下降较大，随着气驱压力增加，含水饱和度下降幅度减小；而且渗透率越小的岩心，含水饱和度最终下降幅度越小，即剩余含水饱和度越高。

对于低渗透致密砂岩气藏，储层岩石孔隙中的残余水饱和度是与岩石物性、气驱压力直接相关的一个参数。当气驱压力大于临界驱动压力时，岩石孔隙中的可动水将全部被驱出，随着气驱压力的增加，残余水也将部分被驱替出来。图3-17是1号、2号、3号、4号四块岩心在不同气驱压力下总含水饱和度的变化曲线。可以看出：对于低渗透岩心，需要有足够的驱替压力（临界驱动压力）才能将岩心中的水驱替出来，岩心渗透率越低，临界驱动压力越大；岩心中含水饱和度变化规律与岩石物性、气驱压力有直接关系。进一步分析还可以得出，含水饱和度变化分为两部分，一部分是岩心大孔隙中的可动水，这部分水在较小的气驱压力下就能被驱出（图3-18），另外一部分是岩心小孔隙中的残余水，这部分水在气驱压力较低时不能被驱出，但当气驱压力增大到一定程度时也可以被驱出一部分（图3-19）。

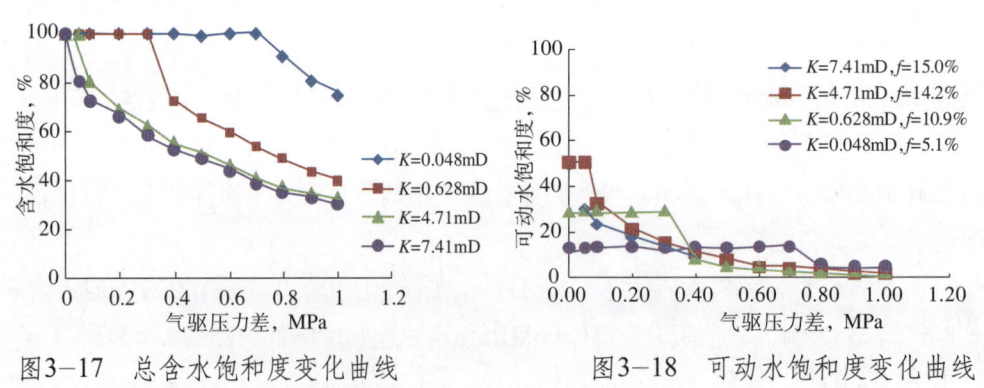

图3-17 总含水饱和度变化曲线

图3-18 可动水饱和度变化曲线

低渗透岩心的含水会大大降低其有效渗透率，只有气驱压力大于启动压力时，气相才能有效流动，气驱压力越大则气相相对渗透率越高，流动能力越好。低渗透岩心含水降低其有效渗透率情况见

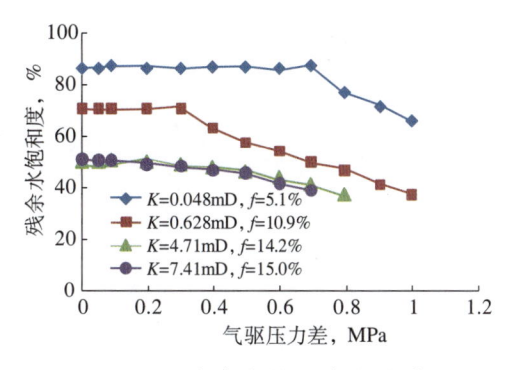

图 3-19 残余水饱和度变化曲线

图 3-20 至图 3-23。岩心渗透率越小，则渗透率损失越大；当气驱压力达到一定值时会驱出岩心中的部分水，能有效提高气相渗透率（图 3-24）。

低渗透岩心残余水饱和度较高，气相相对渗透率下降的幅度大，高渗透岩心残余水饱和度较低，对气相相对渗透率影响不大，随着气驱压力逐渐增加，高渗透岩心渗透率恢复良好（图 3-25）。

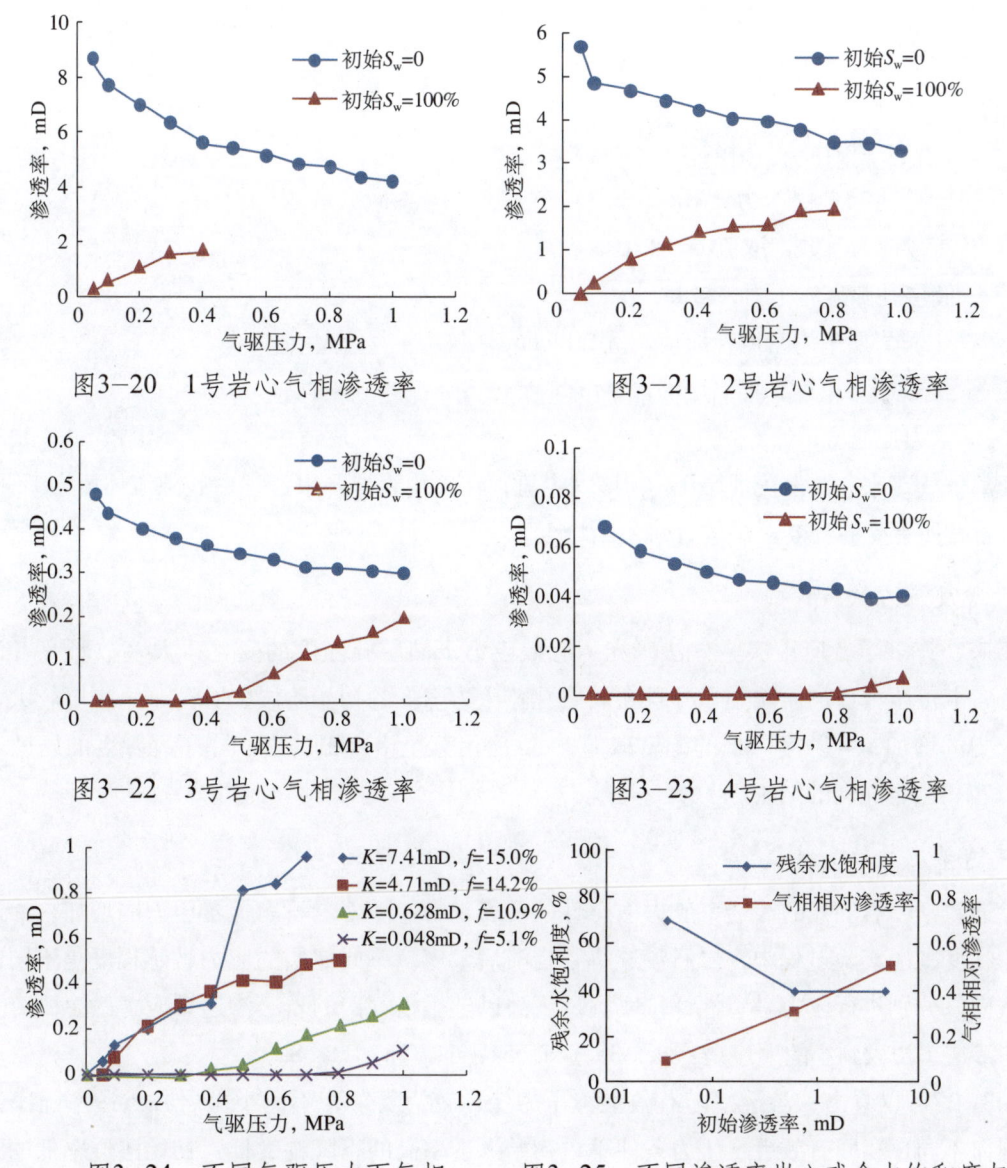

图 3-20 1 号岩心气相渗透率

图 3-21 2 号岩心气相渗透率

图 3-22 3 号岩心气相渗透率

图 3-23 4 号岩心气相渗透率

图 3-24 不同气驱压力下气相渗透率

图 3-25 不同渗透率岩心残余水饱和度与气相相对渗透率变化曲线

第三节 应力敏感性分析

随着气体采出、地层压力的下降，储层所受的有效应力逐渐增大，储层的孔隙空间受到压缩而使孔隙结构发生变化，主要表现在孔隙、裂缝和喉道的缩小或闭合，使孔隙度和渗透率不断降低，此即为储层的应力敏感性。

一、应力敏感特征

目前，低渗透储层应力敏感性主要通过实验测试来研究。从致密砂岩的岩石力学性质分析可知，在应力作用下，岩石的孔喉体积及裂缝宽度必然会发生改变，岩石的孔隙度及渗透率也会随之发生变化。应力敏感性研究主要是探讨随着有效应力的改变，油气层孔隙度和渗透率的变化规律[4]。

储层岩石在开发过程中所承受的上覆有效压力可由式（3-1）、式（3-2）计算：

$$p_{eff} = p_c - \alpha p \tag{3-1}$$

$$p_c = \rho_r g H / 1000 \tag{3-2}$$

式中 p_{eff}——有效上覆压力，MPa；

p_c——有效上覆地层压力，MPa；

α——有效应力系数，取值0.65～0.95；

p——储层孔隙流体压力，MPa；

ρ_r——上覆岩层平均密度，取值2.2～2.8g/cm³；

H——上覆岩层厚度，即储层埋深，m；

g——重力加速度，m/s²。

对于某一气藏来说，上覆地层压力p_c是固定值，在气藏衰竭开采过程中孔隙流体压力p不断减小，所以储层岩石所承受的有效上覆压力p_{eff}不断增大。

1. 孔隙度应力敏感特征

近年来，许多学者应用实验方法研究了有效应力下储层孔隙度的变化，大多数研究者认为，孔隙度随着净上覆压力增加而减小，并且在储层孔隙压力降低的初始阶段，孔隙下降幅度较大，随着有效上覆应力的增加，孔隙度降低的幅度减弱[5]。应用苏里格气田的岩心作了孔隙度的压敏试验（图3-26），也得出了相同的结论。

2. 渗透率应力敏感特征

低渗透致密砂岩气藏的渗透率应力敏感性主要表现为：随着岩石净上覆压力的增加，渗透率呈下降趋势，在变围压实验过程中，岩石渗透率存在滞后效应。不同储层的应力敏感程度是不同的，对不同的气藏应该分别进行应力敏感性评价实验。下面以苏里格气田的岩心渗透率应力敏感研究为例。不同岩心的渗透率由大到小的顺序是：1a、3a、4a、5a、6a、7a、2a、8a。

从图3-27可以看出，渗透率随有效上覆压力变化较为复杂，不同类型岩心渗透率随净上覆压力的变化规律不同，相同有效上覆压力条件下，初始渗透率高的下降幅度低；初始渗透率低的下降幅度大，压力增大到一定程度后渗透率下降速率减缓，但总的下降幅度很大。

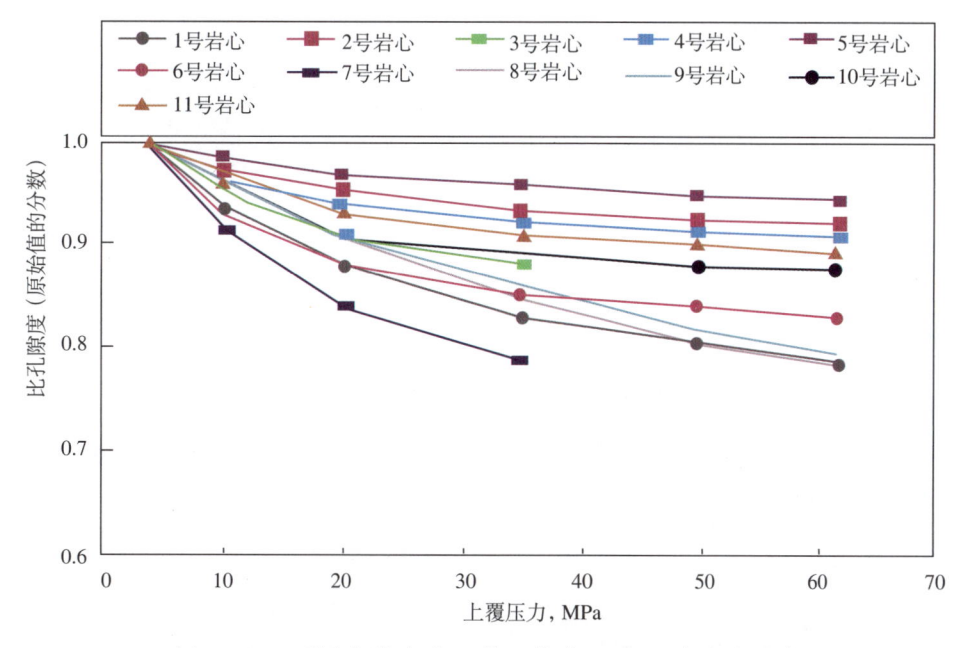

图3-26 不同有效应力下苏里格气田岩心的比孔隙度

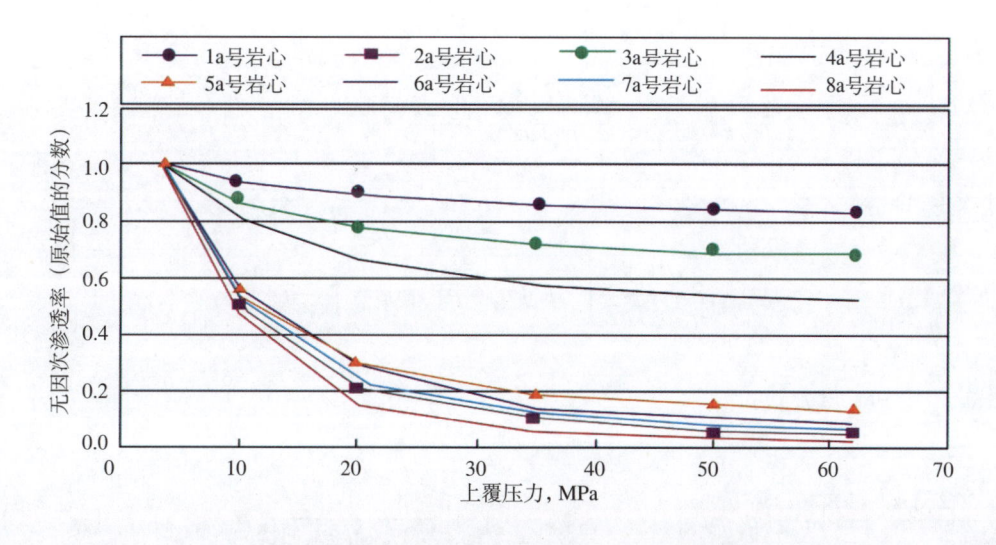

图3-27 不同有效应力下的无因次渗透率

杨胜来以地面条件下的空气渗透率为基准，建立储层渗透率与有效上覆压力的关系式，并提出了两种可采用的函数式：指数式和幂函数形式。

指数形式：

$$K=K_0 e^{-bp_e} \tag{3-3}$$

式中 b——系数，MPa^{-1}；
K_0——地面空气渗透率，mD；
p_e——有效上覆压力，MPa。

幂函数形式：

$$K=K_0(p_r-p)^{-s}=K_0 p_e^{-s} \tag{3-4}$$

式中 p_r——上覆岩层压力，MPa；

p——孔隙流体压力，MPa；

p_e——有效上覆压力，MPa；

s——应力敏感性系数。

幂函数形式表明渗透率K与当前有效上覆压力有关。s越大，则应力敏感性越强。当s为0时，也就是不考虑应力敏感性时，则K为常数，且等于地面条件下的渗透率。

二、应力敏感对产能的影响

前面已经分析了岩石的压力敏感性对储层的孔隙度和渗透率的影响，孔隙度和渗透率会随着有效上覆压力的增加，出现下降的趋势，这种特征势必会降低气藏的产能。从达西公式出发，推导考虑渗透率应力敏感时平面径向流产量方程为[6]：

$$q = \frac{2\pi rhK}{\mu}\frac{dp}{dr} \tag{3-5}$$

$$q = q_{sc}B_g = q_{sc}\frac{p_{sc}}{Z_{sc}T_{sc}}\cdot\frac{ZT}{p} \tag{3-6}$$

$$\frac{2\pi KhT_{sc}Z_{sc}}{q_{sc}p_{sc}T\mu Z}pdp = \frac{dp}{r} \tag{3-7}$$

代入式（3-4）：

$$\frac{2\pi hT_{sc}Z_{sc}}{q_{sc}p_{sc}T\mu Z}\int_{p_{wf}}^{p_e}K_0(p_e-p)^{-s}pdp = \int_{r_{wf}}^{r_e}\frac{dr}{r} \tag{3-8}$$

分步积分，得到产量公式：

$$q_{sc} = \frac{1549.2K_0h}{T\mu Z\ln\frac{r_e}{r_w}}\left\{\frac{1}{1-s}\left[p_{wf}(p_c-p_{wf})^{1-s}-p_e(p_c-p_e)^{1-s}\right]+\frac{1}{(1-s)(2-s)}\left[(p_c-p_{wf})^{2-s}-(p_c-p_e)^{2-s}\right]\right\} \tag{3-9}$$

式中　q——气藏条件下的气产量，m³/d；

q_{sc}——标准条件下的气产量，m³/d；

h——气层有效厚度，m；

μ——气体黏度，mPa·s；

r——距离井心的距离，m；

B_g——气体体积系数；

p_{sc}——标准大气压，MPa；

Z_{sc}——标准状态下的气体偏差系数；

T_{sc}——标准温度，K；

Z——气体偏差因子；

T——气层温度，K；

p_e——原始地层压力，MPa；

p_{wf}——井底流压，MPa；

s——应力敏感系数。

为了说明应力敏感性对气井产能的影响，通过不同含水饱和度下的应力敏感性来计算气井的产能曲线。图3-28是苏里格气田某井不同应力敏感性的产能曲线。可知，随着应力敏感系数s的增大，气井产能变小，并且气井产能降低的幅度也越来越小。当应力敏感系数的变化范围为0.05～0.3时，考虑应力敏感性的产能是不考虑敏感性产能的30%～83.3%。

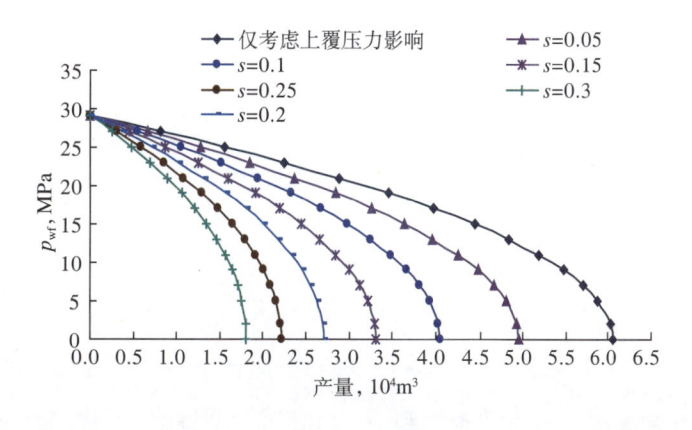

图3-28 开发过程中考虑应力敏感性的产能曲线

根据苏里格气田气井的应力敏感系数与渗透率关系回归出应力敏感系数s与储层渗透率K的关系式，即$s=0.1077K^{-0.2454}$，同时，结合产能公式可得出不同储层物性下的应力敏感性对气井的影响。从表3-2不同储层物性的应力敏感系数对气井产能的影响分析结果可以看出：有效渗透率越高，应力敏感系数越小，对气井产能的影响也就越小，所以储层的应力敏感性对于低渗透致密砂岩气藏产能影响程度还是比较大的。

表3-2 不同储层物性的产能影响程度分析表

有效渗透率 mD	应力敏感系数	仅考虑上覆压力影响的无阻流量 q_1, $10^4 m^3$	考虑应力敏感的无阻流量 q_2, $10^4 m^3$	$(q_1-q_2)/q_1 \times 100\%$
0.1	0.1895	1.756	0.605	65.53
0.5	0.1277	8.779	5.250	40.20
1.0	0.1077	17.558	11.378	35.19
5.0	0.0726	87.789	65.541	25.34

第四节 滑脱效应

在岩石孔道中，气体的流动不同于液体，对液体来讲，在孔道中心的液体分子比靠近孔道表面的分子流速要高，而且，越靠近孔道壁表面，分子流速越低，气体则不同，靠近孔道壁表面的气体分子与孔道中心的分子流速几乎没什么差别。Klinkenberg把气体在岩石中的这种渗流特征称之为滑脱效应,亦称Klinkenberg效应[7]。

一、滑脱效应理论基础

气体分子滑脱现象最早是由Klinkenberg(1941)通过实验观察发现的,他指出气测渗透率与流动平均压力存在如下关系:

$$K_g = K_\infty (1 + \frac{b}{p_m}) \tag{3-10}$$

式中　K_g——气测渗透率;
　　　K_∞——等效液体渗透率或平均压力为无穷大时测得的气相绝对渗透率;
　　　b——滑脱因子;
　　　p_m——平均压力。

由式(3-10)不难发现,通过分析平均压力p_m与气相有效渗透率之间的关系可以分析气体渗流中是否存在滑脱效应以及其对气相渗透率的影响程度。气体分子滑脱效应在运动方程中的表现即为视渗透率的增加,在单相渗流时,可以通过修正有效渗透率来达到增加视渗透率的目的;在气—水两相渗流情况下可以采用修正相对渗透率的方法来达到增加视渗透率的目的。

二、滑脱效应对渗流的影响

在考虑气体分子滑脱效应的气体渗流过程时,气体分子滑脱效应对渗流速度的贡献取决于气体的性质、岩石性质以及它们的共同作用。对于低渗透致密砂岩气藏,由于渗透率越低,气体分子的滑脱效应就越强;气体黏度越大,气体分子的滑脱效应也就越显著;气体的压缩性越大,气体分子的滑脱效应也越强,滑脱效应越有利于气体的渗流。

选用广安气田须家河组气藏的5块岩心进行实验测试,结果见图3-29至图3-33不同物性岩样的系列渗流曲线。

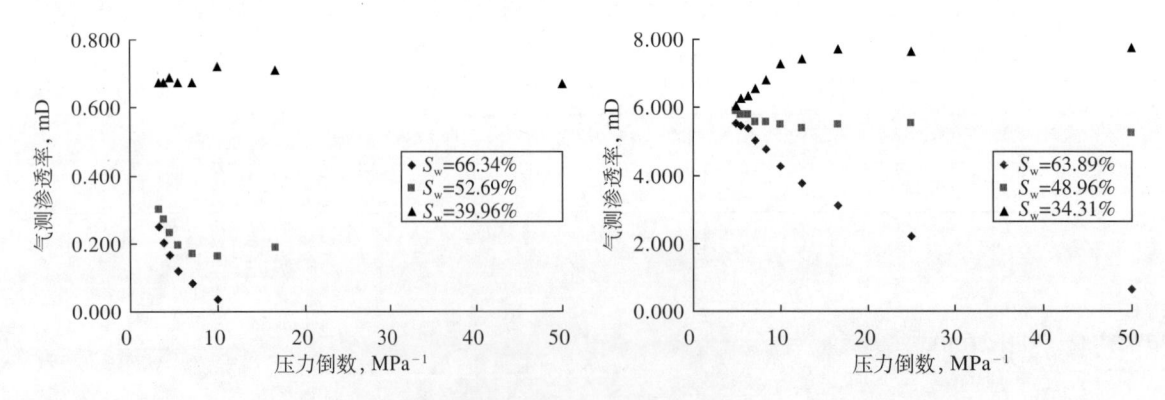

图3-29　岩心LT1的压力倒数与气测渗透率关系图

图3-30　岩心LT2的压力倒数与气测渗透率关系图

从图中可以看出,当岩心含水饱和度较高时,曲线呈下凹型,其渗透率随着气驱压力的增加而逐渐增大,这是由于岩心中的部分水为可动水。当施以岩心两端的压差大于相应孔隙启动压力时,岩心

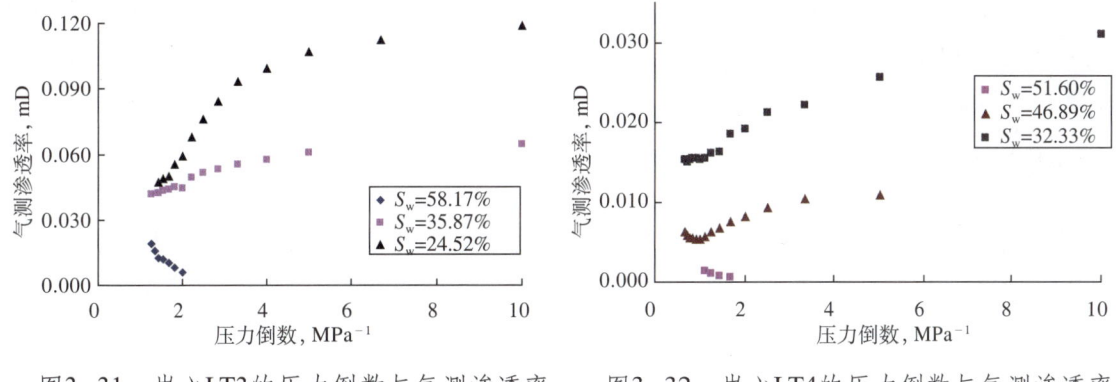

图3-31 岩心LT3的压力倒数与气测渗透率关系图

图3-32 岩心LT4的压力倒数与气测渗透率关系图

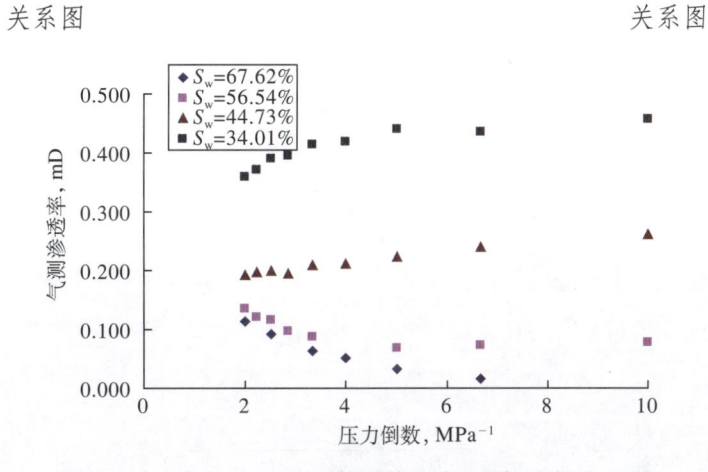

图3-33 岩心LT5的压力倒数与气测渗透率关系图

中的可动水就克服毛细管阻力的作用而流动。随着驱替的进行，岩心中的可动水越来越少，渗透率随压力增加而增大的幅度越来越小。当含水饱和度低到一定程度时（达到束缚水状态），则渗透率随着压力的增加而逐渐减小，这主要是受滑脱效应的影响。

当含水饱和度较低时，岩样中气体的渗流受滑脱效应的影响呈上凸型，表现为存在临界点。此时，岩心中大喉道中的水被驱出，渗透率随着压力的增大而减小，滑脱效应占主导地位。

总之，对5块实验岩心分析发现，当含水饱和度大于50%时，毛细管阻力占主导地位，滑脱效应的影响相对较小，图中反映为渗透率均随压力的增大而增大。在整个渗流过程中均存在毛细管力和滑脱效应作用力的影响，随着含水饱和度的增大，滑脱效应逐渐减弱，当含水达到一定程度后，渗流则仅受启动压力梯度的影响了。

第五节 启动压力

B.A.弗洛林于1951年最早提出启动压力梯度的概念。国内很多学者对启动压力梯度进行了大量的实验研究。实验发现：岩样两端流动压差增大至一定程度时气体才开始流动。气体发生流动所需要的最小压差即为启动压差，它描述了气体从静止到流动的突变和时间滞后现象。实验发现，岩心的渗流曲线都未通过原点，虽然二者关系仍为直线，但多与横轴相交，只有当驱动压差增至一定程度后才有气体流出。实验还发现，当流动压差减小到一定程度后，含水低渗透岩心的渗流停止，即要保持气水两相连续流动也必须保持一个最低压差或称之为"临界压力梯度"的一个压力梯度。

一、启动压力理论基础

实验和文献中的启动压力梯度一般近似认为是常量，而实际地层渗流中在含水饱和度、渗透率及其他储层渗流参数不同时，其启动压力梯度并不完全相同。前人的大量岩心实验研究表明，流体流动速度v与$p_1^2-p_0^2$的关系为不过原点的线性关系：

$$v = a(p_1^2 - p_0^2) - b \tag{3-11}$$

式中　a，b——与岩心有关的常数；
　　　p_1——岩心上端的压力，MPa；
　　　p_0——岩心下端的压力，MPa。

当$v=0$，则启动压力为：

$$p_\lambda = (\frac{b}{a} + p_0^2)^{1/2} \tag{3-12}$$

则启动压力梯度为：

$$\lambda = \frac{p_\lambda - p_0}{L} = \frac{(\frac{b}{a} + p_0^2)^{1/2} - p_0}{L} \tag{3-13}$$

式中　L——岩心长度，m。

二、含水饱和度对启动压力梯度的影响

为了研究岩心含水对启动压力梯度的影响，选取5块岩心在不同含水饱和度下做气体渗流启动压力梯度实验。根据启动压力梯度实验理论，将实验数据分别建立v与$p_1^2-p_0^2$关系，按照式（3-11）回归求出a、b后，根据式（3-13）分别求出启动压力梯度λ。

在岩石孔隙介质中，由于气、水润湿性的差异和毛细管压力的作用，水优先占据小孔喉和孔隙壁面，并且由于气体的易压缩性，气体在含水的孔隙中流动时，首先选择大的孔隙，随着流动压差的增大，逐渐驱动一些小喉道的水或将孔隙壁面的水膜驱薄，所以岩心中的含水饱和度随气体的流动会产生一些变化。在低流速时，随压差的增大，气体流量呈非线性的增长；气体前缘呈跳跃式前行，且易被水卡断。因此，气体在含水孔隙中流动时，需要一定的启动压力（临界流动压力），孔隙中含水饱和度越高，气体流动的启动压力越大。

图3-34所示为岩样LT1测试的气体流动压差与流量的关系曲线。不同曲线代表不同的含水饱和度。从图中可以看出，流量与压差并不呈线性关系，通过数据拟合可以求出不同含水饱和度时的启动压力。该岩样在含水饱和度为66.34%、52.69%和39.96%时的启动压力分别为0.0864MPa，0.00973MPa，0.00239MPa，随着含水饱和度的降低，启动压力减小。用启动压力除以该岩心的长度即为该岩心的启动压力梯度，不同含水饱和度的启动压力梯度分别为0.019MPa/m、0.0021MPa/m和

0.00053MPa/m。随着含水饱和度的降低，启动压力梯度也逐渐减小，详见表3—3。

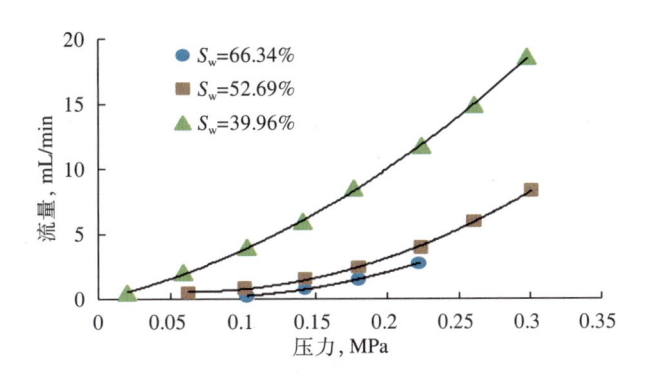

图3—34 岩心LT1渗流曲线图

表3—3 不同含水饱和度下启动压力梯度数据表

岩心编号	含水饱和度 %	平均渗透率 mD	渗透率倒数 mD^{-1}	回归法启动压力 MPa	启动压力梯度 MPa/m
LT1	66.34	0.3152	3.173	0.0864	0.019
	52.69	0.456	2.193	0.00973	0.002
	39.96	0.624	1.603	0.00239	0.001
LT2	63.89	4.1745	0.240	0.00183	0.0004
	48.96	5.9467	0.168	0.00101	0.0002
	34.31	7.4927	0.133	0.000074	0.000016
LT3	60.89	0.0303	33.003	0.41825	0.0884
	37.55	0.0546	18.315	0.040059	0.008
	25.67	0.0964	10.373	0.0298	0.006
LT4	51.06	0.0037	270.270	0.510297	0.109
	41.07	0.0049	204.082	0.07159	0.015
	32.33	0.0182	54.945	0.06505	0.014
LT5	67.62	0.0989	10.111	0.1317	0.031
	56.54	0.1499	6.671	0.0466	0.011
	44.73	0.1821	5.491	0.0385	0.009
	34.01	0.3425	2.920	0.00687	0.002

三、渗透率对启动压力的影响

用式（3—13）可以计算出各块岩心不同含水饱和度的启动压力梯度。由于5块岩心代表了不同渗透率区间的岩心，根据各岩心的含水饱和度与启动压力梯度的关系，拟合了不同渗透率区间的含水饱和度和启动压力梯度的关系式（表3—4）。

表3-4 不同渗透率时启动压力梯度与含水饱和度的关系式

岩心编号	渗透率范围，mD	启动压力梯度与含水饱和度关系式
LT4	$K<0.02$	$\lambda=2\times10^{-9}S_w^{4.4216}$，$R^2=0.7521$
LT3	$0.02<K<0.1$	$\lambda=1\times10^{-7}S_w^{3.1967}$，$R^2=0.8777$
LT5	$0.1<K<0.3$	$\lambda=5\times10^{-9}S_w^{3.6728}$，$R^2=0.9361$
LT1	$0.1<K<1$	$\lambda=6\times10^{-13}S_w^{5.6995}$，$R^2=0.883$
LT2	$K<1$	$\lambda=2\times10^{-13}S_w^{5.2822}$，$R^2=0.9459$

由图3-35可以看出，岩石的渗透率越小，启动压力梯度随含水饱和度增大而增大的趋势越明显。对低渗透致密砂岩气藏而言，在较低的含水饱和度时就存在启动压力。为了克服毛细管压力产生的气体渗流阻力，开发低渗透致密砂岩气藏要适当采用较大的生产压差。

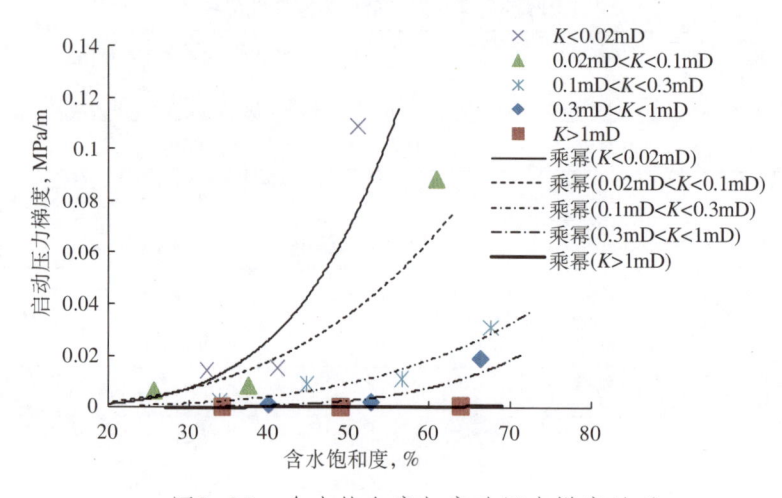

图3-35 含水饱和度与启动压力梯度关系

参考文献

[1] 张曙光, 石京平, 刘庆菊, 等. 低渗致密砂岩气藏的孔隙结构与物性特征 [J]. 新疆石油地质, 2005, 26 (3).

[2] 黄伟岗, 郭平, 姜怡伟, 等. 桥白气藏可动水实验研究 [J]. 天然气勘探与开发, 2005, 28 (2): 311-42.

[3] 付大其, 朱华银, 刘义成, 等. 低渗气层岩石孔隙中可动水实验 [J]. 大庆石油学院学报, 2008, 32 (5): 23-26.

[4] 郭平. 低渗致密气藏开发机理研究 [M]. 北京: 石油工业出版社, 2009.

[6] 傅春梅, 唐海, 吕栋梁, 等. 不同含水饱和度下应力敏感性对致密低渗气井产能影响分析 [J]. 天然气勘探与开发, 2009, 32 (1): 32-34.

[7] 秦积舜, 李爱芬. 油层物理学 [M]. 山东东营: 石油大学出版社, 1998.

第四章 低渗透致密砂岩气藏气井产能评价及生产规律

低渗透致密砂岩气藏在我国分布广泛，储量规模巨大，是"十一五"乃至今后产量增长最快的气藏类型。与常规气藏相比，它具有低孔、低渗、低丰度、非均质性强的地质特点和气井产能低、无阻流量小、储量动用程度和最终采收率低的开发特征。在储层特征和微观渗流机理研究的基础上，准确评价气井产能，深入分析气井生产规律对于正确评价和合理开发低渗透致密砂岩气藏具有重要意义。

本章的研究内容主要包括气井产能评价、气井合理配产和动态控制储量评价、气井生产规律分析等。

第一节 气井产能评价

由于低渗透致密砂岩气藏储层具有低孔隙度、低渗透率、低丰度、非均质性强的特性，压力传导速度慢，气井生产达到拟稳态的时间长，这给准确监测及测量压力带来了很多困难。采用常规方法在较短时间内测试或计算低渗透致密砂岩气藏的压力，进行气井产能的评价，将会出现很大误差。因此，如何较准确地确定低渗透气井压力至关重要，也比较困难。下面针对气井产能评价中出现的异常情况，进行识别和校正分析。

一、气井产能曲线分析

气井在压力测试或生产过程中，地层压力和井底流压受地层参数、流体参数、井底结构、产量、测试时间及其他很多因素的影响，任一因素的非正常变化都会造成气井产能方程或产能曲线异常。分析气井产能曲线异常的原因，准确识别及校正产能曲线是准确评价气井产能的基础。

1. 产能曲线异常原因分析

低渗透致密砂岩气藏，特别是低渗透含水气藏，实际气井产能曲线很容易出现异常。要获得正常的产能曲线，必须在测试过程中，使二项式系数 A、B 和指数式系数 C、n 基本保持不变。要达到这一点，则要求在测试期间气藏特性（K、ϕ、h、T）、流体性质（单相）、井底结构等保持不变，而且要求测试达到稳定。否则会得出异常的产能曲线。引起测试产能曲线异常的原因很多，归结起来，大致有如下几类：

（1）由于井底积液，获取的压力偏小（比如压力计未下到产层中部或用井口测试计算井底压力等）。

(2) 钻井液或措施液体进入地层，使井底有堵塞，井附近渗透率变小、阻力增大，这种现象可能随测试产量增大逐渐解除。

(3) 关井时间短，未达到稳定，使测取的地层压力偏小。

(4) 每个工作制度都未稳定就进行测试，使测取的p_{wf}、q不准确。

(5) 试井过程中，井周围地层中有凝析油析出或含水饱和度变化，渗流条件发生了改变。

(6) 底水锥进或边水舌进，即使水未进入井中，也改变了地层内的渗流条件。

(7) 井间或层间干扰。

(8) 由于低渗透储层存在应力敏感效应，气层渗透率和孔隙度都会随压力发生较大变化。

凡是出现上述情况的测试气井，产能曲线都可能出现异常。

2. 异常曲线的识别与校正处理

通常，对正常测试数据，绘制成Δp^2（$\Delta \Phi$）—q_{sc}的关系曲线，在直角坐标中应是一条通过原点凹向Δp^2（$\Delta \Phi$）轴的曲线，如图4-1曲线①所示。这是正常曲线的初步识别。然而实际测试的指示曲线，有可能出现如曲线②或曲线③所示的情况，顺测点趋势延长曲线，不通过原点。或者出现其他形状的异常曲线，1976年原四川石油管理局曾做过一次统计，大约有1/3的测试有异常现象。当出现异常时，如何分析、识别和判断呢？只有从地质、工程、测试工艺及设备等方面详细查找原因，才能得出正确的认识。

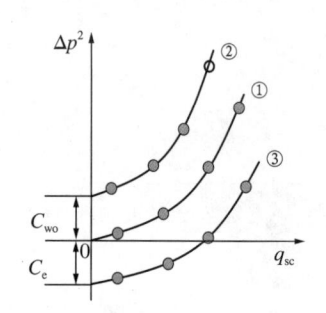

图4-1 Δp^2—q_{sc}的关系曲线

在一些情况下，可以比较容易地识别出产能曲线异常的原因并进行有效的校正处理。

(1) 当得不到地层压力时的处理。

实际工作中，由于种种原因，无法获得地层压力$\bar{p}_R$，但可获得每个工作制度的准确产量q_{sci}和井底流动压力p_{wfi}，此时对几个测点分别写出联立方程（以压力平方为例）：

$$\begin{cases} \bar{p}_R^2 - p_{wf1}^2 = Aq_{sc1} + Bq_{sc1}^2 \\ \bar{p}_R^2 - p_{wf2}^2 = Aq_{sc2} + Bq_{sc2}^2 \\ \vdots \quad \vdots \quad \vdots \quad \vdots \\ \bar{p}_R^2 - p_{wfn}^2 = Aq_{scn} + Bq_{scn}^2 \end{cases} \tag{4-1}$$

对上述联立方程组，用下式减上式，消去$\bar{p}_R^2$，然后两端除以产量差，得线性方程组：

$$\frac{p_{wfi}^2 - p_{wfi+1}^2}{q_{sci+1} - q_{sci}} = A + B(q_{sci+1} + q_{sci}) \tag{4-2}$$

式中 i——测点序号。

由式（4-2）可以看出，若绘制$\dfrac{p_{wfi}^2 - p_{wfi+1}^2}{q_{sci+1} - q_{sci}}$—$(q_{sci+1} + q_{sci})$关系曲线，则可得一直线，此直线的截距为二项式的系数A、斜率为二项式的系数B，从而得到该井产能方程。

(2) 当测取的地层压力偏小时的识别和校正处理。

当低渗透致密砂岩气藏未达到稳定就关井，时间不足，就测取了压力。显然，以此压力作为地层压力是偏小的。若将测取压力以p_e表示，绘制的指示曲线如图4-1中的曲线③，若绘制二项式产能曲线则如图4-2所示。由此可判别是地层压力偏小的情况。

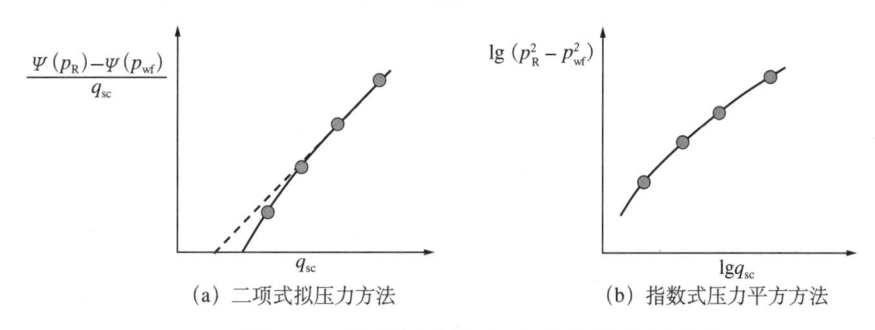

(a) 二项式拟压力方法　　(b) 指数式压力平方方法

图4-2　地层压力偏小时的产能分析曲线

出现这种曲线，可以不必重测，仅需进行如下校正即可。

设$\bar{p}_R$为真实平均地层压力，此压力和实测压力p_e之差为：

$$\delta_e = \bar{p}_R - p_e \tag{4-3}$$

由式（4-3）可得真实地层压力为：

$$\bar{p}_R = p_e + \delta_e$$

于是存在：

$$\bar{p}_R^2 = p_e^2 + 2\delta_e p_e + \delta_e^2 \tag{4-4}$$

将式（4-4）代入二项式产能方程得：

$$p_e^2 - p_{wf}^2 = Aq_{sc} + Bq_{sc}^2 - C_e \tag{4-5}$$

其中：

$$C_e = 2\delta_e p_e + \delta_e^2 \tag{4-6}$$

将气井的二项式产能方程式（4-5）变形为：

$$p_e^2 - p_{wf}^2 + C_e = Aq_{sc} + Bq_{sc}^2 \tag{4-7}$$

由式（4-7）可知，只要获得适当的C_e值，$(p_e^2 - p_{wf}^2 + C_e)/q_{sc}$—$q_{sc}$关系应为一直线，如图4-3所示，该直线截距为二项式系数A，斜率为二项式的系数B，利用式（4-6）求解出δ_e之后，再求出真实平均地层压力$\bar{p}_R$，从而计算出气井无阻流量q_{AOF}。

（3）当测取的井底流压偏小时的识别和校正处理。

在某些情况下，比如低渗透含水气藏气井井筒积液，由于压力计未下至产层中部，若井筒仍按纯气柱考虑，势必造成井底流压偏低，此时，Δp^2—q_{sc}指示曲线会出现如图4-1中的曲线②所示的异常，顺测点的曲线趋势延长，不交于坐标原点，而是与Δp^2轴相交，在Δp^2轴上有一截距C_{wo}。在$\Delta p^2/q_{sc}$—q_{sc}产能分析曲线图上，得不到直

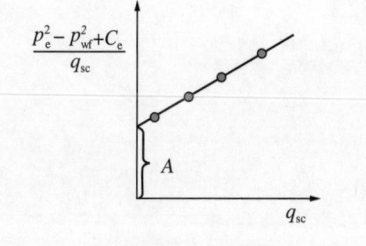

图4-3　校正后的二项式分析图

线，而呈现图4-4所示的异常曲线。

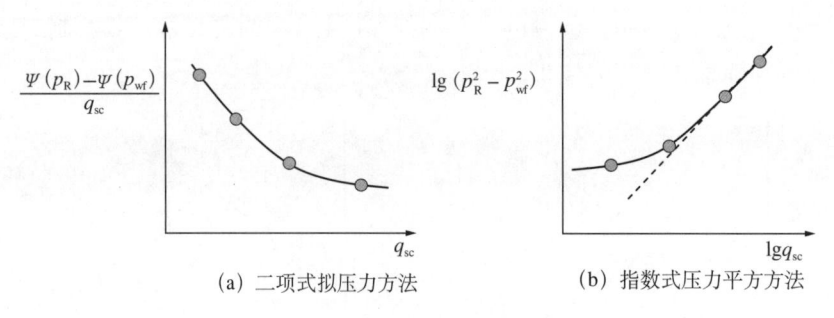

图4-4 井底流压偏低时的产能分析曲线
(a) 二项式拟压力方法　(b) 指数式压力平方方法

校正方法如下：

设p_{wfi}为真实井底流压，p_{wi}为实测的或计算的井底压力：

$$\delta_i = p_{wfi} - p_{wi} \qquad p_{wfi} = p_{wi} + \delta_i \tag{4-8}$$

于是：

$$p_{wfi}^2 = p_{wi}^2 + 2\delta_i p_{wi} + \delta_i^2 \tag{4-9}$$

将式（4-9）代入二项式产能方程，得：

$$\overline{p}_R^2 - p_{wi}^2 - C_{wi} = Aq_{sci} + Bq_{sci}^2 \tag{4-10}$$

其中：

$$C_{wi} = 2\delta_i p_{wi} + \delta_i^2 \tag{4-11}$$

对于不同的工作制度，井底的积液高度是不同的。因此，式（4-10）中不同工作制度下的C_{wi}是不同的。这样，实际处理中就十分困难，为了简化问题，假设不同工作制度下的C_{wi}是相同的，记为C_w。

基于C_{wi}相同，将式（4-10）两端同除q_{sc}，得：

$$\frac{\overline{p}_R^2 - p_w^2 - C_w}{q_{sc}} = A + Bq_{sc} \tag{4-12}$$

由式（4-12）可见，在适当的C_w值下，$(\overline{p}_R^2 - p_w^2 - C_w)/q_{sc}$—$q_{sc}$的关系应为一直线，如图4-5所示，该直线的截距就是二项式系数A，其斜率即为二项式系数B，据此即可计算气井的无阻流量q_{AOF}。

图4-5 校正后的二项式分析图

由于各工作制度下C_{wi}值是不同的，由式（4-11）不难看出，p_{wi}是实测值或计算值，要求C_{wi}，关键在于求δ_i。若关井后液体退回地层，当$q_{sc}=0$时，$p_w = \overline{p}_R$，由式（4-11）可得：$C_{w0} = 2\overline{p}_R\delta + \delta^2$

解出δ：

$$\delta = \sqrt{\overline{p}_R^2 + C_{w0}} - \overline{p}_R \tag{4-13}$$

由此，可求出各工作制度下的C_{wi}：

$$C_{wi} = 2\delta p_{wi} + \delta^2 \tag{4-14}$$

由于C_{w0}是由Δp^2—q_{sc}实测曲线顺势向左延长与Δp^2的交点求出的。因此，C_{w0}有可能偏大或偏小，此时，$(\overline{p}_R^2 - p_w^2 - C_w)/q_{sc}$—$q_{sc}$二项式产能曲线不为直线，如图4-6所示。此时应调整C_{w0}，重复上述过程，直到得出直线为止。

（4）测试时井筒或井底附近残留液体逐渐吸净的识别。

一些新井或措施后的井和含水量小的气井测试时，若测试前未进行大产气量放喷，井内或井底附近的残留液体会随着测试产量的增大，被逐渐带出以致喷净，这时测试的Δp^2—q_{sc}指示曲线会如图4-7曲线①所示，曲线凹向q_{sc}轴，表明降低压差所获产量会越来越多，若再继续顺次回测，则可得正常曲线（图4-7曲线②）。

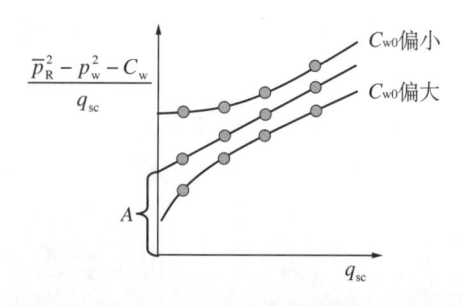

图4-6 不同C_{w0}下的二项式分析曲线 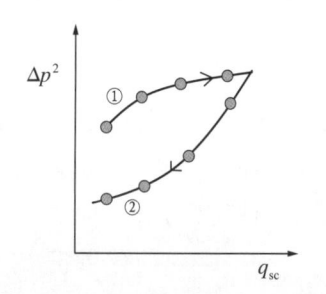　　图4-7 井筒附近残留液体的影响

（5）底水锥进的识别。

有底水存在的气藏，应特别注意控制测试产量，以免测试产量过大形成底水锥进甚至突入井中（图4-8）。特别是低渗透致密砂岩气藏，底水锥进后，很容易造成水锁，对气井造成灾难性的伤害，而且很难解除。有底水的气井测试时指示曲线和二项式产能曲线分别如图4-9和图4-10所示。

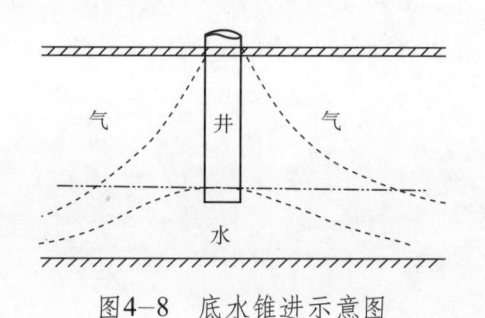

图4-8 底水锥进示意图

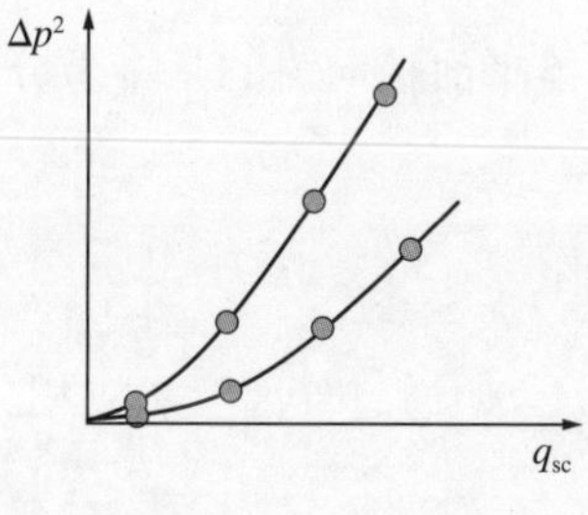

图4-9 水锥未进入井底的指示曲线 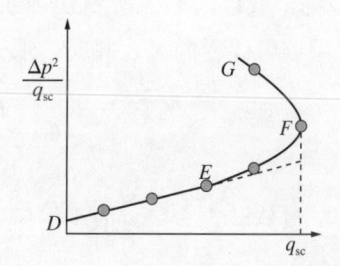　　图4-10 由底水锥进的二项式曲线

当底水上升靠近井附近，但水还未进入井内时，Δp^2—q_{sc}关系曲线（图4-1曲线②）将高于无底水上升时的指示曲线（图4-1曲线①），此时井的产能仍服从二项式或指数式形式的产能方程。由于井

内无液柱，正、反测试（即工作制度由小到大、由大到小测试系列）产能曲线将一致。

当底水已锥进井内时，正、反测试指示曲线一般不再重合，其二项式特征曲线随产量增大到一临界点后将发生倒转（图4-10）。

*DE*段——未形成水锥或水锥尚未达到井底，二项式特征曲线为一直线。

*EF*段——水锥已淹没部分气层，渗流阻力增大，二项式特征曲线为一向上弯的曲线。

*FG*段——水锥已淹没整个气层，气体必须穿过水的阻碍才能进入井中，气相有效渗透率显著下降，渗流阻力增大，因而出现随Δp^2增大，q_{sc}反而下降，曲线发生倒转的现象。

对于有边水舌进的气藏，若测试井已受到边水舌进的影响，其产能测试曲线将呈现与底水锥进相类似的情况。

（6）凝析油的影响。

对含凝析油的低渗透致密砂岩气藏，一定要注意测试产量引起的压力降，是否会使井底流压低于露点压力，一旦凝析油在井底析出，不但凝析油很难采出，而且会阻塞井底周围的孔隙或喉道，阻止气体采出。若测试产量由小到大，在此过程中，小产量的测点不会引起井底流压低于露点压力，仍得正常曲线，若随测试产量增大，使井底流压低于露点压力，且凝析范围（两相区）随产量增大而扩大，此时，Δp^2—q_{sc}曲线高于正常曲线。如图4-11中的1、2、3这三点，因不出现凝析油，测点与单相气藏正常产能曲线①重合；而6、7两点则因为出现凝析油后改变了井底渗流条件，使其不再与单相气体正常曲线①上的4、5点重合；由于凝析油析出使井底附近渗流阻力增大，因而出现凝析后的测试曲线②高于单相气体正常曲线①。

总之，低渗透气井比常规气井更容易受到各种因素的影响或干扰，引起测试压力和产能曲线异常。对于具体的测试井，若出现异常，必须具体分析，从地质、工程、工艺以及井底结构和测试流程设备上详细查找原因，以得出正确的认识。

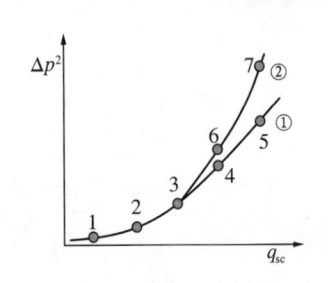

图4-11 井底附近有凝析油析出的产能测试指示曲线

二、气井产能评价方法

1. 气井产能公式[1~3]

1）稳定达西公式

忽略重力的影响，气体的渗流服从达西定律和稳定流的质量守恒定律。如图4-12所示，设一水平、等厚的均质气层，气体径向流入井底。那么达西定律的气体平面径向流的基本微分表达式为：

$$q_r = \frac{K(2\pi rh)}{\mu}\frac{dp}{dr} \tag{4-15}$$

根据连续方程、气体状态方程，取平均压力$\bar{p}=(p_e+p_{wf})/2$，通过分离变量、积分，得气体稳定流的达西产能公式：

$$q_{sc} = \frac{774.6Kh(p_e^2-p_{wf}^2)}{T\bar{\mu}\bar{Z}\ln\dfrac{r_e}{r_w}} \tag{4-16}$$

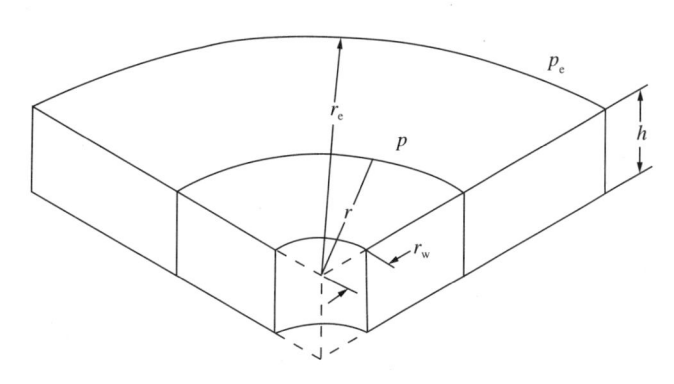

图4-12 平面径向流模型

式中 q_{sc}——标准状态下的气产量，m³/d；
　　　K——渗透率，mD；
　　　μ——气体黏度，mPa·s；
　　　Z——气体偏差系数；
　　　T——气层温度，K；
　　　h——气层有效厚度，m；
　　　r_w——井筒半径，m；
　　　r_e——泄气半径，m；
　　　p_e——r_e处的压力，MPa；
　　　p_{wf}——井底流压，MPa。

式（4-16）把整个气层视为均质，从外边界到井底的渗透率没有任何变化，实际上，低渗透致密砂岩气藏储层非均质性很强，且钻井过程的钻井液伤害或增产施工会使井底附近气层的渗透性变差或变好。将表皮效应产生的压降合并到总压降中，则稳定流达西产能公式变为：

$$q_{sc}=\frac{774.6Kh(p_e^2-p_{wf}^2)}{T\bar{\mu}\bar{Z}(\ln\frac{r_e}{r_w}+S)} \tag{4-17}$$

$$S=(\frac{K}{K_a}-1)\ln\frac{r_a}{r_w}$$

式中 S——表皮系数；
　　　K——原气层渗透率，mD；
　　　K_a——变化了的气层渗透率，mD；
　　　r_a——井筒附近伤害带或改造带半径，m。

由于在低渗透致密砂岩气藏中很难达到稳定流，故稳定达西产能公式在低渗透致密砂岩气藏产能评价中很少用到。

2）非达西流的产能公式

达西稳定流只有在低气流速时才存在。气流入井后，垂直于流动方向的断面上越接近井轴，其流速越大。井轴周围的高速流动相当于紊流流动，因此，在流动方程中除黏滞力影响外，还存在惯性力影响，它会使线性达西定律产生偏差，称为非达西流动。平面径向流非达西流动方程为：

$$-\frac{dp}{dr}=\frac{\mu}{K}u+\beta\rho u^2 \tag{4-18}$$

式中　p——压力，Pa；
　　　μ——流体黏度，Pa·s；
　　　u——渗流速度（$u=q/2\pi rh$），m/s；
　　　ρ——流体密度，kg/m³；
　　　r——径向渗流半径，m；
　　　K——渗透率，m²[1]；
　　　β——描述孔隙介质影响稳流的系数，称为速度系数（$\beta=7.644\times10^{10}/K^{1.5}$，$K$的单位为mD），m⁻¹。

井筒中的气流越接近井轴，流速越高，所以非达西流动产生的附加压降也主要发生在井壁附近，引用流量相关表皮系数Dq_{sc}来描述。

非达西流动压降：

$$dp_{nD}=\beta\rho u^2 dr \tag{4-19}$$

式中　p_{nD}——压降，Pa；
　　　β——速度系数，m⁻¹；
　　　ρ——流体密度，kg/m³；
　　　u——渗流速度（$u=q/2\pi rh$），m/s；
　　　r——径向渗流半径，m。

将$\rho=\dfrac{M_g\gamma_g p}{ZRT}$，$u=\dfrac{p_{sc}}{T_{sc}}\dfrac{ZT}{p}\dfrac{q_{sc}}{2\pi rh}$代入式（4-19），积分后得到非达西流动压降定量表达式：

$$\Delta p_{nD}^2=\dfrac{1.291\times10^{-3}q_{sc}T\bar{\mu}\bar{Z}}{Kh}Dq_{sc} \tag{4-20}$$

式中　D——惯性或紊流系数，$D=2.191\times10^{-18}\dfrac{\beta\gamma_g K}{\bar{\mu}hr_w}$。

3）拟稳定状态下的气井产能公式

在一定的泄流面积内，气井定产量生产较长一段时间后，层内各点压力随时间的变化将趋于相同，不同时间的压力分布曲线成为一组平行的曲线族。此时的流动称为拟稳定状态流。

多井衰竭式开采的气田，气井采气完全靠泄气面积内气体的膨胀，没有外部气源补给的情况下，正常生产期内一般呈拟稳定状态。此时的气井产能公式为：

$$p_r^2-p_{wf}^2=\dfrac{1.291\times10^3 q_{sc}T\bar{\mu}\bar{Z}}{Kh}\left(\ln\dfrac{0.472 r_e}{r_w}+S+Dq_{sc}\right) \tag{4-21}$$

或

$$q_{sc}=\dfrac{774.6Kh(p_r^2-p_{wf}^2)}{T\bar{\mu}\bar{Z}\left(\ln\dfrac{0.472 r_e}{r_w}+S+Dq_{sc}\right)} \tag{4-22}$$

式中　q_{sc}——稳定气产量，10^4m³/d；
　　　h——有效储层厚度，m；
　　　S——表皮系数；
　　　p_r——半径r处的地层压力，MPa。

---

[1] 1mD=$10^{-3}\mu$m²。

2. 气井产能经验方法[2, 4]

1）基于气井测试数据建立的二项式产能经验公式

利用气井试井资料确定气井产能方程时，将式（4—21）改为：

$$p_r^2 - p_{wf}^2 = \frac{1.291 \times 10^{-3} T \bar{\mu} \bar{Z}}{Kh}(\ln \frac{0.472 r_e}{r_w} + S) q_{sc} + \frac{2.828 \times 10^{-21} \beta \gamma_g \bar{Z} T}{r_w h^2} q_{sc}^2 \tag{4-23}$$

令

$$A = \frac{1.291 \times 10^{-3} T \bar{\mu} \bar{Z}}{Kh}(\ln \frac{0.472 r_e}{r_w} + S) \tag{4-24}$$

$$B = \frac{2.828 \times 10^{-21} \beta \gamma_g \bar{Z} T}{r_w h^2} \tag{4-25}$$

则

$$p_r^2 - p_{wf}^2 = A q_{sc} + B q_{sc}^2 \tag{4-26}$$

$$\frac{\Delta p^2}{q_{sc}} = A + B q_{sc} \tag{4-27}$$

式中 A——层流系数；
B——紊流系数。

用气井产能试井可以实测几组 q_{sc}—Δp^2 数据，用这几组实测数据作出的 $\Delta p^2 / q_{sc}$—q_{sc} 关系应是一直线，如图4—13所示。图中A为纵轴上的截距，B为直线段的斜率，即可确定A和B。

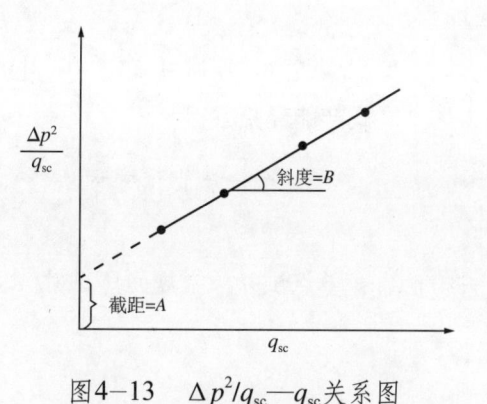

图4—13 $\Delta p^2 / q_{sc}$—q_{sc}关系图

此外，利用可靠的试井实测数据，也可用最小二乘法确定A和B：

$$A = \frac{\sum \frac{\Delta p^2}{q_{sc}} \sum q_{sc}^2 - \sum \Delta p^2 \sum q_{sc}}{N \sum q_{sc}^2 - \sum q_{sc} \sum q_{sc}} \tag{4-28}$$

$$B = \frac{N \sum \Delta p^2 - \sum \frac{\Delta p^2}{q_{sc}} \sum q_{sc}}{N \sum q_{sc}^2 - \sum q_{sc} \sum q_{sc}} \tag{4-29}$$

式中 N——取点总数。

A，B一经确定，该井的产能方程即可写出。

2）基于气井生产数据的指数式产能经验方程

Rawlins和Schelhardt根据大量气井生产数据总结出了气井指数式产能经验方程，它描述了在一定的$\bar{p}_r$下，q_{sc}与p_{wf}之间的关系式为：

$$q_{sc} = C(\bar{p}_r^2 - p_{wf}^2)^n \tag{4-30}$$

式中 q_{sc}——气产量，$10^4 \text{m}^3/\text{d}$；

$\bar{p}_r$——平均地层压力，MPa；

p_{wf}——井底流压，MPa；

C——系数，$10^4\text{m}^3/\text{d}/(\text{MPa}^{2n})$；

n——指数。

对式（4-30）两边取对数，得：

$$\lg q_{sc} = \lg C + n\lg(\bar{p}_r^2 - p_{wf}^2) \tag{4-31}$$

在气井产能试井中，可以实测几组q_{sc}—Δp^2数据，在双对数纸上作出的q_{sc}—Δp^2应为一直线，如图4-14所示。n为图中直线斜率的倒数，n=1/斜率。延长直线段到与纵轴$\Delta p^2 = 1$的水平横线相交，交点对应于横轴的q_{sc}值即为所求的C。

若指数n已经确定，可直接取直线上的一个点求C值，例如：

$$C = \frac{(q_{sc})_1}{(\bar{p}_r^2 - p_{wf}^2)_1^n} \tag{4-32}$$

通过产能试井确定出气井的n和C，也就确定了该井的指数式产能经验方程。

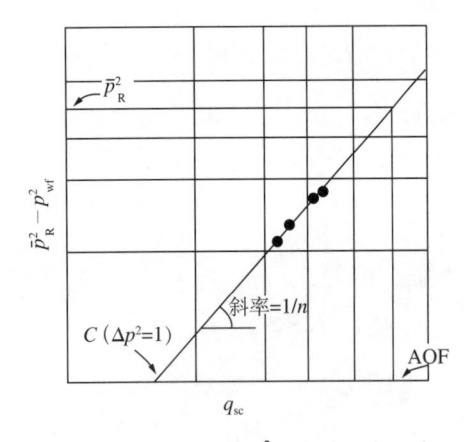

图4-14 q_{sc}—Δp^2关系图（双对数坐标）

3. 气井产能试井方法

1）有稳定流动的产能试井

有稳定流动的气井产能试井方法有：单点试井、常规回压试井（多点试井）、等时试井、修正等时试井、改进的修正等时试井[5~11]。

（1）单点试井测试。

①测试原理及所取得的资料。一点测试法是只测试一个工作制度下的稳定压力，其测试时的产量和井底流动压力的变化如图4-15所示，所取得的资料见表4-1。

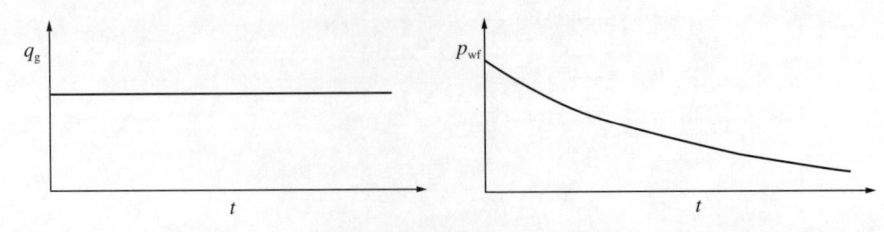

图4-15 一点法测试产量及井底流动压力变化示意图

表4-1 一点法测试所取得的资料

测试时间, h	产气量, $10^4 m^3/d$	产油量, t/d	产水量, m^3/d	井底压力, MPa
t_1	0	0	0	p_e
t_2	q_g	q_o	q_w	p_{wf}

②一点测试法产量及流动时间的确定。国内几十口井的测试结果表明，当$(p_e^2-p_{wf}^2)/p_e^2>0.2$时，$\lg(q_g/q_{AOF})$与$\lg[(p_e^2-p_{wf}^2)/p_e^2]$为一条很好的直线关系，为此，以$p_D=0.2$作为极限来进行研究，得到如下的产量关系式：

$$q_g \approx 0.36 q_{AOF} \tag{4-33}$$

由式（4-33）可知，若气井的无阻流量为$10\times10^4 m^3/d$，那么，用一点法进行测试时，气井的测试产量须大于$3.6\times10^4 m^3/d$，否则，一点法得到的气井产能将存在较大偏差。

进行一点法测试时，储层中的流动必须达到拟稳态。在实际测试中，当压力随时间不再有明显的变化时，就说明压力已经稳定了。对于致密地层，压力稳定需要很长时间。一般按如下计算：

$$t_s = \frac{74.2\phi\bar{\mu}r_e^2 S_g}{Kp_e} \tag{4-34}$$

式中 t_s——稳定流动时间，h；
r_e——排泄面积的外半径，m；
$\bar{\mu}$——在p_e下的气体黏度，mPa·s；
ϕ——储层岩石的孔隙度，小数；
K——气层有效渗透率，mD；
S_g——含气饱和度，小数。

实际测试中可根据各气田的情况，由压力下降的速度来确定。在指定的时间内，压力的下降对于不同的井而言是不同的，甚至对一口具体井来说，也是随着产量变化的。但如果一个气田上有多口井或测试井数较多，则可以总结出一个经验值来用于其他井的处理。也可以将实测的压力和时间进行数学求导，若在一段时间内压力对时间的导数趋于一个常数，可认为该井已达到了稳定。此时，可以结束该井的测试。

③单点试井测试方法的优缺点。一点法测试可以大大缩短测试时间，减少气体的放空和节约测试费用。对于缺少集输装置的新区探井来说，是一种高效的测试方法。缺点是对资料的分析方法带有一定的经验性和统计性，其分析结果误差较大。

（2）常规回压试井。

①测试原理及所取得的资料。常规回压试井，即多点试井，是在气井以多个产量生产下，测取其相应的井底流压。其测试方法是：以一个较小的产量生产，测取相应的稳定井底流压，再增大产量，再测取相应的稳定流压，如此改变四五个工作制度。其测试过程中的产量与其流压的关系如图4-16所示，所取得的数据见表4-2。

②常规回压试井测试产量及流动时间的确定。a．以气井的无阻流量确定气井的测试产量。在进行常规回压试井时，最小产量可取为气井无阻流量的10%，最大产量可取为气井无阻流量的75%，在最小产量和最大产量之间再选两个产量，这样就构成了系统试井的4个产量工作制度。在气

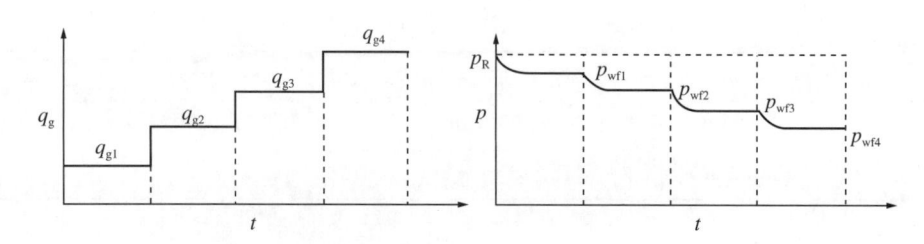

图4-16 系统试井产量及井底流动压力变化示意图

表4-2 系统试井测试所取得的资料

序号	1	2	3	4
产气量，$10^4 m^3/d$	q_{g1}	q_{g2}	q_{g3}	q_{g4}
井底流压，MPa	p_{wf1}	p_{wf2}	p_{wf3}	p_{wf4}
产油量，t/d	q_{o1}	q_{o2}	q_{o3}	q_{o4}
产水量，m^3/d	q_{w1}	q_{w2}	q_{w3}	q_{w4}

井未测试之前，一般难以确切知道气井的无阻流量，可用钻柱测试资料估算的方法或用静态资料估算的方法。b．以气井的生产压差确定气井的测试产量。在难以估算无阻流量的情况下，可以用气井的生产压差估算气井的测试产量，最小产量的生产压差定为地层压力的5%左右，最大产量的生产压差定为地层压力的25%左右。

常规回压试井测试方法要求每一工作制度下必须要达到稳定，其稳定时间可参考一点法测试的时间确定法确定。

③常规回压试井测试方法的优缺点。常规回压试井测试是经常采用的方法之一，具有资料多、信息量大、结果可靠的特点，多年来，深受矿场科技工作者的欢迎。但其测试时间长，测试费用高，对于新井而言，导致资源浪费大，因此，该方法不宜在新井中使用。

(3) 等时试井测试。

①测试原理及所取得的资料。常规试井是在稳定条件下进行的，它把每一个产量都延续到足够长的时间，以使探测半径达到气藏的外边界或者相邻井之间的交界点。如果一个多点试井的每一个产量都持续一段固定的时间而没有足够的稳定，那么作为生产时间函数的有效驱动半径对每一点都是一样的。故在一个已知的气藏中有效驱动半径只是无因次时间的函数，而与产量无关。研究表明，一组产量不同而生产时间相等的试井在双对数坐标上将得出一条直线，且这种动态曲线具有的指数式幂值n或二项式紊流系数b与稳定流动条件下得到的基本相同。故n和b可以根据短期（不稳定的）的等时试井得到，而指数式产能方程系数C或二项式层流系数a则只能从稳定条件下求得。因此，只要把等时与一个稳定流数据点相结合，就可替代完全稳定的常规产能试井。为达到稳定条件，其中一个测试点要进行足够长的时间达到稳定条件。其测试产量及井底流动压力变化如图4-17所示，等时试井测试所取得的资料见表4-3。

②测试产量及流动时间的确定。在进行等时试井测试时，要求首先以一个较小的产量开井生产一段时间，然后关井，待恢复到地层压力后，再以一个稍大的产量开井生产相同的时间，然后又关井恢复，如此进行4个工作制度后，再以一个较小的产量生产到稳定。这里测试产量序列确定原则和方法与常规回压试井一样，产量序列必须由小到大，最后的延时生产又以较小的产量进行。

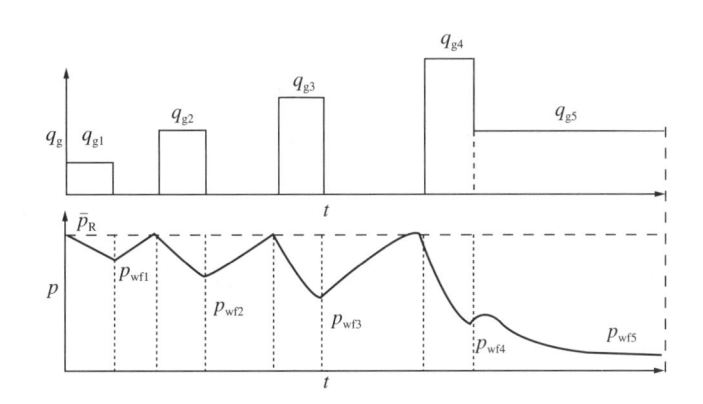

图4-17 气井等时试井测试产量及井底流动压力变化示意图

表4-3 等时试井测试所取得的资料

	序 号	1	2	3	4	5
产量	q_g, $10^4 m^3/d$	q_{g1}	q_{g2}	q_{g3}	q_{g4}	q_{g5}
	q_o, t/d	q_{o1}	q_{o2}	q_{o3}	q_{o4}	q_{o5}
	q_w, m^3/d	q_{w1}	q_{w2}	q_{w3}	q_{w4}	q_{w5}
井底流压,MPa		p_{wf1}	p_{wf2}	p_{wf3}	p_{wf4}	p_{wf5}

对于等时流动期，开井生产时间必须大于井筒储集效应的时间，并且要求开井流动时间不能太短，以便在流动期能反映出地层的特性，故等时试井流动时间的确定如下：

$$t_p = 62.49 \frac{\phi \mu_g C_g}{K} \tag{4-35}$$

式中 ϕ——储层孔隙度，小数；

μ_g——储层温度、压力下的气体黏度，mPa·s；

C_g——储层温度、压力下的气体压缩系数，MPa^{-1}；

K——储层渗透率，mD。

每一工作制度生产后的关井时间以保证压力恢复到原始地层压力即可。最后一个延续期流动要求达到稳定，其稳定时间可采用一点法测试稳定流动时间的确定方法。

③等时试井测试的优缺点。等时试井与常规回压试井相比，极大地缩短了开井的时间，但由于每个工作制度都要求关井恢复到原始地层压力，使得关井恢复时间较长，整个测试时间仍然较长，测试费用仍比较高。

（4）修正等时试井测试。

①测试原理及所取得的资料。在低渗透气藏特别是致密气藏中，在测试期间要关井恢复到原始压力是不切实际的。为此，Katz等人提出了一种修正的等时试井，即关井恢复的时间与开井生产时间相等。其测试时的产量和井底流压变化如图4-18所示。测试取得的资料见表4-4。

②修正等时试井流动期产量和流动时间的确定方法。修正等时试井流动期产量的确定方法与常规回压试井的方法基本相同，产量序列也是采用递增方式。

测试流动期的时间必须大于井筒储集效应时间，所测结果能反映地层的特性。等时流动时间也可

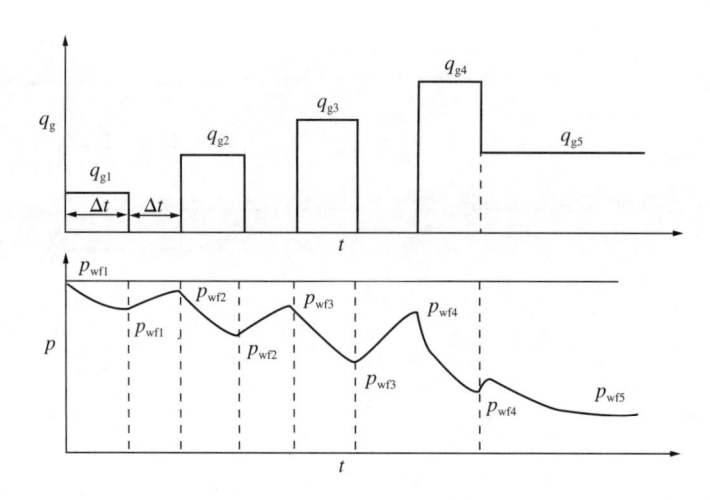

图4-18 气井修正等时试井测试产量及井底流动压力变化示意图

表4-4 修正等时试井测试所取得的资料

序 号		1		2		3		4		5	
		开井	关井	开井	关井	开井	关井	开井	关井	开井	关井
产量	q_g, $10^4 m^3/d$	q_{g1}	0	q_{g2}	0	q_{g3}	0	q_{g4}	0	q_{g5}	0
	q_o, t/d	q_{o1}	0	q_{o2}	0	q_{o3}	0	q_{o4}	0	q_{o5}	0
	q_w, m³/d	q_{w1}	0	q_{w2}	0	q_{w3}	0	q_{w4}	0	q_{w5}	0
井底流压, MPa		p_{wf1}	p_{ws1}	p_{wf2}	p_{ws2}	p_{wf3}	p_{ws3}	p_{wf4}	p_{ws4}	p_{wf5}	p_{ws5}

采用式（4—35）计算得到，井筒储集效应结束的时间可按现代试井分析的有关理论进行计算，比较二者，选其中大的一个作为修正等时试井流动时间。对于修正等时试井延续期流动时间的确定，理论上要求延续流动时间必须持续到压力稳定，其确定方法可按一点法测试的确定方法。

③修正等时试井测试的优点。修正等时试井测试方法是等时试井测试方法的改进，实际测试时，只要求所有工作制度的开井时间和关井时间都一样，大大缩短了测试时间，操作起来又方便，因而得到了广泛应用。

（5）改进的修正等时试井测试。

①修正等时试井现行资料处理方法的缺陷。修正等时试井现行的资料分析方法在计算每一个生产制度的压差时，采用了实际的最大不稳定关井压力，显然，这隐含了一个假设，即各个生产制度的压降仅取决于该制度的产量，而与以前的压力、产量无关，这与气井生产实际不符。因此，现行分析方法会导致两个方面的问题：

问题一，影响不稳定产能直线的斜率，即计算的二项式方程系数B偏小。特别对低渗透致密砂岩气井，由于地层压力下降快，不稳定二项式产能直线偏离第一个不稳定点的幅度比较大，直线斜率为负，对此现行分析方法无法处理。

问题二，对于供给能力差的气井，当气井经过较长时间的生产时，地层压力已有一定幅度的下降，因此在确定稳定二项式产能方程时，如果直接采用原始地层压力势必产生较大的误差。

②改进方法的原理及所需的资料。根据现场的实际应用和对气田资料求取的不同要求，对修正等时试井的经典方法作了改进，也就是在第4次开井后增加了一次关井，并在延时开井后增加了一次终关

井压力恢复测试，由于终关井时间比较长，所获得的压力恢复资料包含了更多的储层信息，通过不稳定试井解释，可更好地获取相应的储层参数。

从渗流力学可知，均质无限大地层中，气井定产开井后其早期不稳定流阶段的压力动态关系式为：

$$p_i^2 - p_{wf}^2 = m[\lg(t) + S^*]q + Bq^2 \tag{4-36}$$

其中：

$$m = \frac{1.4866 \times 10^{-3} T \bar{\mu} \bar{Z}}{Kh}$$

$$S^* = \lg(\frac{K}{\phi \bar{\mu} \bar{C}_g r_w^2}) - 2.098 + 0.869S$$

$$B = 0.869mD$$

式中 p_i——原始地层压力，MPa；
　　　p_{wf}——井底流动压力，MPa；
　　　t——生产时间，h；
　　　q——气井产量，$10^4 m^3/d$；
　　　T——地层温度，K；
　　　$\bar{\mu}$——天然气黏度，mPa·s；
　　　$\bar{Z}$——偏差因子；
　　　K——有效渗透率，mD；
　　　h——气层有效厚度，m；
　　　ϕ——孔隙度；
　　　$\bar{C}_g$——气体等温压缩系数，MPa^{-1}；
　　　r_w——井眼半径，m；
　　　S——表皮系数；
　　　D——惯性系数，$(10^4 m^3/d)^{-1}$。

结合渗流叠加原理，无穷大均质地层中一口气井，以变产量生产时其井底压力变化可以如下表示：

$$p_i^2 - p_{wf}^2 = m\sum_{i=1}^{n}(q_i - q_{i-1})[\lg(t_i - t_{i-1}) + S^*] + Bq_i^2 \tag{4-37}$$

设修正等时试井的等时间距为t_0，4个工作制度的产量分别为q_1，q_2，q_3，q_4，延时产量为q_5。每个生产制度均在Δt时刻构成一组不稳定等时点，并令：

$$\alpha = \Delta t / t_0 \tag{4-38}$$

采用叠加原理，根据式（4-37），每一生产制度下生产Δt时间的压力动态通式为：

$$\frac{p_i^2 - p_{wfn}^2(\Delta t)}{q_n} - \Delta p_n^* = m[\lg(\Delta t) + S^*] + Bq_n \tag{4-39}$$

其中：

$$\Delta p_n^* = \frac{m}{q_n}\sum_{i=2}^{n} q_{n-i+1} \lg \frac{2(i-1)+\alpha}{2i-3+\alpha} \quad (\text{其中 } n>1,\text{ 当 } n=1 \text{ 时 } \Delta p_n^* = 0)$$

式（4-39）的右边就是不稳定二项式产能方程的标准形式，如果以 $\left(q_n, \dfrac{p_i^2 - p_{wfn}^2(\Delta t)}{q_n} - \Delta p_n^*\right)$ 为坐标点，在直角坐标系中可得到一条直线，也就是不稳定产能直线，其斜率为二项式的系数 B，截距为二项式的系数 $A_t = m[\lg(\Delta t) + S^*]$，式中的 m 可由多流量试井叠加图获得。

在早期不稳定流阶段，二项式产能方程系数 A_t 是时间的函数，随生产时间的延长，其值逐渐增大，当渗流达到拟稳态时变为固定的 A 值，此时可得到稳定产能方程。由此计算的无阻流量才真正反映气井的实际生产能力，因此对稳定点的计算应以流动刚刚进入拟稳态时的生产数据为准。

如果设延时段生产达到拟稳态的时间为 Δt_p，并令 $\alpha_p = \Delta t_p/t_0$，那么同样根据叠加原理可得到生产刚刚达到拟稳态时的压力动态为：

$$\frac{p_i^2 - p_{wf5}^2(\Delta t_p)}{q_5} - \Delta p_5^* = m[\lg(\Delta t_p) + S^*] + Bq_5 \tag{4-40}$$

其中：

$$\Delta p_5^* = \frac{m}{q_5}\sum_{i=2}^{5} q_{5-i+1} \lg \frac{2(i-1)+\alpha_p}{2i-3+\alpha_p}$$

以式（4-40）中的 q_5 为横坐标，以公式左边项为纵坐标得到的点即为稳定点的坐标。

从前面的推导可知，在取得修正等时试井资料后，如何根据实际资料确定气井生产是否达到拟稳态也是准确评价气井产能的关键，根据渗流理论，达到拟稳态时压力平方与时间之间呈线性关系，因此采用延时生产时间段的压力数据作 $p_{wf}^2(\Delta t)$—关系图，直线段开始的位置即为达到拟稳态的时间 Δt_p，该时间对应的压力即为生产刚刚进入拟稳态时的井底压力。

所需的资料与修正等时试井完全相同，只是与传统的数据处理方法不同，见表4-5。

表4-5 修正等时试井与改进的修正等时试井分析数据方法

工作制度	产气量	传统方法		改进方法	
1	q_{g1}	$\dfrac{p_{ws1} - p_{wf1}}{q_{g1}}$	$\dfrac{p_i - p_{wf1}}{q_{g1}}$	Δp_1^*	$\dfrac{p_i - p_{wf1}}{q_{g1}} - \Delta p_1^*$
2	q_{g2}	$\dfrac{p_{ws2} - p_{wf2}}{q_{g2}}$	$\dfrac{p_i - p_{wf2}}{q_{g2}}$	Δp_2^*	$\dfrac{p_i - p_{wf2}}{q_{g2}} - \Delta p_2^*$
3	q_{g3}	$\dfrac{p_{ws3} - p_{wf3}}{q_{g3}}$	$\dfrac{p_i - p_{wf3}}{q_{g3}}$	Δp_3^*	$\dfrac{p_i - p_{wf3}}{q_{g3}} - \Delta p_3^*$
4	q_{g4}	$\dfrac{p_{ws4} - p_{wf4}}{q_{g4}}$	$\dfrac{p_i - p_{wf4}}{q_{g4}}$	Δp_4^*	$\dfrac{p_i - p_{wf4}}{q_{g4}} - \Delta p_4^*$

2）无稳定流动的产能试井

有稳定流动的产能试井，顾名思义就是至少包括一个产量生产到压力稳定。这些方法在低渗透气藏或致密气藏中，显然是非常不便和不适用的，因为低渗透气藏或致密气藏的储层条件和渗流特点，决定了压力要达到稳定可能要几周甚至几个月，特别是压力恢复测试，关井这么长时间，经济上是不允许的。因此，没有稳定试井数据而要确定气井产能时，必须使用其他方法。

改进的修正等时试井流动期产量和流动时间的确定方法与修正等时试井完全相同。

值得注意的是，不管稳定条件或不稳定条件下，压力都是一样的，从前面的研究中已经知道，根据等时试井或修正等时试井的等时不稳定流动数据，可以求出二项式产能方程中紊流系数B，并且这一同样的值适用于稳定流动。

二项式产能方程中层流系数A的表达式：

$$A = \frac{1.291 \times 10^{-3} T \bar{\mu} \bar{Z}}{Kh} (\ln \frac{0.472 r_e}{r_w} + S) \tag{4-41}$$

通常r_e、r_w、T、μ和Z都是已知或可以容易得到的，在稳定的A值能够准确计算之前只需确定K和S。

根据不稳定压力恢复试井公式可以确定K和S：

$$p_{ws}^2 = p_t^2 + \frac{4.24 \times 10^{-3} q \mu p_{sc} ZT}{KhT_{sc}} \left[\lg \left(\frac{8.085 Kt}{\mu \phi C_t r_w^2} \right) + 0.87S \right] \tag{4-42}$$

式中　p_{ws}——关井后的井底恢复压力，MPa；

p_t——关井前稳定生产时的井底流压，MPa；

T——关井时间，h。

令：

$$m = \frac{4.24 \times 10^{-3} q \mu p_{sc} ZT}{KhT_{sc}}, \quad D = p_t^2 + m \left[\lg \left(\frac{8.085 Kt}{\mu \phi C_t r_w^2} \right) + 0.87S \right]$$

则有：

$$p_{ws}^2 = m \lg t + D$$

利用p_{ws}^2—$\lg t$线性关系的斜率和截距，结合其他已知条件，即可求出K和S。

因此，要得到稳定的产能关系，进行等时或修正等时试井的等时部分就足够了，不需要延长流动点至产量稳定。首先根据压降或压力恢复分析确定K和S后，再按式（4-41）计算出二项式产能方程的系数A，而系数B用产能试井的等时部分数据即可得到。这种方法大大节约了测试时间，但计算程序较繁琐。

第二节　气井单井控制动态储量与合理配产

一、低渗透气井生产特征及评价中存在的主要问题

低渗透致密砂岩气井的生产特征与常规气井有明显的不同，初始阶段为不稳定渗流阶段，由于储

层渗透率低，周围的气体来不及补给，造成井底及近井地带暂时性的亏空，井底压力"陡降"，产量开始减小。随之，由于生产压差的增加，周围的供气能力增加，产量和压力趋于平衡，流动达到拟稳定状态。在较低产量和压力下，气井能够连续生产很长时间，这一阶段是主要的生产期。因此，低渗透致密砂岩气井的合理配产和动态控制储量的确定成为难点，特别注意的是不能用早期的生产数据做出决定，以免造成配产较高或动态控制储量太小。而是要尽量利用拟稳定阶段的数据进行合理配产和动态控制储量计算。

二、气井的合理配产及评价方法

确定低渗透致密砂岩气藏气井的合理产量是高效开发该类气藏的基础。气井配产过高，可能会造成低渗透储层应力敏感、速敏等不利影响，对储层构成伤害，降低储层的渗流能力及气井产量和寿命；若配产过低，从低渗透储层的供产关系上来讲，是有利的，但气量速度太少，使经济效益大大降低，也是不可取的。影响气井合理配产的因素很多，包括气井产能、生产系统、工程因素以及气藏的开发方式和社会经济效益等。从不同的角度出发，有不同的结论。目前，有关低渗透致密砂岩气井的配产常用的方法有以下几种。

1. 无阻流量法

无阻流量法是一种经验方法，就是根据气井无阻流量的大小，按无阻流量的1/6~1/3进行配产。实践经验表明，要结合气井的类型，确定比例的大小。一般说来，无阻流量较高的气井，配产量占无阻流量的比例取偏小值，其主要原因是气井的生产压差与产量在某一极限值以下，近于一条直线，即气井产量随着生产压差的增大而增加。当生产压差超过这一极限时，产量的增加与压差不再呈线性关系，单位压差的采气量随压差的增大将越来越少。故试气产量和试气压力的准确性直接决定了气井配产的合理性。

2. 采气指示曲线法

气井的二项式产能方程是采气指示曲线法评价气井合理产量的基础。从二项式方程 $\Delta p^2 = AQ + BQ^2$ 中可以看出，在气体从地层流向井底的过程中，压力损失由两部分组成：右端第一项是用来克服气流沿程黏滞阻力的，第二项是用来克服气流沿程惯性阻力的。当气井产量较小时，地层中气体流速低，主要是第一项起作用，表现为线性流动，气井产量与压差之间成直线关系，见图4-19的曲线1。当气井产量增大时，随着气流速度的增大，第二项作用愈加明显，气井产量与压差之间不是直线关系，而是呈抛物线关系，见图4-19的曲线2。从图中可看出，一旦气井的气流量增大到一定值，气井生产所消耗的压力降将部分消耗在非线性流动上，造成地层能量的浪费，降低生产效率。因此把采气曲线开始偏离直线段的那一点所对应的产量，即图4-19中a点所对应的产量定为气井的合理产量。

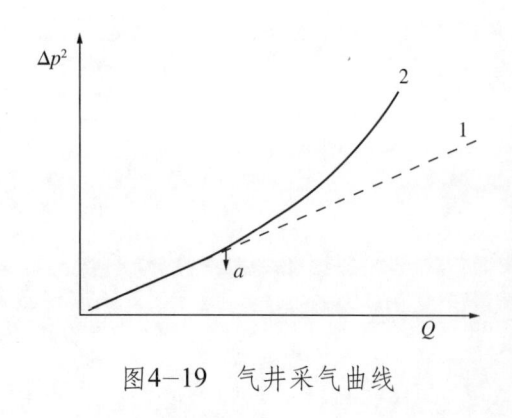

图4-19 气井采气曲线

首先根据地层静压、试气稳定流压、产量及无阻流量，确定出二项式产能方程系数 A、B 的值；然后依据产能方程，计算不同压差下的产量，绘制 Δp^2—Q_g 曲线并确定合理产量和生产压差。

该方法对压力的要求比较高，且在气井的生产已经满足稳定二项式方程时才比较准确。对于低渗透致密砂岩气藏，储层结构及其渗透性复杂，大多数流动为非线性流，纯粹的线性流很难发现。因此，在对低渗透气井配产时，不能单靠该法来确定气井合理产量。

3. 动态数据折算法

动态数据折算法是一种简单的数学方法，不需要关井、测试压力，只根据生产动态数据，即可得到气井的近似合理产量。

首先绘制气井生产时间与日产量和累计产量的关系曲线，在气井生产曲线上找出不同的日产量所对应的累计产气量，然后折算出以该产量生产的天数，形成数据表，以折算天数和配产量作图，并回归两者关系式，利用关系图或关系式即可确定出某一稳产时间下的合理配产量或某一配产量下的稳产时间。

该方法操作简单，对气井资料要求不高，但是必须要保证气井产量整体保持递减。因此，该方法在低渗透气井配产时较为常用。

4. 压降速率法

气井在生产过程中，压力扩散与拟稳态渗流两个阶段具有不同的压降速率，通过该参数可确定气井的合理配产。压降速率法就是根据区块典型井数据，利用数值模拟方法，模拟出压力扩散和拟稳态渗流两个阶段的压降速率，总结两个阶段压降速率的界限值，以此作为生产井配产合理与否的间接约束条件，即可大致确定出合理配产的范围。

该方法是一种半定量方法，确定的配产量是一个合理的范围，而不是一个固定的值。故单独采用这种方法所给的配产不能用于方案设计，应与其他方法联合使用，确定更准确的配产量。

5. 数值模拟法

随着数值模拟技术的发展，为了准确地确定一口气井的合理产量，一般都通过数值模拟计算，特别是有边底水的低渗透致密砂岩气藏更是如此。

首先建立气藏三维地质模型，利用生产数据进行区块或单井历史拟合，不断调整气藏静态参数场；根据拟合后的模型，预测不同稳产年限下的配产量、累计产量以及各种生产条件下地层水的侵入速度和侵入量等；再根据区块的采气规模、稳产年限、对地层水侵入速度的要求以及累计产气量最大化的原则，确定气井的合理产量。

该方法的优点是能直观、准确地确定区块或单井在不同稳产条件下的配产水平以及区块中各井区的地层压力变化情况。缺点是对三维地质模型与实际地层认识的吻合性要求较高。

三、单井动态控制储量评价方法

1. 压降法

定容封闭气藏的压降方程式：

$$\frac{p}{Z} = \frac{p_i}{Z_i}\left(1 - \frac{G_p}{G}\right)$$

(4–43)

式中　G_p——压力为 p 时累计采出气的标准体积，$10^8 m^3$；
　　　G——压力 p_i 下天然气体积，$10^8 m^3$；
　　　Z——压力 p 下天然气的偏差系数，小数；
　　　Z_i——压力 p_i 下天然气的偏差系数，小数。

令 $a = \dfrac{p_i}{Z_i}$，$b = \dfrac{p_i}{Z_i G}$，由式（4-43）得：

$$\frac{p}{Z} = a - bG_p \tag{4-44}$$

由式（4-44）可以看出，定容气藏视地层压力（p/Z）与累计产气量（G_p）呈直线关系，当 $p/Z=0$ 时，$G_p=G$。但在低渗透致密砂岩气藏中，压降法 p/Z—G_p 的关系曲线（图4-20）往往不是一条直线，而是一条上翘的曲线，如果按照早期直线段外推，得到的储量就会偏小，这也是对低渗透致密砂岩气藏利用早期生产数据用压降法评价储量偏小的主要原因。因此，用压降法评价低渗透致密砂岩气藏储量时，生产时间越长，评价结果越接近实际情况。

2. 弹性二项法

有界封闭地层开井生产时井底压力降落曲线一般可分为三段（图4-21），即不稳定早期段（弹性第一阶段）、不稳定晚期段和拟稳定期段（弹性第二阶段）。

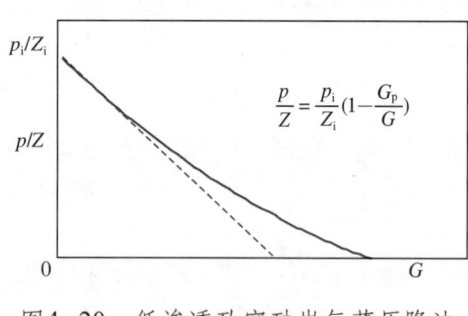

图4-20　低渗透致密砂岩气藏压降法指示曲线

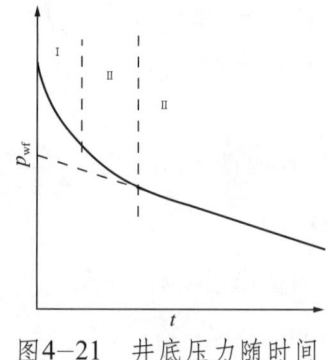

图4-21　井底压力随时间变化曲线

根据拟稳定期井底压力随时间的变化关系，推出弹性第二阶段气井控制储量的计算公式：

$$G = -\frac{2\zeta q_g p_e}{\beta C_t^*} \tag{4-45}$$

式中　G——气井控制的地质储量，$10^8 m^3$；
　　　ζ——与时间 t 所用单位有关的常数；
　　　β——流压平方与时间曲线的直线段的斜率，$\beta = dp_{wf}^2/dt$；
　　　q_g——气井稳定产气量，$10^4 m^3/d$；
　　　p_e——地层压力，MPa；
　　　C_t^*——综合压缩系数，1/MPa。

该方法要求测试资料达到拟稳定状态，拟稳定状态的出现可以采用 Y 函数曲线或 $\lg(\Delta p_{wf}^2/\Delta G_p)$—$\lg G_p$ 关系图是否出现水平直线段来判断。

3. 产量递减法

在气藏开发过程中，一般经历上产阶段、稳产阶段和产量递减阶段。当气藏开发进入产量递减阶段后，可以利用气藏的不同递减规律，预测气藏的动态储量。Aprs提出了3种递减规律，即指数递减、双曲递减和调和递减。

根据气藏不同的递减规律，计算出气藏递减阶段的递减率以及递减指数，即可计算出气藏的储量。

指数递减：

$$G_p = \frac{E(Q_i - Q)}{D} \tag{4-46}$$

双曲递减：

$$G_p = \frac{EQ_i}{D_i}\left(\frac{n}{n-1}\right)\left[1 - \left(\frac{Q_i}{Q}\right)^{\frac{1-n}{n}}\right] \tag{4-47}$$

调和递减：

$$G_p = \frac{EQ_i}{D_i} \ln \frac{Q_i}{Q} \tag{4-48}$$

式中 Q——递减阶段任意时刻的产量，$10^4 \text{m}^3/\text{mon}$；

Q_i——递减阶段的初始产量，$10^4 \text{m}^3/\text{mon}$；

D——瞬时递减率，$1/\text{mon}$；

D_i——开始递减时的初始瞬时递减率，$1/\text{mon}$；

n——递减指数，$n=1$时为调和递减，$n=\infty$时为指数递减，$1<n<\infty$时为双曲递减；

G_p——累计采气量，10^4m^3；

E——时间换算系数。

4. 产量累计法

产量累计法是一种经验估算法，累计产气量与生产时间满足如下经验公式：

$$G_p t = at - b \tag{4-49}$$

式中 t——生产时间，d；

a，b——系数。

$G_p t$—t直线段斜率a值即为动态储量值。

该方法不依赖井底流压数据，应用于产量发生正常持续递减时，一般在采出程度达到40%~50%以上的气藏比较准确。因此，多数情况下，使用c值修正：

$$G_p(t+c) = a(t+c) - b \tag{4-50}$$

$G_p(t+c)$—$(t+c)$直线段斜率a值即为动态储量值。

c值的取法：在G_p—t曲线上取两点1和3，坐标值分别为(G_{p1}, t_1)、(G_{p3}, t_3)，为使计算结果更可靠，这两点应尽量在曲线正常趋势部分且距离足够远，在其间第2点的累计产量$G_{p2} = \frac{1}{2}(G_{p1} + G_{p3})$，在曲线上求出相对应的时间$t_2$，则：

5. 不稳定产量分析法

$$c = \frac{t_2(t_1+t_3) - 2t_1 t_3}{t_1 + t_3 - 2t_2} \tag{4-51}$$

5. 不稳定产量分析法

不稳定产量分析法就是利用不稳定生产期的历史生产数据，包括产量和压力，对气藏生产动态进行分析、评价和预测。该方法的特点是不论定产或定压方式生产，在不进行关井测压的情况下，利用单井的生产数据和经验图版，拟合产量和压力，从而得到气井的单井动态控制储量。主要的经验图版包括Blasingame方法、AG方法、NPI方法、Transient方法和FMB方法的图版。这些图版主要与产量有关，故拟合这些图版后，再进行生产压力拟合，才能得到准确的预测模型和井的动态控制储量。

6. 修正衰减曲线法

国内外学者认为：对低渗透气井，Arps递减指数取0.4～0.5比较合适。衰减递减方程有：

$$G_p = \int_0^t \frac{q_i}{(1+0.5D_i t)^2} \, dt \tag{4-52}$$

积分得到：

$$G_p = \frac{q_i}{0.5D_i} - \frac{q_i}{0.5D_i(1+0.5D_i t)} \tag{4-53}$$

令：

$$A = \frac{0.5D_i}{q_i}, \quad B = \frac{1}{q_i}$$

式（4-50）变为：

$$\frac{1}{G_p} = A + B\frac{1}{t} \tag{4-54}$$

$$q_i = \frac{1}{B\left(1+\frac{A}{B}t\right)^2} \tag{4-55}$$

式中 q_i——产气量，$10^4 \text{m}^3/\text{d}$；
G_p——累计产气量，10^4m^3；
D_i——递减率，d^{-1}。

对于致密气藏，采用衰减曲线法评价动态储量会出现较大的偏差。故通过修正预测模型，使得其能很好地拟合实测数据，从而将常规衰减曲线分析方法扩展到致密气藏。

7. 数值模拟法

气藏数值模拟是通过建立渗流数学模型，对气藏进行定量描述，通过拟合气藏各井的生产历史（包括气水产量和生产压力），不断调整气藏静态参数场，当气藏各井生产史拟合达到要求的精度时，用此时的参数场即可计算出气藏的储量。

$$G = \sum_{k=1}^{n} \frac{A_{ij} h_{ij} \phi_{ij} S_{gij}}{B_{gij}} \tag{4-56}$$

式中 i、j——行、列号；

A_{ij}——第ij网格块的面积，m^2；

h_{ij}——第ij网格块的有效厚度，m；

ϕ_{ij}——第ij网格块的有效孔隙度，小数；

S_{ij}——第ij网格块的含气饱和度，小数；

B_{gij}——第ij网格块的气体体积系数，无因次；

n——网格块数。

气藏数值模拟法计算气藏储量，对于含气面积大，储渗特征认识程度高，开发早期动、静态资料较全的各类气藏都能取得较好的结果。该方法适用于气藏开发各个时期的储量计算。

8. 压裂气井动态储量预测新方法

单井的井控动态储量和泄流面积均随生产时间发生改变，利用目前生产数据进行动态分析得到的仅仅是目前气井所控制的储量和面积，而不是最终气井所控制的储量和面积。苏里格气田苏6区块采用先期投产区块多口典型气井的生产数据建立井控动态储量预测图版，可以预测最终气井控制储量和面积[18]。

1) 图版的建立

苏6区块是苏里格气田最早投产的区块，第一批生产井于2002年投产，生产期已超过7年，气井的渗流边界已达到或接近真实的气藏边界，处于低压、低产中后期。在实际生产中，绝大部分气井只进行了井口油套压和产量的监测，对气井的生产数据进行分析，发现气井的单位套压降采气量（$G_p/\Delta p_c^2$）随生产时间动态变化，两者之间呈良好的二次多项式关系，相关系数大于0.96。即：

$$\frac{G_p}{\Delta p_c^2} = at^2 + bt + c \tag{4-57}$$

$$\Delta p_c^2 = p_{ci}^2 - p_{ct}^2$$

式中 G_p——t时刻的累计产气量，$10^4 m^3$；

Δp_c^2——t时刻的套压下降量，MPa^2；

p_{ci}——气井投产前的初始套压，MPa；

p_{ct}——t时刻的套压，MPa；

a，b，c——二次多项式系数。

对苏6区块18口典型气井的$G_p/\Delta p_c^2$与t拟合关系式进行分类整理，归纳得到3类典型气井的（$G_p/\Delta p_c^2$）—t的关系图版（图4-22）。

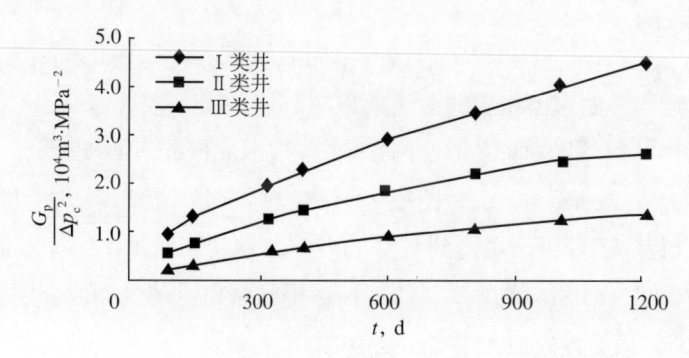

图4-22 典型气井单位套压降产气量与生产时间关系图

气井在各生产阶段的单位套压降产气量的变化规律直接反映了气井井控动态储量随生产时间变化的规律。采用FAST.RTA 软件对这些气井进行动态分析,求得不同生产时间的井控动态储量(G_t),发现G_t—t与($G_p/\Delta p_c^2$)—t有相同的变化规律,G_t在早期随生产时间t增加而快速增大,后期逐渐趋缓变平,两者之间呈良好的二次多项式关系;当G_t不再随生产时间增大时,可认为已达到了最大井控动态储量,记为G。归纳这些气井的G_t/G—t关系,可得到3类典型气井井控动态储量随生产时间变化的关系图版。在研究过程中发现气井的生产制度对井控动态储量的变化规律有较大影响,气井初始配产越高,其初始阶段的井控动态储量和泄流面积越小。

苏里格气田早期投产井大部分未安装井下节流器,初始配产较高,而近年来投产的气井普遍采用了井下节流技术,初始配产较低(图4—23)。

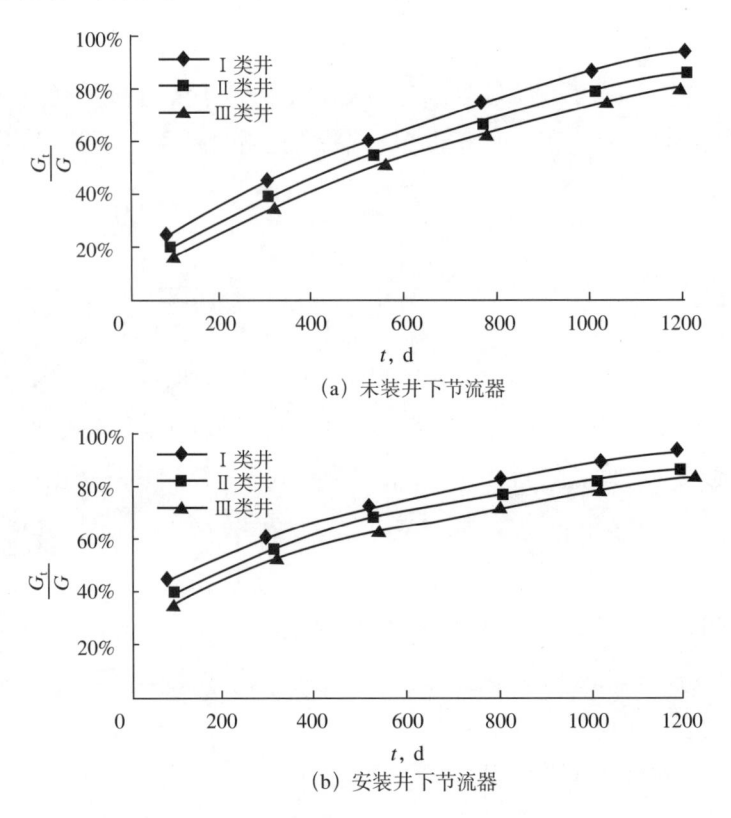

图4—23 典型气井井控动态储量与生产时间关系图

对于其他低渗透致密气田或区块,如果地质条件和生产制度存在较大差异,可以利用生产时间较长的气井进行动态分析,按上面同样的方法建立各自适用的G_t/G—t图版。

2)图版应用

对于新投产井,利用$G_p/\Delta p_c^2$—t和G_t/G—t这两个图版可以方便地根据气井早期的生产数据来定量预测未来的井控动态储量,进而求出相应的泄流面积。

加密井J2和J7是苏14井组不同时间投产的生产井,基本数据如表4—6所示。首先根据气井的生产时间及当前单位套压降产气量查$G_p/\Delta p_c^2$—t图版,可初步判断苏J2为Ⅲ类井,J7为Ⅱ类井;然后采用FAST.RTA软件对气井进行动态分析,可得到气井的当前井控动态储量G_t和等效泄流半径(R_t);再根据井型和生产时间查对G_t/G—t图版[图4—23(b)],得到两口井的G_t/G值分别为48%和60%,由此可求出最终井控动态储量G和最终等效泄流半径R。

表4-6　苏里格中区苏14井组J2、J7井生产数据表

生产数据	J2井	J7井
投产日期	2008.05.10	2008.01.13
分析数据截止日期	2009.06.25	2009.06.25
累计生产时间，d	246	436
累计采气，$10^4 m^3$	245	516
当前$G_p/\Delta p^2_c$，$10^4 m^3 \cdot MPa^{-2}$	0.442	1.030
当前井控动态储量，$10^4 m^3$	551	1516
当前等效泄流半径，m	247	189
G_t/G，%	48	60
预测最终井控动态储量，$10^4 m^3$	1160	2527
预测最终等效泄流半径，m	358	243

生产至废弃时，苏14加密井组的平均最终井控动态储量为$2920 \times 10^4 m^3$（最终可采出气量为$(2480 \sim 2630) \times 10^4 m^3$，平均最终泄流面积为$0.206 km^2$，由于储层具有较强的非均质性。因此，各单井的最终井控储量和泄流面积之间存在较大的差异。

图4-24是苏14加密井组的单井泄流面积累积频率图，可知80%以上气井的泄流面积小于$0.24 km^2$，95%以上气井的泄流面积小于$0.48 km^2$，可推算出当井排距为400m×600m时，发生井间干扰的概率为7%～22%，当井排距为600m×800m时，发生井间干扰的概率小于5%。

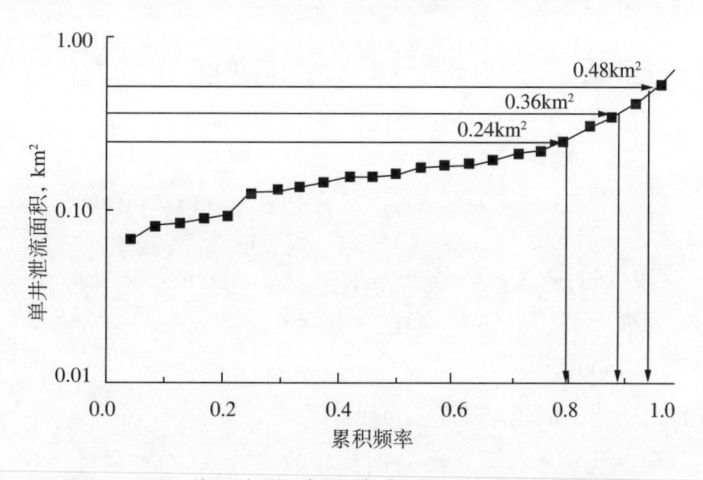

图4-24　苏14加密井组单井泄流面积累积频率图

由以上数据可分析得到：对于苏14区块，设计井距为500～600m、排距为600～800m时，能够实现较高的井控程度（45%～70%）以及较低的井间干扰概率（小于15%），能保证获得理想的采收率并合理控制投资成本。

根据本方法建立的井控动态储量预测图版，能够依据气井早期的生产数据有效预测井控储量和泄流面积随生产时间的动态变化规律，对气田的建产规模和合理井网井距具有前瞻性的指导意义。

第三节 气井生产规律分析

低渗透致密砂岩气藏开发实践表明，整个开发过程存在着不同的生产阶段。一个气藏的开发一般经历产能建设、稳产、产量递减和低压低产4个阶段[12]。就气井生产的全过程而言，同样也可以划分为不同的阶段，一般可划分为产量稳定阶段和产量递减阶段。

气井稳产阶段指的是以一定的日产量平稳供气时间段，在该阶段气井水淹是可能出现的最严重的问题，对边底水较活跃的低渗透致密砂岩气藏要严格监视边底水动态，适时调配气井产量，控制气井边底水的推进，使气井按设计的产量有较长时间的稳定生产。

由于气藏是枯竭式开采，随着开采的延续，气藏能量将大量消耗，使气井压力和产量大幅度下降。当井口压力接近管线的输气压力，靠自然能量再也不能保持稳产时，气井进入递减阶段。气井保持井口压力接近于输压生产，产量自然下降，时间持续较长。该阶段的主要任务是根据动态资料分析产量变化，采取相应的增产措施，减缓产量递减，最大限度地提高气藏采收率。低渗透致密砂岩气藏气井的递减规律一般是按阶段式指数函数变化，利用相应的递减方程能够预测气井产量的变化和最终累计产量。根据气藏的实际情况，不同类型的气井在递减期内所采取的增产措施是不一样的。如苏里格气田在递减期，重复实施增产措施、增压开采、间歇开井等方法，维持气井的经济效益开发；四川盆地须家河组低渗透含水气藏，递减期内井底压力和产气量较低，已经不能或很难满足井筒携液要求，因此，排水采气是该类气井维持经济效益开采的主要途径。

本节主要探索气井进入递减阶段之后的产量变化规律以及如何利用这些规律对气井未来进行预测。

一、气井递减类型的对比与判断

所谓产量递减规律分析，就是当气田或气井进入递减阶段以后，拟合分析产量变化规律，并利用这些规律进行未来产量预测。目前，产量递减分析仍多采用Arps递减方法[13~16]，其关系通式为：

$$\frac{Q}{Q_i} = \left(\frac{D}{D_i}\right)^n \tag{4-58}$$

式中 Q——递减阶段任意时刻的产量，$10^4 \text{m}^3/\text{mon}$；

Q_i——递减阶段的初始产量，$10^4 \text{m}^3/\text{mon}$；

D——瞬时递减率，$1/\text{mon}$；

D_i——开始递减时的初始瞬时递减率，$1/\text{mon}$；

n——递减指数，$n=1$时为调和递减，$n=\infty$时为指数递减，$1<n<\infty$时为双曲递减。

不同的递减类型，具有不同的递减规律。根据已经取得的生产数据，可以采用不同的方法，判断其所属的递减类型。确定递减参数（D、D_i、n），建立相关经验公式。一般都以是否存在线性关系和线性关系相关系数的大小作为判断递减类型的主要指标。按所使用的数据类型，有以下几种分析方法。

1. 用产量和相应的生产时间分析

将Arps的3种递减类型的产量公式改写为如下的无因次形式：

指数递减：

$$\frac{Q_\text{i}}{Q} = \mathrm{e}^{D_\text{i}t} \tag{4-59}$$

双曲递减：

$$\frac{Q_\text{i}}{Q} = \left(1 + \frac{1}{n}D_\text{i}t\right)^n \tag{4-60}$$

调和递减：

$$\frac{Q_\text{i}}{Q} = 1 + D_\text{i}t \tag{4-61}$$

在半对数坐标上，$\lg Q$—t 若为直线关系，即可定为其递减类型为指数递减。在直角坐标上，$\left(\dfrac{1}{Q}\right)^{\frac{1}{n}}$—$t$ 关系曲线若 n 取值正确，则为一直线，即可定为其递减类型为双曲递减。用试凑法取 n 值大小，以是否为直线来判断。当确定 $n=1$，应为调和递减。在双对数坐标图上，当 $\dfrac{n}{D_\text{i}}$ 取某一值时，可以使 Q—$t+\dfrac{n}{D_\text{i}}$ 的对应关系成为一条直线，也可确定其递减类型为双曲递减。

典型曲线拟合也是很常用的判断方法。当给定不同的 n 值和 $D_\text{i}t$ 值时，可以计算出不同的产量比 $\dfrac{Q_\text{i}}{Q}$。将不同 n 值下的 $\dfrac{Q_\text{i}}{Q}$ 与 $D_\text{i}t$ 的对应值画在双对数坐标纸上，即可得到理论的典型曲线图。若将递减阶段的数据画在典型曲线图上，在与某一条曲线达到最佳拟合之后，可在典型曲线图上直接读得用以判断递减的 n 值。

2. 用产量和累计产量分析

指数递减型的产量与累计产量之间有如下关系式：

$$Q = Q_\text{i} - \frac{D}{E}G_\text{p} \tag{4-62}$$

式中 E——生产时间 t 与产量 Q 用不同单位时的换算系数。

在直角坐标中，Q—G_p 之间若为直线关系，便可确定其递减类型为指数递减。

调和递减型的产量与累计产量之间有如下关系式：

$$\lg Q = \lg Q_\text{i} - \frac{D_\text{i}}{2.303EQ_\text{i}}G_\text{p} \tag{4-63}$$

在半对数坐标上，$\lg Q$—G_p 为一直线，则其递减类型为调和递减。

双曲递减型的产量与累计产量之间有如下关系式：

$$G_\text{p} = \frac{EQ_\text{i}}{D_\text{i}}\left(\frac{n}{n-1}\right) - \frac{E}{D_\text{i}}\left(\frac{n}{n-1}\right)Q - \left(\frac{E}{n-1}\right)Qt \tag{4-64}$$

根据递减阶段的实际生产数据进行二元回归分析后，可以得到 n 值，以判断其是否属双曲递减类型。

3. 用地层压力和累计产量分析

对于定容型气藏,在衰竭式开采的条件下,地层压力和累计产量存在几种关系:

指数递减类型地层压力与累计产量之间有如下关系式:

$$\frac{p}{Z} = \frac{p_i}{Z_i}\left(1 - \frac{EQ_i}{DG}\right) + \frac{E(p_i/Z_i)}{DG}Q \tag{4-65}$$

在直角坐标中,p/Z—Q为一直线,则其递减类型为指数递减。

调和递减类型地层压力与累计产量之间有如下关系式:

$$\frac{p}{Z} = \frac{p_i}{Z_i}\left(1 - \frac{2.303Q_iE}{D_iG}\lg Q_i\right) + \frac{2.303Q_i(p_i/Z_i)E}{D_iG}\lg Q \tag{4-66}$$

在半对数坐标中,p/Z—$\lg Q$若为直线关系,即可确定其递减类型为调和递减。

双曲递减类型地层压力与累计产量之间有如下关系式:

$$\frac{p}{Z} = \frac{p_i}{Z_i}\left[1 - (\frac{n}{n-1})\frac{Q_iE}{D_iG}\right] + (\frac{n}{n-1})\frac{Q_i^{\frac{1}{n}}(p_i/Z_i)E}{D_iG}Q^{\frac{n-1}{n}} \tag{4-67}$$

在直角坐标中,p/Z—$Q^{\frac{n}{n-1}}$关系曲线若n取某一值时,会出现直线关系,则可确定其递减类型为双曲递减。

二、递减规律分析

在上述判断递减类型的同时,可确定出其递减参数(Q_i、D_i、n),建立相关经验公式,进行递减规律分析和预测[17]。

1. 预测产量

利用确定的递减公式,可计算出递减阶段任一时刻的产量。

指数递减:

$$Q = Q_i e^{-D_i t} \tag{4-68}$$

双曲递减:

$$Q = Q_i\left(1 + \frac{D_i}{n}t\right)^{-n} \tag{4-69}$$

调和递减:

$$Q = Q_i(1 + D_i t)^{-1} \tag{4-70}$$

2. 递减阶段时间的计算

当按给定产量生产时,可计算出递减期长短。

指数递减：

$$t = \frac{1}{D_i} \ln \frac{Q_i}{Q} \tag{4-71}$$

双曲递减：

$$t = \frac{n}{D_i} \left[\left(\frac{Q_i}{Q}\right)^{\frac{1}{n}} - 1 \right] \tag{4-72}$$

调和递减：

$$t = \frac{Q_i - Q}{D_i Q} \tag{4-73}$$

3. 储量计算

计算储量的常用方法是容积法、物质平衡法、递减曲线法和数值模拟法。由于致密砂岩气藏的开发特征，容积法和物质平衡法不适用于致密砂岩气藏储量评估，致密砂岩气藏储量评估的最好办法是递减曲线法和数值模拟法。

利用递减规律，计算气藏储量。

指数递减：

$$G = \frac{E(p_i/Z_i)}{DB_1} \text{ 或 } G = \frac{E(p_i/Z_i)}{B_1 B_1'} \tag{4-74}$$

式中 B_1——p/Z—Q 直线的斜率；
B_1'——Q—G_p 直线的斜率。

调和递减：

$$G = \frac{2.303 E Q_i (p_i/Z_i)}{D_i B_2} \text{ 或 } G = \frac{E(p_i/Z_i)}{B_2 B_2'} \tag{4-75}$$

式中 B_2——p/Z—$\lg Q$ 直线的斜率；
B_2'——$\lg Q$—G_p 直线的斜率。

双曲递减：

$$G = \left(\frac{n}{n-1}\right) \frac{E Q_i^{\frac{1}{n}} (p_i/Z_i)}{D_i B_3} \text{ 或 } G = \frac{E(p_i/Z_i)}{B_3 B_3'} \tag{4-76}$$

式中 B_3——p/Z—Q 直线的斜率；
B_3'——Q—G_p 直线的斜率。

由于递减分析主要依赖于经验统计规律，因而预测时一般不能外推太远，否则容易造成误差。但如果递减分析是在开发后期，则可以作较长时间的预测。

参考文献

[1] 李士伦. 天然气工程 [M]. 北京：石油工业出版社，2000.

[2] 廖锐全，张志全. 采气工程 [M]．北京：石油工业出版社，2003.

[3] 李士伦，王鸣华，何江川，等. 气田与凝析气田开发 [M]．北京：石油工业出版社，2004.

[4] 郑俊德，张洪亮. 油气田开发与开采 [M]．北京：石油工业出版社，1997.

[5] 李治平，邬云龙，青永固. 气藏动态分析与预测方法 [M]．北京：石油工业出版社，2002.

[6] 唐俊伟. 苏里格气田产能评价 [D]．北京：中国地质大学（北京），2004.

[7] ，李安琪. 苏里格气田开发论 [M]．北京：石油工业出版社，2008.

[8] 李跃刚，范继武，李静群. 一种改进的修正等时试井分析方法 [J]．天然气工业，1998（5）.

[9] 庄惠农. 气藏动态描述与试井 [M]．北京：石油工业出版社，2004.

[10] 叶昌书. 气井分析 [M]．北京：石油工业出版社，1997.

[11] 黄炳光， 李晓平. 气藏工程分析方法 [M]．北京：石油工业出版社，2004.

[12] 《气藏开发应用基础技术方法》编写组. 气藏开发应用基础技术方法 [M]．北京：石油工业出版社，1997.

[13] 钟孚勋. 气藏工程 [M]．北京：石油工业出版社，2001.

[14] 秦同洛. 实用油藏工程方法 [M]．北京：石油工业出版社，1989.

[15] （美）阿普斯，等. 生产动态分析理论与实践 [M]．北京：石油工业出版社，2008.

[16] 隋军，戴跃进，王俊魁，等. 油气藏动态研究与预测 [M]．北京：石油工业出版社，2000.

[17] 黄炳光. 气藏工程与动态分析方法 [M]．北京：石油工业出版社，2004.

[18] 罗瑞兰，雷群，范继武，等. 低渗透致密气藏压裂气井动态储量预测新方法 [J]．天然气工业，2010，30（7）.

第五章 低渗透致密砂岩气藏开发

我国低渗透致密砂岩气藏分布广泛，资源非常丰富，上产潜力巨大。但是，气藏储层条件复杂，地质条件与产能特征差别很大，总体开发难度较大，开发成本较高。因此，选择合理的开发技术对策，做好开发部署工作，是有效开发该类气藏的关键内容。

第一节 制订合理开发方案

气田开发工作始终按照前期评价—产能建设—开发生产—开发调整的工作思路开展。

开发前期评价是指在勘探提交控制储量或重大发现后，为气田开发进行的各项开发评价和准备工作，以实现气田科学开发为目标，深化气藏地质认识，评价储量，落实生产能力，优化气藏工程设计，优选先进、适用的钻井、采气、地面集输与处理工艺技术，编制开发概念设计和开发方案。在评价阶段，根据气田实际情况，实施合理的评价工作量，如开发地震、评价井、试采、开发先导试验，并将实施成果用于气藏描述、产能评价等，编制开发方案。

一、气藏描述

气藏描述存在于气田开发的各个阶段，评价阶段的气藏描述可分为以下两部分。

1. 早期评价阶段的气藏描述

早期评价阶段的气藏描述是指从气田发现到提交探明储量这一阶段的研究工作[1]。其主要任务是利用少数探井或评价井资料以及地震资料等信息，进行气藏描述，认识气藏地质特征，建立地质概念模型，将气藏各种地质特征典型化、概念化，抽象成具有代表性的地质模型。要求对储层地质特征的描述基本符合实际，而不过分追求具体细节，重点是研究储层的储集特征及其基本格架，然后赋予它各种地质属性的量值，用于表征储层在三维空间上的分布，并确定气藏类型和油气水分布，为数值模拟提供地质依据。重点描述下列内容。

（1）气田构造。主要利用地震资料通过探井、评价井的严格层位标定，编制构造图和断层分布图，分析主要断层对油气水分布的控制作用。裂缝存在时，要进行岩心裂缝描述，主要描述裂缝产状、裂缝力学性质，利用试井资料解释裂缝成果等。

（2）落实油气水系统并分析其控制条件。以录井、取心、钻杆测试、试油、试井及测井资料划分并落实油气水系统，并确定各系统的油气、油水、气水界面和压力系统以及含气面积，估计水体大小，分析其形成控制条件。查明油、气、水的物理、化学性质，确定以烃类性质为表征的气藏类型。

（3）搞清储层的主要展布特征及其岩性物理参数。主要包括地层划分和对比；储层沉积相划分和相模式的建立；"四性"（储层的岩性、物性、电性和含气性）关系分析，确定各种测井解释方法及解释模型，建立测井相标准，对储层进行分类评价；明确各类储层在剖面上和平面上的分布规律及储量分布状况。预测各类储层成因单元几何形态、沉积规模及连续性。

（4）建立气藏地质概念模型，配合勘探提交探明储量。

2. 开发评价阶段的气藏描述

开发评价阶段的气藏描述是在勘探及早期评价配合下提交探明储量后，利用新部署的开发评价井及开发地震成果，采用井震结合，开展综合地质研究，这比早期评价的气藏描述更加细致、深入。这一阶段气藏描述的任务是开展地质特征研究。利用现有资料，研究构造、沉积相、成岩作用、储层特征、流体性质与分布、渗流特征、压力和温度系统、气藏类型等。其中，储层特征研究要在评价区内适当采集高分辨率二维地震或三维地震资料，进行数据处理，紧密结合地质认识，开展储层预测、含气性预测和气藏描述。在储层分布规律与预测研究的基础上，对储层的岩性、物性、电性和含气性关系进行分析，研究孔隙结构特征，建立储层类型划分标准，研究储层分布规律，建立气藏地质模型。

不同阶段的气藏描述虽有其共同之处，但也有着一定的差别，表现在所拥有基础资料信息的质量、数量的不同以及对油气藏描述的精细程度不同（表5-1）。

表5-1　开发前期评价阶段气藏描述的主要内容

阶段划分	主要研究内容					提交成果		
	主要利用资料	地层划分	沉积相	储层	储量评价	构造或储层精度	地质模拟网格	地质模型
早期评价	现有二维或三维地震资料，已有井的静态和动态资料	砂层组气层组	沉积体系、沉积相、沉积亚相	气藏规模层系规模气层规模	提交探明储量	储层顶面或标准层构造图、描述三级以上断层	视地震和钻井资料多少而定	用于开发概念设计的地质模型
开发评价	新实施的三维和二维数字地震、评价井、试采井和先导试验等资料	砂层组单砂体	沉积亚相、微相	有效层识别气层规模	评价可动用储量	提供主力层顶面构造图、描述四级以上断层	利用新增所有资料，细化网格	用于开发方案的地质模型

二、储量和产能评价

在配合勘探计算气田探明地质储量的基础上，充分利用动、静态资料，对地质储量进行分类评价和可动用性评价。采用经验公式法、类比法、数值模拟法等计算技术和经济可采储量，进行储量风险评价。开展单井、井组或区块试采，综合利用试气、试井和试采资料，分析气井产能，确定单井合理产量。

三、开发规模

气藏的开发规模一般依据其合理的采气速度来确定。气藏采气速度是气藏年产量与其探明地质储量的比值,是气藏开发的一项重要指标。一般情况下,气藏采气速度要受到气藏地质特点、孔渗条件、气井产能、稳产年限、经济指标以及接替资源的影响。

对于低渗透致密砂岩气藏,由于其储层地质条件复杂,孔隙度小,渗透率低,气井产能相对较低,过高的采气速度会大幅度增加钻井工作量(亿立方米产能建设需钻井20~30口),并且会大大降低气藏的稳产年限(图5–1),影响气藏的经济效益,不利于气藏的均衡开发。因此,对于低渗透致密砂岩气藏,根据原始地质储量的大小,采气速度一般应在1%~3%之间。

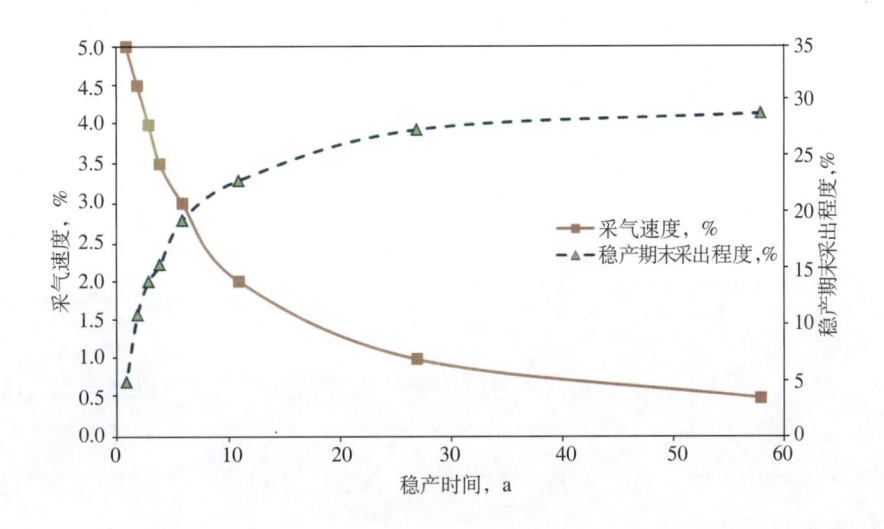

图5–1 低渗透致密砂岩气藏稳产时间与采气速度和稳产期末采出程度关系图

四、方案部署和编制

1. 方案类型

(1)部署方案。气田进入正式开发前,需要编制前期评价部署方案,为编制开发方案做准备,主要内容有:部署开发地震,为储量升级、储层横向预测和开发井位优选作准备;进行气藏试采,获取动态资料;进行室内开发实验;钻采工艺现场先导试验;开发井网先导试验;提高单井产量先导试验;开辟开发试验区;地面系统的前期准备。

(2)开发概念设计。它是提交气田探明储量前,气田开发的最初方案设计,要对气田类型、单井产能和开发规模进行预测,提出钻井、采气工程和地面建设工程的框架性设计,它是地面、地下、经济一体化的设计,为投资决策提供最新依据。

(3)试采方案。试采是获取气藏动态资料、尽快认识气藏开发特征和确定开发规模的关键环节,试采时应依据试采方案进行。

(4)开发方案。在获得国家批准的气田探明储量后可以编制气田开发方案,对于低渗透致密砂岩气藏可用基本探明储量编制开发方案。

(5)调整方案。在气田产能建设或开发生产与方案不适应时,需要针对存在的问题开展评价,重新认识地质特征，调整单井产能和开发指标，编制开发调整方案。不适应的情况如：储量和产能有明显的增加或减少；地层水体活动发生明显的变化；井下、地面设备严重腐蚀；开发中、后期采输管网与生产能力不相匹配；其他特殊情况。

2. 开发方案主要内容

气田开发方案的组成以气田地质特征为基础，由地质与气藏工程设计、钻井工程设计、采气工程设计、地面工程设计、经济评价和HSE方案设计6个部分组成[2]。

（1）地质与气藏工程设计。地质与气藏工程设计是气田开发方案的核心部分，基本内容包括：气藏基本特征研究（气藏描述）、建产区优选、建产区地质储量评价、区块地质模型建立、气井产能评价与生产指标论证、开发井型及井网论证、开发技术政策研究（开发部署原则、开发方式、开发层系、废弃条件、采气速度等）、开发方案设计及方案优选、方案风险评价、方案实施要求等。

（2）钻井工程设计。钻井工程设计是依据气田开发的要求，以地质与气藏工程方案为基础，结合采气工程和地面建设的需求，利用先进、适用的钻井技术，编制经济可行的钻井工程方案。主要内容包括：气藏工程方案要点、采气工程要求、已钻井基本情况分析、地层基本力学特征分析（地层孔隙压力、地层破裂压力、地层坍塌压力等）、钻井方式优选、井身结构设计、钻头与钻井装备选型、钻井工艺与井控要求、钻井液体系与气层保护、固井工艺、完井要求、钻井周期预测及钻井工程投资测算等。

（3）采气工程设计。采气工程设计是气田开发方案的重要组成部分，应以地质与气藏工程方案为基础，紧密结合钻井与地面工程设计要求，制定经济、合理、安全、高效的采气工程方案。采气工程设计的主要内容包括：完井设计、储层保护、增产措施、防腐工艺设计、排水采气工艺设计、动态监测设计、采气工程投资预算等。

（4）地面工程设计。气田地面工程设计是气田地面工程建设的指导性文件，需统筹近期与长远，局部与总体的地面建设，优化气、水、电、通信、道路、管道、场站、防腐、暖通、自控等各个系统。根据气田开发各个阶段的要求，协调解决气田建设、生产、调整等时期的相关工作。主要内容包括：地理环境、地质与气藏工程要点、钻采工程要点、地面建设规模、总体布局与场站址选择、压力级制、天然气集输处理与各系统工艺流程和设备选型、配套系统工程、组织机构和定员、地面工程投资测算等。

（5）经济评价。经济评价是对气田开发整体的投入与产出情况进行分析，论证气田开发的经济效益。主要内容包括：开发方案要点、经济评价方法与评价参数选取、开发投资估算、采气成本和费用测算、税种与税率分析、天然气产量与销售收入分析、财务评价及敏感性分析、评价结论及图表等。

（6）HSE方案设计。根据中国石油天然气股份有限公司《天然气开发管理纲要》[1]要求，气田开发方案中必须编制HSE专篇，提出HSE防范措施，估算HSE投资，规范气田开发的HSE管理。其主要内容包括：HSE承诺与方针、自然条件和社会条件分析、开发工程概述、危险有害因素分析、HSE防护措施、HSE监测和控制、事故应急预案及编制依据等。

最终，通过以上几方面研究对比，推荐最佳开发方案，并对最佳方案提出实施、跟踪分析和动态监测要求。

气田投入开发必须有正式批准的开发方案。

此外，低渗透致密砂岩气藏开发生产应遵循3个"有利于"的总体原则：即有利于提高单井产量和利用率；有利于提高动用储量，增加气藏采收率；有利于降低开发成本，实现效益最大化。配合这一总体原则，低渗透致密砂岩气藏开发中还需做好6个合理，即：（1）合理的开发方式；（2）合理划分开发层系；（3）合理安排稳产接替；（4）合理选择井网部署；（5）合理的气井生产制度；（6）留有合理的后备储量。

第二节　开发方式

低渗透致密砂岩气藏开发方式主要是利用天然能量的开发，在此基础上，又按井型、定压或定产方式进行开发。

一、衰竭式开发

衰竭式开发是在气藏开采过程中依靠气藏天然能量进行的生产，无外在压力补给系统。几乎所有气藏，包括纯气藏和产水量不大的有水气藏，都以自身膨胀弹性气驱的方式，利用自然能量来开发、开采。

按驱动方式不同，可分为弹性气驱和弹性水驱两种方式开发。

在弹性气驱气藏开发过程中，因为没有边、底水或边、底水不运动，气藏开发的主要动力为被压缩气体自身的弹性膨胀能量，气藏的储气体积保持不变，地层压力表现为自然衰竭的过程。由于是气体单相流动，因而开采效率较高。

弹性水驱气藏按水驱方式可分为弹性水驱和刚性水驱。弹性水驱气藏由于水体和岩石弹性膨胀占据了一部分天然气储集空间，存在封闭的边水或底水，在开发过程中由于含水层的岩石和流体的弹性膨胀，储气孔隙体积缩小，地层压力下降缓慢。刚性水驱气藏由于水体很大，十分活跃，或者水头很高，水侵量与采气量保持平衡时地层压力得以充分保持而不致下降。

目前，国内刚性水驱气藏极少，有少量的弹性水驱气藏，气驱气藏占绝大多数。由于气、水物性差别大，低渗透致密砂岩气藏储层强非均质性使得水驱气藏中的水难以推进，往往沿裂缝或高渗透区突进，将大量的天然气封存在水中。同时，由于尚有气体溶于水中和毛细管的俘留作用等，造成水驱气藏的开采效率大大低于气驱气藏。

二、不同开发井型

由于储层的超低渗透性造成单井产量低，而且由于储层分布的强非均质性和低渗透引起井筒周围压降范围有限，造成单井控制储量低。因此，低渗透致密砂岩气田的开发应立足于"气井低产、改造挖潜、开发调整和新气田的投产接替"，发展"提高单井产量、降低开发成本"的核心技术，保证持续规模有效开发低渗透致密砂岩气田。

美国致密气藏已有数十年的开发历史，主要形成了两套井型开发方式。一是立足于储层厚度大、多层系发育的特征，采取直井密井网+多层压裂的开发方式，最密井网可达10口井/km²，单井压裂段数达20段以上；二是近年来随着水平井分段压裂技术的发展，水平井技术在储层厚度较薄的区块得到规模应用。

国内低渗透致密砂岩气藏经过多年的开发，形成了具有国内特色的井型井网开发技术系列，在井型方面从直井发展到丛式井和水平井；在井网优化方面采用直井井网多次加密，从规则井网发展为丛式井组的面积井网，在有利区块应用水平井井网，不断提升开发效果。

1. 直井开发方式

对于透镜状低渗透致密砂岩气藏，由于含气面积大，储量规模大，地质条件复杂，开发早期往往采用直井滚动开发、加密井网、多井低产和低成本的开发方式，实现气田规模有效开发。

对于层状低渗透致密砂岩气藏，开发早期多是在已知含气范围内，根据气井有限的泄流半径，在含气面积内严格按直井均匀井网布井，气井按固定无阻流量的百分数来开采。

随着技术的进步、低成本开发的要求以及环境保护的限制，低渗透致密砂岩气藏开发采取以下方式：首先采用直井，避开评价富集区；之后采用丛式井组、水平井等方式开发。

2. 丛式井组开发方式

丛式井组是应用定向井技术，在一个平台上打出若干口不同方位、不同井深、不同目的层的定向井。丛式井组的设计流程是，先由地质人员确定井组各井的地下坐标，然后由钻井工程技术人员根据每口井的位移要求，设计出相应的井身轨迹，并合理考虑施工的先后顺序，尽量避免空间相交。一般先打位移大、造斜点浅的井，后打位移小、造斜点深的井，相邻两井造斜点错开20~50m，直井段严格控制井斜，防止相碰。

在苏里格气田，根据储层精细地质解剖与准确把握储层分布规律，建立了3口井、5口井及7口井等3种形式的丛式井部署标准。坚持富集区整体部署，评价区随钻部署的丛式井部署思路，地质、地震紧密结合（图5-2），确保丛式井比例不断提高。2009年，在苏里格气田开始大力推广丛式井开发，在优化井场布局、节约用地面积、减少采气管线、优化生产管理、降低综合成本、绿色环保等方面起到了举足轻重的作用。

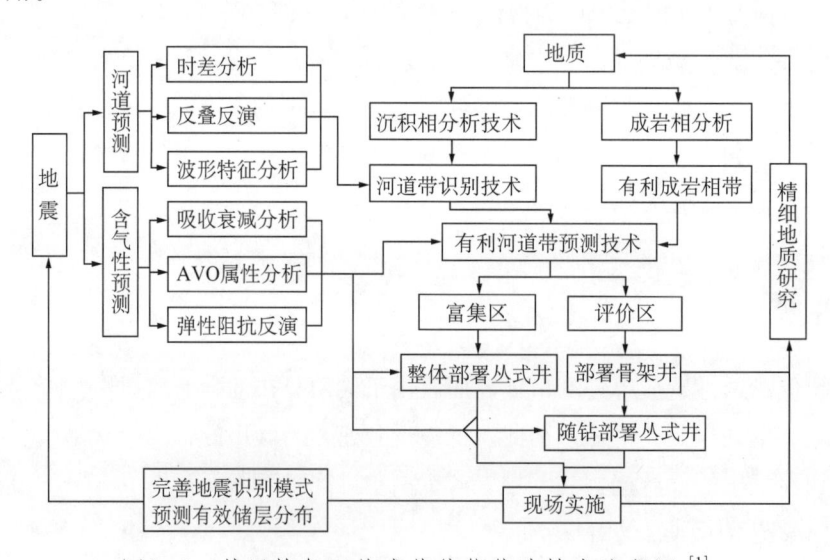

图5-2 苏里格气田丛式井井位优选技术流程图[1]

3. 水平井开发方式

由于低渗透致密砂岩气田独特的地质条件和开发特征，采用常规井开发难以提高单井产量。实践证明，利用水平井开发低渗透致密砂岩气田是有效解放储层、提高单井产量、提高采收率的重要手段。但水平井开发对选井条件要求更高，因此，要精细储层描述，优化水平井设计。水平井设计以"深化储层内部结构分析、细化不同期次储层描述"为核心，通过地质与地震紧密结合，在单期主河道精细刻画、精细小层对比、目的层段构造精细研究的基础上，优化水平段长度、轨迹，提高水平井有效储层钻遇率，从而提高单井产量。

4. 混合井型开发方式

立足富集区筛选、储层精细描述及区块产能评价，坚持富集区整体部署、潜力区随钻部署和老区加密部署3个层次相结合（图5-3）。细化井型组合方式，采取骨架井、定向井、丛式井与水平井相结合，实现气田规模有效开发。

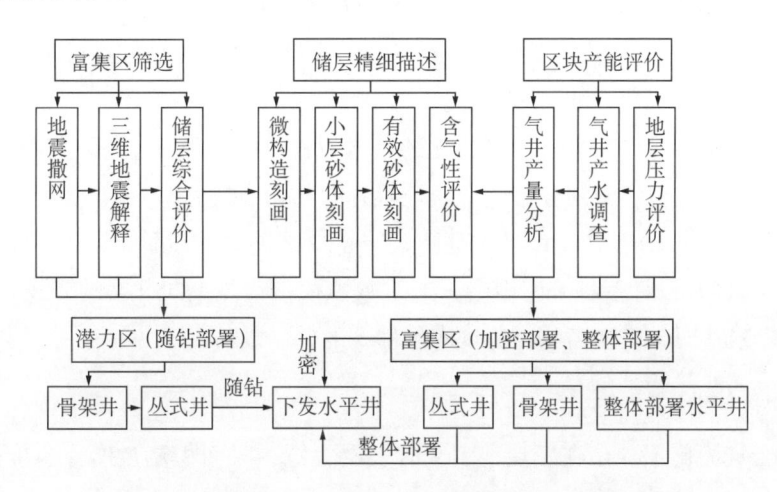

图5-3 苏里格气田不同井型部署思路流程图[1]

三、定压与定产

定压方式开发是充分利用地层能量高的优势，在气井开采初期就采取定井口压力大产量生产，配产可高达无阻流量的85%，结合相适应的工程技术，实现少井高产。气田稳产不强调通过单井或井组稳产实现，而主要是通过井间接替和区块接替实现，充分发挥单井产能，生产较短时间后增压提高产量，该方式适宜于无水气藏。国外气藏开发多采用定压方式开发。

定产方式开发，主要追求气井长期稳产，开发早中期，特别是稳产阶段，在定产降压生产方式下，气井油套压会不断下降，当降至井口输气压力后，气井只能转入定压降产的生产方式，保持井口压力接近于输压生产。国内自营方式开发的气田多采用定产方式开发。

第三节 井型与井网

低渗透致密砂岩气田一般没有明显边界，在数千乃至数万平方千米范围内广泛分布。由于渗透率低、储层横向连续性和连通性差等原因，造成单井控制面积小和单井控制储量低，所以低渗透致密砂岩气田不宜采用常规气田的大井距开发，而是需要采用较密的井网来开发，以提高地质储量的动用程度和采收率。此外，由于致密气单井产量低、递减快，主要依靠井间接替保持气田稳产，所以致密气田开发要达到一定规模的生产能力并保持较长时间稳产，需要很大的钻井数量。因此，在气田开发早期开展合理井网研究，避免早期形成的井网在开发中后期难以调整进而导致开发效益的下降。

一、井距井网优化方法

井距优化的目的是使开发井网在不产生井间干扰情况下，达到对储量的最大控制和动用程度。致密砂岩气田井网井距优化需要综合考虑储层分布特征、渗流特征和压裂完井工艺条件3方面的因素。若井距过大，井间就会有部分含气砂体不能被钻遇或在储层改造过程中不能被人工裂缝沟通，造成开发井网对储量控制程度不足，采收率低；若井距过小，就会出现相邻两口井钻遇同一砂体或人工裂缝系统重叠的现象，从而产生井间干扰，致使单井最终累计产量下降，经济效益降低。因此，低渗透致密砂岩气田开发中井网井距的优化是非常重要的。

低渗透致密砂岩气田合理开发井距井网优化的技术流程可归纳为5个步骤[2]：（1）根据砂体的规模尺度、几何形态、展布方位和空间分布频率，进行井网的初步设计；（2）开展试井评价，并考虑压裂缝半长、方位，拟合井控动态储量和泄压范围，修正井网的地质设计；（3）开展干扰试井开发试验，进行井距验证；（4）设计多种井网组合，通过数值模拟预测不同井网的开发指标；（5）结合经济评价，论证经济极限井网，确立当前经济技术条件下的井网。

1. 地质模型评价法

低渗透致密砂岩气田储层分布在宏观上多具有多层叠置、大面积复合连片的特征，但储集体内部存在沉积作用形成的岩性界面或成岩作用形成的物性界面，导致单个储渗单元规模较小，数量众多的储渗单元在气田范围内集群式分布。要实现井网对众多储渗单元（或有效含气砂体）的有效控制，需要根据储渗单元的宽度确定井距，据其长度确定排距。所以，利用地质模型进行井距优化的关键是确定有效含气砂体的规模尺度、几何形态和空间分布频率。

建立面向井网井距优化的地质模型，首先要在沉积、成岩和含气特征研究基础上确定有效含气砂体的成因；然后确定有效含气砂体的分布规模和几何形态，确定方法主要有3种：

（1）地质统计法。利用岩心资料和测井解释结果确定有效砂体厚度的分布区间，再根据定量地质学中同种沉积类型砂体的宽厚比和长宽比来估计有效砂体的大小。

（2）露头类比法。选取气田周边同一套地层的沉积露头，开展露头砂体二维或三维测量描述，建立露头研究成果与气田地下砂体的对应转化关系，预测气田有效砂体的规模尺度。如南皮昂斯盆地的Williams Fork组发育透镜状致密砂体，应用露头资料建立了曲流河点沙坝单砂体的分布模型［图5-4（a）］，为井网井距优化提供了依据。

（3）密井网先导试验法。开辟气田密井网试验区，综合应用地质、地球物理和动态测试资料，开展井间储层精细对比，研究一定井距条件下砂体的连通关系，评价砂体规模的大小。在苏里格气田，通过密井网先导试验［图5-4（b）］，验证了在400~600m井距条件下大部分井间砂体是不连通的。

2. 泄气半径评价法

泄气半径评价是基于试井理论，利用动态资料评价气井的控制储量和动用范围，进而优化井距。考虑压裂裂缝半长、表皮系数、渗流边界等参数建立解析模型，利用单井的生产动态历史数据（产量

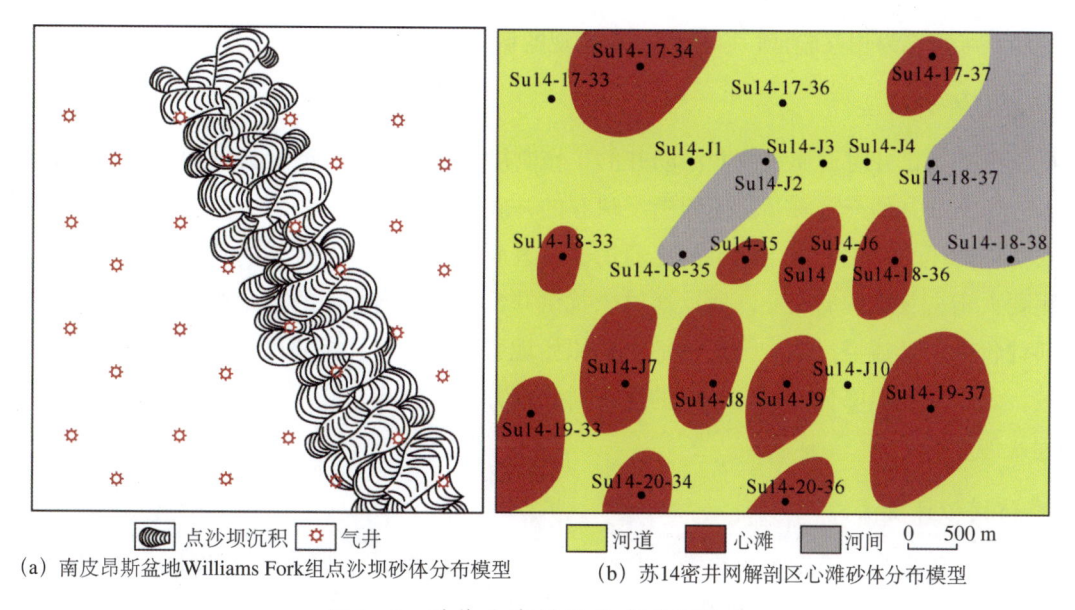

(a) 南皮昂斯盆地Williams Fork组点沙坝砂体分布模型　　(b) 苏14密井网解剖区心滩砂体分布模型

图5-4　砂体分布模型约束井网优化

和流压) 和储层基本地质参数进行拟合, 使模型计算结果与气井实际生产史和动态储量一致, 进而确定气井的泄气半径, 进行合理井距评价。致密气藏气井通常为压裂后投产, 考虑裂缝的评价方法主要有Blasingame、AG Rate vs Time、NPI、Transient等4种典型无因次产量曲线分析图版和同时考虑压力变化的裂缝解析模型。4种典型无因次产量曲线图版方法是根据气井的产量数据, 拟合已建立的不同泄气半径与裂缝半长比值下的无因次产量、无因次产量积分、无因次产量导数与无因次时间的典型关系曲线, 进而确定裂缝半长和泄气半径 (图5-5)。裂缝解析模型是在产量一定的情况下, 拟合井底流压, 从而确定裂缝半长和泄气半径 (图5-6)。

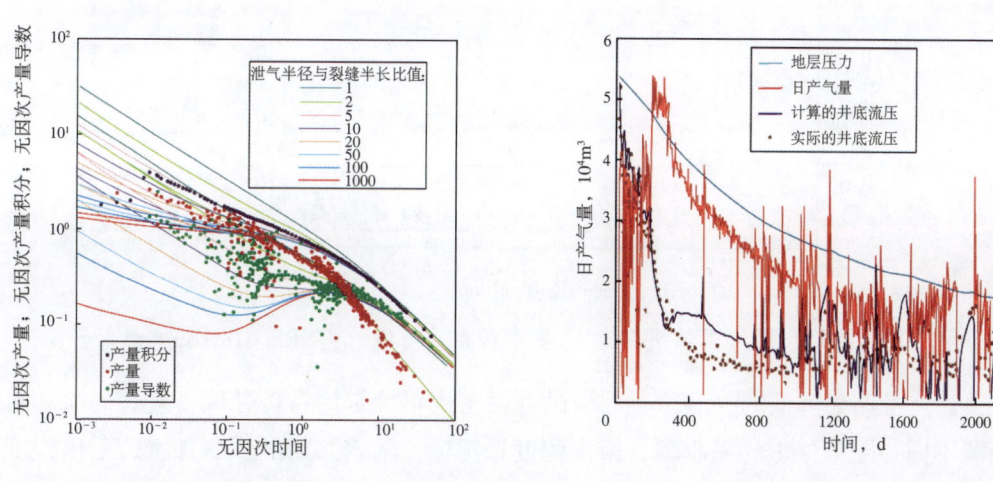

图5-5　气井日产量Blasingame 典型曲线拟合图　　图5-6　苏里格某气井生产动态裂缝模型典型曲线拟合图

低渗透致密砂岩气田本身储层渗透性差, 非均质性强, 气体渗流速度慢, 因此达到边界流动状态的时间可长达数年。在气井投产后的较长时间内, 气井周围的泄压范围是一个随时间不断扩大的动态变化过程, 所以利用生产初期动态资料评价的气井泄气半径和动态储量可能比实际情况要低。另外, 低渗透致密砂岩气田的开采方式为压裂后投产, 人工裂缝可以突破有效砂体的地质边界, 扩大气井的泄压范围。在实际应用中, 以泄气半径评价方法 (动态评价方法) 获得的泄气半径要与地质模型评价法得到的泄气半径结果相互验证，以得到相对客观的认识。

3. 干扰试井评价法

干扰试井是指试井时，通过改变激动井的工作制度（如从开井生产变为关井，从关井变为开井生产，或者改变激动井的产量等），使周围反映井的井底压力发生变化，利用高精度和高灵敏度压力计记录反映井中的压力变化，确定地层的连通情况，进而明确井间含气砂体的范围。为避免井间干扰，合理井距要大于含气砂体的尺寸，所以通过干扰试井，可以得到井距的最小极限值，也可以用加密井压力资料评价井间连通情况。将测量的加密井原始地层压力，与其相邻已经投产井的早期原始地层压力相比较，若没有明显降低，说明邻井的生产对加密井没有影响，井间不连通；若加密井已经泄压，说明井间是连通的。

4. 数值模拟评价法

数值模拟法主要是在三维地质模型的基础上，设计不同井距、排距的井网组合，采用数值模拟方法模拟单井的生产动态，预测生产指标，研究井距与单井最终累计产量之间的关系。

图5-7为井网密度—单井最终累计采气量—采收率关系曲线。当井距较大时，一个储渗单元内仅有一口生产井在生产，则不会产生井间干扰，单井最终累计产量不会随着井距的变化而发生变化；当井距缩小到一定程度时，就会出现一个储渗单元内有两口或多口井同时生产的现象，这时就会产生井间干扰，单井最终累计产量也会开始随着井距的减小而降低；随着井网的进一步加密，大量井会产生井间干扰，单井最终累计产量会急剧下降。

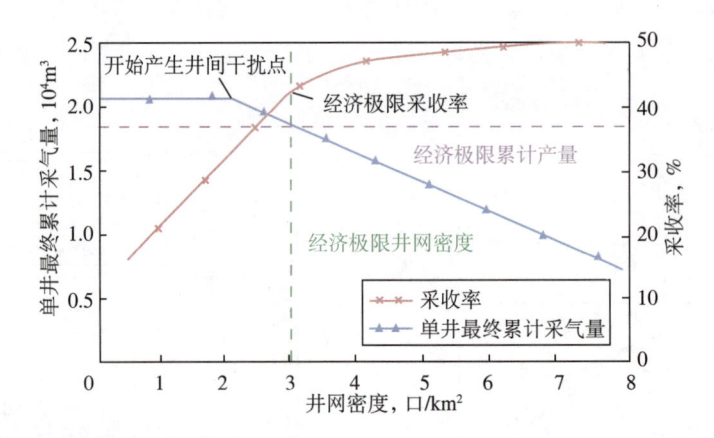

图5-7　井网密度—单井最终累计采气量—采收率关系曲线（据SPE 108183文献修改）

单井最终累计产量明显降低的拐点位置对应的井网密度可确定为合理井网密度。同时利用数值模拟还可以预测不同井距条件下的采收率（采出程度）指标，随着井网的不断加密，采出程度不断提高。

5. 经济效益评价法

为实现在经济条件下达到气田的最大采出程度，需要对气田开展经济效益评价研究。首先根据钻完井和地面建设投资来求取单井经济极限采气量。根据数值模拟结果得到的井网密度与单井最终累计采气量关系曲线，如图5-7所示，与经济极限累计产量相对应的井网密度即为经济极限井网密度，与经济极限井网密度相对应的采收率即为经济极限采收率。一般情况下，通过使井网加密到不产生井间干扰的最大密度来实现经济效益的最大化。在经济条件允许的情况下，井网可以加密到产生井间干扰，以牺牲一定程度的单井累计采气量来获得更高的采出程度。

6. 实例分析

1）地质模型评价

苏里格气田苏6井区开展了800m井距开发试验（图5-8），证实有效含气砂体井间连通性差，800m井距对储量的动用不充分。为进一步优化井网井距，开展了地质模型研究。

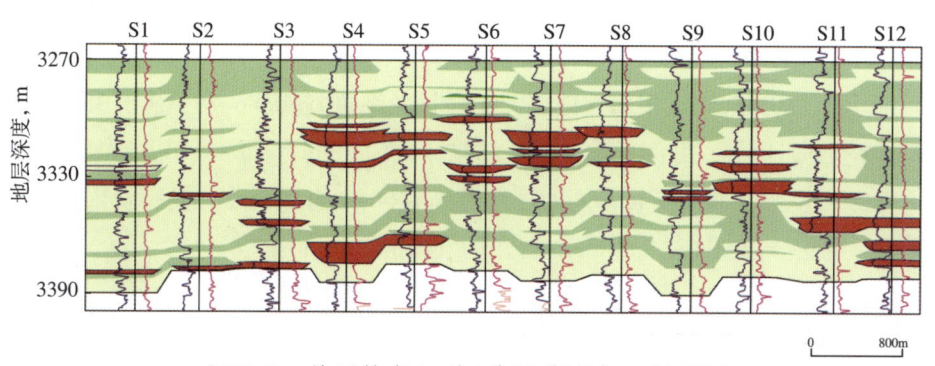

图5-8 苏里格气田苏6井区典型气田剖面图

首先，定量化描述岩心，并与测井相研究相结合，确定单个心滩砂体的厚度，统计得到单个心滩砂体的厚度主要分布在2～5m。根据露头调查和沉积物理模拟实验，辫状河心滩砂体的宽厚比一般为80～120，长宽比一般为1.5～2.0。从而推测其宽度多在160～600m范围内，长度主要在300～1200m范围内。

其次，露头研究工作。根据对与苏里格气田主要产层同层位的山西柳林露头剖面的观察与测量发现，有效单砂体宽度主要为200～400m。

第三，开展了400～600m的变井距开发试验，落实有效砂体分布情况。试验结果表明80%以上的砂体宽度小于600m。鉴于此，苏里格气田的井距小于600m，排距小于1000m较为适宜。

2）泄气半径评价

苏里格气田有效含气砂体主要为辫状河心滩沉积，其几何形态近似椭圆形。应用上述4种典型无因次产量曲线图版和裂缝解析模型评价了苏里格气田2002年和2003年投产的28口试采井的泄气范围（表5-2），Ⅰ类气井平均动态控制面积为0.235km²，平均泄气椭圆长、短半轴分别为330m、220m；Ⅱ类气井平均动态控制面积为0.186km²，平均泄气椭圆长、短半轴分别为292m、195m；Ⅲ类气井平均动态控制面积为0.155km²，平均泄气椭圆长、短半轴分别为267m、178m。综合考虑3类气井的比例，认为28口早期试采井平均泄气半径主要在200～300m，井距控制在400～600m较为适宜。

表5-2 苏里格气田28口早期试采井泄气半径评价结果

井 型	井数比例 %	动态储量 10⁴m³	有效裂缝半长 m	动态控制面积 km²	泄气椭圆长半轴 m	泄气椭圆短半轴 m
Ⅰ类井	32.1	3997	92.7	0.235	330	220
Ⅱ类井	28.6	2328	76.7	0.186	292	195
Ⅲ类井	39.3	1157	72.6	0.155	267	178
平 均		2404	80.2	0.190	294	196

3）干扰试井/压力监测评价

为了确定井间砂体连通情况，选取投产较早、井网密度较大的苏6井区作为典型区块，部署了6口加密井（苏6-j1井、苏6-j2井、苏6-j3井、苏6-j4井、苏6-j5井和苏6-j6井），最小井距加密到400m[图5-9（a）]。加密井压裂返排后，往往要根据压力的恢复情况判断一下该井地层压力是否仍保持在原始地层压力水平，还是因受到相邻早期投产井的影响而出现先期泄压。加密井压力监测显示，苏6-j3井和苏6-j4井出现明显的先期泄压。根据压裂返排后5天的压力恢复数据折算得到地层压力，苏6-j3井的地层压力为11.1MPa[图5-9（b）]，苏6-j4井的地层压力为21.82MPa[图5-9（c）]，明显低于原始地层压力（30MPa）。根据气田剖面图对比关系可判断苏6-j3井和苏38-16-2井之间、苏6-j4井和苏38-16-3井之间存在井间干扰。据此结果，认为400m可作为气田井距加密的参考下限值。认为400m的井距下，发生了井间干扰，同时还可判断在600m的排距下，没有发生井间干扰。因此干扰试验结果表明，井距大于400m、排距600m可作为气田的合理井网。

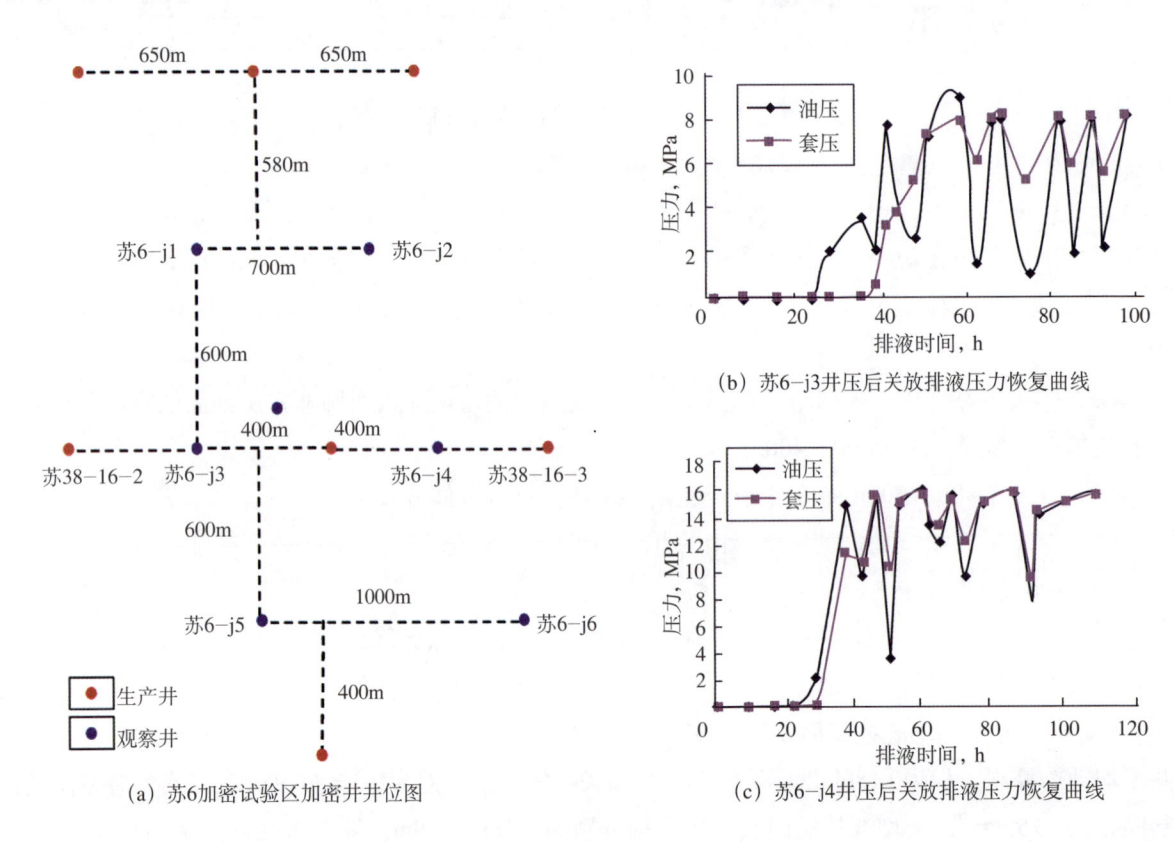

(a) 苏6加密试验区加密井井位图

(b) 苏6-j3井压后关放排液压力恢复曲线

(c) 苏6-j4井压后关放排液压力恢复曲线

图5-9 苏里格气田苏6加密试验区及加密井压力监测图

4）数值模拟评价

苏里格气田苏6试验区在开发评价井、开发实验井和早期产能建设井完钻以后，井控程度较高，有利于建立精细地质模型。采用相控建模方法，建立了苏6典型区块的三维地质模型，采用数值模拟方法进行了气田开发井网井距模拟计算。根据对有效砂体长度和宽度的认识，设计了34套井距和排距组合（表5-3）进行模拟计算。通过数值模拟，对不同井距、排距条件下的生产指标与气井最终累计采气量的关系进行了预测。

表5-3 设计的34套井距和排距组合

序 号	井距, m	排距, m	序 号	井距, m	排距, m
1	200	400	18	300	400
2	200	500	19	300	500
3	200	600	20	300	600
4	200	700	21	300	700
5	200	800	22	300	800
6	200	900	23	300	900
7	200	1000	24	300	1000
8	400	500	25	500	600
9	400	600	26	500	700
10	400	700	27	500	800
11	400	800	28	500	900
12	400	900	29	500	1000
13	400	1000	30	700	800
14	600	700	31	700	900
15	600	800	32	700	1000
16	600	900	33	800	900
17	600	1000	34	800	1000

数值模拟结果表明，不同排距下，当井距大于500m时，气井的最终累计采气量基本上不再随井距的增大而增加［图5-10（a）］；当井距小于500m时，气井的最终累计采气量随井距增大而明显增加。显然，500m井距应为最优井距，该井距为气井不发生干扰的最小井距。同理，可以得到排距取700m较合适［图5-10（b）］。

(a) 数值模拟井距—单井最终累计采气量关系曲线

(b) 数值模拟排距—单井最终累计采气量关系曲线

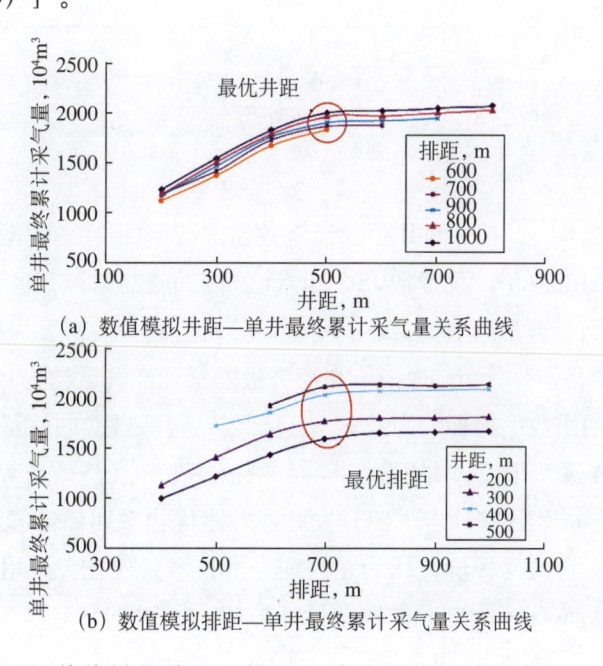

图5-10 数值模拟井距、排距—单井最终累计采气量关系曲线

图5-11为将井距、排距转化为井控面积得到的单井控制面积—最终累计采气量关系曲线。当单井控制面积小于0.35km², 随着气井控制面积的增加, 最终累计采气量明显增加; 单井控制面积大于0.35km²时, 随着气井控制面积的增加, 最终累计采气量基本上不发生变化, 显然, 单井控制面积0.35km²为拐点, 0.35km²为最优的单井控制面积。

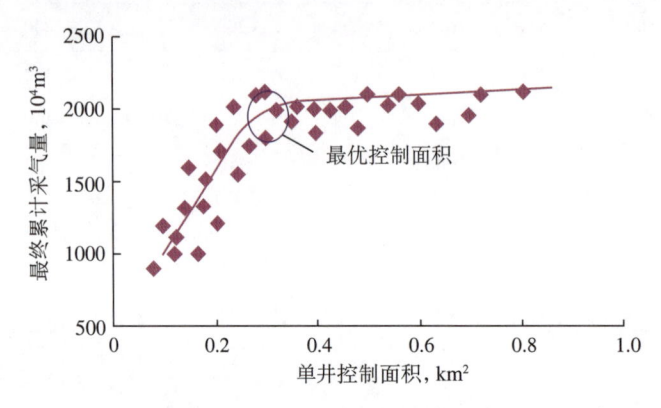

图5-11 单井控制面积与最终累计采气量关系曲线

根据数值模拟结果, 建立单井控制面积—采收率关系曲线（图5-12）, 由图5-12可见, 单井控制面积0.35 km²对应的采收率是45%。苏里格气田目前的井网是600m×800m, 该井距下的采收率是30%, 若采用优选的500m×700m的井网可将采收率由30%提高到45%。

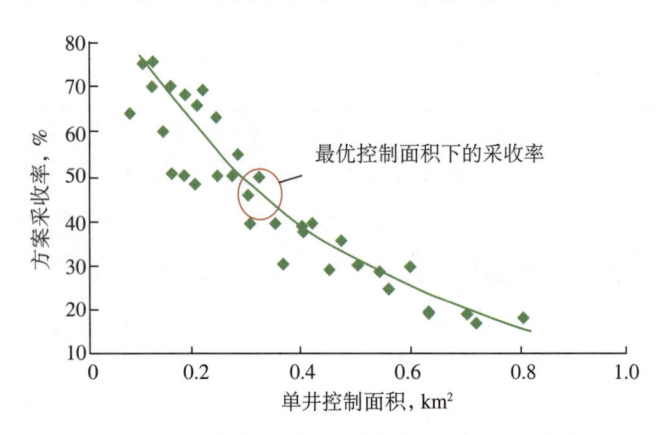

图5-12 单井控制面积与采收率关系曲线

5）经济评价

结合苏里格气田开发成本, 对其井网井距的经济效益进行了评价。苏里格气田的单井综合投资取760万元/井、操作成本取0.13元/m³, 税费取0.021元/m³, 内部收益率取12%, 当天然气价格取1元/m³时, 计算的单井经济极限累计产气量约为2200×10⁴m³, 其对应的井网密度为1.3口井/km², 对应的采收率指标为20%; 在天然气价格取1.1元/m³时, 单井经济极限累计产气量约为1900×10⁴m³, 其对应的井网密度为3口井/km², 对应的采收率指标约为47%。可见经济条件是影响井距和采收率的敏感因素。

综合地质模型、泄气半径、干扰试井/压力监测、数值模拟和经济效益等5种评价手段对合理开发井网井距进行评价研究, 形成了致密砂岩气田开发井网井距优化系列评价方法, 应用该方法对苏里格气田的合理井网井距进行综合研究评价, 认为在目前经济技术条件下, 采用500m×700m井网开发可使苏里格气田的采收率由目前600m×800m井网条件下的30%提高到45%。

二、井网优化技术

认清含气砂体分布规律、优化井网，是提高储量动用程度和采收率的重要技术措施。井网优化设计需要将储层分布特征与改造工艺措施相结合，确定合理的井距、单井控制面积和井网几何形态[3]。

1. 井距和单井控制面积评价

砂体规模尺度、压降泄气范围和干扰试井是确定井距和单井控制面积的主要依据。苏里格气田心滩砂体的定量描述研究认为：心滩多为孤立状分布，宽度主要为200~400m，长度主要为600~800m；在一个小层内，心滩砂体约占总面积的10%~40%，将9个小层的心滩砂体投影叠置到一个层，心滩砂体可占总面积的95%以上。也就是说，心滩砂体不均匀地分散分布在垂向上的9个小层中，单个小层中心滩是孤立分布的，从9个小层的累计效果来看，心滩则几乎覆盖了整个气藏面积。要实现井网对心滩的最大控制程度，又不至于两口井钻遇同一心滩，井距可确定为心滩宽度的众数，即500m，排距可确定为心滩长度的众数，即700m。根据试井原理，采用生产动态数据典型曲线拟合方法，直井的泄气范围拟合为椭圆形，人工裂缝半长为40~130m左右，确定单井有效控制面积为0.2~0.4km^2，平均0.3km^2。通过干扰试井开发试验验证，部分距离400m的井间存在干扰现象，所以合理井距应大于400m。

2. 井网几何形态

在确定了合理的井距、排距后，井网节点的组合方式或称为井网几何形态，这要根据气井有效控制面积的几何形态来确定。从心滩砂体的几何形态来考虑，河道主要呈南北向展布，则心滩呈不规则椭圆形近南北向展布，应采用菱形井网提高对心滩的控制程度。井网几何形态的确定还应考虑人工裂缝的展布方向。Shell公司在Pinedale致密气田的井网设计时，沿裂缝走向拉大井距、沿垂直裂缝走向缩小井距，形成菱形井网。例如，苏里格气田最大主应力方向为近东西向，主裂缝为东西向延伸，与砂体走向不一致，那么井网设计主要考虑砂体的方向性。基础开发井网可确定为菱形井网，东西向井距500m左右、南北向排距700m左右。

3. 丛式井组优化

从环保和经济角度考虑，为降低井场占地面积，采用直井与定向井组合的丛式井开发。目前一般一个井场部署5~7口井，井底形成开发井网。为降低储层非均质性带来的风险，采用面积井网的概念，根据井组的辖井数和井控面积确定井组控制面积，利用先期井进一步优化后期井位，形成不规则井网。Total公司在苏里格南区的丛式井组滚动布井方式可供借鉴（图5-13）。最小井距按700m左右考虑，一个丛式井组控制面积约9km^{2}的正方形区域、钻井9~18口。首批钻井距约1000m的3口井，根据实施效果钻第二批6口井，然后利用新获取的资料在9口井间最多可钻9口加密井，对角线形成700m左右的井距。

4. 水平井优化设计

水平井技术的应用主要基于两方面的考虑：一是直井单井控制储量和单井产量低，气井生产初期递减快，要建成规模产能并保持长期稳产，需要大量的产能建设井和产能接替井，为减少开发井数和管理工作量，提高开发效益，需要发展水平井技术来提高单井控制储量和单井产量；二是直井密井网开发方式下采收率水平较低。

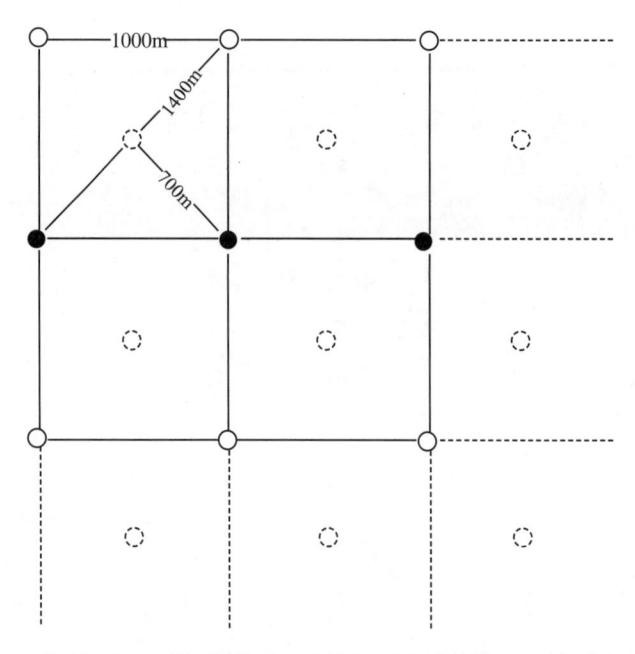

●第一批井井底位置 ○第二批井井底位置 ○加密井井底位置

图5-13 苏里格气田Total公司合作区块丛式井布井示意图

目前，国内水平井开发技术在储层横向稳定的低渗透砂岩气藏中的应用获得了很好的效果，并积累了一定的经验，如与Shell公司合作开发榆林气田长北区块，采用双分支水平井，水平井段设计长度为2km，已投产的14口双分支水平井平均单井产量达到$63×10^4m^3/d$，达到直井产量的3倍以上。然而，强非均质性的储层特征对水平井的应用提出了更大挑战，在水平井地质设计方面的挑战主要有：如何通过地质目标优选和轨迹设计提高气层钻遇率，如何确定最佳的水平段方位、长度、压裂段数和水平井井网，如何将水平井地质设计与改造工艺有机结合提高气藏采收率等。

1）地质目标优选

多期次辫状河河道的频繁迁移与叠置切割作用，使得含气砂体多以小规模的孤立状形态分布在垂向多个层段中，单层的气层钻遇率低。但在整体分散的格局下，局部区域存在多期砂体连续加积形成的厚度较大、连续性较好的砂岩段，其中气层分布也相对集中，有利于水平井的实施。

水平井地质目标优选需满足以下条件：（1）处于主河道叠置带，砂岩集中段厚度大于15m，横向分布较稳定，邻井可对比性强；（2）主力层段气层厚度大于6m，储量占垂向剖面的比例大于60%；（3）地球物理预测储层分布稳定，含气性检测有良好显示；（4）邻井产量较高，水气比小于$0.5m^3/10^4m^3$，在已开发区加密部署时，应选取地层压力较高的部位；（5）构造较为平缓。

根据较密集井网区的地质解剖，可以建立5种适应水平井的地质模型：厚层块状型、物性夹层垂向叠置型、泥质夹层垂向叠置型、横向切割叠置型、横向串糖葫芦型（图5-14、表5-4）。其中厚层块状型、横向切割叠置型、横向串糖葫芦型气层与井眼直接接触，物性夹层垂向叠置型、泥质夹层垂向叠置型可以通过人工裂缝沟通井眼上下的气层。根据实钻情况统计，厚层块状型、物性夹层垂向叠置型、泥质夹层垂向叠置型是3种主要的目标类型。

2）水平井主要参数优化设计

（1）水平段方位。水平井水平段的方位主要取决于砂体走向和地层的最大主应力方向，前者可以保证水平段较高的气层钻遇率，后者保证了水平井的压裂改造效果。

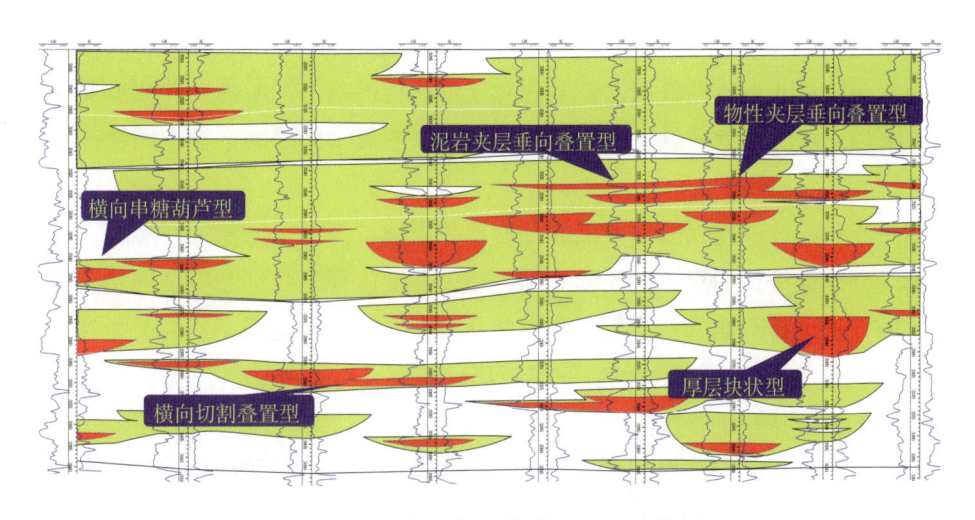

图5-14 适于水平井的5种地质模型

表5-4 水平井地质模型定量评价参数

类型		样品数 个	占样品总数 百分比，%	有效砂体长度，m		
				最大值	最小值	平均值
厚层块状型	气层厚度>6m	27	24	350	1300	670
物性夹层垂向叠置型	气层厚度6~15m	38	34	350	1800	980
泥质夹层垂向叠置型	气层厚度6~15m 泥岩隔层厚度<3m	23	21	600	1500	870
横向切割叠置型	气层厚度>3m	17	16	1000	3500	1600
横向串糖葫芦型	气层厚度>3m 有效砂体间距<100m	5	5	800	1900	1300

（2）水平段长度。水平井产能随水平段长度的增加呈非线性增大，水平段长度达到一定值后产能的增幅会逐步减小。随着水平段长度的增加，对钻井技术、钻井设备以及钻井成本的要求会越来越大。所以水平段长度的优化应从技术、成本、效益3个方面综合考虑，选取最优值。

（3）压裂间距。致密气藏水平井采用分段压裂方式完井投产。那么一定长度水平段的压裂段数或压裂间距是水平井优化设计的关键参数之一。压裂规模和压裂间距是影响水平井产能的关键因素。理论上，应以每条裂缝控制的泄压范围不产生重叠为原则来确定最小间距。但实际上这个最小间距是很难确定的，而且由于储层的变化，即使在同一井中，这个最小间距也是变化的。目前通用的做法是，压裂间距的优化与水平段长度的优化相似，也需要综合考虑技术、成本、效益3个方面的因素，通过建立水平段长度—压裂段数—产能—钻井成本—压裂成本多参数关系模型，将水平段长度和压裂间距的优化统一考虑。

三、不同井型产能评价

在进行井型井网优化设计的同时，需要形成相配套的气井产能评价方法，动、静态资料相互验证，增强研究的系统化和完整性。

1. 气井分类评价

对于大面积分布的强非均质性气田，要实现对储量的规模动用，所需钻井数量多，而且与常规的整装气田不同，不但区块间产能差异较大，而且相同区块内由于储层的强非均质性，相邻的井间产能差异也较大。

在开发早期由于井数较少难以确定准确的平均单井产能，而且平均单井产能也不能反映区块间的差异性。宜采用气井分类评价的思路，建立不同类型气井地质模型与动态特征的相关关系，一方面可以通过地质目标的评价进行产能的初步判断和气井分类配产，同时可根据不同类型井的钻遇比例来评价区块的开发效果，评价方法更具灵活性。一般可分为3类井，好井经济效益明显，中等井为边际效益，差井经济效益差，需要好井来弥补。

苏里格气田直井和水平井均采用分类评价方法，利用便于现场操作的静态和动态参数建立分类评价标准（表5–5），指导气井的分类配产和开发部署。

表5–5 苏里格气田直井、水平井分类评价参数表

类型			I类井	II类井	III类井
直井	气层厚度	最大单层气层厚度，m	≥5	3~5	<3
		累计钻遇气层厚度，m	≥8	≥8	<8
	储层剖面模型		厚层块状	多层叠置	薄层分散
	压裂后排液压力恢复速率，MPa/h		≥2.4	1.6~2.4	<1.6
	无阻流量，$10^4 m^3/d$		≥10	4~10	<4
	稳产3年配产，$10^4 m^3/d$		>2	1~2	<1
水平井	钻遇气层长度，m		>600	400~600	<400
	相邻直井特征	测井曲线形态	平滑箱形	齿化箱形	钟形
		储层可对比性	好	一般	差
		气层厚度，m	>15	10~15	<10
	无阻流量，$10^4 m^3/d$		>60	20~60	<20
	稳产3年配产，$10^4 m^3/d$		>6	3~6	<3

2. 主要评价参数和评价方法

气井的动态特征是储层地质条件、流体渗流条件及井身结构参数的综合反映。由于其储层的超低渗透性、储渗单元分布的强非均质性和开采工艺技术的特殊性，所以客观评价气井产能，主要考虑以下参数，包括无阻流量、单井控制储量或单井预测最终累计产气量（Estimated Ultimate Rate，EUR）、不同阶段递减率、不同阶段单位压降采气量、直井分层产能贡献率、水平井单裂缝段产能等参数。

无阻流量是井底流压为零时的气井产量，与气井设备因素无关，反映气井的潜能，是评价气井生产能力的常规重要参数，可以利用气田经验一点法公式或产能试井求得。单井控制储量是评价致密气井动态的重要参数，是制定经济技术政策的主要依据，通过压力和产量的变化规律预测气井控制范围内的动态储量，评价方法主要有产量不稳定分析法Blasingame、AG Rate vs Time、NPI、Transient四

种典型无因次产量曲线图版和考虑压力变化的解析模型、产量累计法、修正产量递减法、数值模拟法等，考虑废弃条件的单井控制储量即为EUR，EUR是国外致密气评价的必要参数。不同阶段递减率和不同阶段单位压降采气量是两个过程量，反映生产过程中气井产量和压力的动态变化情况，可以通过典型图版拟合进行分析和预测。直井分层产能贡献率和水平井单压裂段产能是针对致密气直井多层和水平井多段压裂改造后，评价不同层、段动态特征变化的重要参数，原因是致密气非均质性强，气井压裂层数或段数的不同，各层或各段压裂后的产量和压力的不同，均会导致气井动态特征具有较大差异，因此需要分层或分段测试进行动态评价。

四、井型井网技术发展前景展望

在井型方面，应开展低效井侧钻、多分支水平井、台阶式水平井、大位移水平井、多井底定向井等的探索和试验；在井网方面，应开展整体水平井井网、多井型组合井网的探索和试验；在井眼轨迹优化设计方面，应加强三维地震技术的应用，开展精细气藏描述，在三维数据体内优化井眼轨迹设计，提高储层钻遇率。同时，井型井网技术必须要与压裂技术的进步相配套来提升开发效果。

第四节　数值模拟与开发指标优化

地质建模可以建立构造、地层、沉积相以及物性的空间分布模型，为数值模拟提供数据体和网格，然后，进行数值模拟。在地质模型的基础上，利用流体性质、储层渗流特征，开展单井数值模拟研究，建立单井地质模型。利用地质模型进行生产动态历史拟合，进行单井生产指标预测，优化开发指标，进行开发方案优选。

一、地质建模

地质模型的精细程度与资料条件和对象的研究程度密切相关，在不同的开发阶段建立不同的地质模型。在开发评价阶段和开发早期，由于资料较少、认识程度较低，只能建立概念地质模型，为概念开发方案和规划部署服务。在编制开发方案阶段，有一定的井控程度，地质认识也较为深入，建立静态地质模型，为开展数值模拟和开发指标预测提供模型基础。

储层建模有两种基本途径，即确定性建模和随机性建模。

确定性建模是以资料控制点为基础，在控制点间插值，结果是唯一的、确定的，即试图从具有确定性的控制点（如井点）出发，推测出井点之间确定的、唯一的、真实的储层参数。建模的核心问题是井间储层预测。在给定资料的前提下，提高储层模型精细度的主要方法是提高井间预测精度。

随机性建模则是尊重储层固有地质规律，反映某些客观存在的随机性，又能定量地描述由于资料信息的不足和人们认识的局限给储层地质模型带来的不确定性。由于储层的随机性，储层预测结果具有多解性。随着储层地质学的发展、地震储层预测精度的提高和井网密度的增加，随机建模方法广泛用于开发后期储层精细建模。通过增加约束条件，提高储层建模的精确度，从而获得单个可信度的模型，作为研究区的地质模型。目前几乎所有的建模商业软件中都是以随机性建模方法为主。

针对大型低渗透致密砂岩气藏,由于面积大,随机建模的不确定因素多,可靠程度差,计算工作量大,修正模型困难,对全区采用确定性建模技术;选取其中的一个小区块再进行随机建模,即全区确定性建模和局部随机建模相结合。储层建模是在构造模型基础上,利用高分辨率研究结果,建立精细等时地层格架模型,再分层建立沉积相模型,在相模型上分相进行井间插值或随机模拟,建立岩石物性模型(孔隙度、渗透率、饱和度)。

1. 确定性建模[4]流程

确定性建模流程如下:

(1) 选取建模范围,使用角点网格坐标,划分网格。

(2) 利用三维地震解释的目的层构造图,以实钻井点分层数据为控制点,进行三维网格化,建立三维构造—地层格架模型;利用获得的层面构造趋势面和井点各小层的厚度,建立各小层的地层格架模型。

(3) 建立沉积相模型。明确目标区的沉积相及微相,通过建模软件(如Petrel™)利用数字化后的小层微相平面分布数据,对建立的网格赋值,用不同的案值代表不同的微相,建立沉积相模型。

(4) 物性模型。

数据统计分析包括以下3个方面:①数据变换:对输入的属性(孔隙度、渗透率、饱和度)数据进行截断变换,去除异常值,分小层、分微相得到各属性的正态分布,以进行序贯高斯模拟。由于渗透率一般不呈正态分布,不能直接应用序贯高斯模拟来进行模拟,故需对其进行对数变换,使其分布接近正态分布,模拟后再进行反变换。②变差函数分析:在研究区面积大、井点少、分小层、分微相求取变差函数的样点少的情况下,变差函数的求取会有很大误差,因此在实际建模过程中,应用地质概念模型,并结合单井和露头资料来估计变差函数的各项参数,即根据河道延伸方位、延伸长度、河道宽度以及沉积厚度来确定变程主方向、主次变程、垂向变程等参数。③概率统计分析:以图表形式分小层、分微相统计每个小层内每种微相。孔隙度、渗透率及饱和度的概率分布;物性参数间的相关性;小层砂地比,砂体厚度的变化范围、平均值、标准偏差等,用于约束相及属性模拟。其中,孔隙度与含气饱和度具有良好的相关性,可以用孔隙度模型作为第二属性,约束含气饱和度模型的模拟。

单井属性粗化。根据获得的单井随深度连续变化的相、物性数据,给划分的井网格赋值,使单井在目的层深度内的每个网格都具有确定的相类型、孔隙度、渗透率以及含气饱和度。

孔隙度、渗透率和含气饱和度模型。通过数据分析模块,在对相类型、砂体厚度、孔隙度、渗透率、饱和度等参数进行相应数据变换的基础上,求取各参数的变差函数,利用序贯高斯模拟算法,在沉积微相约束下建立孔隙度、渗透率、饱和度模型,定量、直观地表达不同小层、不同微相储层孔隙度、渗透率、饱和度的空间变化,为储层的非均质性研究提供参数模型。

(5) 储量计算。储量的计算通常是按储层的类型划分来计算的,按照储层类型划分标准,输入孔隙度、渗透率、饱和度截断值,可以得到各类储层的空间分布模型。气田储量计算采用容积法,分小层、分类型进行计算。

(6) 模型粗化。模型粗化时,平面网格大小不变,纵向网格以小层为单元。数值模拟一般要求输入粗化的净毛比、孔隙度、渗透率和含气饱和度等模型。有效厚度、净毛比、孔隙度和含气饱和度等模型的粗化可以应用算术平均法和均方根法进行,渗透率模型使用基于流体张量粗化来进行。经过粗化后的模型输出数据,为数值模拟软件直接使用。

2. 随机建模[5]流程

（1）建立储层地质知识库，开展一维空间分布特征分析，如参数分布的范围、均值、方差、分布函数等。开展概率分析等工作：如，孔隙度、渗透率及饱和度的概率分布；物性参数间的相关性；小层砂地比，砂体厚度的变化范围、平均值、标准偏差等，用于约束相及属性模拟。

（2）建立储层的随机模型，以反映储层属性参数的地质统计为手段，建立概率模型，确定参数的统计分布特征，进而开展空间结构分析，如变差函数的计算等。在面积大、井点少、分小层、分微相求取变差函数的样点少的情况下，变差函数的求取会有很大误差，因此，在实际建模过程中，应用地质概念模型，并结合单井（水平井）和露头资料来估计变差函数的各项参数，即根据河道延伸长度、河道宽度以及沉积厚度来确定变程主方向、主次变程、垂向变程等参数。

（3）常用的两种随机模拟技术有示性点过程随机模拟法和序惯高斯法。前者适用于沉积微相模型，后者适用于岩石物理模型。

（4）在完成了储层建模后，分别对储层各种参数场进行网格粗化，将储层地质模型转化为数值模拟网格后，开展开发方案优选数值模拟研究。

（5）三维地质建模步骤：首先建立构造模型，然后建立起储层岩相分布模型，最后在岩相边界的控制下建立储层不同相的岩石物性模型（孔隙度、渗透率、饱和度）。

3. 实例分析[6]

选取苏里格气田东区的召28试采区作为地质建模工区，区块东西宽8.7km，南北长12.4km，面积107.88km²，地质储量136.76×10⁸m³（图5-15），完钻井26口，Ⅰ+Ⅱ类井比例65.38%。两口取心井（召11井、召28井）物性分析统计表明，盒$_8$段、山$_1$段孔隙度主要分布在4%～12%之间，平均10.8%；渗透率主要分布在0.05～10mD之间，平均0.7mD。

采用挪威Roxar公司开发的RMS7.4建模软件进行随机建模。

首先统计各微相的概率分布、空间分布特征等，模拟辫状河体系，展示辫状河道空间分布模型，然后在此基础上，在相约束下生成三维属性地质模型，确定有效砂体的分布，计算模型储量，粗化数模模型，模拟思路见表5-6。

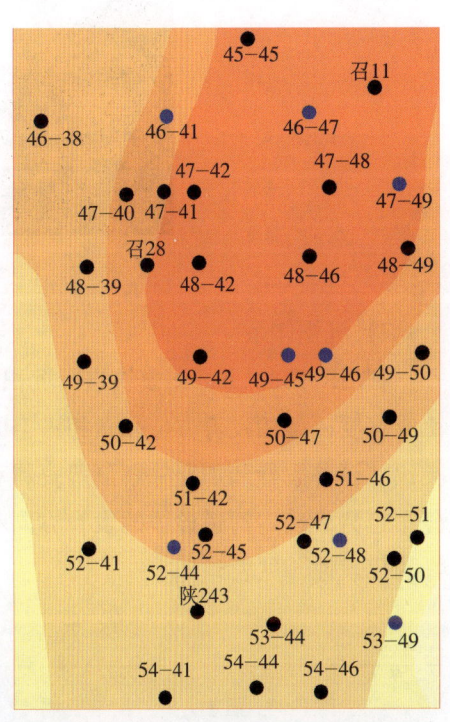

图5-15 苏里格气田东区召28区块井位图

表5-6 召28区块建模思路

过　程	内　容	条　件
构造与地层骨架	辫状河沉积体系	井点约束
储层物性模拟	孔隙度、渗透率、泥质含量等	井点、相约束
有效储层模拟	有效砂体分布	相及储层物性约束
储量计算		

1）地层格架

召28区块面积107.88km², 网格间距：南北向50m，东西向20m，纵向1m，网格总数435×248×181=19526280个。

按地质研究成果，将召28区块纵向上划分为7个小层进行模拟，采用克里金方法对井点地质分层数据进行井间插值，得到各小层间的地层界面。然后利用网格化的厚度数据和顶面解释层的等深网格数据逐层递推，形成各小层之间的界面网格数据，从而建立召28区块地层模型。图5-16为召28区块构造骨架模型的三维立体图。

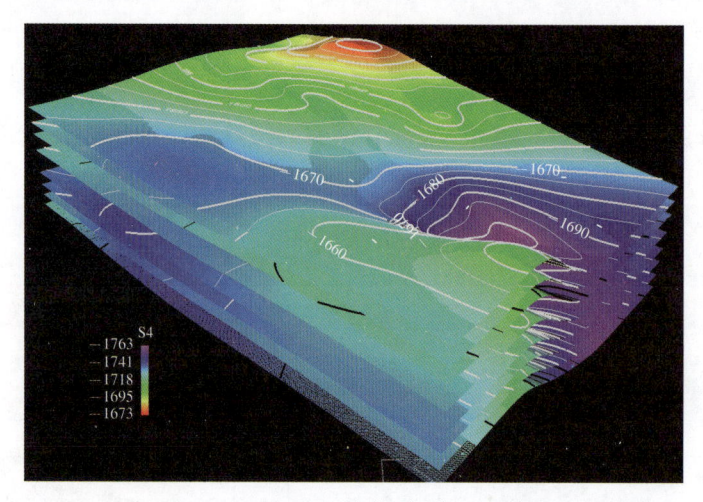

图5-16 召28区块构造模型立体图

2）沉积体系

利用RMS的Channel模块进行沉积体系模拟，输入经验性和砂体规模数据，主要有微相厚度、宽厚比或宽度、微相发育方位和微相占空间体积的百分数等。厚度通过井点资料统计；宽度比和宽度根据类比、试井解释和加密井解剖等资料和经验获取；方位是河道砂体的延伸方向，可以根据砂体厚度的分布趋势，确定河道砂体的发育方向和范围。召28区块井距小，井密度大，沉积微相统计结果具有很好的代表性，见表5-9。

表5-7 各小层沉积微相在沉积体系中所占的体积百分比

单位：%

小 层	1	2	3	4	5	6	7
泛滥平原泥（Flood）	42.5	31.4	31	14.8	27.5	18.7	23.3
溢岸+决口+堤岸（Splay）	5.7	9.2	1.1	6.8	14.5	10.6	13.1
河道充填（Channel）	50.2	52.9	50.2	51	39.4	47.4	45.8
心滩+河道底部充填（Channel bar）	1.6	6.5	17.7	27.4	18.6	23.3	17.8

（1）河道微相规模。

国外，Campbell于1976年研究New Mexico Morrison组Westwater Canyon砂岩段后总结出了低弯度砂质辫状河大小的定量数据：单个河道的平均宽度为183m，厚度为4m（宽厚比46:1）。Cowan于1991年提出砂质辫状河的河道体系的平均宽度为500m，厚度为7m（宽厚比70:1），砂岩厚度如果大于12m，就是由几个河道砂体复合而成。

国内，裴怿楠认为短流程辫状河砂体的宽厚比为40~80，长流程辫状河砂体的宽厚比为100左右。李思田等人对鄂尔多斯盆地中生代延安印子沟、甘泉六里峁和榆木红石崖等地辫状河露头剖面实测统计表明，延安印子沟的辫状河砂体的宽厚比大于100：1，甘泉六里峁的辫状河砂体的宽厚比为120：1，榆木红石崖的辫状河砂体的宽厚比大于50：1。

根据山西大同地区露头资料实测辫状河砂体的宽厚比在30~70之间，见表5-8。综合国内外专家库和实际观测数据，认为建模工区内河道微相的宽厚比取30~70比较合适。

表5-8 大同砂质辫状河露头河道规模统计表

成因单元编号	最大厚度 m	平均厚度 m	测量宽度 m	目估宽度 m	宽厚比	断面形态	成因单元体系
I-1	3.8	3.1	130	180	47.36	顶平底凹透镜状	河道充填砂体
I-2	3.4	3.0	235	235	69.12		
I-3	5.1	4.6	65	160	31.45		
I-4	1.3	1.15	68	68	52.31		
I-5	1.9	1.45	85	120	63.16		
I-6	4.8	4.2	235	260	54.17		
I-7	1.4	0.8	70	—	—		

(2) 心滩微相规模。

修正等时试井资料：苏4井、苏5井、苏10井、桃5井4口井为矩形边界，长1800m，宽140m；道达尔公司解释为：单井控制有效砂体为条带状，部分砂体封闭，部分砂体与外部高渗透区相连，砂体宽度为30~200m，长度为600m以上。

加密井资料：有效砂体以孤立状分布为主，部分砂体切割相连，孤立状的有效砂体横向分布300~500m。局部心滩与河道下部粗岩相相连，主砂体宽300~500m，薄层粗岩相延伸较远，有可能沟通其他主砂体。

露头及沉积物理模拟资料：山西大同砂质辫状河露头心滩的宽厚比在20~50之间，多数在30以下（表5-9）。以观测数据为基面，室内用沉积物理模拟不同时期心滩的长宽比在2~5之间（表5-10）。因此，相建模中，心滩的宽厚比取20~30，长宽比取2~5。

表5-9 大同砂质辫状河露头心滩规模统计表

成因单元编号	最大厚度 m	平均厚度 m	实际测宽度 m	追踪视宽度 m	宽厚比	断面形态	成因单元体系
II-1	1.85	1.5	110	160	53	顶凸底平透镜状	纵向砂坝
II-2	3.4	3.2	68	68	20		
II-3	2.26	1.6	55	55	24		
III-4	4.2	3.1	105	105	25	楔状	斜向砂坝

(3) 沉积体系模拟。

在构造模拟结果和钻完井数据的约束下，将各微相的统计参数输入RMS软件中，经反复模拟对比筛选，模拟出召28区块沉积微相三维模型（图5-17）。从图中可以看出，河道多期叠置，砂岩呈大面积连片分布，连通性和连续性较好；心滩则多呈分散孤立状分布，连续性和连通性较差。

表5-10 辫状河沉积模拟砂体几何形态特征

微 相	洪水期长宽比	平水期长宽比	枯水期长宽比
心滩	2.62~5.65	2.6~4.78	2.16~5.21
主水道	2.4~4.6	2.1~3.67	2.57~5.99
水道侧翼	2.6~5.23	2.33~4.9	1.88~3.94
溢岸沉积	2.4~4.9		
水道间	1.9~3.6	1.8~4.1	1.3~2.6

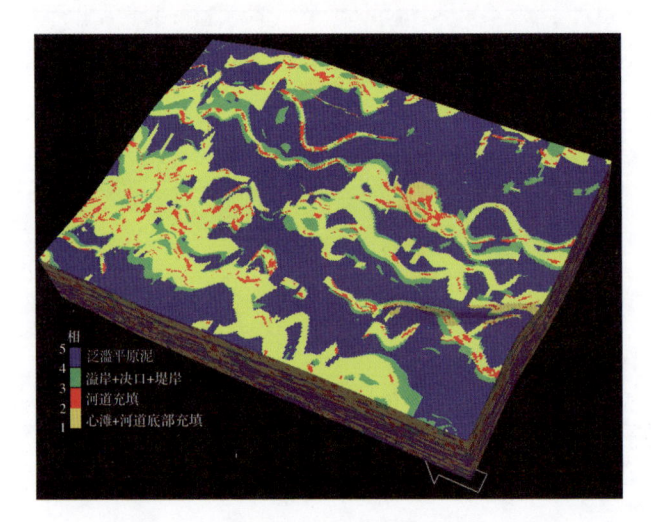

图5-17 召28区块沉积微相三维模型

3) 储层物性

召28区块储层分为4种微相：河道充填、心滩+河道底部充填、溢岸+决口+堤岸、泛滥平原泥，按各种微相类型统计召28区块目的层段的孔隙度、渗透率、泥质含量的概率分布结果如图5-18至图5-20所示。

样品数 个	最小值 %	最大值 %	平均值 %	标准偏差	偏度
587	0.001	11.784	5.1999	2.0948	0.10695

(a) 河道微相孔隙度概率分布

样品数 个	最小值 %	最大值 %	平均值 %	标准偏差	偏度
199	3.1407	15.644	8.9997	2.132	0.1523

(b) 心滩+河道底部充填微相孔隙度概率分布

样品数 个	最小值 %	最大值 %	平均值 %	标准偏差	偏度
106	0.001	7.9327	4.3503	2.0834	-0.62979

(c) 溢岸+决口+堤岸微相孔隙度概率分布

样品数 个	最小值 %	最大值 %	平均值 %	标准偏差	偏度
520	0.0003333	12.343	1.8531	2.3916	1.2126

(d) 泛滥平原泥微相孔隙度概率分布

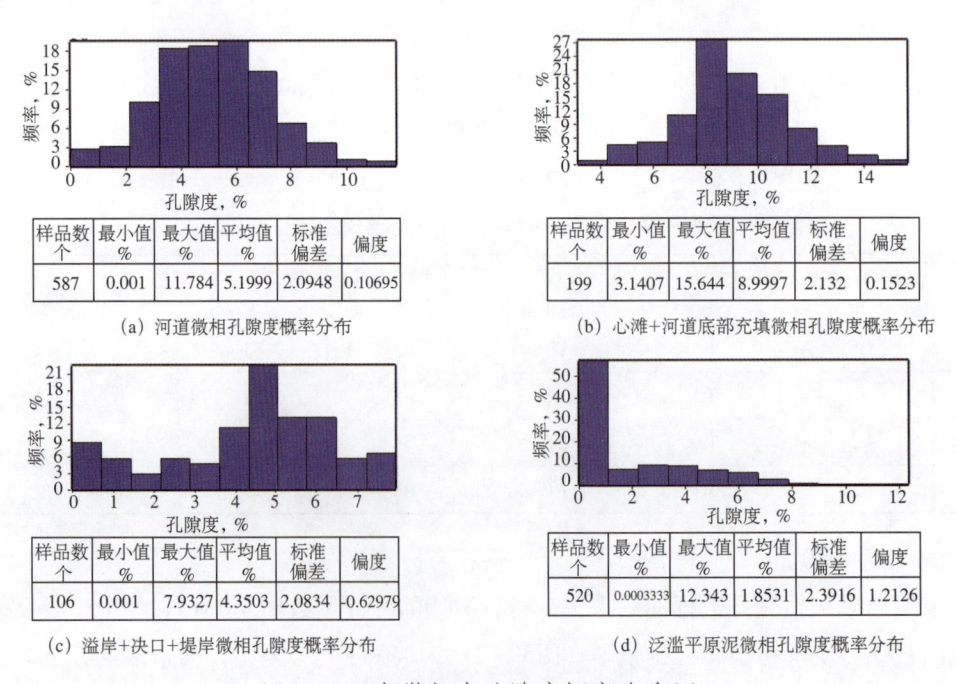

图5-18 各微相中孔隙度概率分布图

第五章 低渗透致密砂岩气藏开发

样品数 个	最小值 mD	最大值 mD	平均值 mD	标准偏差	偏度
587	0.02	10.433	0.12531	0.51457	16.926

(a) 河道微相渗透率概率分布

样品数 个	最小值 mD	最大值 mD	平均值 mD	标准偏差	偏度
199	0.044844	21.833	0.87596	1.9893	7.2747

(b) 心滩+河道底部充填微相渗透率概率分布

样品数 个	最小值 mD	最大值 mD	平均值 mD	标准偏差	偏度
106	0.02	0.6563	0.075464	0.091397	4.945

(c) 溢岸+决口+堤岸微相渗透率概率分布

样品数 个	最小值 mD	最大值 mD	平均值 mD	标准偏差	偏度
520	0.02	2.9362	0.048631	0.14313	16.659

(d) 泛滥平原泥微相渗透率概率分布

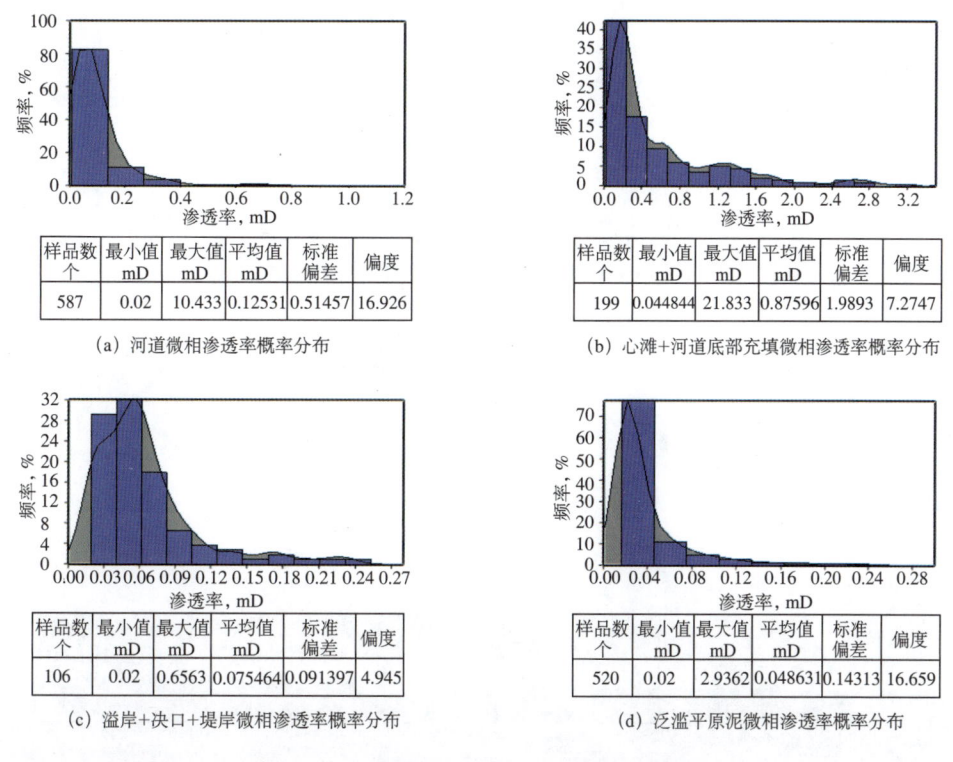

图5-19 各微相中渗透率概率分布图

样品数 个	最小值 %	最大值 %	平均值 %	标准偏差	偏度
587	0	91.455	21.119	11.604	1.7643

(a) 河道微相泥质含量概率分布

样品数 个	最小值 %	最大值 %	平均值 %	标准偏差	偏度
199	0.61152	46.607	10.518	7.1473	1.6642

(b) 心滩+河道底部充填微相泥质含量概率分布

样品数 个	最小值 %	最大值 %	平均值 %	标准偏差	偏度
106	7.1877	58.932	26.544	11.358	0.84374

(c) 溢岸+决口+堤岸微相泥质含量概率分布

样品数 个	最小值 %	最大值 %	平均值 %	标准偏差	偏度
520	5.2413	99.598	53.697	24.136	0.17333

(d) 泛滥平原泥微相泥质含量概率分布

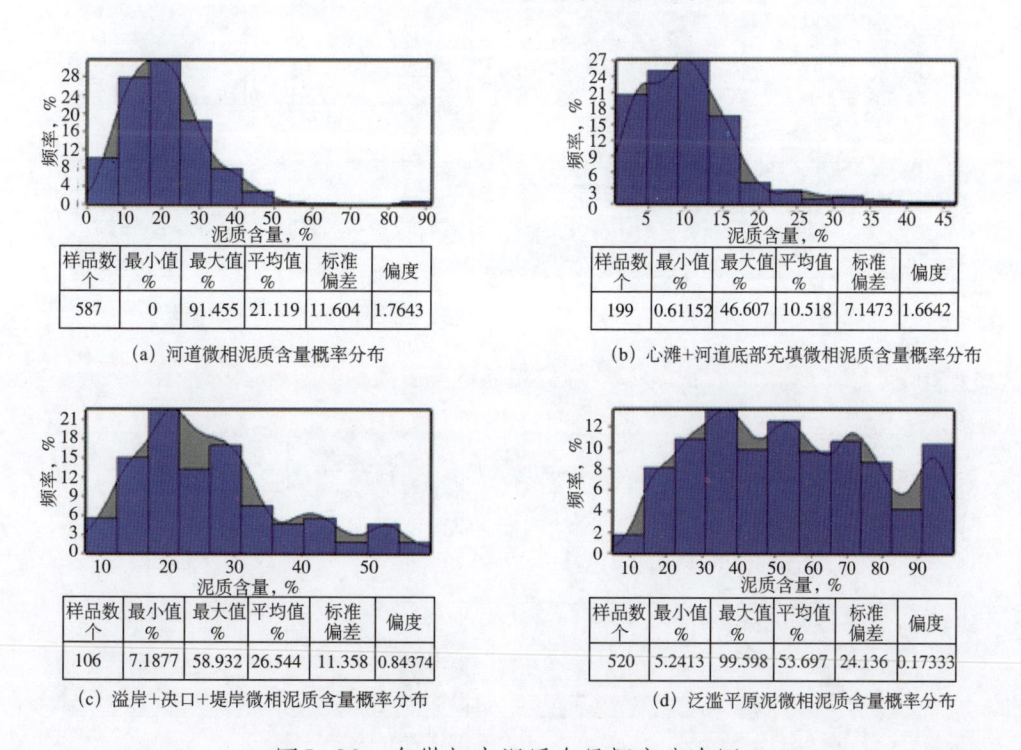

图5-20 各微相中泥质含量概率分布图

对物性参数空间分布的地质统计学描述主要依靠变差函数。变差函数的准确性与取样间距的选取密切相关。根据召28区块的26口井的实际钻井确定的孔隙度、渗透率、泥质含量的变差函数如图5-21至图5-23所示，各个方向的变程数据见表5-11。

图5-21　各微相孔隙度变差函数

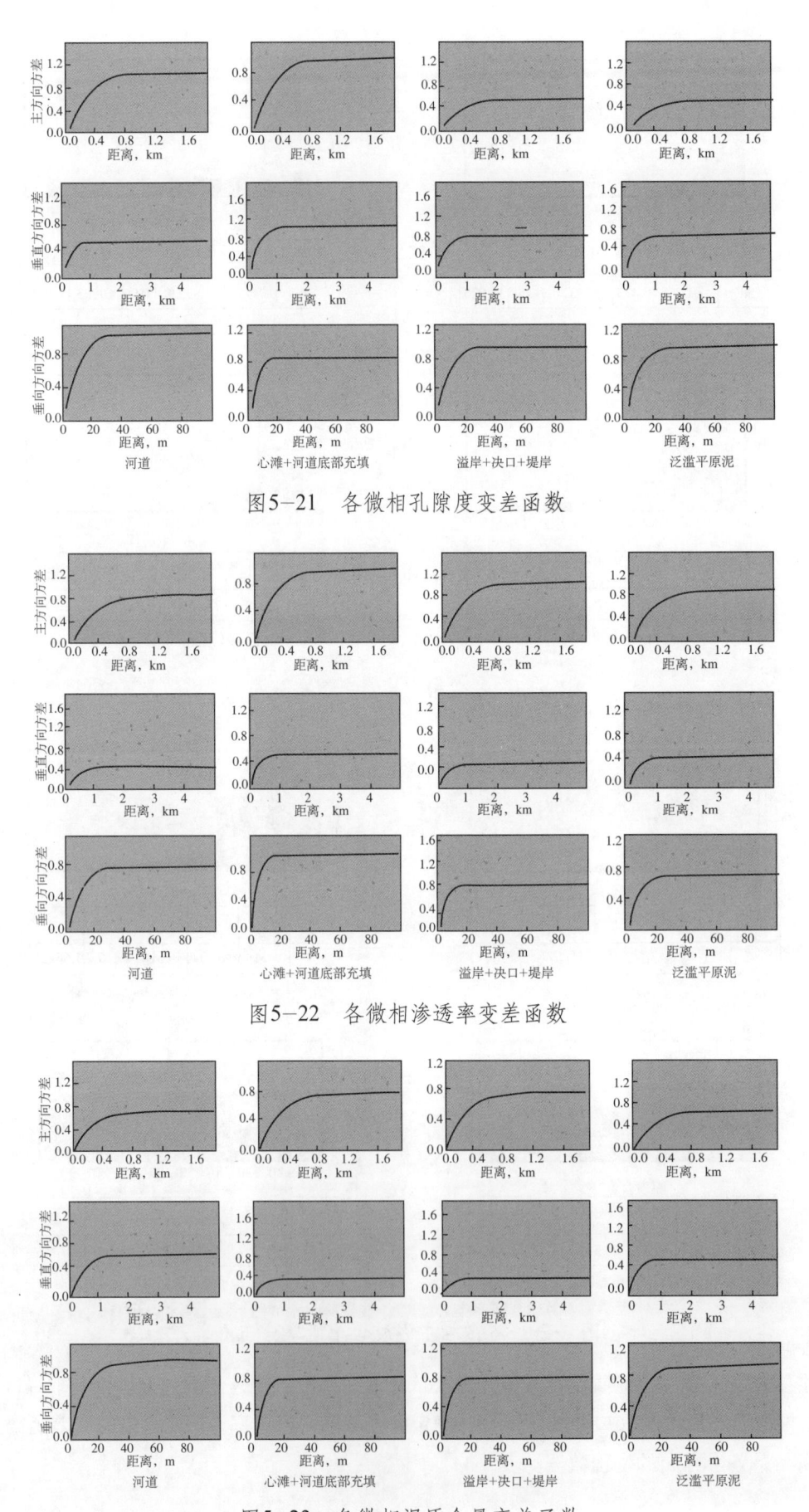

图5-22　各微相渗透率变差函数

图5-23　各微相泥质含量变差函数

表5–11　各微相孔隙度变差函数变程

参　数	微相砂体	河　道	心滩+河道底部充填	溢岸+决口+堤岸	泛滥平原泥
孔隙度	主方向变程	993	976	989	1337
	垂直方向变程	652	824	783	1196
	垂向方向变程	26	11	21	19
渗透率	主方向变程	1112	1021	980	1034
	垂直方向变程	823	788	785	814
	垂向方向变程	21	13	12	18
泥质含量	主方向变程	1024	1056	997	1043
	垂直方向变程	1246	833	876	652
	垂向方向变程	26	13	21	26

在已建立的召28区块构造、地层和相模型的基础上，根据储层物性统计结果，采用RMS中的Petrophyics模块，在井点数据和相模拟结果的约束下，建立了孔隙度、渗透率等属性三维模型，如图5–24、图5–25所示。从地质模型图上明显看出，心滩微相具有相对高孔隙度、高渗透率、低泥质含量的特点。

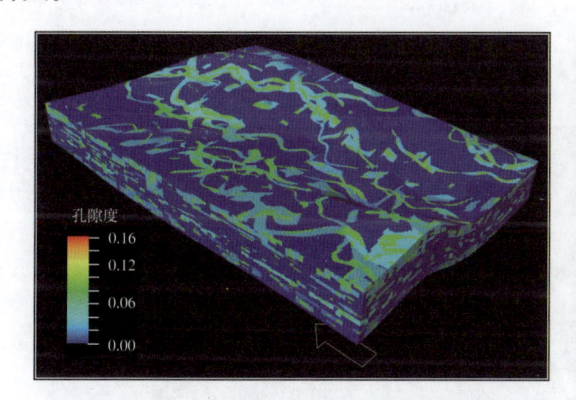

图5–24　召28区块孔隙度属性模型 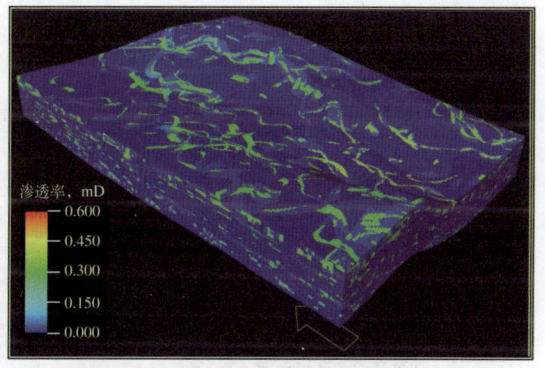　　　　图5–25　召28区块渗透率属性模型

4）有效砂体

在相模型、属性模型的基础上，依据沉积相和测井解释模拟有效砂体。（1）只有心滩和河道底部沉积才能形成有效储层，其中心滩粗岩相占总厚度的20%~25%，河道下部粗岩相占总厚度的10%。（2）测井解释有效砂体识别标准：孔隙度$\phi>5\%$，泥质含量$V_{SH}<40\%$，在属性模型中，满足这两个条件才能划分为有效层。

据此，模拟出召28区块有效厚度分布情况，由图5–26可以看到，有效厚度分布不均匀，储层发育区比较零散。计算召28区块的天然气地质储量为$132.9\times10^8 m^3$，储量分布图如图5–27所示。

5）模型的可靠性

随机建模可以产生大量等概率的实现，实现之间的差别可以用来对储层的不确定性进行评价，实际工作中，不可能对每个实现进行数值模拟研究，因此，需要从生成的大量实现中优选有代表性的实现，通常选择标准有4个方面：（1）定性的地质概念模型；（2）随机实现的统计参数与输入参数的接近程度；（3）抽稀检验，检验模拟实现是否与未输入模型的真实数据特征相符；（4）模拟实现是否符合生产动态，可通过简单的油藏数值模拟来判别。

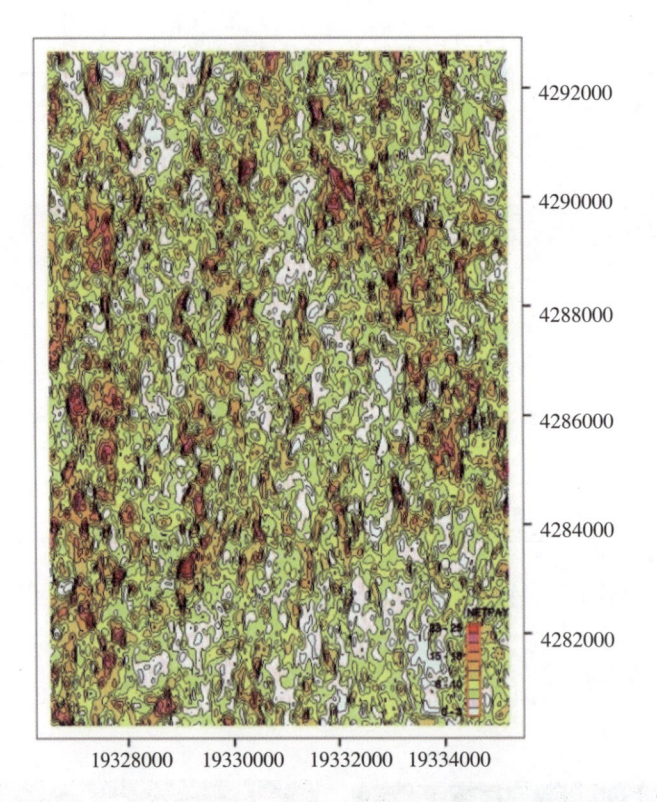

图5-26 召28区块有效厚度分布图（等概率）

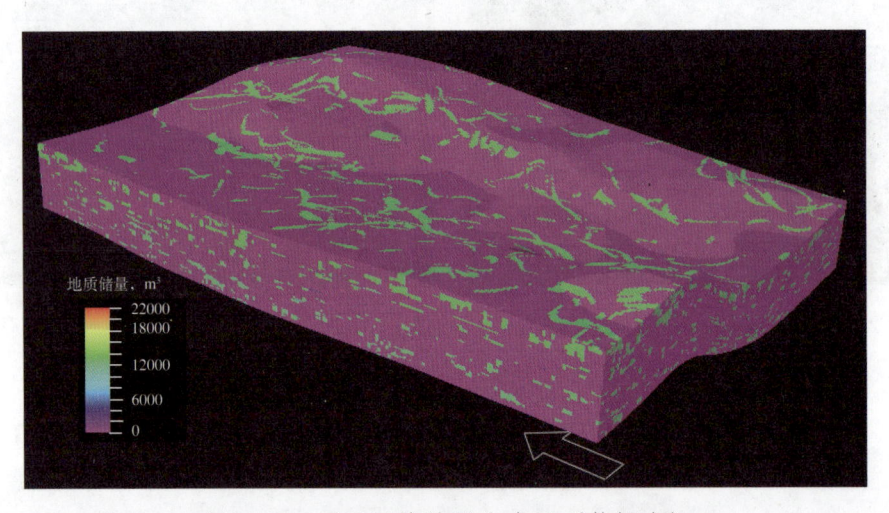

图5-27 召28区块储量分布图（等概率）

模型可靠程度可以采取以下措施来保证。一是充分利用现有资料，使模型尽可能与实际情况相符。召28区块钻井密度大，地质认识程度相对较高，为建立地质模型提供了丰富的第一手资料。同时在沉积相模拟中，充分利用了专家库经验、露头观测数据、储层物理模拟实验结果等，为模型的可靠性提供了保障。二是采用条件约束，保证模型与地质认识的一致性。在构造与沉积相的建模中，采用井点约束，通过条件模拟来保证取样点的模型误差为零。同时在沉积相、储层物性参数的模拟中，采用样品点数据的统计特征进行约束，保证模拟参数具有与样品数据一致的概率分布。

6）地质模型粗化

模型的粗化必须满足：储量基本不变，储层的连通性和连续性基本不变，控制有效结点数量以保证现有计算机设备能正常运算。在召28区块通过多种粗化方案比较,认为在平面上保持原网格系统不变,垂向上以自然地质分层为网格单位,粗化为7个网格节点。粗化的算法采用了算术平均和几何平均法。粗化净毛比采用了算术平均法,粗化渗透率和孔隙度主要采用几何平均法,其他参数采用算术平均法。图5-28、图5-29展示了粗化后模型的净毛比、孔隙度的三维分布情况,可以看到粗化后的模型基本上保留了原来地质模型物性参数的分布趋势,反映了地下储层非均质性特征。

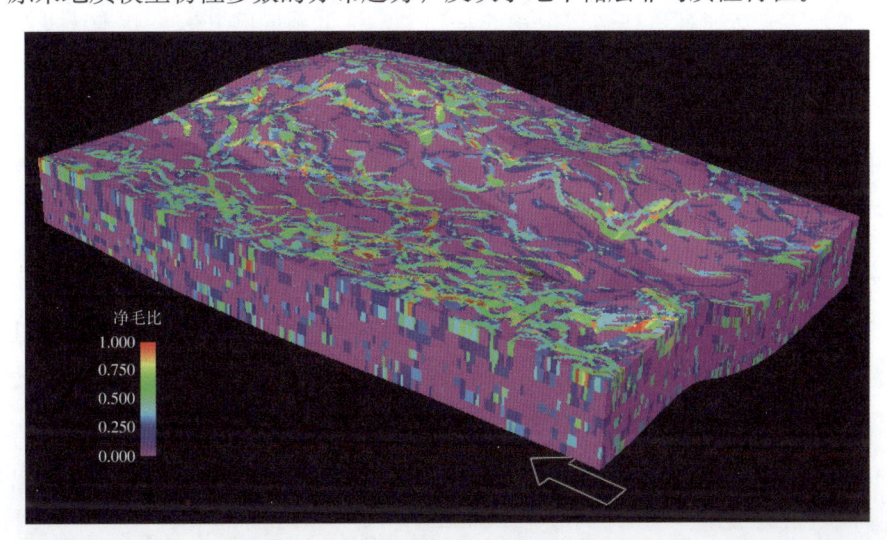

图5-28 粗化模型净毛比三维分布图

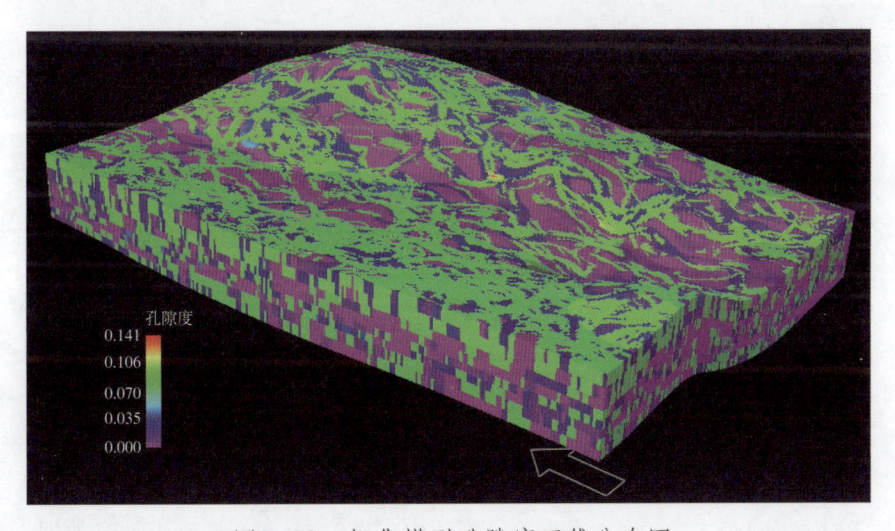

图5-29 粗化模型孔隙度三维分布图

总的来看,粗化后的模型储量变化不大,地质储量为$132.9\times10^8m^3$,绝对误差为$-3.86\times10^8m^3$,相对误差为-2.82%,满足储量基本不变的要求。

粗化模型的有效节点为$435\times248\times14=1510320$个,现有计算机硬件条件可以完成该模型的模拟计算工作。

粗化过程在一定程度上改变了有效砂体的连通性和连续性,这主要表现在粗化过程将同一层内不连接的部分有效砂体关联起来,改变其连通性和连续性。

虽然粗化过程在一定程度上改变了有效砂体的连通性和连续性,但通过生产动态历史拟合,对粗化模型作进一步的修正,那么粗化模型可以满足模拟模型的要求。

二、数值模拟与开发指标优化

数值模拟研究的主要目的在于针对不同的开发层系、开发方式、开发井网、开发速度等条件，预测出各种方案的开发动态指标，为油气藏地面开发工程设计提供参数。数值模拟主要任务是全面消化吸收现有地质研究成果、测井解释、相态研究及油气藏工程研究资料和数据，利用三维三相多组分模型进行相应的合理开采方法研究。在历史拟合的基础上，论证不同的井数、开采速度及单井配产对开发指标和开发效果的影响。

数值模拟工作分为两个步骤：第一步根据前期开发经验对不同开发井网设计方案进行数值模拟，优选合理开发井网；第二步在优选的开发井网下，在区块内部署虚拟开发井，通过单井废弃产量和区块稳产指标约束进行数值计算，预测和分析开发技术指标。

1. 井距与排距模拟优选

根据目标区地质研究成果，设计不同的排距和井距进行组合，进行模拟计算，通过模拟结果的对比，优选合理的排距、井距，确定最优井网。模拟目标区不同井网与单井累计产气量关系，并建立相关曲线，寻找单井累计产气量出现拐点的极限井距和排距。

由图5-30和图5-31可以看到，不同排距下，井距在600m处均出现拐点，井距小于600m，单井可采储量急剧下降，可认为极限井距为600m。以600m为井距，对比不同排距下的单井可采储量，排距在800m处出现拐点，排距的极限值应该位于800m处。由此可见，最佳井网为600m×800m。

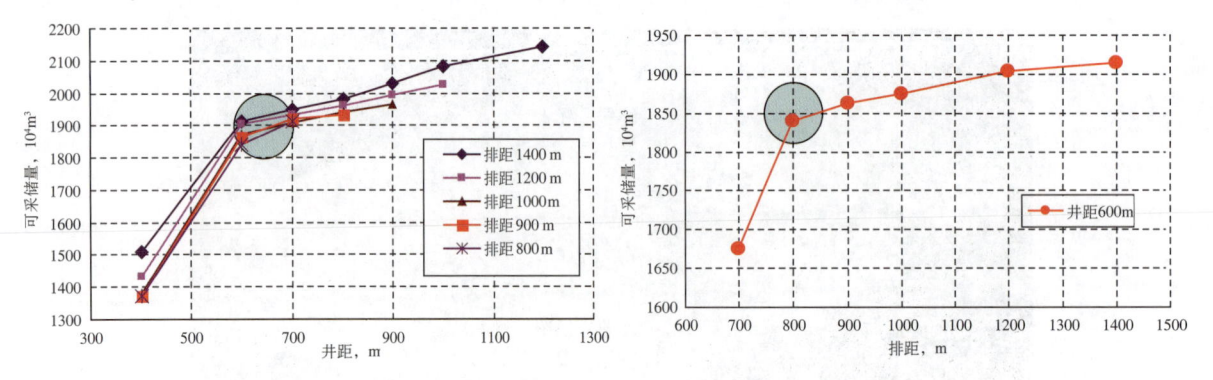

图5-30 目标区不同排距下井距优选

图5-31 目标区600m井距下排距优选

2. 气井合理配产分析

单井合理配产主要从3个方面论证：根据单井模拟确定气井合理初产；用动态数据折算确定气井合理初产；根据压降速率确定气井合理配产。

1）单井模拟法

进行单井数值模拟应在测井解释成果的基础上，综合试采动态资料、流体高压物性分析和相态综合研究、气藏工程和产能评价等成果，利用多组分模型数值模拟软件，分别针对所研究气藏的一批具有较长生产历史典型井，按开发层位，建立单井模型，对生产历史进行拟合。

选取某研究区28口井进行单井合理配产模拟，主要考虑3个方面的因素：尽可能提高气井的采收率；在尽可能短的时间内多采出天然气；保证气井具有一定的稳产期。综合考虑这3个方面的因素，设计产量序列$5×10^4m^3/d$，$4×10^4m^3/d$，$3×10^4m^3/d$，$2×10^4m^3/d$，$1×10^4m^3/d$，$0.5×10^4m^3/d$进行模拟计算（图5-32），然后对预测结果进行分析，确定其合理产量等气井生产指标。

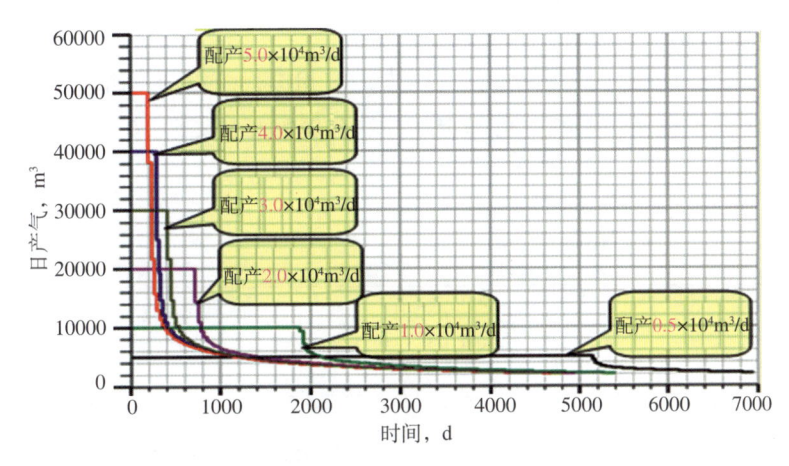

图5-32 配产方案设计示意图

统计28口井不同配产下的稳产时间，部分井的配产与稳产时间关系如图5-33至图5-35所示，配产量与稳产时间基本呈双曲线关系，从三类井的曲线趋势上看，如果要保证气井具有2~3年的稳产期，多数井配产不宜超过 $2.0 \times 10^4 \text{m}^3/\text{d}$。

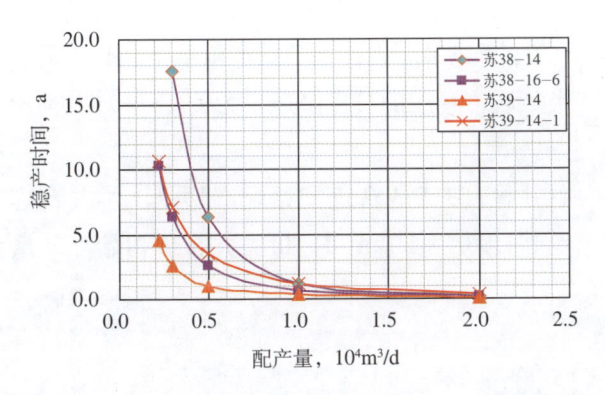

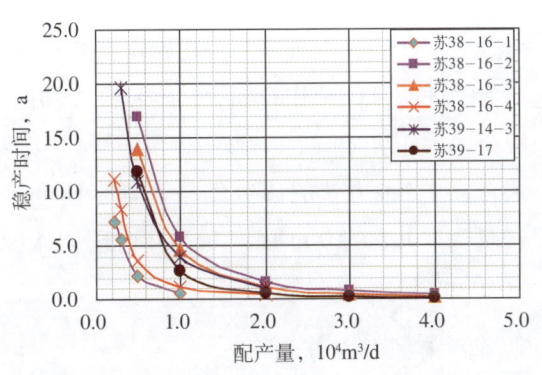

图5-33 部分Ⅲ类井配产量与稳产时间的关系图　　图5-34 部分Ⅱ类井配产量与稳产时间的关系

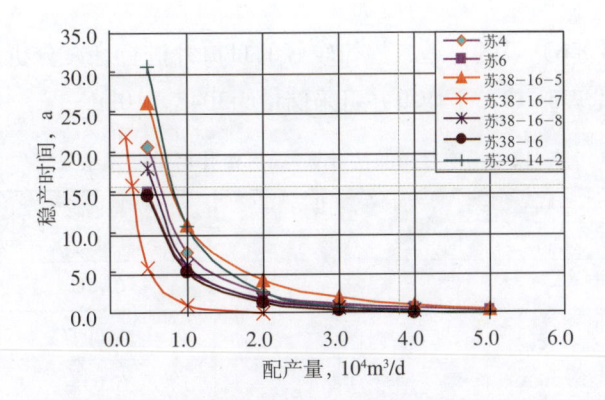

图5-35 部分Ⅰ类井配产量与稳产时间的关系

2) 动态数据折算法

在气井生产曲线上找出不同的日产量所对应的累计产气量，然后折算以该产量生产的天数，形成数据表，作图，在图上标出生产时间990d所对应的日产量即为合理产量。对目标区内生产历史较长的11口井进行动态折算，结果表明：气井具有3年的稳产期，平均可配产 $0.85 \times 10^4 \text{m}^3/\text{d}$。

3）压降速率合理配产法

在气井生产过程中，井底压力的变化可分为压力扩散和拟稳态流两个阶段，稳产条件下，两阶段具有不同的压降速率，合理控制该参数，可确定气井的合理配产。图5-36是典型井合理配产下的井底压力变化曲线。

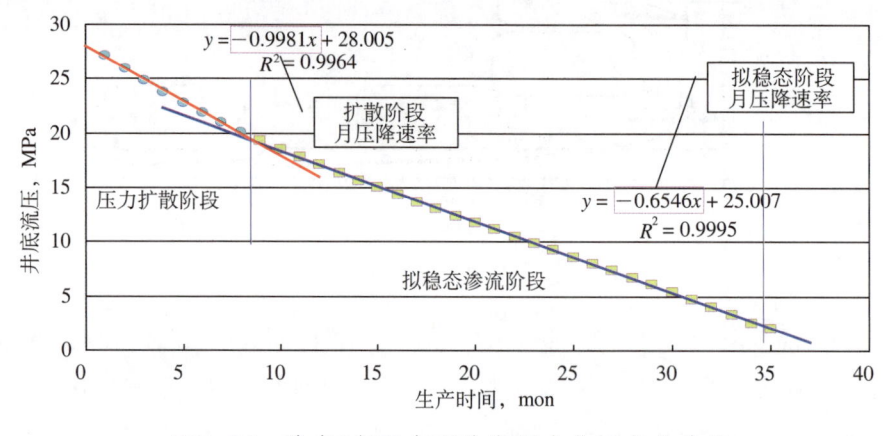

图5-36　稳产3年配产下井底压力典型变化曲线

通过多口井的综合研究和对比，得到合理配产下的压降速率应为：气井投产前半年，套压的日压降速率为0.035～0.040MPa时的产量合理；气井投产半年后，套压的日压降速率为0.018～0.020MPa时的产量合理。

综合以上3种方法的研究结果，确定研究区内单井稳产3年的合理初始配产量，Ⅰ类井合理初始配产量为$2.065 \times 10^4 m^3/d$；Ⅱ类井合理初始配产量为$1.034 \times 10^4 m^3/d$；Ⅲ类井合理初始配产量为$0.618 \times 10^4 m^3/d$。

3. 单井可采储量模拟

对于动态资料丰富的研究区可以采用产量递减法、产量累计法、压降法、单井模拟法等多种方法进行单井可采储量的估算。

（1）产量递减法。对苏6试采区块递减规律较好的11口井进行递减分析，通过产量递减公式计算单井可采储量，计算结果见表5-12，平均单井可采储量为$3048 \times 10^4 m^3$。

表5-12　用产量递减法计算苏6区单井可采储量结果表

井类型	指数递减井数 口	调和递减井数 口	平均递减率 d^{-1}	单井可采储量 $10^4 m^3$
Ⅰ类井	3	2	0.0011	3398.1
Ⅱ类井	1	4	0.00097	3186.7
Ⅲ类井	0	1	0.001	800.4

（2）压降法。根据苏6区块15口井的生产动态数据，采用压降法计算单井可采储量，结果见表5-13，压降法得到的平均单井可采气量为$2161.8 \times 10^4 m^3$。

（3）累计产量法。苏6试采区28口试采井经历了4～5年的生产，已进入生产后期，平均累计产量$1361.8 \times 10^4 m^3$，具备了应用累计产量法预测单井可采储量的条件，通过拟合（表5-14），得出平均单井可采储量为$2258 \times 10^4 m^3$。

表5-13 用压降法计算苏6区块单井可采储量结果表

井类型	井数口	可采储量变化范围 10⁴m³	可采储量平均值 10⁴m³
Ⅰ类井	6	1892.0~4405.6	3311.4
Ⅱ类井	2	2093.0~2018.4	2055.7
Ⅲ类井	7	654.1~1799.3	1118.4

表5-14 累计产量法计算苏6区块单井可采储量结果表

井类型	井数口	可采储量变化范围 10⁴m³	可采储量平均值 10⁴m³
Ⅰ类井	8	2238~6719	3568.6
Ⅱ类井	7	1663~4608	2948.3
Ⅲ类井	13	525~1725	1081.4

（4）数值模拟法。对苏6区块34口生产井建立了地质模型，通过生产历史拟合后，预测平均单井可采储量为$2348\times10^4\text{m}^3$，结果见表5-15。

表5-15 用数值模拟预测苏6区块单井可采储量结果表

井类型	井数口	可采储量变化范围 10⁴m³	可采储量平均值 10⁴m³
Ⅰ类井	12	1700~5800	3654.96
Ⅱ类井	11	700~4100	2361.32
Ⅲ类井	11	700~1700	1082.84

4. 开发指标预测

在确定气井合理产量的基础上，对单井的产量进行模拟预测，并对累计产气量、气井生产周期等相应开发指标进行统计。通过数值计算，确定区块稳产时间、单井和区块最终采出气量、区块合理采气速度和气田最终采收率等开发指标。

选取苏里格东区苏东41—33区块和自营区预测开发指标，目标区块计划年建产能$56\times10^8\text{m}^3$，动用地质储量$4096.45\times10^8\text{m}^3$，模拟结果见表5-16，建产期6年，稳产期22年，钻井7661口；稳产期末累计产气$1206.6\times10^8\text{m}^3$；生产期38年，累计产气$1364.40\times10^8\text{m}^3$，生产指标见表5-17，年产能安排及钻井工作量如图5-37、图5-38所示。

表5-16 产能规模预测表

区块	苏东41—33区块	自营区	合计
区块面积，km²	779.00	5024.53	5803.53
区块储量，10⁸m³	766.49	5979.24	6745.73
含气面积，km²	702.41	5342.95	6045.36

续表

区块	苏东41—33区块	自营区	合计
可建产能规模，$10^8m^3/a$	14.97	86.09	101.06
动用储量，10^8m^3	717.97	3378.48	4096.45
储量动用程度，%	93.67	56.50	
计划建产能，$10^8m^3/a$	10.00	46.00	56.00
采气速度，%	1.39	1.36	

表5-17 开发指标预测表

区块		苏东41-33区块	自营区	合计
建产期	时间，a	3	6	
	钻井数，口	303	1565	1868
	其中：丛式井，口	127	721	848
	其中：直井，口	176	844	1020
	建井数，口	303	1565	1868
	期间累计产气，10^8m^3	9.00	79.90	88.90
稳产期	时间，a	23	22	
	钻井数，口	1068	4725	5793
	其中：丛式井，口	605	2785	3390
	其中：直井，口	463	1940	2403
	建井数，口	1068	4725	5793
	年产能力，10^8m^3	10	46	56
	年产气量，10^8m^3	9	41.4	50.4
	期间累计产气，10^8m^3	207	910.8	1117.8
	采出程度，%	30.08	29.32	
递减期	时间，a	11	11	
	期间累计产气，10^8m^3	28.19	129.51	157.70
合计	生产时间，a	36	38	
	累计钻井数，口	1371	6290	7661
	其中：丛式井，口	732	3506	4238
	其中：直井，口	639	2784	3423
	累计建井数，口	1371	6290	7661
	累计产气，10^8m^3	244.19	1120.21	1364.40
	动用地质储量，10^8m^3	717.97	3378.48	4096.45
	采出程度，%	34.01	33.16	

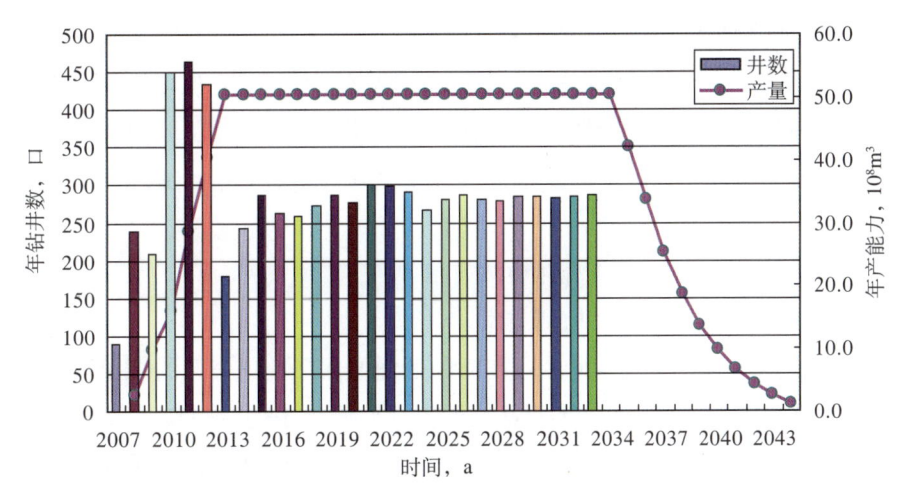

图5-37 逐年生产能力与钻井指标图

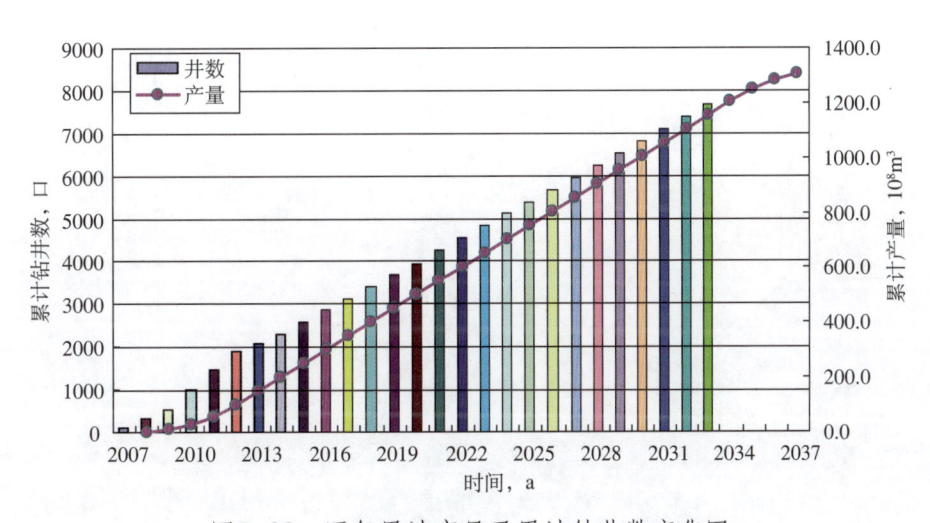

图5-38 逐年累计产量及累计钻井数变化图

第五节 开发主体技术

非常规天然气除了地质规律与常规气不同外,其与常规气的关键区别在于开发工艺技术的特殊性。借鉴国外致密砂岩气开发技术经验,结合国内致密砂岩气藏的地质特征,通过自主研发和创新,形成了关键的开发和工程技术,并随着更多的不同类型致密砂岩气藏的发现和开发而不断发展和丰富。

一、提高单井产量技术

低渗透致密砂岩气藏,储层品位差,一般无自然产能或自然产能极低,大多数气井在自然条件下无法达到工业产量标准,必须采取有效的技术措施,提高单井产量,以获得一定的经济效益。

1. 气藏描述技术

气藏描述主要研究内容有地层、构造、储层、流体、边界条件、地应力场、地层能量和储量。技术手段可概括为3个方面：地震、地质和测井技术，每一类技术系列又包括若干个单项技术。其中，地质和测井技术是气藏描述中应用最广泛的技术系列。地震技术包括可视化与三维精细解释技术、地震反演技术、地震属性分析技术和老资料重新处理技术；地质技术包括层序地层学、精细沉积微相研究、储层构型分析、流动单元研究；测井技术包括常规测井技术的应用与提高、成像测井技术、核磁共振技术和随钻测井技术。

1）以地震技术为主体的储层预测与流体检测技术

（1）以地震叠前信息为主的含气性检测技术。

地震资料采集要获得足够大的偏移距，地震资料处理要保证叠前信息的高保真。预测方法主要包括AVO技术、弹性参数反演、能量吸收分析等，含气性检测技术的应用使高效井钻井成功率明显提升。如，墨西哥Burgos盆地利用叠前反演和三维可视化技术（图5-39）提高了储层岩性和流体识别能力，降低了钻井风险。美国1990年以前，以二维地震为主体技术，开发井钻井成功率小于70%；1990年以后，气藏描述及三维地震技术的应用使钻井成功率提高到75%~85%（图5-40）。

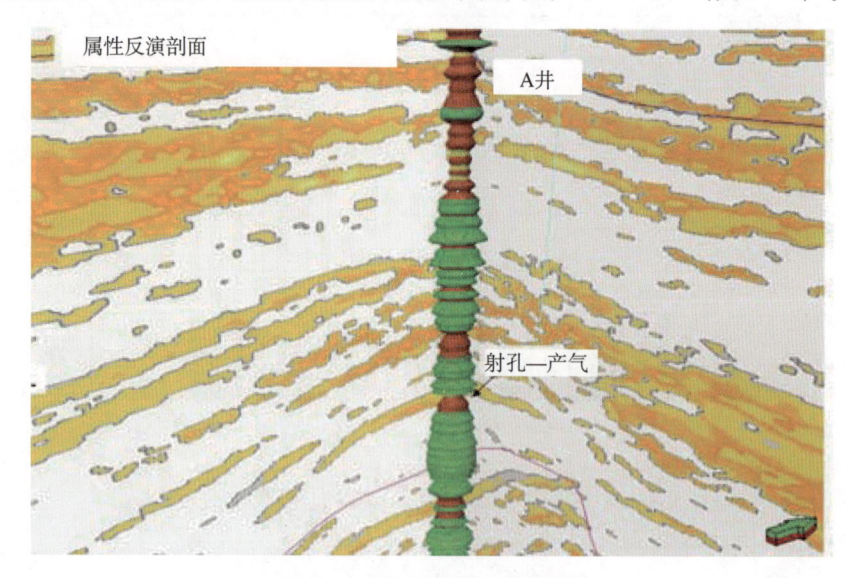

图5-39 三维地震可视化技术

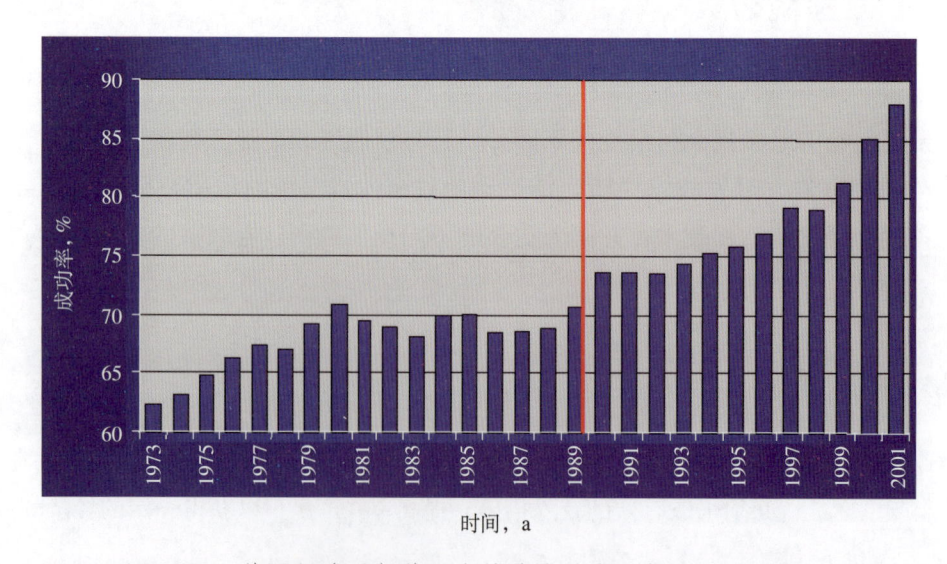

图5-40 美国低渗透气藏开发钻井成功率（据EIA，2002）

（2）裂缝预测技术。

裂缝预测技术的广泛应用对井位优化起到了关键作用。包括：岩心裂缝描述、测井解释、有限元数值模拟；地震相干属性分析、地震衰减属性分析、分形气层检测技术（图5–41、图5–42），该技术在美国科罗拉多州Piceance盆地的Rulison气田应用效果很好（图5–43）。在Rulison气田北部应用三维地震及裂缝预测技术，优化布井，单井控制储量由$0.51×10^8m^3$提高到$0.96×10^8m^3$，每亿立方米储量投资由177万美元降低到114万美元（表5–18）。

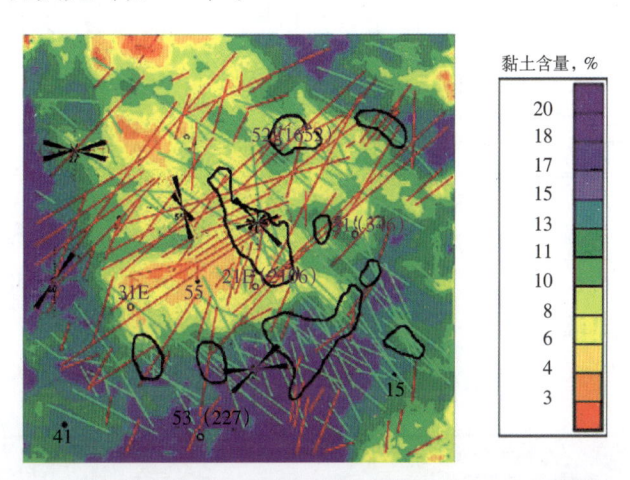

图5–41 裂缝平面展布及黏土矿物分布叠合图（Rio Arriba County，NM）

图5–42 裂缝平面展布含气饱和度分布叠合图（Rio Arriba County，NM）

2）储层沉积相预测技术

细分沉积微相，在纵向上细分到时间单元，在密井网条件下，把空间上很复杂的河流复合砂体（如多期河流沉积密集叠置而成的主力层）纵向上细分到单一河道单元，使之基本上相当于流动单元；平面上细分沉积微相，建立起识别各种微相的标志，可以准确区分出大型河道砂、小型河道砂、废弃河道砂、决口河道砂、河间薄层砂、河间淤泥等微相。

3）提高储层参数解释精度和流体识别能力

通过分析储层泥质岩屑和水云母等黏土矿物含量，分析孔隙结构，定量评价储层；针对低渗透致密砂岩气藏高、低阻气层并存，岩性岩相变化快，气水关系复杂的特点，采用阵列感应–侧向联测、重点井加测核磁共振的测井优化系列，利用阵列电阻率侵入特征差异识别气水层，提高复杂气水层测井的识别能力。

(a) Rulison气田北部

- 探井(5口)
- 探边井(7口)

(b) Rulison气田南部

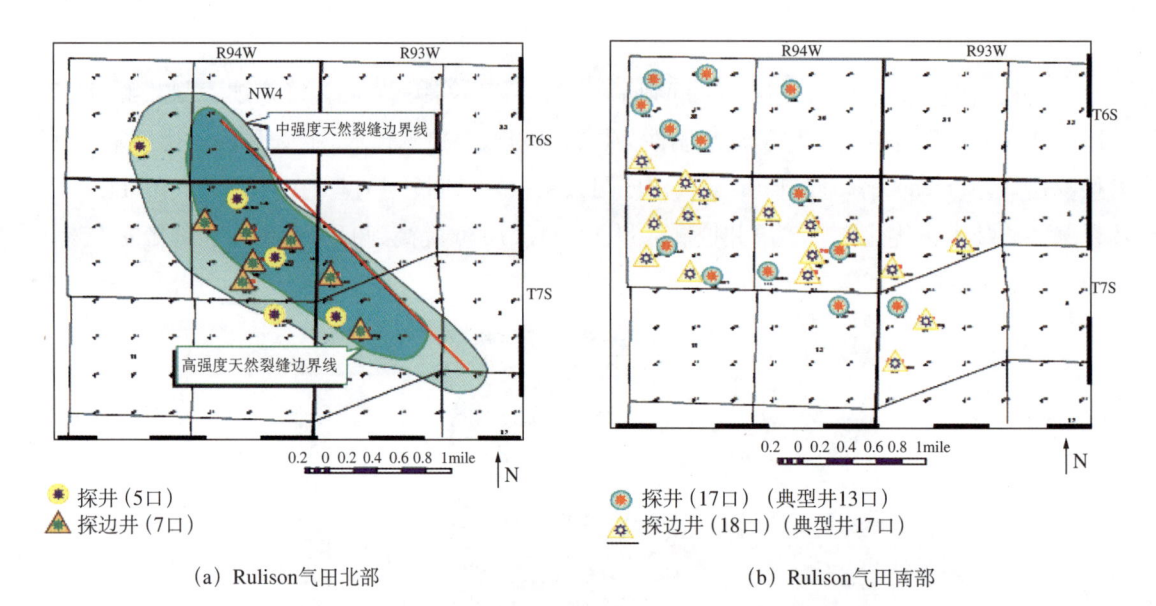

- 探井(17口)(典型井13口)
- 探边井(18口)(典型井17口)

图5-43 裂缝预测技术在Rulison气田的应用效果

表5-18 Rulison气田应用三维地震技术成果表

技术方法	滚动开发	三维地震
试验区面积，km²	南部，无	北部186
投资，百万美元	31.5	12.9
储量，10⁸m³	17.8	11.3
井数，口	35	12
单井可采储量，10⁸m³	0.51	0.96
储量投资，百万美元/10⁸m³	1.77	1.14

2. 井网加密技术

井网加密条件：一是井间基本无干扰；二是有效泄气面积小于目前井网控制面积。

在综合地质研究基础上，应用试井、生产动态分析和数值模拟等动态描述技术，认清气藏分布规律、单井控制储量和有效泄气面积，对具有加密条件的就可以进行井网加密。

井网加密技术流程如图5-44所示：（1）利用生产动态分析技术确定单井模型，估算储层渗透率、单井控制储量和有效泄气面积等；（2）做单井泄气面积累计频率分布曲线，统计分析单井泄气面积分布情况，依据目前井控条件与泄气面积的匹配关系，分析加密井的潜力；（3）依据单井控制储量与泄气面积的关系，估算加密后新增可采储量，评价加密的可行性；（4）将地质评价与动态描述相结合，确定加密井位，实施井网加密；（5）依据获得的静、动态资料，评价井网加密效果，评估是否具有进一步加密的潜力。

通过井网加密和多层完井技术，美国Rulison气田得到了规模有效开发。Rulison气田主要产层是晚白垩世MesaverdeGroup，埋藏深度1100~1600m，属于典型的透镜状致密砂岩气藏。透镜体厚6~18m，宽150~450m，砂体平面连通性差；储层孔隙度介于6%~12%之间，渗透率介于0.005~0.03mD之间。根据RMT统计表明，Rulison气田Williams Forks气藏储量丰度为14.7×10⁸m³/km²。

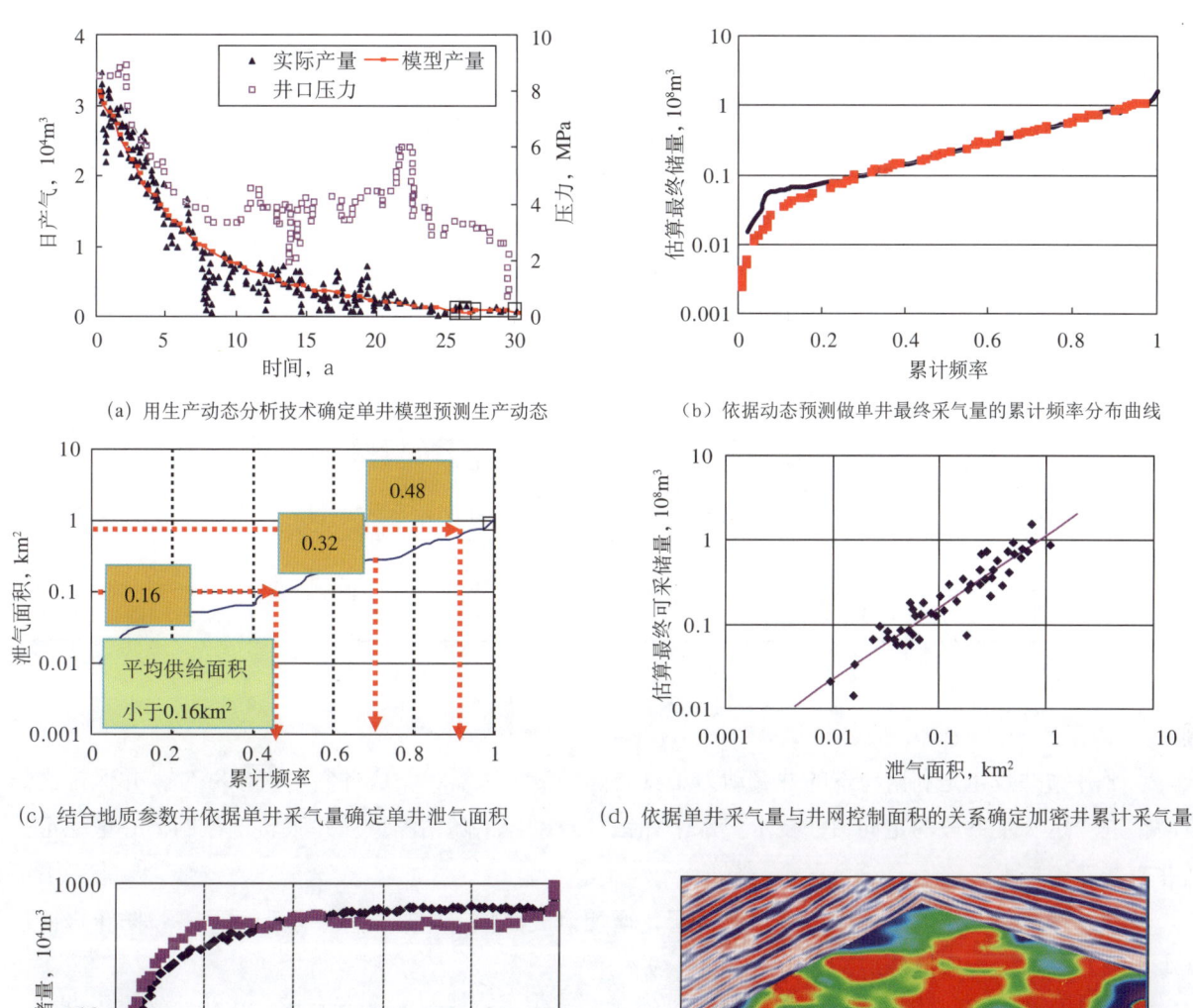

(a) 用生产动态分析技术确定单井模型预测生产动态

(b) 依据动态预测做单井最终采气量的累计频率分布曲线

(c) 结合地质参数并依据单井采气量确定单井泄气面积

(d) 依据单井采气量与井网控制面积的关系确定加密井累计采气量

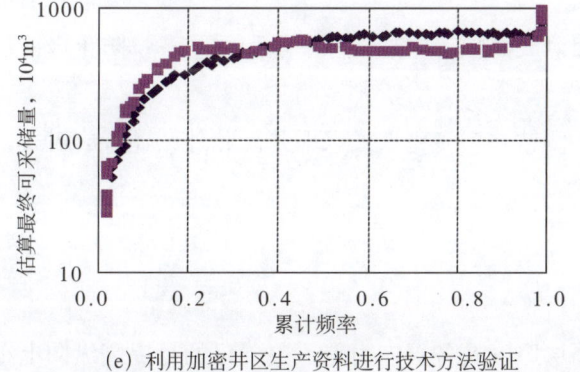

(e) 利用加密井区生产资料进行技术方法验证

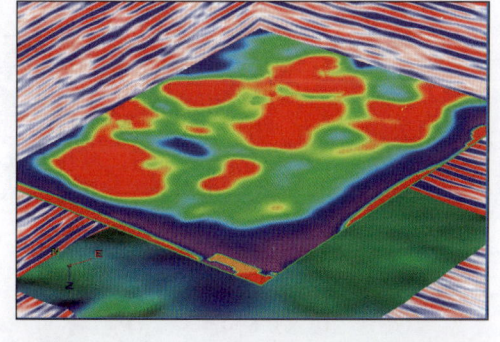

(f) 将地质评价与动态描述相结合以确定加密井位

图5-44 井网加密技术流程图

  选取气田不同位置的、具有代表性的气井，进行了气井数值模拟历史拟合及预测。预测结果显示，气藏在生产20年后，气井的单井累计产量平均为$0.51 \times 10^8 m^3$，泄气面积平均$0.05 km^2$。气藏数值模拟和生产数据表明，在单井控制面积为$0.65 km^2$/井时，气田的采收率仅为7%，当单井控制面积为$0.16 km^2$/井时，采收率将升至21%。

  Rulison气田Williams Forks气藏早期井网密度为$0.65 km^2$/井，甚至更大。加密钻井的最初阶段，对新井井底压力测试结果与周边高产老井进行对比，结果表明基本上没有连通性。1994年首次实施井网加密，2000年$2.59 km^2$面积内的试验区井数达到30口，单井控制面积达到$0.08 km^2$/井。最后阶段总井数达到64口，单井控制面积只有$0.04 km^2$/井。由表5-19可见，随着井网密度的增加，每口井的可采储量保持相对比较稳定；当单井控制面积为$0.08 km^2$/井时，试验区的可采储量为

$14.14 \times 10^8 \sim 16.98 \times 10^8 \text{m}^3$。如果64口井全部投产，预计该区域累计产气量大于$31.71 \times 10^8 \text{m}^3$，采收率将达到75%。

表5–19 Rulison气田井网加密过程表

时间	井数与单井控制面积	最终采气量 10^8m^3/口	总采气量 10^8m^3
最初阶段	最初2井/1.3km²	0.59	1.13
1994年	加钻2井/0.65km²	0.62	1.13
1995年	加钻4井/0.32km²	0.54	2.27
1996—1997年	加钻8井/0.16km²	0.51	3.96
1997年	加钻4井/0.08km²	0.48	1.98
1998—2000年	加钻12井/0.08km²	0.48	5.66
最后阶段	钻32井/0.04km²	0.48	15.57
总共（64口）		0.53	31.71

3. 水平井钻井技术

水平井钻井技术是利用特殊的井底动力工具与随钻测量仪器，钻成井斜角大于86°，并保持这一角度钻进一定长度井段的定向钻井技术。水平井钻井技术包括随钻测量、井眼轨迹控制、井壁稳定、钻井完井液等技术。

与直井相比，水平井最大限度地钻遇气层，增加泄气面积，提高单井产量和采收率；防止水锥；减少占地和其他工程建设费用，降低气田综合成本。

水平井的类型常见的有阶梯式、分支式、拱型、侧钻井、多靶点式水平井，此外，还有成对式、三维式、连通式和鱼骨式水平井。

4. 增产工艺技术

1）直井分层压裂技术

直井分层压裂时着重考虑的因素主要有层数、隔层厚度及各层应力差，主要目的是提高纵向上小层动用程度。

国外直井分层压裂技术以连续油管压裂技术为主，连续油管压裂技术方法是采用连续油管+水力喷砂射孔+环空压裂，以填砂、桥塞、跨隔式封隔器形式封堵。单井可连续分压10~20层，一次排液，缩短作业时间，降低储层伤害及费用，避压水层。

连续油管压裂技术可以实现对多个目标层位进行快速高效作业，这种技术被看作是准时射孔和连续油管压裂的集合体[11]。准时射孔技术是用射孔枪井下工具组合对多个压裂层位进行射孔，从而使压裂液通过射孔孔眼到达地层。利用球式封隔器实现对不同的层位进行有效的定位。连续油管压裂技术的关键是井底工具组合，工具组合可以在单个井眼中对多个目的层进行射孔并进行有效地密封。一般井下工具主要安放在连续油管上，采用膨胀式封隔器实现已经作业的目标层与其他目标层位的隔离，射孔的设备为选择性射孔枪。作业时在套管和连续油管之间注入压裂液，为目的层的水力压裂提供能量。

连续油管压裂技术特别适用于漏掉的产层井。对漏掉的产层进行连续油管压裂作业的方法如下：首先清除井内的杂物，用连续油管压裂技术确定漏压层位的位置，采用即时射孔或者连续油管压裂。

在美国怀俄明州大绿河盆地Jonah气田运用连续油管压裂技术，能够在36h内完成11级水力压裂施工，将施工时间由35d缩短至4d，同时产量增加90%以上（表5-20）。1990年以前，以单层大型压裂技术为主；1990—2000年，以分段压裂、分段排液技术为主；2000年以来，以分层压裂、合层排液技术为主，压裂层数多至10层，单井控制储量增加3~7倍，单井产量达到（14~28）×10^4m^3。

表5-20 Jonah气田增产工艺技术进步与效果

阶 段	1	2	3	4
年 度	1990以前	1992—1993	1994—1995	2000以来
射开厚度	底部40%	底部20%~50%	50%	50%~100%
压裂段数	1	1	3	最多10
压裂液	冻胶	氮气泡沫	氮气泡沫/基液	硼交联压裂液
日产气，10^4m^3	3.96	2.83~11.3	8.5~14.2	14.2~28.3
单井累计采气量，10^8m^3	0.425	0.566	0.85	1.42~2.83

在美国东得克萨斯Arkla盆地Cotton Valley气田采用分层压裂、多层合采技术（表5-21），提高了气井储量动用程度，增加了单井可采储量，延长了气井稳产时间。

表5-21 美国东得克萨斯Arkla盆地Cotton Valley气田多层合采井数据

井 号	完井工艺	层 位	井段，m 顶深	井段，m 底深	压裂日期	生产测井日期	日产量 10^4m^3	测试小层贡献率，%
A	桥塞	Blue	2750.8	2773.7	03/1982	05/1982	0.557	13
		Yellow	3060.2	3113.8	02/1982		3.777	87
B	桥塞	Blue 上部	2686.8	2695.7	09/1981	04/1982	3.667	37
		Blue 下部	2748.7	2779.2	04/1981		1.733	17
		Yellow	3041.9	3104.1	04/1979		4.600	46
C	桥塞	Blue	2709.7	2795.0	08/1981	11/1981	6.600	61
		Yellow	3074.8	3087.6	10/1980		4.333	19
D	桥塞	Blue	2660.9	2744.7	01/1982	06/1982	8.000	36
		Yellow	3011.7	3090.7	11/1981		4.767	64
E	桥塞	Blue	2720.3	2761.8	03/1982	11/1982	1.350	32
		Yellow	2998.6	3080.9	03/1981		3.533	68

2）水平井多段压裂技术

在二维地震优选富集区、三维地震刻画有效砂体空间分布的基础上，精细地质研究，落实小层砂体，精细刻画目标层段气层展布、构造变化，优选井位；坚持地质、录井、工程紧密结合，坚持深度校正对比、岩性对比、随钻录井对比和气层归属对比，实现水平井不实施导眼的准确入窗，缩短钻井周期，提高有效储层钻遇率；采用水平井压裂改造技术，可以对水平层段进行选择性改造，提高水平段整体渗流能力，大幅度提高单井控制储量和产量，提升气田的开发效益。

适宜于低渗透致密砂岩气藏的水平井多段压裂技术有：双封单卡分段压裂技术、封隔器滑套分段压裂技术、水力喷砂压裂技术、裸眼封隔器滑套分段压裂技术（主要有遇油膨胀式裸眼封隔器和机械封隔式裸眼封隔器）、化学暂堵胶塞与快钻桥塞分段压裂技术等[12]。

目前，水平井压裂工具可分压10段以上，水平井裸眼封隔器加滑套分段压裂实现了18段分压。水平井复合桥塞分段压裂工具理论上没有级数限制，广泛应用于页岩气水平井大型分段压裂，加砂量超过1000t，压裂量超过20000m³，已实现10~24段压裂。

5. 低成本开发技术

低渗透致密砂岩气藏受其自身储层地质条件与天然气富集程度的制约，除少量裂缝—孔隙型气藏在裂缝发育带单井产量可达$10 \times 10^4 m^3/d$以上外，大部分气藏在压裂改造后其井产量一般在$3 \times 10^4 m^3/d$以下，常规开发条件下很难获得较好的经济效益，因此必须采用低成本开发。中国气藏开发投资构成中，钻井成本与地面投资占绝对比重，因此在开发实践中必须最大限度地降低钻井与地面投资，以保证气田开发效益。降低成本的主要技术包括：空气钻井、小井眼钻井、久平衡钻井、简化井身结构和地面工艺等。

1）空气钻井

空气钻井可大大提高钻速和降低成本。美国圣胡安盆地空气钻井比钻井液钻井钻速提高80%。20世纪90年代开始，圣胡安盆地进行大量的低成本空气钻井，使用车载3000m钻具，配两台空气压缩机，钻井时的排量为1800~2100ft³/min，采用专门研制的平底圆柱齿等径空气钻头，能承受10t钻压，旋转空气冲击钻进，机械钻速每小时40m。钻至目的层，如果监测到有凝析油存在，改用氮气钻井，并加少量的水，以防止爆炸。在含有凝析油的地区钻井，井场备有氮气发生器，在空气中直接提取氮气。2000m井深钻井周期一般少于7d，完井周期10d。浅井深度小于1500m，综合投资50万美元，深井深度大于1500m，综合投资70万美元，其中钻井30万美元，压裂措施20万美元，地面建设20万美元。

2）丛式井和小井眼技术

丛式井技术通过减少地面投资来降低成本。对于丛式井应在精细评价有效储层空间展布的基础上，按地质风险进行钻井排序，紧密跟踪，及时调整，确保丛式井实施效果。通过开展平台井数优化、井身剖面优化、轨迹控制及PDC钻头个性化设计，提高丛式井组钻井速度，缩短钻井周期，从而降低成本。

小井眼是指完井井眼尺寸小于152.4mm或全井60%以上井眼尺寸为152.4mm的井。小井眼技术的优点主要体现在井场占地面积小，钻井设备轻，工作量少，只需常规钻井1/3的工作人员，钻井费用低，井场各项费用减少60%，节约钻井成本15%~40%，水平井、分支井、深井最大垂直井深超过6000m的区域适合进行小井眼钻井（表5-22）。

表5-22 小井眼钻井技术优势性能表

井场占地面积	钻井设备	钻井作业人员	岩屑量	钻井费用	适用范围
占用井场面积减少约70%	小型化，重量轻	常规钻井1/3的工作人员	钻进岩屑量和钻井液量小于常规钻井	井场各项费用减少60%，节约钻井成本15%~40%	低渗透、特低渗透气藏；水平井、分支井、深井最大垂直井深超过6000m

近十几年来，随着油气生产费用的攀升，以及石油工程领域不断向边远地区扩展和钻井工艺技术水平的提高，钻小井眼井开采油气的优越性更为凸显，小井眼钻井技术已成为继水平井钻井技术后的又一研究热点。目前，世界上已钻成小井眼井上万口，国外已开始用连续管钻小井眼。20世纪90年代以来，BP公司就将小井眼技术作为它的勘探战略技术手段，大大降低其钻井成本。BP在它的小井眼勘探项目中节省的费用已经超过了40%。在瑞典（Sweden）采用小井眼开采浅油气藏，已钻207口井，井深198.2~2438.4m、井眼尺寸最小$2\frac{1}{2}$in，钻井成本降低了75%（表5—23）。

表5—23 钻井成本对比表

钻 机	井 号	深度，m	费用，美元
常规钻机	Bonsarve-1	493	817570
	Harnra-8A	640	875640
	Gnunnet-3	536	326825
Diamec-700	Austre-1	495	115000
	Nos-1	359	105938
	Fardume-1	243	235741
	Stengrinde-1	249	156859
	Oinaremyr	267	86000

据美国能源部天然气研究院1995年的年度报告报道，在Great Green River盆地致密气田的开发中，由于采用小井眼钻井、完井、增产措施和生产工艺，比大井眼每口井可节约18万美元，降低成本约30%。

3）欠平衡钻井技术

欠平衡钻井技术是指在钻井过程中钻井液柱作用在井底的压力（包括钻井液柱的静液压力、循环压降和井口回压）低于地层孔隙压力的钻井技术。欠平衡钻井又分为：气体钻井、雾化钻井、泡沫钻井、充气钻井、淡水或卤水钻井液钻井、常规钻井液钻井和泥浆帽钻井。由于欠平衡钻井能够对储层起到较好的保护作用，因此，在低渗透砂岩气藏钻井数中得到广泛应用，美国欠平衡钻井数占总钻井数的比例已达到30%（图5—45）。

图5—45 美国欠平衡钻井历年统计对比图

4）基于PDC钻头的快速钻井技术

基于PDC钻头的个性化设计、井身结构优化、复合钻井技术、钻井液体系优选等配套技术，可大幅度提高钻井速度[10]，缩短钻井周期，降低运行成本，并缩短钻井液对储层的浸泡时间，减少对储层伤害。

（1）PDC钻头个性化设计。针对苏里格气田地层的岩性、钻头的力学特点及使用情况，从钻头轮廓、布齿、复合保径、水力平衡设计、扭矩等方面进行优化设计，形成了非对称刀翼、保径、低扭矩和有利于清洗冷却等特点的PDC个性化钻头，提高了PDC钻头的适应性，提高了机械钻速。通过大量的现场试验，综合考虑PDC钻头切削齿的面、体磨损以及数学模型的优化，优选出了适应PDC钻头的机械参数（表5-24）。

表5-24　PDC钻头的推荐参数表

钻头	参数	钻压，kN	转速，r/min	排量，L/s
ϕ241mm	井底造型	10~20	45~90	34~50
	正常钻进	80~140		
	最高钻压	160		
ϕ215mm	井底造型	10~20	45~85	28~34
	正常钻进	60~120		
	最高钻压	140		

（2）井身结构优化。根据苏里格地区的地层特点，结合目前钻井及钻井液体系的新发展，经过优化试验，确定了ϕ244.5mm×ϕ139.7mm的两层套管井身结构，进一步提高了钻井的综合速度，节约了钻井费用，简化了固井工艺，降低了固井成本。

（3）复合钻井技术。通过改进钻头结构来增强钻头的抗冲击能力，优化喷嘴组合提高了水力功率、清扫岩屑的能力以及防斜打快能力，优化了钻具组合和钻井参数，形成了螺杆钻具+转盘的复合钻井方式，使钻具在承受较低转速的条件下获得较高的转速，达到提高钻头破岩效率的目的。实现了2只PDC钻头钻完二开井段的快速钻井技术，大大地提高了钻井速度，缩短了钻井周期。

（4）钻井液体系优选。根据苏里格气田上古低渗透砂岩气层水敏、速敏性强，孔喉细微，黏土含量高，毛细管压力高等特点，优选出了次生阳离子聚合物钻井液体系，取得了较好的储层保护效果。

随着快速钻井配套技术的日趋成熟，机械钻速不断提高，钻井周期不断缩短，苏里格气田平均钻井周期由45d逐步缩短至15d左右（图5-46），降低了钻井成本。

5）简易井身结构

在苏里格气田简化井身结构，对于埋深大于3000m的井，将原来的"表层套管+技术套管+生产套管"的三开井身结构简化为"表层套管+生产套管"的二开井身结构，简化了固井工艺，并采用国产套管，降低了费用。

圣胡安盆地的小井眼简易井身结构是：表层套管之后，采用$8\frac{3}{4}$in井眼，以钻井液钻进，下入7in技术套管，封堵上部水层及高压煤层；然而采用$6\frac{1}{4}$in井眼，以空气钻进，下入$4\frac{1}{2}$in油层套管，固井水泥返至7in套管内，完井时将上部$4\frac{1}{2}$in套管割断取出。

地面简化工艺流程是采用简易采气树、加热炉与分离器合一、井口回压自动气举排液、储油罐回收油。每年回收2罐凝析油（图5-47）。

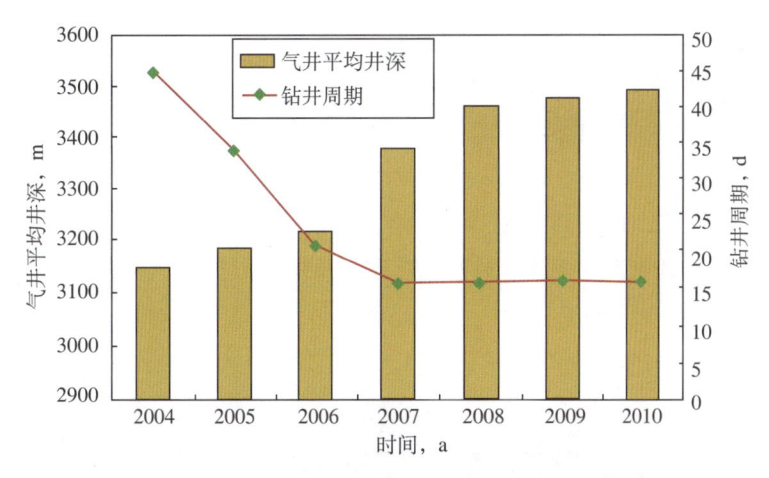

图5-46　2004—2010年苏里格气田直井平均钻井周期对比

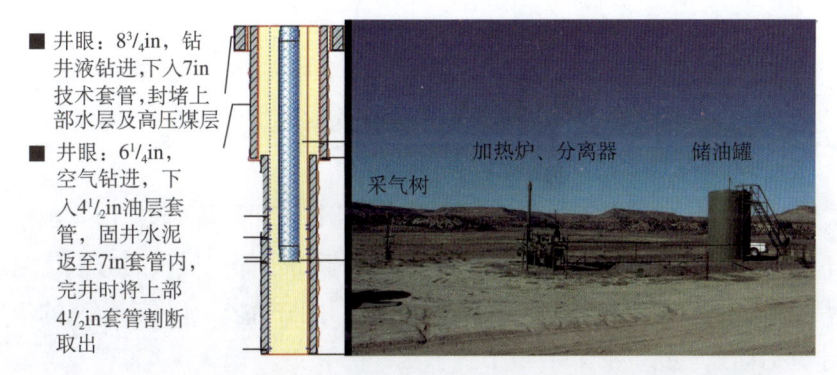

图5-47　圣胡安盆地简易井身结构和简单地面工艺示意图

6）井下节流采气工艺条件下的地面简化技术

井下节流技术是利用井下节流器实现井筒节流降压，充分利用地温加热，使节流后气流温度基本恢复到节流前的温度。井下节流技术的应用，有效地防止了水合物的形成，提高了气井携液能力，增加了开井时率。同时大大降低了气井井口压力，使地面管线运行压力大幅度降低，实现了井间串接、中、低压集气模式的安全平稳运行，有利于降低地面建设成本。

通过大量的现场试验和理论研究，形成了"井下节流，井口不加热、不注醇，中、低压集气，带液计量，井间串接，常温分离，二级增压，集中处理"的中、低压集气模式（图5-48）。

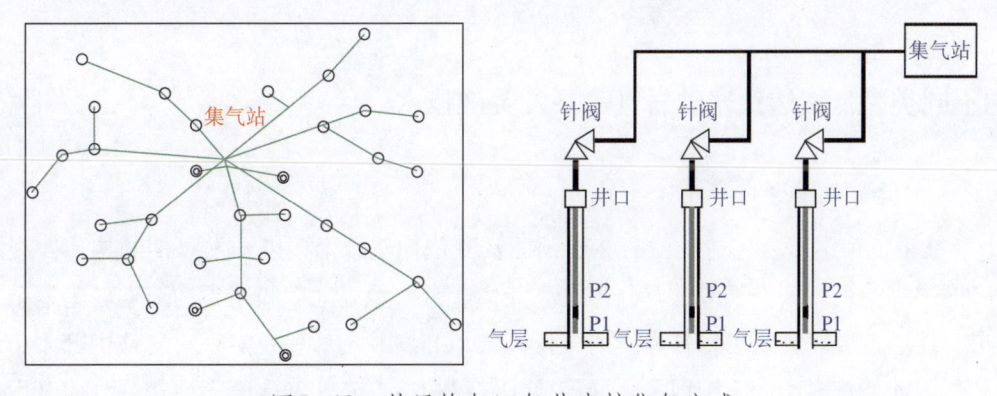

图5-48　苏里格气田气井串接集气方式

该中、低压集气模式有效地简化了地面流程，降低了地面系统投资。井间串接，中、低压集气工艺的成功应用，大大减少了采气管线总长度，增加了单座集气站的辖井数量，降低了管网投资。

7) 低成本开发的其他技术

基于气井分类评价、简化试气的快速投产技术也为降低开发成本作出了贡献。

(1) 气井分类评价快速配产。气井测井分类评价和关放排油套压变化对气井产能具有较好的指示作用。通过综合测井参数、压裂排液后压力恢复速率以及简化试气结果，建立综合分类标准（表5-25）。利用该分类标准，在气井压裂作业后，无需关井等待井口压力恢复平稳，也不再进行一点法求产，而是根据气井静态参数和简化试气结果就可评价气井类别，确定各类气井的初期配产直接投产，从而减少了试气环节的气量损失与成本。

表5-25 苏里格气田气井分类标准

气井类别	最大单层厚度 m	累计气层厚度 m	压力恢复速度 MPa/h	无阻流量 $10^4 m^3/d$	初期配产 $10^4 m^3/d$
Ⅰ类井	>5	>8	>2.4	>10	>2
Ⅱ类井	3~5	5~8	1.0~2.4	4~10	0.8~2
Ⅲ类井	<3	<5	<1.0	<4	<0.8

(2) 简化试气。针对气井有效控制面积小，投产初期压力下降快，无阻流量随着生产的进行递减较快的特点，在保证测试精度的前提下，对苏里格的气井提出了简化试气的方法。通过引入智能旋进漩涡流量计，应用简化试气解释图版可定性地快速判断气井的产能。通过该方法的应用，测试时间较传统一点法测试求产时间缩短1/3以上，有效节约了试气费用。

6. 总体认识

对开发主体技术的总体认识：(1) 三维地震勘探有助于准确认识复杂构造、储层的非均质性和裂缝；滚动开发，可有效提高开发井成功率；(2) 井网加密技术能够有效提高多层、透镜状气藏的采收率，井网密度和加密时机的确定需要充分利用动、静态资料，并考虑经济因素；(3) 水平井开发方式，可提高单井产量；(4) 直井压裂是致密气藏开发的主体技术，工艺技术要适应地质条件，对于裂缝发育的层状气藏可以探索应用水平井；(5) 低渗透致密砂岩气藏开发可以通过应用空气钻井、小井眼、快速钻井、地面优化简化等技术来降低成本。

二、中国不同类型低渗透致密砂岩气藏开发关键技术

1. 孔隙—裂缝型低渗透砂岩构造气藏

孔隙-裂缝型低渗透砂岩构造气藏的储层预测及井位优选技术，以开发早期的构造、裂缝和气水分布的准确描述为特色。该类气藏主要分布在高陡构造带，地表地貌和地下构造均较为复杂，储层多为块状分布，连通性较好，采用稀井高产的开发模式，开发井位部署要实现对气藏内部多个次级构造的有效控制。因此，依靠山地三维地震来准确落实气藏构造形态，确定圈闭面积是气田开发的基础。同时，由于该类气藏气井的产能受裂缝发育程度及储层含水等因素的影响较大，还必须对储层中的裂缝发育带和气水分布进行准确的判识。

2. 透镜体多层叠置致密砂岩气藏

该类气藏具有主力含气砂体小而分散、多个层位集群式分布、异常低压的地质特征，其关键开发技术主要包括优化布井技术、多级加砂压裂技术、井下节流与低压地面集输技术。

1) 优化布井技术

针对致密砂岩气藏大面积分布、丰度低的特点，为提高高效井钻遇成功率和储量动用程度，需要优化布井，主要包括井位优选、井眼轨迹设计和井网优化3个方面。

(1) 基于地震、地质、测井和气藏工程等多学科为一体的综合布井技术。

利用地震技术预测储层含气性和成岩相；地质研究从控制储层发育程度和渗流特征的因素入手，从成藏和储渗角度对天然气富集条件进行分析，划分有利区；气藏工程研究通过气井生产反映特征和压力系统，进行动态反映良好区和流体连通区划分；地质—气藏工程研究综合划分布井有利区；利用先进的地震软件对综合有利区内地震测线进行精细处理、解释，结合地质、气藏工程研究成果，综合优选开发初步井位；再依据地震测线上初步开发井位点的地震反射信息确定具体井位。在此基础上，初步筛选高产井，以提高气藏开发综合效益。

对于储层埋深3200～3500m，单层厚度一般小于5m的致密砂岩气田，目前的地震分辨率难以达到，储层预测难度较大。在借鉴露头砂体特征分析和岩心、密井网精细地质研究的基础上，通过建立单井地质模型，明确各类井的地震响应特征，综合解释，提高预测的准确性（图5-49）。

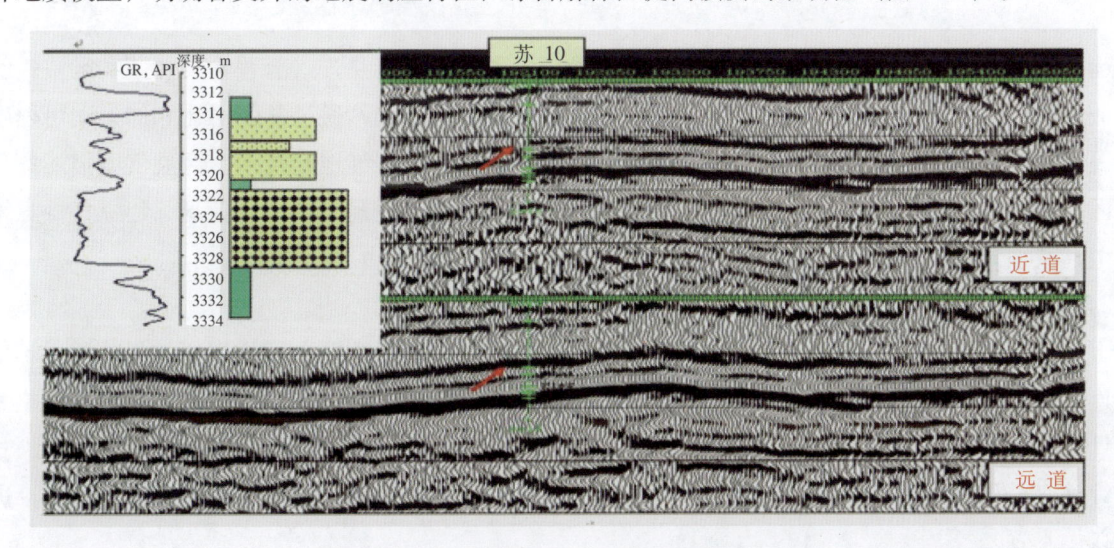

图5-49 苏里格气田苏10井地震剖面图

(2) 基于沉积相分析优化布井技术。

以大型复合砂体分级构型为理论基础，进行优化布井。一级构型描述辫状河体系的分布，通过地质—地震研究综合预测，部署开发评价井，落实含气范围；二级构型描述辫状河体系内高能河道带的分布，通过砂层组预测和含气性检测，预测"甜点储渗体"富集区，部署骨架井；三级构型描述单砂体，通过井间储层预测部署加密井，提高储量动用程度。按照加密井网五步程序方法优化井位：①以定量地质模型约束井距设计；②以试井评价泄压范围优化井距；③以干扰试井进行井距验证；④以数值模拟优化区块井网部署；⑤以经济评价约束经济极限井距。

在苏里格气田通过井位优化，单井可采储量在$2000×10^4m^3$以上的相对高效井的比例由评价期的60%提高到75%以上；由初期的800m×1200m井网加密到600m×800m井网，储量动用程度提高了

10%，并有进一步加密的潜力。

在直井密井网取得成功的基础上，优化部署丛式井和水平井。在油气较富集区块采用丛式井组，减少井场占地面积，并有利于开展钻完井和储层改造的工厂化作业。一个井组辖井5～7口（图5-50），分批实施钻井，并通过先期实施井不断优化后续井的靶位，形成井网密度2～3口/km²的不规则井网。

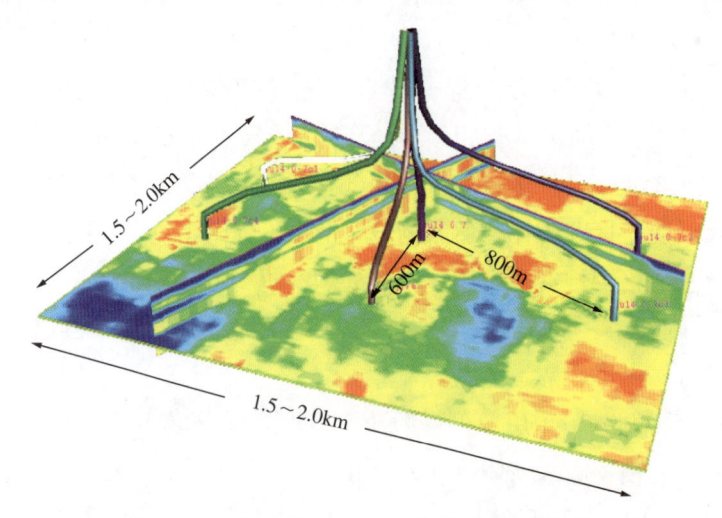

图5-50　苏里格气田7口井丛式井组部署图

选择性地实施水平井。在水平井开发试验阶段，多采用先以直井方式部署骨架井落实区块气层展部特征，再部署水平井的开发策略；或是在先期直井井网的基础上，通过井间对比和储量动用程度分析部署加密水平井，但这种部署方式效率较低。目前多采用基于三维地震技术，开展气藏描述，落实富集区，再进行水平井整体开发。利用地质模型约束下的叠后与叠前三维地震信息，建立气藏三维数据模型，精细刻画单砂体的分布，进而进行水平井轨迹优化设计和井位整体部署。

2）多级加砂压裂技术

直井分层压裂是以不动管柱机械封隔分层压裂为主的多层压裂工艺，即使用机械封隔器、不动管柱，连续对多个小层进行适度规模压裂。目前该压裂工艺具备一次最多分压6层的能力，在苏里格气田已累计应用1600口井以上，产量与合层压裂气井相比有显著提升（表5-26）。套管滑套分层压裂技术和连续油管分层压裂技术这两种工艺在国内尚处于实验阶段，还需加强配套工具研发和国产化，进一步提高作业效率。

表5-26　不动管柱机械分压多层改造工艺效果对比

机械分压工艺	有效厚度 m	孔隙度 %	空气常压渗透率 mD	含气饱和度 %	无阻流量 $10^4 m^3/d$
分压4层	11.2	10.9	0.63	66.8	9.01
分压2层	10.1	11.4	0.77	71.9	6.11
合层压裂	9.9	10.9	0.65	73.3	5.27

水平井分段压裂在国内主要有两种主体技术，即不动管柱水力喷砂多段压裂和水平井裸眼封隔器多段压裂。初期采用油管拖动、水力喷砂压裂，在气田实现分压2段。在此基础上，按照水力喷砂+

多级滑套实现不动管柱多段压裂的技术思路，设计了喷射器与多级滑套相结合的水力喷砂压裂管柱，研发了高强度、小直径喷射器，以及新型喷嘴及小级差滑套球座，实现了114.3mm（$4^1/_2$in）套管内一趟管柱分压7段、152.4mm（6in）裸眼井分压10段的目标，形成了不动管柱水力喷砂多段压裂配套技术。同时，在引进的基础上，加强裸眼封隔器分段压裂技术自主研发，研发了裸眼封隔器分段压裂工具，分压段数已达到10段以上。

3）井下节流与低压地面集输技术

井下节流采气技术利用地层能量实现井筒节流降压，取代了传统的集气站或井口加热装置，抑制了水合物的生成，并为形成中低压集输模式、降低地面建设投资创造了条件。该技术的实现必须具备耐高温高压的井下节流器，目前研发的节流器可以耐温200℃、耐压35MPa、下深达到2500m。

该技术的优点是：（1）能有效防止水合物形成，提高开井时率（苏里格气田开井时率由65%提高到90%以上），避免了频繁开关井，保证了气井平稳正常生产。气井井下节流工艺能充分利用地热对节流后的天然气进行加热，对于防止水合物生成起到了积极的作用。（2）大幅度降低地面管线运行压力，简化地面流程，降低成本。节流后油压降低，使地面管线运行压力大幅度降低，实现中、低压集气，降低了地面集输管线的压力等级，简化了地面流程，降低了建设投资与运行成本。（3）提高气井携液能力。井下节流使井筒压力从高压瞬间降为低压，气体体积发生膨胀，气体的压能转变成动能，促使气流速度增大，从而提高了气体的携液能力。（4）有利于防止地层激动和井间干扰。下游压力的波动不会影响到地层本身压力，从而有效防止了地层压力激动。同时采用井下节流后，气井稳定生产，开关井次数减少也降低了对地层压力的影响。

在井下节流基础上，在苏里格气田形成了"井口不加热，不注醇，中、低压集气，带液计量，井间串接，常温分离，二级增压，集中处理"的中、低压集气模式，井口到集气站的集输系统得到有效简化，优化了集气工艺，简化了集气流程，大幅度降低了地面投资。

3. 多层状致密砂岩气藏开发关键技术

该类气藏含气砂体横向分布稳定，但气水关系较为复杂，富集区多与构造有关，其地质特征决定了富集区预测与评价技术、水平井整体开发技术和排水采气技术的重要性。

1）富集区筛选技术

优选富集区实施滚动开发是该类气藏开发的基本策略。富集区预测首先要在沉积演化史、构造史和成岩演化史分析基础上，建立储层成因模型，分析有利储层发育控制因素，揭示富集区分布的地质规律。

（1）数字地震与叠前多信息含气性检测技术。利用高精度数字地震叠前道集资料进行AVO分析或者反演求取储层的弹性参数来综合预测有效储层分布。叠前储层预测以AVO理论为基础，在资料采集中要采用足够大的偏移距以获取完整的AVO信息，在处理过程中要注重叠前动力学特征的高保真性，资料解释要充分挖掘资料中的AVO信息。叠前预测主要有3种方法：广角AVO属性分析、弹性参数反演和弹性阻抗反演。该技术可解决泥岩、含气砂岩、强胶结砂岩、高含水砂岩混杂分布背景上的气层识别问题，已在广安、合川和安岳气田建产区块优选和井位部署中得到成功应用。

（2）三维三分量地震裂缝性储层预测技术。以储层岩石物理参数敏感性分析为基础，利用多波联合反演、多波属性分析和多属性交会方法，更好地预测相对优质储层的分布，分析储层含气性；利用纵波及转换波振幅特征，识别规模网状裂缝形成的高效储渗区；利用相干、曲率、循环重褶积、PS波方位各向异性、横波分裂等技术可靠预测裂缝，特别是高角度裂缝的分布及发育程度。为此，利用三维三分量地震勘探技术进行储层预测、裂缝检测和含气性预测。目前，在川西应用此技术已形成了一套有效的适用于深层致密裂缝性气藏的地震综合识别模式[9]。

（3）基于奇异值分解（SVD）法三维地震属性优化技术。在进行地震储层预测时，经常先对地震属性因为地表环境、采集客观因素、处理不当等引起的属性异常进行客观分析，充分理解地震各个属性所携带的各种非储层信息；然后再综合分析地质资料，诸如沉积环境、构造特征、岩性变化、物性变化等；最后才是储层含气性在地震属性上的表现特征，再结合非地质因素和非含气性因素进行含气性预测。采用SVD方法对地震属性展开降维，分类优化，在一定程度上能够降低三维地震预测储层的多解性，从而降低了气田开发井位部署风险[9]。

2）水平井整体开发技术

长岭气田登娄库组气藏是中国致密砂岩气藏水平井整体开发的典范。该气藏储层横向分布稳定，且构造主体不含水，为水平井整体开发提供了有利条件。将气藏划分为2套开发层系，分别部署水平井。水平段长度1000～1200m，采用600m×1500m井网，部分井采用阶梯式水平段设计提高储层钻遇率。采用光油管完井管柱、裸眼封隔器滑套多级大规模压裂改造工艺，单井压裂段数平均10段，单段加砂量达到80m³，缝高达到80m以上，可有效提高储层的动用程度。水平井整体开发技术在登娄库组气藏取得了很好的效果，单井产量达到（8～21）×10⁴m³/d，预测单井最终累计产气量可达到$2×10^8 m^3$，与同区块早期直井相比，单井日产量提高了4倍以上（图5-51），单井最终累计产气量提高了3倍以上。

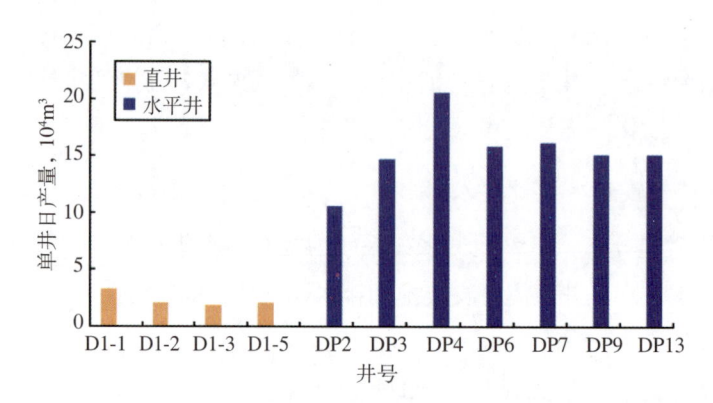

图5-51 长岭气田登娄库组气藏直井、水平井单井产量对比

3）气水关系复杂气藏储层改造技术

针对气水关系复杂、压裂改造裂缝易沟通水层的储层，以控制裂缝高度，避免沟通下部水层为思路，进行控水增产压裂改造技术试验，如化学固化控水压裂试验、控制压后底水锥进、组合控缝压裂等；针对底部含水且气水层之间有一定遮挡的储层，优化压裂参数，用物理下沉剂控制裂缝向下延伸，达到控水增气目的，如疏水支撑剂的控水增气；提高储层的动用程度，一次开发多套层系，采用封隔器分层压裂工艺技术。

4）排水采气技术

配套排水采气工艺技术，确保产水气井平稳生产。形成了以泡沫排水为主，井间互联气举复产和小管注剂等为辅的排水采气技术体系。

在部分含水饱和度较高的区块，针对致密气单井产量低、携液能力差的特点，形成了以泡沫排水为主体的排水采气技术，开发了多种系列起泡剂和消泡剂，形成了不同类型气井配套成熟的加注工艺及加注参数。泡沫排水采气是针对产水气田开发而研究的一项助采工艺技术，具有施工容易、收效快、成本低、不影响日常生产等优点，在出水气井中得到广泛应用。同时，针对致密气藏的特点，开展了速度管柱、柱塞气举、压缩机气举等多项攻关试验。对于产气量大于5000m³/d、积液不严重的连续生产井，可采用泡沫排水；对于产气量大于5000m³/d、积液较严重的气井，可采用速度管柱；对于产气量大于2000m³/d的间歇生产井，可采用柱塞气举；对于产气量小于2000m³/d的间歇生产井，可采用合理工作制度实现间歇开井；对于水淹停产井，可使用压缩机气举。

第六节 低产气井生产管理

一、气井生产常见的问题

低渗透致密砂岩气藏在开发过程中会遇到制约气井日常生产的一些常见问题[13]：

生产初期，过高的配产会导致井底压力下降过快，外围供气不足。由于天然气组分及压力等因素，气井开井初期在井筒和地面管线中容易形成水合物。由于水合物的堵塞，会影响到气井的安全生产。随着生产时间逐渐增加，地层压力不断降低，气藏积液井数迅速增多，积液周期变短，排液难度增大，对产量影响程度明显加大。

气田生产中后期，为了维持气井产量要不断降低井口压力，当井口压力降至与地面输压基本持平时，已经再不能通过调整井口压力来放大生产压差了。另外，由于气井井口与输气管线之间压差很小，地面集输系统的压力将直接影响气井产量。

气层伤害现象普遍存在。随着气藏地层压力不断下降，在完井、修井等施工过程中井筒内的施工液对气层的正压差加大，更容易进入气层造成伤害，因此，对气井产能的影响也就更明显，导致气井停产。

上述问题中，压力降低、井底积液是影响气井产量的主要因素。这是由于低渗透致密砂岩气井大多数压力恢复速率低，恢复程度低；储层单砂体规模小，储层物性在横向上变化快，连通性差；部分气井产能较差，不能满足携液要求，井底存在一定的积液，导致低压低产。

截至2012年8月，苏里格气田累计投产气井5395口（水平井324口），日均开井4707口（水平井288口），日产气5089×10⁴m³，平均单井日产气1.08×10⁴m³（直井0.88×10⁴m³、水平井5.1×10⁴m³）。井底存在积液的气井有2443口，占投产井总数的45%。套压低于6MPa的井占投产井数的25%（表5—27）。数据显示，井底积液是影响气井产量的主要因素之一。

表5—27 套压低于6MPa的井在苏里格气田各区所占比例统计表

井别	中区		东区		西区	
	井数 口	目前套压 MPa	井数 口	目前套压 MPa	井数 口	目前套压 MPa
水平井	73	3.6	2	2.7	4	2.58
直井	1011	3.8	181	3.1	95	3.1

苏里格中区苏6区块28口老井Ⅰ、Ⅱ、Ⅲ类气井的比例分别为39.29%、32.14%、28.57%（表5-28），放压生产，单井平均累计产气量为1976×10^{4}m^3，预测最终累计产气量为2356.8×10^{4}m^3，生产一年后，进入低压生产阶段，套压小于6MPa时，产气量为2050.4×10^{4}m^3，占累计产气量的87%（图5-52、图5-53），可见低压阶段气井的产量占很大比重，仍然是气田产量的主要贡献者。

表5-28　28口试采井目前生产情况表

气井类别	井数口	初期配产 10^{4}m^3/d	折合3年平均日产量 10^{4}m^3	比例 %	目前套压 MPa	目前平均日产量 10^{4}m^3	平均累计产量 10^{4}m^3
Ⅰ类井	11	1.0~2.6	1.74	39.29	5.13	0.51	4355.30
Ⅱ类井	9	0.6~1.6	1.02	32.14	5.56	0.18	1852.92
Ⅲ类井	8	0.3~0.8	0.45	28.57	6.21	0.22	903.02

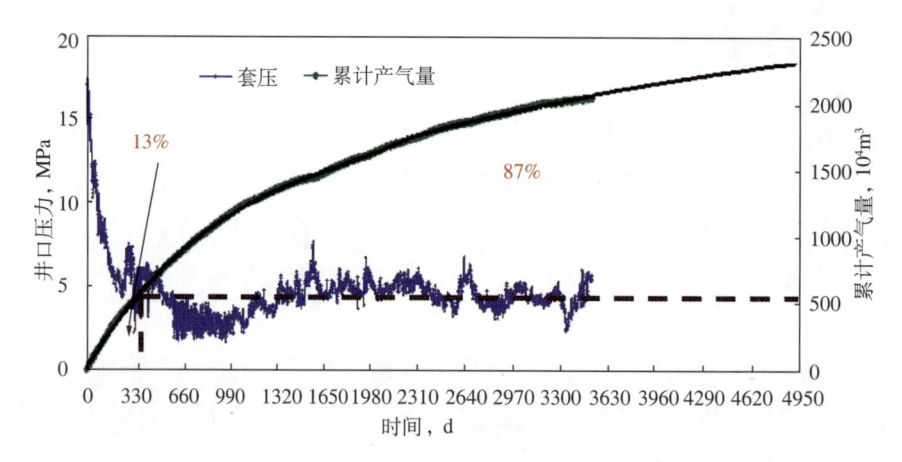

图5-52　苏6区块28口老井低压（6MPa）下采气量所占比例

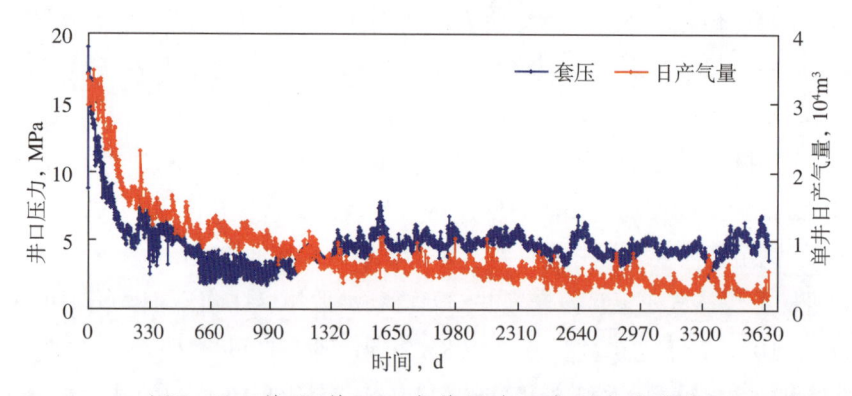

图5-53　苏6区块28口老井压力、产量变化曲线

二、分类管理

为保证低渗透致密砂岩气藏平稳生产，延长气藏稳产年限，减缓压降速率，减少井底积液，采用气井分类分阶段的管理方法，来保证气藏的稳定生产。

1. 气井分类

低渗透致密砂岩气藏的储层非均质性较强，气井产能差异大，可以根据储层的静态资料及生产动态资料将井按产能分为Ⅰ、Ⅱ、Ⅲ三类进行分类管理，分类主要以最大单层有效厚度、累计有效厚度和无阻流量为标准来进行（表5-29）。

表5-29 苏里格气田气井分类标准

井类型	单气层最大厚度，m	累计气层厚度，m	压力恢复速度，MPa/h	无阻流量，$10^4 m^3/d$
Ⅰ	>5	>8	>2	>10
Ⅱ	3~5	>8	1~2	4~10
Ⅲ	<3	<5	<1	<4

2. 生产阶段划分

气井生产分为稳产、递减和低产3个阶段。

（1）稳产阶段。气井以配产量生产时，井口压力不断下降，当井口压力下降到地面流程压力之前，气井将依靠天然能量保持稳产，这段生产时间称为自然稳产阶段；当井口压力降到等于地面流程压力时，采用增压方式保持稳产，这段生产时间称为增压稳产阶段。

（2）递减阶段。在增压稳产末期，当井口压力降到压缩机入口压力时，则进入递减生产阶段。此阶段气井产量不断下降，井口压力则保持在压缩机入口压力水平。

（3）低产阶段。气井生产后期，在增压开采条件下，井口产量已降到废弃产量直至废弃前的这一生产阶段。该阶段是低渗透气井生产的一个特殊阶段，递减缓慢，可维持相当长的一段时间。

3. 生产管理要求

（1）稳产阶段。对常规气井和下井下节流器气井，采用井口压力（油压或套压）下降速率和单位井口压降（油压或套压）产量为气井生产管理标准，根据气藏实际生产情况，调整气井配产，合理控制气藏压降，提高单位井口压降产量，延长稳产阶段生产时间，提高气藏采收率。

（2）递减阶段。气井依靠天然能量和增压经过一段时间的持续稳产后，进入产量递减阶段。递减阶段初期，气井产量下降较快，生产波动较大，主要做好气井生产动态监测，取全取准各项资料。

（3）低产阶段。气井地层能量不足，井口产量低，携液能力有限，无法用扩大压差来提高携液能力，因此排除井筒内的积液难度越来越大，且这时的井口压力基本与地面集输管线压力持平，致使压力较低的井无法进站，处于停产状态。这个阶段生产管理的主要内容就是解决井底积液及气井压力与地面集输压力之间的矛盾。

对不能正常生产的井，采取间歇生产方式或采取排水采气工艺措施，提高气井产量，恢复气井生产。目前低渗透致密砂岩气藏排水采气工艺主要有优化管柱、柱塞气举、泡沫排水、合理携液生产制度优化等多种技术。低产阶段，产量已很低时，依靠优化管柱方式已无法满足正常携液生产的需求，应综合分析各种实际情况，采用复合式排水采气技术，以满足气田正常生产的需求。

增压生产技术是解决气田低产阶段井口压力与集输管线压力矛盾的最佳途径，通过与井下节流器、中、低压集气技术，地面管网优化设计等多种技术的综合应用，可以达到降低投资，延长气井稳产年限，提高低渗透致密砂岩气藏采收率的目的。

4. 资料录取要求

（1）对于正常生产井原则上应每天录取井口油、套压和产量数据，也可根据动态分析的需要简化到2~3d录取一次；常关井每月录取一次井口油、套压数据。

（2）为了解储层横向变化，确定储层参数和平均地层压力，结合季节性关井，选取有代表性的气井，进行压力恢复测试，研究单位压降采出量。

（3）为了解气井产气剖面的变化情况及各产层贡献大小，每年应有目的地安排若干井进行产气剖面测试，并保证测试的连续性。

（4）气质分析及常规H_2S分析，要在投产初期测一次，之后根据需要进行抽检，水质分析则必须在新井投产10d内做全水质分析，且正常生产井每半年做一次氯离子分析，对于产水量较大的气井应加密取样分析。

三、提高低产气井产量的工艺技术

随着气田开发时间的增加，地层压力降低，部分气井产水呈现上升趋势，早期投产的气井大部分井口压力已经降至6MPa以内，部分气田新井产水量大，压力比较低，在今后的生产过程中低压、低产井的数量会逐渐增多，这些低压、低产气井产能普遍较差，不能满足携液要求，部分气井井底或井筒存在积液，严重影响了气井连续稳定生产。

针对目前低压、低产气井开发中存在的技术难题，通过优选管柱排水采气工艺技术、柱塞气举排水采气工艺技术、泡沫排水采气工艺技术、产水井复产综合工艺技术的研究，确保气井平稳生产，延长产水气井生产期，提高单井可采储量，详见第八章第五节采气工艺技术与采收率。表5-30是根据气井生产动态，选择相适应的排水采气工艺措施表。

表5-30 积液气井排水采气工艺措施表

动态分类	产气量 $10^4m^3/d$	套压 MPa	主体排水采气措施
连续生产井	>0.5	—	泡沫排水
间歇生产井	0.3~0.5	<15	速度管柱
	0.1~0.3		柱塞气举
积液停产井	0~0.1		气举复产

2012年长庆油田分公司开展排水采气措施1673口井，3.1万井次，累计增产气量$24875×10^4m^3$（表5-31），取得了良好的应用效果。排水采气已成为日常生产管理工作的重要内容。在众多的工艺技术措施中，"泡沫排水、智能投注、速度管柱"等排水采气工艺应用最广。

表5-31 2012年长庆油田排水采气工艺实施情况统计表

采气单位	泡沫排水 口	智能投注 口	速度管柱 口	柱塞气举 口	涡流工具 口	气举 压缩机气举 口	气举 氮气气举 口	气举 井间互联 口	已完成井数 口	增产气量 10^4m^3
三厂	588	46	35	3	2	25	—	—	699	9268
四厂	380	16	11	37	2	27	24	5	502	8523
五厂	395	32	16	2	6	21	—	—	472	7084
共计	1363	94	62	42	10	73	24	5	1673	24875

第七节 稳产接替

低渗透致密砂岩气藏地质条件复杂，认识难度大，开发过程中应该遵循"先肥后瘦、骨架井控制、逐级加密"的原则，采用区块接替与井间接替相结合的方法保持气田稳产。

气田开发早期，在储层条件好、天然气富集程度高、认识相对清楚的地区先行建产。建产过程中先用稀井网部署骨架井，通过骨架井进行气藏再认识，然后根据认识程度完成逐级加密，并保证气田稳产。随着气田开发进程的逐步深入，在认识清楚的地区也可以采用一次井网开发，进行区块接替。待气田优先开发的区块进入开发后期，在经济条件允许的条件下，在储层条件相对较差，天然气富集程度较低的地区安排建产能，以延长气田稳产期，并进一步提高气田采收率。

由于致密砂岩气井初期递减快，需要井间接替或区块接替来保证气田的稳产。以苏里格气田为例，按照直井生产方式，保持$250\times10^8 m^3/a$的稳产，每年需要新钻近1000口井弥补递减，工作量巨大，应最大限度地提高水平井的应用规模，减少稳产接替工作量，节约管理成本。另外，致密气井生产后期进入低压、低产的生产状况，携液能力差、井筒积液严重，需要开展低压、低产井采气工艺技术和生产管理研究，并借鉴国际智能化油气田开发管理的新理念和新技术，提高致密气开发水平。

参考文献

[1] 何光怀，李进步，王继平，等. 苏里格气田开发技术新进展及展望 [J]. 天然气工业，2011，31（2）.

[2] 何东博，王丽娟，冀光，等. 苏里格致密砂岩气田开发井距优化 [J]. 石油勘探与开发，2012，39（4）.

[3] 何东博，贾爱林，冀光，等. 苏里格大型致密砂岩气开发井型井网技术及应用 [J]. 石油勘探与开发，2013，40（1）.

[4] 门成全. 苏里格气田开发技术与经济政策评价 [D]. 北京：中国石油勘探开发科学研究院，2004

[5] 韩兴刚. 苏里格气田地质建模及数值模拟研究 [D]. 西安：西安石油大学，2004.

[6] 雷群，万玉金，李熙喆，等. 美国致密砂岩气藏开发与启示 [J]. 天然气工业，2010，30（1）

[7] 马新华，贾爱林，谭健，等. 中国致密砂岩气开发工程技术与实践 [J]. 石油勘探与开发，2012，（5）.

[8] 叶泰然，唐建明，文雪康，等. 三维三分量地震资料在川西深层致密砂岩气藏预测中的应用 [J]. 石油物探，2011，50（6）.

[9] 畅永刚，史松群，赵玉华，等. 基于SVD法三维地震属性优化技术在苏里格气田含气性预测中的应用 [J]. 天然气地球科学，2012，23（3）.

[10] 李安琪. 苏里格气田开发论 [M]. 北京：石油工业出版社，2008.

[11] 罗小军. 连续油管压裂工艺技术现状及所存在问题综述 [J]. 内蒙古石油化工，2012，12.

[12] 中国石油勘探与生产公司. 水平井压裂酸化改造技术 [M]. 北京：石油工业出版社，

2011.

[13] 王晓明. 苏里格气田低产低效气井中后期优化生产管理研究 [D]. 西安：西安石油大学 2007.

[14] 李强，赵宝利，韩七荣. 子洲—米脂气田低产低效井生产动态分析及管理方法 [J]. 石油天然气学报，2009，31（3）.

第六章 低渗透致密砂岩气藏水平井开发

近年来,水平井分段压裂技术的进步为致密砂岩气藏水平井开发提供了技术保障。目前,水平井开发技术在层状低渗透砂岩气藏中的应用获得了较好的开发效果,积累了一定的经验,如榆林气田长北区块与壳牌石油公司合作开发,采用双分支水平井,水平井段设计长度为2km,已投产的14口双分支水平井平均单井产量达到$63\times10^4m^3/d$,为直井产量的3倍以上。另外,水平井开发技术在透镜状低渗透致密砂岩气藏的开发中也获得了一定的突破,如苏里格气田经过多年持续攻关,通过富集区优选、井位优化、水平井优化设计与水平井储层多段改造等技术手段的综合应用,水平井单井产量提高到直井的3~5倍,有一批井获得了百万立方米以上的无阻流量。因此,随着我国低渗透致密砂岩气藏认识程度与储层改造技术的不断进步,通过水平井开发提高单井产量,进而获得较高经济效益是我国低渗透致密砂岩气藏有效开发的重要技术手段与长远发展方向。

低渗透致密砂岩气藏孔渗条件一般较差(孔隙度低于10%,基质渗透率小于1mD),储层在自然条件下渗流能力较低,天然气井自然产能较低或没有自然产能,受储层改造技术的限制,低渗透致密砂岩气藏开发长期采用直井开发的单一方式。直到21世纪初,随着压裂技术的进步,水平井技术才在美国和加拿大的低渗透致密砂岩气藏开发中得以广泛应用[1,2]。中国应用水平井技术开发低渗透致密砂岩气藏基本与北美同步,2005年壳牌公司在榆林气田长北区块应用水平井开发取得了良好效果[3]。近年来,随着苏里格气田的大规模开发以及低渗透致密砂岩气藏提高单井产量技术的持续攻关,中国逐步摸索并形成了以自有技术、自有装备为核心的水平井开发技术,在苏里格气田近400口水平井的应用中发挥了重要作用。

第一节 水平井开发现状

目前,中国低渗透致密砂岩气藏水平井开发技术主要应用于苏里格气田的开发,苏里格气田水平井的钻井工作量占全部水平井钻井工作量的90%以上。因此,苏里格气田水平井的开发现状基本上代表了我国低渗透致密砂岩气藏水平井的开发现状[4]。

一、苏里格气田水平井开发阶段

苏里格气田是典型的大面积、低丰度、低渗透砂岩气藏,砂体内部结构复杂,储层具有很强的非均质性,这给水平井的应用带来了较大的困难[5]。为了解决该类气藏单井产量低、经济效益差的开发难题,气田开发建设单位开展了长期持续的水平井开发探索和技术攻关,这个过程基本上可划分为3个主要的阶段,即:开发探索阶段、现场技术攻关与试验阶段、技术扩展与规模推进阶段。

1. 开发探索阶段

从2002年到2008年，经历了两轮尝试。2002年、2003年在苏里格气田部署两口水平井，希望通过水平井切割河道横穿多个有效砂体，增加单井控制储量而使气井获得高产，但试验结果没有达到预期效果，此后在苏里格气田长时期没有进行水平井开发试验。2007年，中国石油长城钻探工程公司在其承包的苏10区块再次尝试水平井开发，在高产直井控制的富集部位沿河道方向展布部署一口水平井，采用水力喷射压裂获得了较为明显的增产效果。随后中国石油长庆油田分公司在苏14井区以相同的思路部署另一口水平井，在该井采用两段水力喷射压裂后获得近$5\times10^4\text{m}^3$的井口产量。

2. 现场技术攻关与试验阶段

水平井部署思路的转变和压裂改造技术的应用，使2007年、2008年的水平井试验获得较为理想的效果，显示了苏里格气田水平井开发技术的良好应用前景。2009年，在苏里格气田加大了水平井技术攻关试验力度，当年在苏10、苏14、苏36-11和桃7四个区块部署10口试验水平井，开展地质优化设计与跟踪调整、快速钻井、3~5段水力喷射和裸眼封隔压裂改造等水平井主体开发技术试验，试验取得了良好的效果，水平井（平均钻井井深4500m）钻井周期缩短到60d左右，有效储层钻遇率提高到50%以上，水平井压后产量比周围直井增产4~6倍。苏里格气田水平井开发技术获得突破。

3. 技术扩展与规模推进阶段

2010年以后，在苏里格气田每年部署超过100口以上的水平井，在推广应用已成形技术的基础上，进一步开展了5段以上压裂、整体水平井开发、丛式水平井、长水平段水平井和分支水平井试验，逐步发展并完善了苏里格气田水平井开发技术。

二、水平井开发技术进步

通过10年的水平井技术攻关，中国在低渗透致密砂岩水平井布井技术、钻井技术和增产改造技术等方面取得了长足的进步。

1. 布井技术

布井技术进步主要表现在根据储层变化分别采用骨架井约束、区块整体部署、长水平段、双分支等多种方式组合部署。中国低渗透致密砂岩气藏储层分布存在很强的非均质性，有效储层富集特征变化较大，一般情况下应在骨架井约束的前提下，通过控制井研究控制区内的地质特点及储层变化，落实水平井井位并进行水平井地质设计，保证水平井成功率；对于局部富集条件优良、气层纵向集中度高、气层集中段砂岩厚度大、砂地比高的区域，采用区块整体部署的方式进行水平井开发；对于局部有效砂体延伸范围大、构造平缓的部位，部署长水平段水平井提高单井的控制储量；对于存在明显两套或两套以上气层，单一层位均能满足经济条件且层间各层良好的部位，一般应用分支水平井开发。

2. 钻井技术

钻井技术进步主要表现在水平井钻井提速与井眼控制两个方面。通过井身结构优化、PDC钻头优化等技术大幅度提高钻井速度，使4500m进尺的钻井周期缩短到两个月，极大地降低了开发成本。井眼轨迹优化和斜井段防塌、水平段储层保护钻井液技术，较好地解决了井眼控制问题。

3. 增产改造技术

增产改造技术形成了不动管柱水力喷射分段压裂和裸眼封隔器分段压裂两套技术系列，并自主研制了成套的压裂工具（图6-1、图6-2）。2010年不动管柱水力喷射分段压裂工艺技术实现$4\frac{1}{2}$in套管压裂7段的水平；2011年重点攻关1000m以上水平段多段压裂技术，通过$\frac{1}{8}$in小级差滑套结构设计及耐磨性能研究，研发了新型小级差滑套及高强度、小直径喷射器，具备$4\frac{1}{2}$in套管分压10段和6in裸眼分压15段的能力。2011年后以形成6in井眼水平井裸眼封隔器分段压裂配套技术、有效降低水平井开发成本为目标，开展了$\frac{1}{8}$in级差多级滑套压裂管柱研究，并实现了$3\frac{1}{2}$in裸眼封隔器一次分压13段（具备一次分压15段能力），有效解决了引进的裸眼封隔器工具费用高、组织周期长、技术推广困难的问题。在此基础上，积极开展对外合作，引进遇油膨胀封隔器分段压裂工艺技术，并在苏里格低渗透砂岩气田开展现场试验，为下一步国产化奠定了基础。

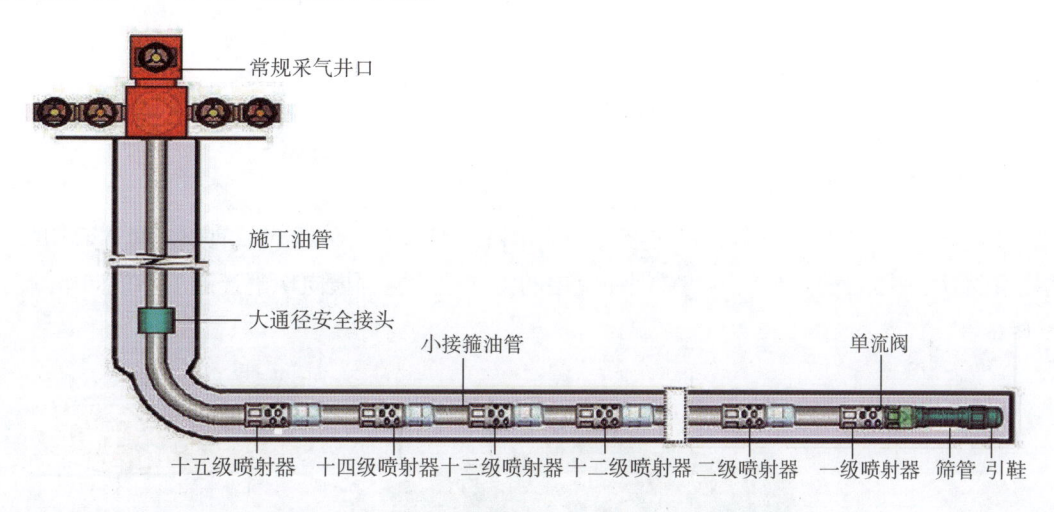

图6-1 自主不动管柱水力喷射分段压裂工具

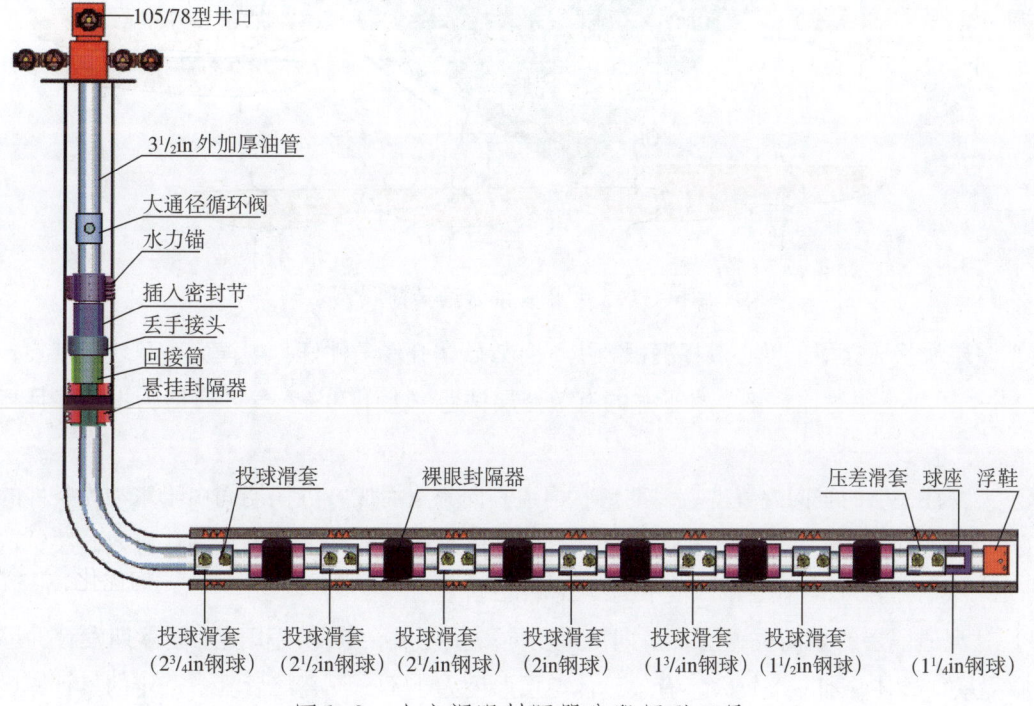

图6-2 自主裸眼封隔器分段压裂工具

第二节　水平井地质目标评价与优化设计

一、水平井地质目标优选的重要性

中国开发低渗透致密砂岩气藏的水平井在鄂尔多斯盆地上古生界实施较多，这里低渗透致密砂岩气藏多为大型辫状河沉积，多期次辫状河河道的频繁迁移与叠置切割作用，使得气藏砂体多以小规模的孤立状形态分布在纵向多个层段中[6,7]。例如苏里格气田，其主力层盒$_8$至山$_1$段90~100m的地层可划分为7个小层，各小层均有气层发育，单一小层的气层钻遇率低于40%，主力层不明显[8]。但在整体分散的格局下，局部区域存在多期砂体连续加积形成的垂向厚度大、连续性很好的砂岩和气层集中段，有利于水平井的实施[9~11]。因此，对于低渗透致密砂岩气藏应用水平井开发，应优选合适的地质目标才能获得好的开发效果。

二、水平井地质模型

通过对水平井及邻井的地质剖面解剖分析，苏里格气田水平井钻遇的地质模型可以总结为厚层块状孤立型、具物性夹层的垂向叠置型、具泥质隔层的垂向叠置型、横向切割连通型和横向串糖葫芦型5种类型（图6-3）。

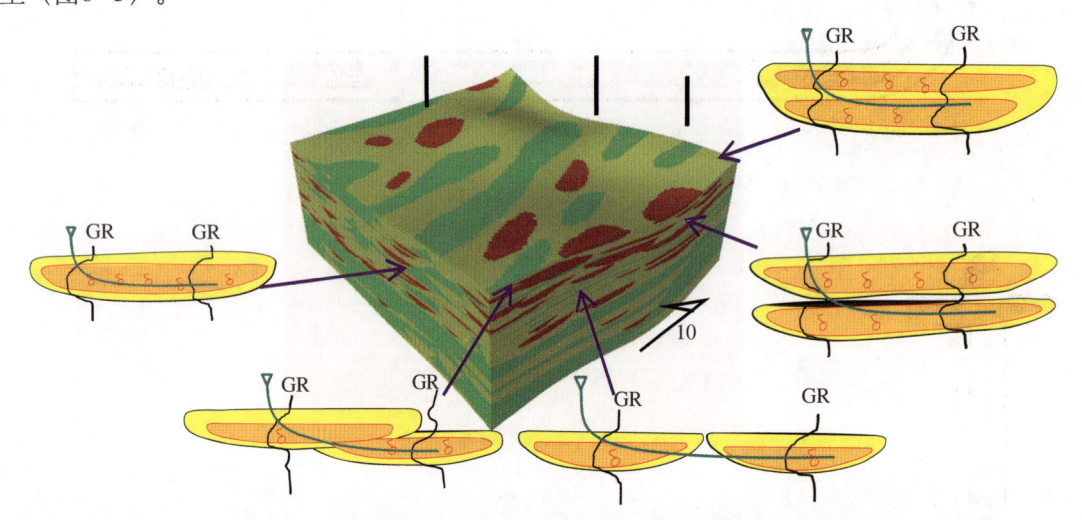

图6-3　5种水平井储层地质模型

（1）厚层块状孤立型。以心滩相沉积为主，有效砂体孔渗条件好、规模大，呈块状富集，横向分布稳定，井间可以追踪对比，该类水平井的有效储层钻遇率大于70%，气井产能为中—高且高产井比例大。

（2）具物性夹层的垂向叠置型。多期辫状河道垂向叠置而成，沉积期间由于水动力条件的变化，存在厚度小于3m的物性夹层，砂体复合连片，有效砂体累计厚度大，该类水平井有效储层钻遇率变化较大，气井产能从低到高均有分布，但中高产气井的比例大。

（3）具泥质隔层的垂向叠置型。多期河道垂向叠置而成，其间沉积洪水间歇期发育的厚层小于3m的泥质隔层，砂体叠加厚度较大，有效砂体单层厚度大小不一，叠加后具备一定的累计厚度，该类水平井有效储层钻遇率变化大，气井产能为低—中等，一般以中等产气井为主。

（4）横向切割连通型。不同期次河道砂体或心滩砂体前积形成的横向切割、局部连通砂体，横向砂体分布范围较大，砂体连续性较好。有效砂体延伸长度较大（一般在800m以上），具有一定的连续性和连通性，水平井产能以中高产为主。

（5）横向串糖葫芦型。水平井钻遇两个（或两个以上）临近的独立有效砂体，剖面上呈"串糖葫芦"形状，单个有效砂体规模较小，多个有效砂体合计长度较大，该类水平井有效储层钻遇率一般较低，气井产能以低产气井为主。

三、水平井地质模型在辫状河体系中的分布

根据砂体发育的不同特点，大型辫状河体系可划分为辫状河体系叠置带、辫状河体系过渡带和辫状河体系间洼地3种不同相带类型[12]（图6-4）。相带的形成与辫状河道频繁迁移、水动力条件、古地形地貌有关，其中叠置带所处古地貌最低洼处，坡降相对最大，为古河道持续发育带（图6-5）。

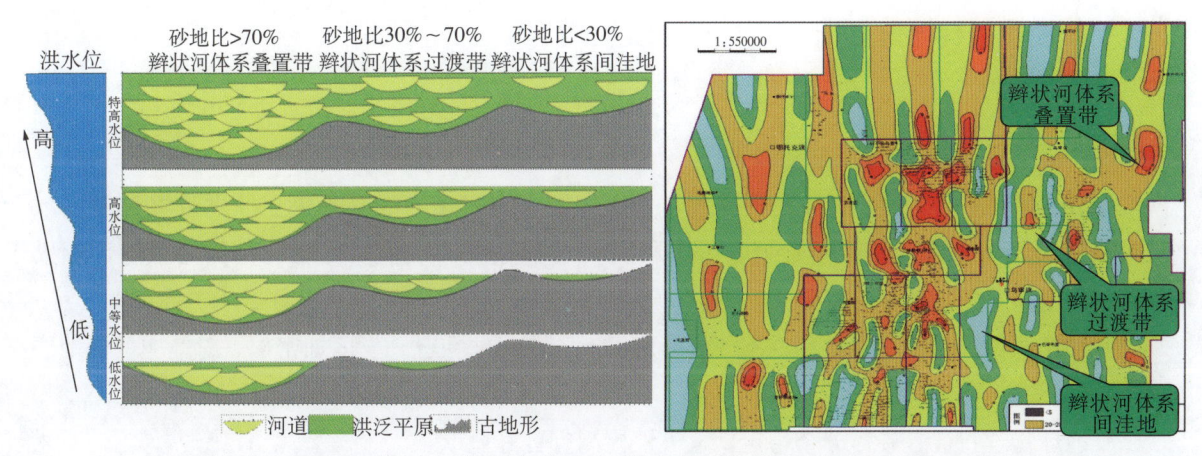

图6-4 辫状河体系相带划分及各相带在苏里格气田的平面分布示意图

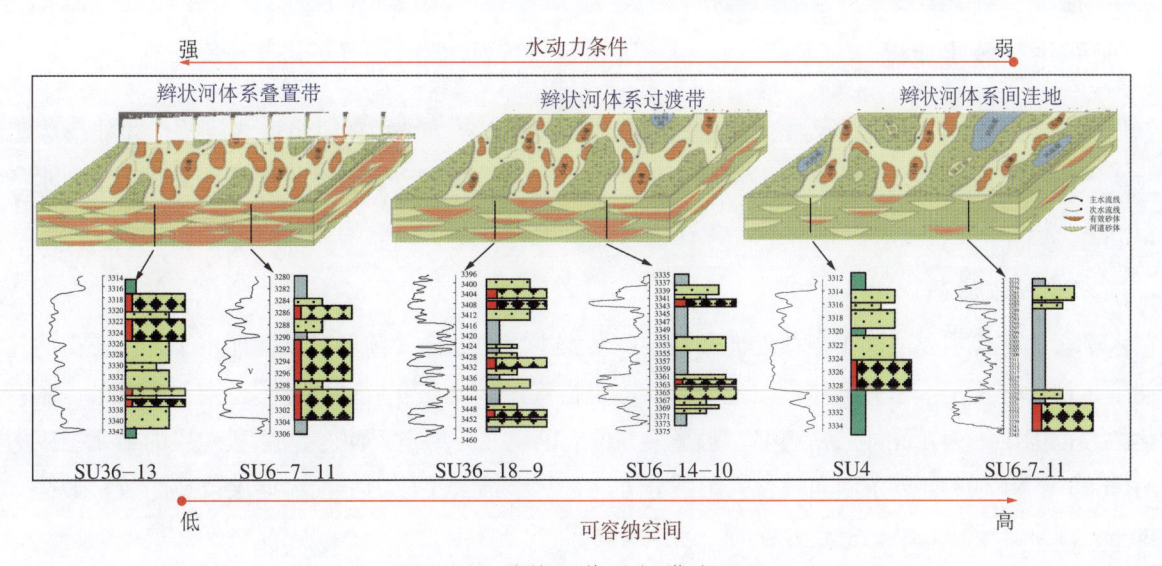

图6-5 辫状河体系相带成因图

1. 辫状河体系叠置带

辫状河体系叠置带的砂地比大于70%，泥岩夹层不发育，为多期河道反复叠置形成厚层砂岩体，

砂体复合厚度一般大于15m，有效砂体集中分布、累计厚度多在10m以上。河道砂体在反复叠置切割的过程中，可形成大型心滩复合体、心滩与河道复合体以及河道与河道复合体，是厚层块状孤立型和具物性夹层的垂向叠置型有效储层复合体的主要分布相带，也是水平井部署的最优相带。

2. 辫状河体系过渡带

辫状河体系过渡带的砂地比在30%～70%之间，砂泥岩互层分布，有效储层分布局限，一般为洪水期河流短期改道而快速沉积的较厚粗砂岩，多为薄厚不等的孤立状有效砂体，可在有效砂体较厚的部位单井点部署水平井[13]。

3. 辫状河体系间洼地

辫状河体系间洼地的砂地比一般低于30%，为"泥包砂"结构，砂体薄层状零星分布，有效储层不发育，不具备部署水平井的条件[14]。

四、水平井地质目标评价标准

通过水平井井筒地质剖面和辫状河沉积体系储层结构的系统分析，应用水平井开发必须优选地质目标，有利地质目标的评价标准总结如下。

（1）地质条件。处于辫状河道叠置带，砂体厚度大于15m，气层集中、厚度或累计厚度大于6m，储层横向分布较稳定、连续性好、邻井可对比性强，主力层储量占垂向剖面储量的比例大于60%。

（2）动态条件。邻井产量较高，水气比小于$0.5m^3/10^4m^3$，在已开发区加密部署时，应保证地层压力较高。

（3）地球物理特征。砂体分布稳定，含气性检测有良好显示。

五、水平井参数优化设计

低渗透致密砂岩气藏储层结构与空间分布特征异常复杂，气井必须经过储层改造才能形成工业产能，同时考虑水平井开发的高投入性质，需要针对低渗透致密砂岩气藏储层的特点与工程技术的需求，从水平段方位、水平段长度以及水平井压裂间距3个方面优化水平井技术参数[15, 16]。

1. 水平段方位

水平段的方位主要取决于砂体走向和地层的最大主应力方向，前者可以保证水平井段较高的气层钻遇率，后者保证了水平井的压裂改造效果。苏里格气田砂体和有效砂体基本呈南北向展布，东西向变化快、范围小，为保证气层钻遇率，水平段方位应以南北向为主。同时，盒$_8$段地层的最大主应力方向为NE98°～NE108°（近东西向），人工裂缝方向平行于最大主应力方向时储层改造的效果最优，因此水平段应垂直于最大水平主应力方向，选择南北方向。

2. 水平段长度

实践证明，水平井产能随水平段长度的增加呈非线性增大，水平段长度达到一定范围后产能的增幅逐步减小，而随着水平段长度的增加，对钻井技术、钻井设备以及钻井成本的要求会越来越大。

同时，低渗透砂岩储层的非均质特点，也对水平井的气层钻遇率提出了较高的要求[17]。针对苏里格型气藏，一般从地质、气藏动态、理论计算与数值模拟等方面综合论证水平井的合理水平段长度为1000～1200m。首先，苏里格气田有效砂体在各小层的分布高度分散，7个小层单层的有效砂体钻遇率除盒$_{8下}$2小层为37.42%外，其余6个小层仅为12.25%～21.83%，也就是说单一小层上两套有效砂体的平均间距在2000m以上，一口水平井同时钻遇两套有效砂体无论从技术上还是经济上都具有明显的风险，因此应以控制一套有效砂体为主。实际钻井地质统计表明，苏里格气田适合水平井开发的5类地质目标的有效砂体长度在670～1600m之间，因此水平井段长度应控制在800～1500m之间；其次，通过对111口不同水平段长度的水平井进行分类统计分析，发现水平段长度超过1200m后气井产量没有明显的增加，可以认为水平段长度应控制在1200m以内；再次，应用气田实际生产井资料修正Joshi水平井产能公式，计算苏里格气田较合理的水平段长度为1200～1400m；最后，在建立地质模型的基础上部署虚拟井，模拟不同水平段长度条件下水平井生产指标的变化规律，模拟结果显示苏里格气田水平井水平段的合理长度为1200～1500m。

3. 水平井压裂段数/间距

低渗透致密砂岩气藏储层渗透性极差，气井基本上没有自然产能，必须经过压裂改造才能获得一定的产能[18]。根据压裂井人工裂缝渗透原理可知，人工裂缝只改变裂缝周边很小范围的储层渗流条件，更大范围储层的渗流仍然要靠基质渗透来完成。由于水平段一般较长（苏里格气田水平井水平段长度为1000～1200m），人工裂缝在方向上垂直于水平井筒，单一裂缝系统对水平井产能的贡献较小，必须采用分段压裂的方式在水平井筒上形成多个裂缝系统的组合，才能获得较高的产能。但是，水平段长度是一定的，单个裂缝系统也存在一定的控制范围，压裂间距太大（压裂段数小）则裂缝间储层无法彻底动用，压裂间距太小（压裂段数大）则裂缝间相互干扰产生经济上的浪费。因此，低渗透砂岩水平井需要进行压裂改造，且必须开展压裂段数/间距的优化。以苏里格气田水平井为例，采用理论分析、数值模拟、国外成果类比等方法进行综合分析与论证，认为覆压条件下渗透率为0.01～0.1mD的低渗透致密砂岩气藏，采用水平段合理压裂间距为100～150m之间。

第三节 水平井开发指标预测

一、优选井位加密部署

中国低渗透致密砂岩气藏的地质条件复杂，部分气藏有效砂体规模小且分布分散，纵横向变化快，部分气藏产水，气水关系复杂，这些都严重制约着水平井的产量和开发效果。因此，目前一般都采用先优选富集区，再优选井位的思路进行开发部署。在此基础上，进行加砂压裂增产改造，获取相对高产的工业气井。

根据国内低渗透致密砂岩气藏现有的400多口水平井资料统计，水平井的试气无阻流量主要在$40 \times 10^4 m^3/d$以上，试气产量主要在$6 \times 10^4 m^3/d$以上。但部分井的修正等时试井数据分析表明：由于测试时间较短，低渗透致密砂岩气藏气井的压力传导范围有限，因此，水平井试气计算的无阻流量普遍偏高较多，与试井计算的无阻流量相比，相对误差在15%～60%左右。

由于通过测井等静态资料无法获取水平井钻遇有效储层的垂向厚度参数，加上试气无阻流量的误差较大，因此，低渗透致密砂岩气藏水平井的分类应综合多方面的因素。在对国内苏里格气田290口水平井地质分析和产能评价的基础上，初步提出了低渗透致密砂岩气藏水平井的分类评价标准（表6-1）。

表6-1 低渗透致密砂岩气藏水平井分类评价标准

项目	分类	Ⅰ类井	Ⅱ类井	Ⅲ类井
钻遇气层长度，m		>600	400~600	<400
相邻直井	邻井曲线形态	平滑箱形	齿化箱形	钟形
	邻井储层可对比性	好	一般	差
	邻井气层厚度，m	>15	10~15	<10
无阻流量，$10^4 m^3/d$		>60	20~60	<20
稳产3年配产，$10^4 m^3/d$		>6	3~6	<3

低渗透致密砂岩气井单井指标论证常用的方法有：产能试井方法、产量不稳定分析法、产量递减法、产量累计法、数值模拟法、单压裂段叠加法等。国内低渗透致密砂岩气藏水平井开发起步较晚，水平井生产时间普遍较短，大部分井难以应用气藏工程理论评价方法。因此，以苏里格气田为例，挑选生产时间较长的水平井，采用动态数据折算法和单井数值模拟法，论证了苏里格气田水平井稳产3年条件下的合理配产量。同时，采用产量不稳定分析法、产量递减法和单井数值模拟法，论证了苏里格气田水平井的最终累计产量（表6-2）。

表6-2 苏里格气田水平井开发指标

气井类别	稳产3年合理配产量，$10^4 m^3/d$	最终单井累计产量，$10^4 m^3$
Ⅰ类井	8.1	14000
Ⅱ类井	4.5	7500
Ⅲ类井	2.1	4200
加权平均	4.5	7880

注：苏里格气田水平井开发指标是平均数据，随着井数的变化会有所变化，本表属指标性数据。

二、区块整体部署

国内低渗透致密砂岩气藏属河流相或三角洲相沉积，部分区块有效储层整体比较发育，随着富集区预测技术和水平井开发技术的进步，可预测富集区再进行水平井整体部署。目前，国内还没有成熟的水平井整体开发区，因此，只能根据数值模拟方法进行水平井整体部署情况下的开发指标预测。

具体来讲，在预测的富集区内，选择骨架井控制程度较高的区域，建立精细地质模型，运用直井参数和生产数据，进行历史拟合，然后将动态数据校正后的地质模型中的直井全部删除，按合理的水平井网、水平段长度、压裂段数，全部进行水平井部署，从而模拟预测水平井的生产特征、最终累计产量及区块的最终采出程度。

选取苏里格气田苏14密井网区建立精细地质模型，模型面积为12.5km²，地质储量为18×10⁸m³，地质储量丰度为1.45×10⁸m³/km²。该模型的储量丰度与苏里格气田的平均储量丰度非常接近，具有一定的代表性。按南北向井距1600m、东西向排距600m均匀布井12口，部分井采用头尾交互式部署，平均水平段长度1161m，压裂6段。经模拟计算，按稳产3年的要求，井均配产4.1×10⁴m³/d，最终累计产量6970×10⁴m³（图6-6）。

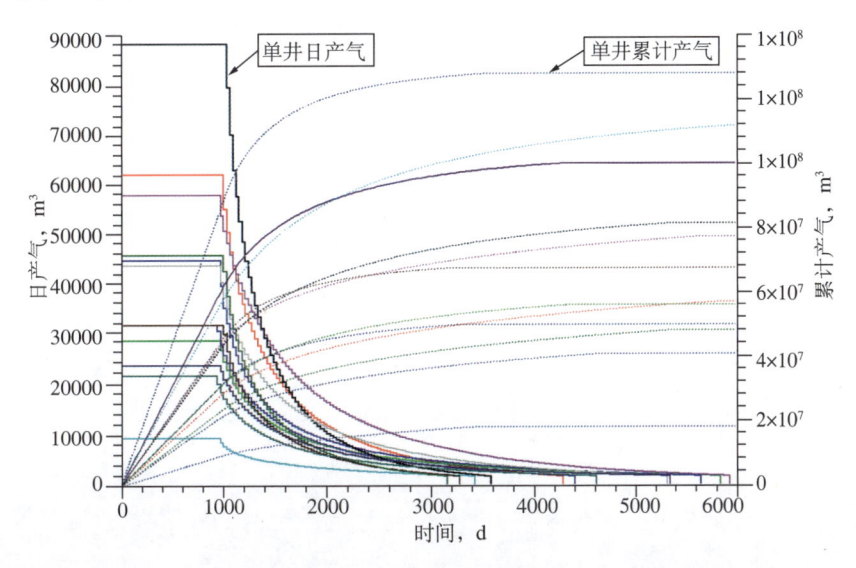

图6-6 苏14密井网区各井产量和累计产量预测图

苏14密井网区水平井生产时间15年，进入递减期后，初期产量年递减率较大，但逐年降低，产量年递减率拟合曲线为$y=2.005t^{-1.1}$（图6-7）。

苏14密井网区水平井单井控制面积0.96km²，控制地质储量1.392×10⁸m³，单井平均累计产量6970×10⁴m³，估算总地质储量采收率50%；水平井主要动用层段盒₈下段，储量占总储量的63%，盒₈下段采收率79.5%。

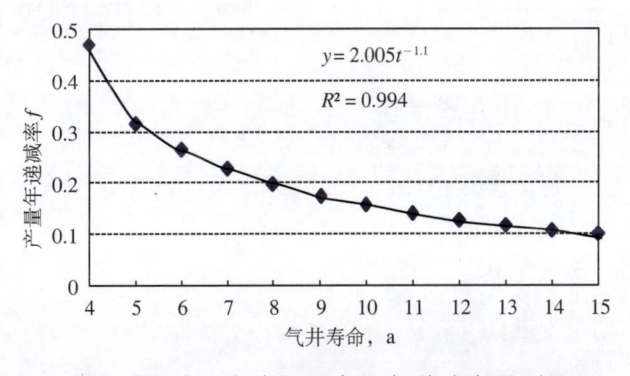

图6-7 苏14密井网区产量年递减率预测图

第四节 关于水平井开发的几点思考

一、分段压裂水平井产能评价新思路

水平井分段压裂技术是提高低渗透致密砂岩气藏单井产量和经济效益的关键技术手段。低渗透致密砂岩气藏水平井的产能受有效水平段长度、有效压裂段数的影响很大。实际上，不同时间、不同工具实施的水平井的有效水平段长度和有效压裂段数都不尽相同，部分井差别很大。如果以井为单位进行产能评价，势必会增加评价的难度或降低各井的可对比性。

对于天然裂缝不发育的低渗透致密砂岩气藏的气井，在未经压裂改造之前，几乎没有自然产能或自然产能很低，无法达到工业气流。通过多段加砂压裂改造，增加泄气面积，才能得到工业产量，即大部分产量均由裂缝贡献。因此，在储层条件不变的情况下，有效压裂段数不同，气井的产量也是不同的。在合理的压裂间距下，水平段长度越长，气井的有效压裂段数越多，气井的产量也越高。因此，国际上多采用单压裂段产能叠加法进行水平井产能评价。在西加盆地的Montney组致密气藏曾采用单压裂段产量递减分析方法（Type Curve）（图6—8）评价气井产能和预测气藏单井控制地质储量。

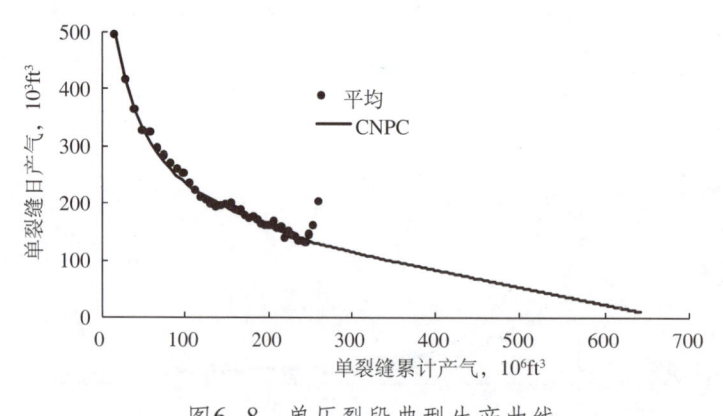

图6—8 单压裂段典型生产曲线

苏里格气田有效水平段长度与无阻流量存在一定的正相关关系，压裂段数与无阻流量关系不明显，主要原因在于不是所有的人工裂缝都是有效的。

二、布井方式

低渗透致密砂岩气藏渗透性相对较差，水平井段两端点的泄压范围会有所不同，且随着水平井段的增加，两端点的泄压范围差别更大，水平井的泄压平面整体呈现梯形轮廓（图6—9）。因此，整体部署水平井时，考虑水平段泄压平面的梯形特征，应采用头尾交互的布井方式，以提高平面上储量的动用程度。

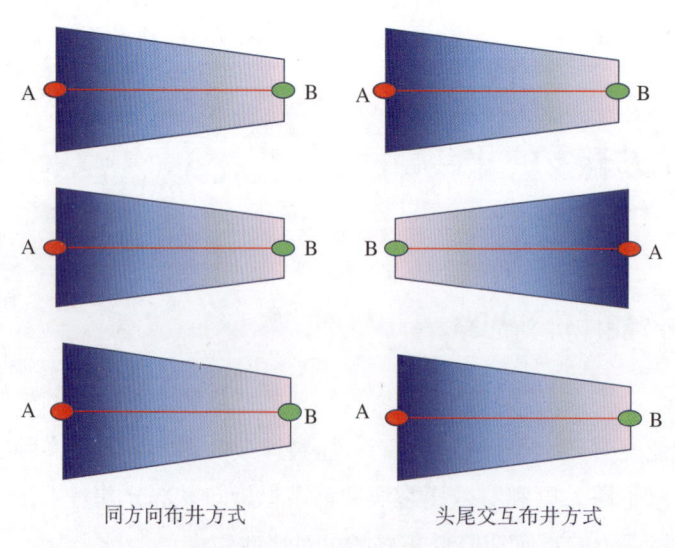

图6—9 水平井布井方式示意图

三、储层结构特征与储量动用程度

国内低渗透致密砂岩气藏的沉积环境和储层发育特征，决定了不同期次沉积的储层内部及储层之间存在隔夹层或阻流带，同一期次沉积的储层内部也可能存在落淤层或物性阻隔层（图6-10）。从水平井钻遇的储层剖面上，可以看到阻流带的存在（图6-11）。从不同井型的生产动态，也反映出储层砂体内部阻流带的存在（表6-3）。

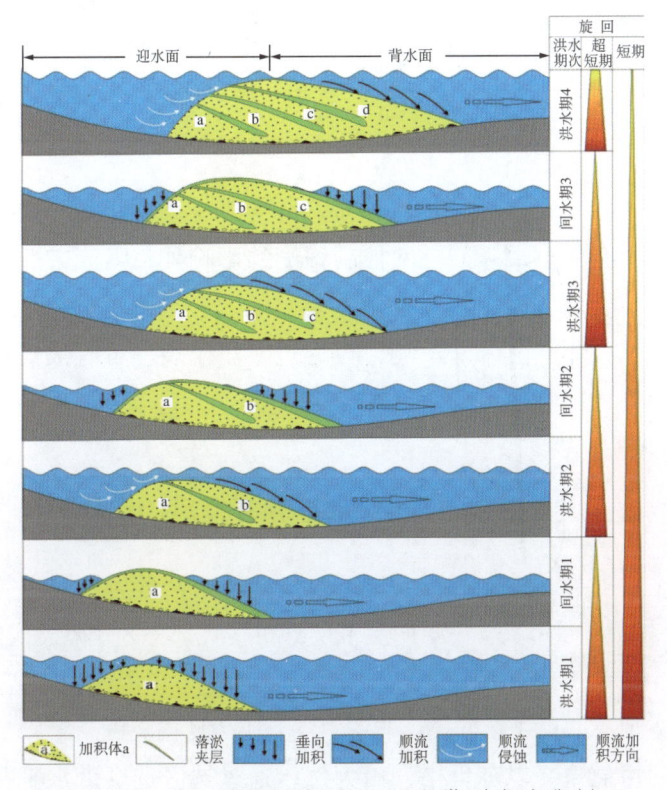

图6-10 单心滩顺流加积及阻流带形成演化剖面

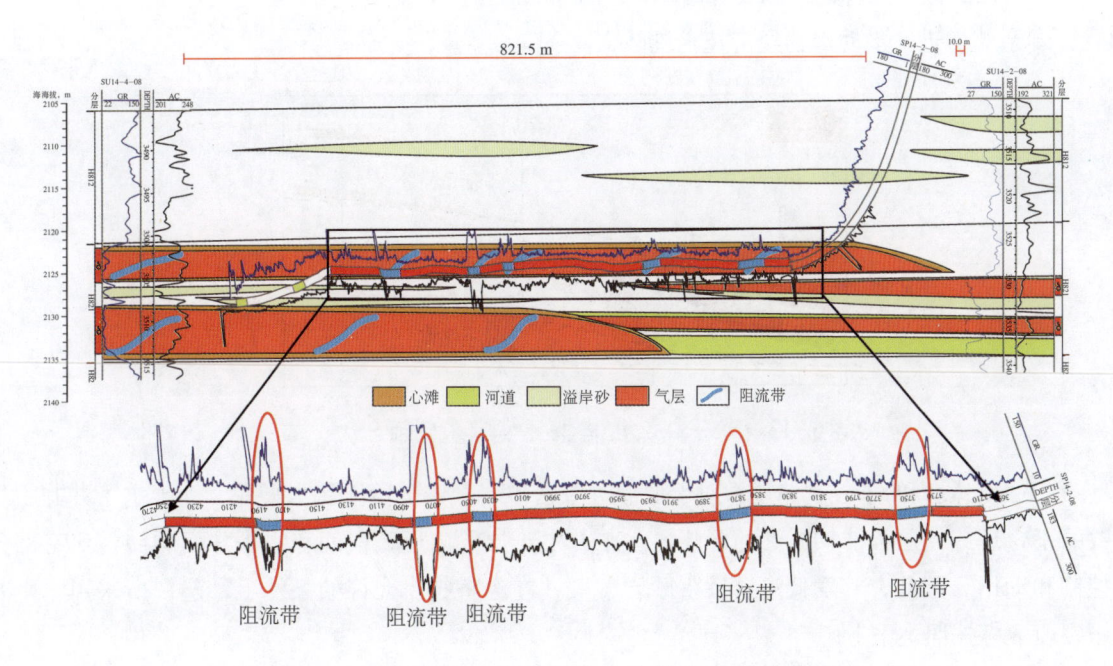

图6-11 苏平14-2-08水平井钻遇阻流带构型剖面

表6-3 苏里格气田水平井单井累计产量预测表

单位：10⁴m³

方法\井型	水平井			直井		
	Ⅰ类井	Ⅱ类井	Ⅲ类井	Ⅰ类井	Ⅱ类井	Ⅲ类井
产量不稳定分析法	14100	7400	3900	3897	2228	1157
产量递减法	13400	7500	4500	3688	2166	1143
数值模拟法	14400	7600	4200	3705	2225	1160
平均	14000	7500	4200	3742	2172	1137
加权平均	7880			2200		

苏里格气田在直井开发方式下采收率较低，除了井网控制程度的影响外，阻流带造成钻遇砂体动用不完善也是主要原因之一，而水平井可以克服"阻流带"的影响，再通过多段压裂，可有效提高钻遇储层的动用程度（图6-12）。

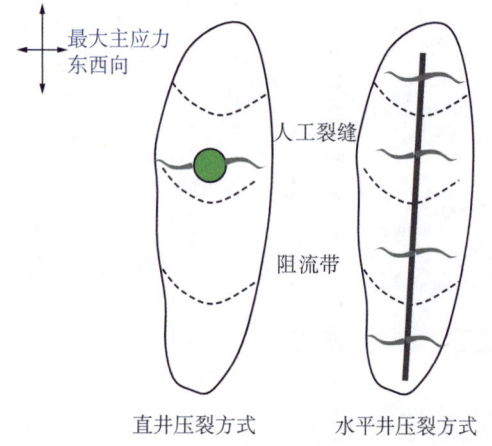

图6-12 直井和水平井压裂方式对比

四、水平井开发后的挑战

国内低渗透致密砂岩气藏有效储层非均质性强，垂向上多层分布，且部分区块隔夹层发育，主力层分布不明显，采用一套水平井多段压裂改造进行开发，开发后的未动用储量将高度分散，主要有两种存在方式：非主力层、主力层内。

（1）非主力层未动用储量。以苏里格气田为例，通过选区选层，水平井剖面储量动用程度可达到60%以上，剖面上40%的剩余储量多分布在1个以上的小层，剩余单层的储量小于等于20%（图6-13），剩余储量进一步动用的经济技术挑战大。

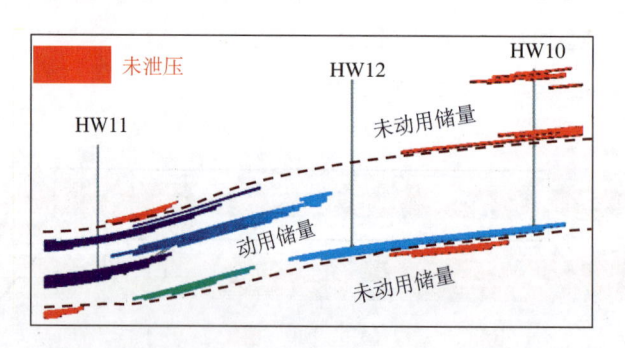

图6-13 水平井数值模拟开发期末剖面压力分布

（2）主力层段内的未控制储量。对于低渗透致密砂岩气藏多段压裂水平井，由于水平井井距和压裂段数的不合理或储层强非均质性的影响，水平井生产层段内压裂段间和水平井间的储量仍有部分未有效控制和动用。因此，开发低渗透致密砂岩气藏，在经济技术允许的条件下，建议所采用水平井井距和压裂段数应按照上限考虑。

参考文献

[1] Giger F M. Low-permeability reservoirs development using horizontal wells [C]. SPE 16406, 1987：561-574.

[2] Joshi S D. Horizontal well technology, Chapter 3 [M]. Pennwell Publishing Company, Tulsa, Oklahoma, 1991：73-94.

[3] 王家宏. 中高渗透油藏水平井整体开发水平段设计方法 [J]. 石油学报, 2008, 29 (3).

[4] 位云生, 贾爱林, 何东博, 等. 致密气藏分段压裂水平井产能评价新思路 [J]. 钻采工艺, 2012, 34 (1).

[5] 唐俊伟, 贾爱林, 何东博, 等. 苏里格低渗强非均质性气田开发技术对策探讨 [J]. 石油勘探与开发, 2006, 33 (1)：107-110.

[6] 葛云龙, 逯径铁, 廖保方, 等. 辫状河相储层地质模型——"泛连通体" [J]. 石油勘探与开发, 1998, 25 (5)：77-80.

[7] 刘钰铭, 侯加根, 王连敏, 等. 辫状河储层构型分析 [J]. 中国石油大学学报（自然科学版）, 2009, 33 (1)：7-11.

[8] Ailin Jia, Dongbo He, Chengye Jia. Advances and challenges of reservoir characterization：a review of the current state-of-the art [M]. Earth Sciences, 2011.

[9] Ailin Jia, Dongbo He, Chengye Jia, et al. From outcrop to reservoir, a comprehensive approach to reservoir characterization [C]. AAPG, 2010.

[10] 何东博, 贾爱林, 田昌炳, 等. 苏里格气田储层成岩作用及有效储集层成因 [J]. 石油勘探与开发, 2004, 31 (3)：69-71.

[11] 贾爱林, 郭建林, 何东博, 等. 精细油藏描述技术与发展方向 [J]. 石油勘探与开发, 2007, 34 (6)：691-695.

[12] 贾爱林, 唐俊伟, 何东博, 等. 苏里格气田强非均质致密砂岩储层的地质建模 [J]. 中国石油勘探, 2007, (1)：12-16.

[13] 贾爱林, 何东博, 何文祥, 等. 应用露头知识库进行油田井间储层预测 [J]. 石油学报, 2003, 24 (6)：51-53.

[14] 郭建林, 陈程, 贾爱林, 等. 应用随机模拟方法预测苏里格6井区有效砂体分布 [J]. 石油天然气学报（江汉石油学院学报）, 2006, 28 (5)：54-57.

[15] 位云生, 何东博, 冀光, 等. 苏里格型致密砂岩气藏水平井长度优化 [J]. 天然气地球科学, 2012, 23 (4)：775-779.

[16] Dongbo He, Ailin Jia, Chengye Jia, et al. Well spacing optimization for tight sandstone gas reservoir [C]. SPE 131862, 2010：1-6.

[17] 王振彪. 水平井地质优化设计 [J]. 石油勘探与开发, 2002, 29 (6)：78-80.

[18] 范子菲, 宋文杰, 周继涛. 确定水平井水平段、垂直井射孔段最优位置方法研究 [J]. 石油勘探与开发, 1995, 22 (3)：72-75.

第七章 低渗透致密砂岩气藏储层改造技术

低渗透致密砂岩气藏有自己独特的地质特征，多年来在充分认识这些特征的基础上，根据其压裂难点拟订了相应的技术对策[1]，并在实践中取得了一定的效果。

（1）储层低孔低渗，物性较差，要求压裂形成适当长缝，与井网系统相匹配，在压裂的同时进一步认识储层。针对这些特点和压裂要求，在实施中进行裂缝与储层物性和井网的优化匹配，实施较大规模压裂施工（支撑剂段塞、变排量施工技术）和测试压裂技术，开展水平井多段压裂现场试验。

（2）地层致密，易水锁，对外来流体的低伤害要求高。实施高效破胶技术、控水锁技术、助排技术（氮气+高效助排剂、合理的放喷控制、排液制度优化）。

（3）部分砂岩气藏储层压力系数低。实施优化液体返排技术（放喷油嘴优化、返排速度控制）、前置液或全程液氮拌注技术。

（4）有一定的应力遮挡，但储层薄，有一定的层间差异；既要保证纵向铺置剖面合理，又要控制裂缝高度。实施变排量施工技术，控制起始缝高，后期提排量有利于提高砂液比；实施支撑剂段塞技术、前置液投球技术、压后适当关井等。

（5）储层多而薄，单一储层难以形成经济产能，实施分层压裂改造合层开采技术，充分动用纵向上的各储层，最大幅度地提高单井产量。

第一节 压裂工艺技术

一、控制缝高技术

在水力压裂中，如何控制裂缝高度、裂缝缝长是比较棘手的问题。当气层很薄或上下盖层为弱应力层时，垂直裂缝过度向上或向下延伸，会穿透产层进入盖、底层；同时，过大的缝高会阻碍缝长的延伸，影响压裂液效率，进而影响压裂效果，造成压裂液和支撑剂的浪费。对于底水气藏，过大的缝高可能会连通水层，引起气井水淹。所以，将缝高尽量控制在产层内是压裂成功的关键因素之一。

控制裂缝垂向延伸高度最根本的问题在于准确了解产层与遮挡层之间的地应力差，合理选择压裂设计参数。近年来，国内外工程技术人员在这方面做了很多研究，尤其是美国在20世纪80年代发明的几项缝高控制技术，在油气田中得到了广泛应用，效果很好。在现场的实际应用中，为达到最佳效果，往往组合应用几项控制缝高技术，如针对苏里格西区部分井气层底部含水，通过压裂初期加入物理下沉剂形成人工遮挡层，同时结合降低规模和变排量压裂，防止裂缝延伸至水层。

低渗透致密砂岩储层物性差，要想获得理想的改造效果，必须通过压裂形成适当的长缝，增加泄流面积，这就要求必须有效控制裂缝高度。对于低渗透致密砂岩气藏，常用的控制缝高技术有[2~5]以下几种。

1. 利用泥质遮挡层控制裂缝高度

遮挡层的地应力差是影响人工裂缝延伸高度的首要因素。对于具有较高地应力的泥质遮挡层可利用应力差来控制裂缝高度。根据大量现场资料统计和室内研究，利用泥质遮挡层控制裂缝高度一般应具备以下两个条件：（1）对于常规作业，在砂岩气层上下的泥质遮挡层厚度一般应不小于5m；（2）上下遮挡层地应力高于气层地应力2.1~3.5MPa时更为有利。

遮挡层厚度可以利用测井曲线确定，气层和遮挡层地应力值则可以通过小型压裂测试、声波和密度测井或岩心试验取得。这种控制缝高的方法简便易行，但推广应用有一定的局限性。

2. 利用施工排量控制裂缝高度

施工排量越大，裂缝越高。不同地区由于地层情况不同，施工排量对裂缝高度的影响也不相同。在美国棉谷地区通过压裂后测井温，总结出施工排量与裂缝高度有如下关系：

$$H = 7.23 \times e^{1.03Q} \tag{7-1}$$

式中 H——裂缝高度，m；
Q——施工排量，m^3/min；
e——自然对数的底。

为了避免裂缝过高，一般应将施工排量控制在3.5m^3/min以内。

3. 利用压裂液黏度和密度控制裂缝高度

在其他参数相同的情况下，压裂液黏度越大，裂缝越高，目前尚没有定量关系。一般认为，压裂液在裂缝内的黏度保持在50~100mPa·s比较合适。

还可以通过调整压裂液密度控制裂缝高度。该方法根据压力梯度来计算压裂液的密度，主要是通过控制压裂液垂向压力的分布来实现。若要裂缝向下延伸，应采用密度较大的压裂液；若要裂缝向上延伸，则应采用密度较小的压裂液。

4. 变排量压裂技术

在上下隔层地应力差值小的薄气层的压裂改造中，采用变排量压裂技术可在一定程度上限制裂缝高度过度延伸。在控制裂缝向下延伸的同时，可增长支撑缝长，增加裂缝内支撑剂铺置浓度，从而可有效地提高增产效果。

实例分析：白马庙地区侏罗系蓬莱镇组气藏类型为构造—岩性气藏，透镜状砂岩储层，产层深度为750~1050m，地层压力为9.2~14.7MPa，压力系数为1.1~1.5，气藏温度为44~74℃，气藏驱动类型为弹性气驱。在对这种上、下隔层地应力差小的薄气层的压裂时，目前通行的办法是控制排量、采用低黏度压裂液施工。但这样会造成支撑缝长有限、缝内支撑剂铺置浓度低和裂缝导流能力差、增产幅度小的结果。通过技术研究和调研后，采用变排量的方法来控制缝高，其原则是"小排量造缝，大排量加砂"。具体做法是：开始以小排量压开地层，挤入前置液；进入携砂液阶段后，逐步提高排量。分为3步：（1）低排量泵注前置液及一部分低黏携砂液；（2）瞬间提高泵排量（根据储层情况，可一次或多次地进行排量跃变）；（3）提高排量的同时，在保证不发生砂堵的情况下，尽可能快地逐次提高砂液。白浅23井、白浅40井、白浅104井和白浅105井在施工中均采用了变排量压裂技术。施工中采用的是2.0m³/min排量注前置液，然后逐渐增大携砂液排量到2.3~3.0m³/min。通过这种加砂压裂，4口井取得了较好的增产效果，平均单井增加无阻流量3.43×10⁴m³/d。

5. 酸和低排量诱发地层破裂技术

压裂液泵入无法使地层破裂时，标准的补救措施是注入1~2m³浓度为15%~28%的盐酸，帮助降低破裂压力。破裂压力越低，初始裂缝高度将越低。在破裂、裂缝延伸及支撑剂充填过程中，小排量趋于减少裂缝高度的增长。突然改变排量也会引起较大的裂缝高度增长，因此排量变化要缓慢进行。从原理上讲，任何一个能降低净破裂压力p_{net}的措施都将有助于减缓裂缝高度的增长。

对于非牛顿流体：

$$p_{net} = \Delta p \approx \left[\frac{E^{2n'+2} K' Q'^{n'} L}{(1-v^2)^{2n'+2} H^{3n'+3}} \right]^{\frac{1}{2n'+3}} \tag{7-2}$$

或对于水：

$$p_{net} = \Delta p \approx \left[\frac{E^{\frac{4}{5}} K'^{\frac{1}{5}} Q^{\frac{1}{5}} L^{\frac{1}{5}}}{H^{\frac{6}{5}}} \right] \tag{7-3}$$

式中　E——杨氏模量；
　　　n', K'——分别为幂律流体流动行为指数和幂律流体稠度系数，小数和$Pa·s^n$；
　　　Q——压裂液注入排量；
　　　L——裂缝长度；
　　　v——泊松比；
　　　H——裂缝高度。

6. 冷水水力压裂控制裂缝高度

此项技术是通过向温度较高的地层注入冷水，使地层产生热弹性应力，大幅度降低地层应力，从而使缝高和缝长控制在产层范围内。其工艺如下：（1）在低于地层破裂压力条件下向地层注入冷水预冷地层；（2）提高排量和压力，使压力仅大于被冷却区的水平应力，在冷却区内压开一条裂缝；（3）控制排量和压力，注入含高浓度降滤失剂的冷水前置液延伸裂缝，推荐的降滤失剂为植物胶或石英粉；（4）注入低温黏性携砂液支撑裂缝，完成压裂全过程。

冷水水力压裂技术主要用于以下几种油气层：产层不存在清水伤害问题；胶结较差的地层；用常规水力压裂技术难以控制裂缝延伸方向的油气层等。1987年，这种裂缝高度控制方法获美国专利。

7. 低黏度、低排量和70/140目砂控制裂缝高度

国外研究发现，使用较低黏度（20~50mPa·s）的凝胶、以较低的排量（2m³/min）注入，并安排一个含有70/140目砂的预前置液段，可将裂缝高度减少一半。一般情况下，整个处理过程支撑剂的填充量为10~30t。

70/140目砂的用量低于压裂主液所用支撑剂总量的10%，并尽可能在地层刚刚破裂或破裂之前就添加到前置液中，70/140目砂通常是按75kg/m³的浓度混合。选择70/140目砂来控制裂缝高度的依据是设想该砂在缝尖沉积，如果该砂较早地加到前置液中，裂缝的上、下缝尖就可能成为无液体区，圈闭

的70/140目砂就可能在裂缝尖端造成很大的压降，从而限制裂缝高度的增长。国外已多次实施过这类压裂处理，未发生过脱砂现象或裂缝高度的过量增长，产生的裂缝较长且压裂液较好返排，并见到可喜的生产效果。

8. 注入非支撑剂段塞控制裂缝高度

这项技术主要是在前置液和携砂液中注入非支撑剂液体段塞，这种液体段塞由载液和封堵颗粒组成，大颗粒形成桥堵，小颗粒填充大颗粒间的缝隙，形成非渗透性阻隔段，以达到控制裂缝高度的目的。

9. 利用转向剂建立人工遮挡层控制裂缝高度

前面的控制裂缝高度技术一般采用控制射孔位置，优选压裂参数（如排量、压裂液黏度、支撑剂加入量等）来防止裂缝高度延伸，但由于砂岩储层地质特征的多样性，尤其是地应力的影响，有时仍不能有效地控制裂缝高度的延伸。其中地应力差及岩石物质特性都由地质结构本身所决定，不易改变，而裂缝上下末端的阻抗值和压裂参数是可以改变的，所以合理选择施工参数和工艺，最大限度地控制裂缝垂向延伸是现代压裂技术的新发展方向。

Nguyen等首次提出利用转向剂使其沉积在裂缝尖端形成阻抗就能阻止裂缝在该方向的延伸。这种人工遮挡层控制裂缝高度的压裂技术，开创了控制裂缝高度的新思路和新方法，并已成为目前现场应用的主流。

人工遮挡层控制裂缝高度技术的基本原理是，通过上浮式或下沉式隔离剂在裂缝顶部或底部形成的人工遮挡层，增加裂缝末梢的阻抗，将裂缝尖角钝化，以阻止裂缝中的流体压力向上或向下延伸，继而控制裂缝在高度上进一步延伸。人工遮挡层的施工工艺是在注完前置液造出一定规模的裂缝后，在注入混砂液之前用携带液携带隔离剂——空心微粉和粉砂，进入裂缝。空心微粉在浮力作用下迅速置于新生裂缝的顶部，而粉砂在重力作用下沉淀于裂缝的底部，从而在裂缝的顶部和底部分别形成一个低渗透或非渗透的人工遮挡层。

二、多层段的有效改造技术

低渗透致密砂岩气藏储层需经改造才能投产，单一产层难以形成生产能力。为获得较高的单井产量和气藏采收率，投资者希望每个小层都进行压裂以达到足够的改造效果。为使压裂费用最小和作业时间最短，还期望一次性压开所有产层或分别压开多个产层，以减少压裂作业的次数。为缩短作业周期、减少作业过程对储层的伤害，可通过分层压裂技术来实现多层位的有效改造。各种分层压裂技术既可以单独使用，又可以两种以上结合使用，达到一次施工尽可能多地压开储层之目的[6, 7]。

1. 投球分层压裂

常规投球分层压裂技术适用于层间隔层小、油气井段跨度大（一般大于50m）、层间岩性、物性差异大，不能用封隔器分卡的已射孔的多储层压裂。投球分层压裂的施工流程是：第一次全井段混压，利用压开层吸液大的特点，用第一次施工的顶替液，将堵球携入井内，堵球依靠孔眼处的液体分流速度所产生的对堵球的拖拽力，使堵球坐在孔眼上，迫使第二段的压裂液进入其他未压开层。如此反复进行，直到压裂层段内所有的层都被压开为止。施工完毕后堵球靠自重落至井底或是靠井温将其熔化掉（蜡球）。该技术的优点是：省钱省时、经济效果好、适用范围广。因此，得到广泛使用。但是，它也存在一些不足：在地面不能准确判断各目的层被压开的顺序，投球的数量带有一定的盲目性。当堵球不够时，可能造成目的层的重复处理，因而可能会出现没有被处理的遗漏层，影响改造效果。

针对常规投球分层压裂技术的缺点，提出了新的前置投球选择性分压技术。该技术在事先不知道准确的应力剖面，也不必判断哪些层先压开或后压开的情况下，就可简单应用，最大限度地提高特低渗透薄互层的压开程度，并改善其支撑剖面。该技术的目标是如何在前置液阶段将所有层依次压开，然后一次加砂完成对所有层段的有效支撑。主要思路包括：（1）排量设计。排量小，多次投球；排量大会造成缝高过度延伸。（2）投球时机及投球数量设计。投球时机按预期压开层需用的前置液量来计算，投球数量按预期压开层射孔数的110%计算。（3）投球期间前置液量的设计。考虑到压开层的先后顺序，对于先压开层可适当多注入，依此类推。（4）封堵球的各种承受力分析。封堵球能否坐住孔眼，加砂前能否按计划全部掉落到井底，需计算其承受的坐封力及脱落力等。该技术在苏里格气田进行过试验，与其他邻井相比，使用该技术的井压裂效果更为明显，在19MPa井口套压下，压后日产气 $5.2 \times 10^4 \mathrm{m}^3$，提高幅度30%以上，这说明前置投球压裂技术有一定的应用前景。

2. 限流分层压裂

各种分层压裂方法都有其适用的范围和条件，如封隔器机械分卡压裂方法要求层间隔层厚度较大；而当一口井需要压裂改造的单层较多时，如果采用机械分层压裂技术，一套管柱难以满足要求，特别是当单层之间的隔层较薄、无法用封隔器分卡时，不能对所有需要压裂的层全部进行改造，这时采用限流分层压裂技术能经济有效地解决此种情形的压裂改造问题。

限流分层压裂应用于多层且各层之间的破裂压裂有一定差别的油气井（图7-1）。此时可控制各层的孔眼数及孔眼直径，限制各井的吸水能力以达到逐层压开的目的。限流分层法压裂的关键是根据目的层的物性、厚度、纵向相邻油层和隔层的情况以及平面上的连通关系，确定合理的布孔方案，即优化每个层的射孔数量和孔径，以此来控制不同油气层的处理强度，因而特别适合于未射孔的低渗透多薄层的压裂完井作业。

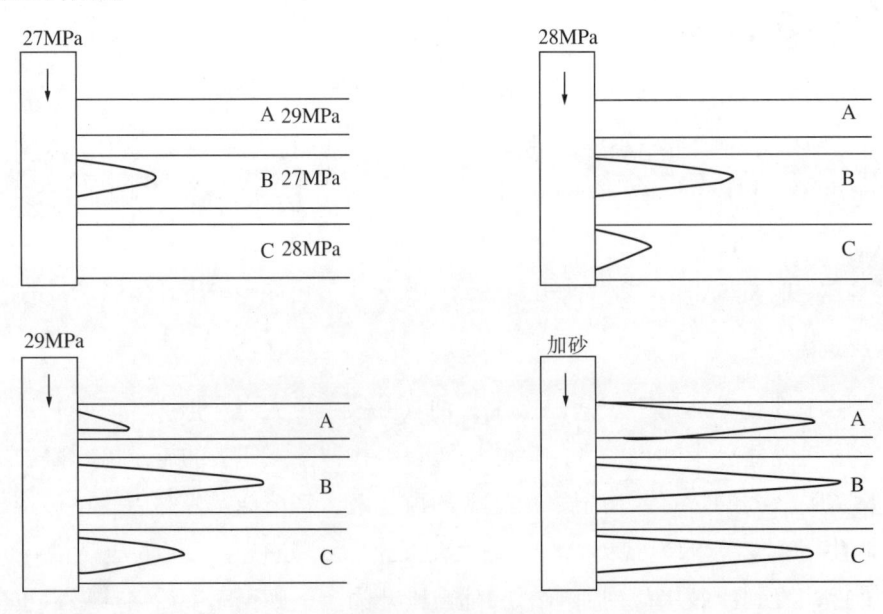

图7-1　限流分层压裂施工工艺流程

对于多层气藏运用限流分层压裂技术也有它自身的弊端，通常假定进入到某层的液量是由在该层的孔眼数决定的，但是还有很多其他地层参数也会影响每层的进液量，所以仅由射孔孔眼进行流量分配的假设与实际情况存在较大差异。另外，限流压裂工艺技术的实施还存在很大的不足之处，主要体现在以下几个方面：（1）如果施工没有正确的实施，则不能保证每一产层都进入了足够的液量；（2）进行设计时，较薄的层需要进入的液体和支撑剂少，因而只需布较少的射孔孔眼。由于射孔孔眼少，孔眼损坏的影响就很明显，即使仅一个或两个孔眼受到损坏，也会明显改变流量分配；（3）在压裂液中加入砂子，会很快磨蚀孔眼，并改变孔眼流动效率。因此，即使前置液的转向是成功的，但携砂液的转向不一定成功，在孔眼磨蚀以后，很可能在某一个层位进入了大部分液体；（4）限流压裂设计中一般都没有考虑裂缝净压力的影响；（5）由于各层位裂缝延伸的复杂性，在限流压裂施工中要实现设计要求的支撑剂在各层位的分布是非常困难的。

3. 机械分层压裂

机械分层压裂主要是利用封隔器和桥塞工具来进行压裂施工。利用封隔器进行分层压裂是目前国内外应用得非常广泛的一种方式，它是通过封隔器分层管柱来实现的。

（1）桥塞+封隔器。

在射开多层的油气井中，可对其中任意一层进行压裂。此项技术的优点是：施工比较安全，不易发生砂卡和拉断油管等事故；控制压裂层段准确可靠；适用于深井压裂。缺点是：施工工艺较复杂，压裂前需先下入桥塞；压裂后，若桥塞下面有产层，还需打捞或钻掉桥塞；施工时间长，程序繁琐。

（2）封隔器分层压裂。

它是指使用机械封隔器、不动管柱，连续对多个小层进行适度规模的压裂，同时排液开采的技术。该技术是致密气田开发的关键技术之一，可以有效提高单井产量，在苏里格气田的开发中得到了非常成功的应用。国内采用自主研制的可反洗井的Y241机械封隔器，以及分层压裂、合层开采一体化管柱，成功实现了一次分压3层。开展"工具+限流法"压裂试验，"工具+投球分压"实现了一次性分压4层的技术突破。该技术节约了施工时间，减小了对储层的伤害，是适合于类似苏里格气田这种低渗透致密气田的理想的分层压裂工艺。

该工艺在国内得到广泛应用。截至2008年6月30日，在苏里格气田79口井中应用机械分层压裂工艺，成功压裂174层次，平均缩短试气周期1580d，极大地提高了试气速度。实践证明，分压合采技术成功地解决了多薄层低渗透致密砂岩气藏常规压裂难以同时改造多个油气层的难题，缩短了试气周期，提高了单井产能。

（3）套管滑套TAP分层压裂。

该项技术的工艺原理是：通过将滑套与套管连接一同下入到目的层段，逐级投入飞镖打开滑套实现分层压裂；球座通过前一级压裂时压力传递缩径而形成，避免了常规分层压裂球座逐级缩径对压裂级数的限制（图7-2）。

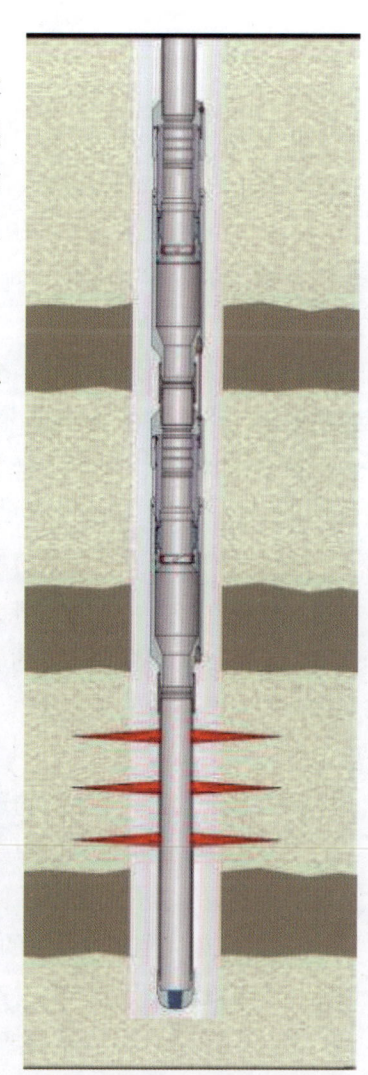

图7-2 套管滑套TAP分层压裂管柱

目前，在国内苏里格气田首次开展了套管滑套TAP分层压裂试验。TAP是国外针对多层井新研发的技术，该项技术可以实现一次连续分压多段，段数不受限制，工艺操作简便，在直井提高单井产量方面应用前景较好。2009年，在苏里格气田首次试验采用了TAP 3段分层压裂，加砂量88.5m³，两级TAP阀打开压力明显，压后测试井口产量2.23×10⁴m³/d。

4. 不压井作业+连续油管分层压裂

利用喷砂射孔器从连续油管内进行喷砂射孔，而后从环空进行加砂压裂，压裂后采用欠顶替形成砂塞封隔已压开层段，上提连续油管至第二射孔段进行喷砂射孔、环空压裂、砂塞封隔，这样依次压裂多个层段。总体压裂结束后冲砂至人工井底，提出连续油管后采用不压井作业下入生产管柱进行排液生产。

国外直井应用连续油管分层压裂比较成熟，一次下管柱可以压裂多达十几层，不需要压井，从而减轻或避免了对气层的伤害，并大大缩短了作业时间。在鄂尔多斯盆地的苏里格气田和大牛地气田，该项技术得到了应用。

三、大型水力压裂

低渗透砂岩储层物性差、低孔低渗，采用大规模压裂技术可以提高难动用储量的经济开采价值，通过加大压裂规模，可以扩大泄气面积，增加单井控制储量。

20世纪70年代，国外由于致密砂岩气藏的开发，形成了大型水力压裂工艺技术，同时，相关配套工艺技术的发展，促使该项技术得到不断优化。通常要求支撑半缝长大于300m，加砂规模大于100m³以上的压裂被认为是大型压裂。如美国Wattenberg气田科罗拉多D-J盆地西部气藏，埋藏深度为2316~2560m，厚度为15~30m，渗透率为0.005~0.05mD，自然产能为28316.85m³，大型水力压裂初期用液量为150~190m³，压后初期增产效果比较明显，但产量下降快；大型水力压裂最大液体量达到了1930m³，支撑剂用量255m³，压后缝长达到400~600m，压后产量是常规压裂的3~4倍，且稳产时间长。

国内四川、华北、鄂尔多斯盆地等气田也进行过大规模的压裂改造，如：八角场地区实施了几口支撑剂规模在250t以上的大型水力压裂，并取得了满意效果。为确保压裂成功，应用压裂液优化设计技术，使用了2000型大马力的压裂机组和两干两湿添加剂外加泵的混砂车，特制了直径6m可装载500t支撑剂的立式连续输送装置。角58E井和角41井分别进行大型水力压裂后，气产量均达到17×10⁴m³/d以上[8]。

通过大量大型水力压裂的现场实施发现，要保证大型水力压裂的成功，必须注意以下几点：

（1）大型水力压裂的储层条件是：气层渗透率小于0.1mD，砂层厚，一般20m以上，平面上分布稳定；人工裂缝方位与有利砂体展布方向一致。

（2）实施大型水力压裂的关键技术条件：施工时间长，压裂液应具有良好的携砂流变性及低伤害性能；压裂液量大，通常使用连续混配技术。

（3）由于大型水力压裂加砂规模大，泵入液体数量多，对储层潜在的伤害大，如果不采用性能优良的压裂液，那么所带来的地层伤害很大，仅靠增大处理规模会事倍功半。

（4）由于液体注入量大，采用液氮伴注技术能大大加快排液进度，但考虑液氮膨胀时各向同性，向井筒推进的同时也向地层推进，建议在前置液前泵注液氮隔离段，扩大局部高压区，降低滤失和促进返排。

（5）大型水力压裂时，高度容易过度延伸，应加强裂缝控制研究和气藏整体研究，有效把握远井地带储层物性及其分布，以确保压裂成功。

（6）大型水力压裂成本较高，需有机地匹配和优化储层、压裂液和工艺，并系统地控制压裂质量，优化投入产出。

四、水平井改造工艺

水平井在国内外已成为一项很有前途的提高单井产能和油气田最终采收率的重要技术，尤其对于低渗透油气藏的开发更是如此。近几年来，四川盆地的须家河组、鄂尔多斯盆地的苏里格、大牛地和松辽盆地的登娄库组等气田的开发实践表明，对于低渗透砂岩气藏，采用水平井（不压裂）开发仍不能达到经济开采的产能是值得研究的。压裂之后较高的无阻流量说明，对于此类气藏，压裂不仅是直井的一项非常重要的增产措施，也是水平井投产的必要措施和手段。

目前，水平井技术在致密砂岩天然气开发中的应用仍处于探索阶段。美国采用水平井开发致密气藏的经济成功率仅50%，德国采用水平井压裂开发致密气藏的成功率也是50%左右，加拿大则把水平井与气体欠平衡钻井相结合，走出了成功之路。我国针对致密砂岩气藏开发钻了约几十口水平井，长北气田2口水平井与4口直井压裂试验效果对比表明，二者具有竞争性。

国外自20世纪80年代以来，对水平井压裂进行了理论性的研究和现场施工。根据研究结果，水平井裂缝起裂通常有两种表现形式：即横向裂缝和纵向裂缝。如果水平井筒的方向与最小主应力方向一致，那么无论在水平井段上哪一段射孔，都可能会沿着最小主应力的轴向上出现相间的横向裂缝（即垂直于水平段轴线），如果水平井筒的方向与最小主应力方向垂直，那么将会产生一条平行于水平井筒的裂缝，即纵向裂缝。当水平井段与最小水平应力成某一角度时，对不同的射孔方案可能出现不同的裂缝方向。美国和北海的开采经验表明，在高渗透地层中纵向裂缝会有较好的增产效果；在低渗透油气藏中，横向裂缝的产能较高。由于横向裂缝井筒中产生多条裂缝，所以适用于低渗透地层。另外，由于横向裂缝起裂方式产生的裂缝都相对较小，这样可以避免穿透隔层的问题。

该技术的关键是对地层应力的研究，如果水平井眼处于净轴向拉力状态，则可获得直接开裂的横向裂缝。在水平井眼走向垂直于理论裂缝平面的情况下，要使裸眼水平井段处于净拉力状态，地层应力必须满足如下条件：

$$\sigma_v - \sigma_H \geqslant \frac{\sigma_h}{2\upsilon} \tag{7-4}$$

式中　σ_v——垂向地层应力；

　　　σ_H——最大水平地层应力；

　　　σ_h——最小水平地层应力；

　　　υ——泊松比。

而从射孔孔眼起裂横向裂缝所需的拉应力，最易产生于某些射孔孔眼，这些射孔孔眼的走向与垂直作用于井眼轴向的较大地层应力的方向相同。在大多数油气藏，这个较大的正交应力是垂直应力。因此，为了从垂直走向的裂缝底部起裂横向裂缝，必须满足下列条件：

$$\sigma_v - \sigma_H \geq \frac{\sigma_h}{2v} + \frac{\frac{\sigma_v - \sigma_H}{3}}{2v} \tag{7-5}$$

相对不严格的正常断层区域往往满足这个条件，横向张力裂缝将产生于井眼被钻或井眼射孔时，一旦加压，这些最初的张力裂缝便开裂为横向压裂裂缝。

多条横向裂缝压裂或分段压裂技术主要有两类：一是采用限流压裂技术，同时产生多条裂缝；二是采用分段压裂产生多条裂缝。

限流压裂技术是在低密度布孔的前提下，利用吸液炮眼产生的摩阻，大幅度提高井底压力，迫使压裂液分流，达到一次施工同时压开多个层段的目的。该方法的基础条件是制订合理的射孔方案，技术关键是准确判断压开的裂缝数目。判断压开裂缝数目的方法有3种，即压力降落法、有效孔数法、微地震监测法。为了提高施工成功率，防止一次不能压开全部裂缝时，采用炮眼球封堵转向压裂措施，通过试验选择合适的炮眼球即可。国内大庆油田在室内研究的基础上，在树平1井、茂平1井和朝平1井采用此法开展了压裂实验。这种方法由于在水平井段没有管柱，不用担心砂卡，可采用高砂比、大排量施工，故安全高效。这种技术的主要问题是作业过程中流体的分配、砂子的携带以及高处理压力。首先，即使在有限的射孔段长度，极有可能只压出一条裂缝，大部分前置液可能只进入了一条裂缝中；其次，当砂浆进入水平段后，它首先遇到的是第一条张开的裂缝，一部分砂浆就在此转向进入了地层，但砂子密度比压裂液大，相应动量也大，有可能因为离心效应而使砂浆在沿水平井段流动的过程中不断被浓缩，最终形成砂粒堆积；最后，有限的射孔数并不是限流压裂技术施工压力高的唯一原因，井筒相对于最小主应力的方位有可能导致高的施工破裂压力。此外，同时延伸的几条裂缝间的相互作用也能影响处理压力。

分段压裂技术是采用封隔器把水平井筒隔成几段，分别进行压裂施工。这种方法对各层处理针对性较强。具体来说有3种，第1种是完井时就考虑到随后的压裂改造措施，采用筛孔/割缝衬管带管外封隔器完井，可以对某个层段进行单独的压裂作业。第2种是采用水泥固井套管完井，可以采用封隔器逐层压裂，压裂时利用导压喷砂封隔器的节流压差坐封压裂管柱，上部接反洗井封隔器进行冲砂洗井，施工时采取压完一段，上提一段，逐层压裂。目前，松辽盆地登娄库组已成功实现1000m水平段分压10段，鄂尔多斯盆地已成功实现了一次分压7段不动管柱水力喷射分段压裂，并正在开展一次分压10段的试验。这种技术的问题是对修井技术及工具要求很高，存在砂卡的可能性，一旦砂卡管柱就很难处理。最后一种是长庆油田试验的分段压裂技术，具体方案是对压裂井段进行填砂+液体胶塞封堵，待胶塞聚合后进行试压，试压合格后进行压裂施工，胶塞可定时软化易于清除，这项技术的关键是液体胶塞的研制。

在多裂缝压裂技术方面，目前理论研究多，现场实施少，主要是因为存在工艺上的困难。首先是压裂工具的研究开发和设计，水平井井筒的转弯段和水平段的空间条件严格限制了使用工具的数量，现有的水平井压裂工具大致有以下几类：井段隔离工具，可用于处理井段间隔离，其中有跨式双封隔器系统、永久型封隔器、选择性注入封隔器等，洗井工具以及传送修井工具的挠性油管等。中国大庆油田曾研究了用双封隔器单卡一段的压裂管柱，但考虑到施工安全，未进行现场试验。美国在新墨西哥州Eunice Monument油田，使用水力喷射压裂技术对一口裸眼水平井进行了压裂，并取得了成功。这项技术所使用的井底工具组合是顶部有一个带12个射孔的喷射工具，紧接着是扶正旁通阀、射孔胶层以及带有传输系统的数据记录仪。尽管如此，压裂井下工具还没有系统化、成熟化,尤其是短曲率半径水平井的压裂,至今也没有很好的办法。今后的发展趋势是在井下工具和隔离技术方面的研究以及对水平井实施有针对性的压裂措施。此外,现有的多裂缝横向压裂技术往往耗时且成本高昂,今后需要研究经济、准确的多裂缝压裂技术以及适合于水平井的压裂设计软件和产能预测软件[10, 11]。

第二节 压裂液体系

国内外油气田在压裂液技术方面进行了广泛的研究,开发出了从初期的稠化水压裂液到后来的冻胶压裂液、泡沫压裂液、酸基压裂液、乳化压裂液、油基压裂液、清洁压裂液等各种压裂液体系。解决了油气井产量低的问题,为油田的勘探开发和增储上产做出了突出的贡献。压裂液组成中各种化学品性能的优劣是直接关系到压裂技术经济效益的关键。目前,国外压裂液体系仍是以水基压裂液为主(占65%),泡沫压裂液(占30%)、油基压裂液、乳化压裂液(占5%)共存的局面。其中,在水基压裂液中,硼交联压裂液占40%,有机金属交联压裂液占10%,未交联线性胶占15%。国内采用的压裂液多为水基压裂液(占90%),泡沫压裂液占有一定比例(占10%左右),而油基压裂液使用很少。

低渗透气田不仅孔喉细小,而且一般含泥质较多,容易受到伤害,所以对低渗透气田要特别重视储层保护工作。研究表明,对低渗透气藏主要有水敏伤害,对特低渗透气藏主要为水锁伤害。针对低渗透致密砂岩气藏特点,最大程度地降低压裂液对地层的伤害显得十分重要,要求开发这类气藏所采用的压裂液不仅要具有良好的流变性、悬砂性、低滤失性、低阻性,还必须具有低残渣、快速返排及低伤害等特点。因此,研究如何降低压裂液对储层的伤害,有效保护储层,成为低渗透砂岩气田开发急需解决的难题之一[12, 16]。

一、常规水基聚合物压裂液

以瓜尔胶系列产品为稠化剂的常规水基聚合物压裂液,由于价廉、性优而且易于处理,是目前最为广泛使用的压裂液。在不同的气田,在室内实验和现场实践的基础上,针对不同的储层特征对具体的压裂液体系配方进行了优化,形成了各自的压裂液体系。由于储层岩心孔隙喉道分布较窄,孔隙喉道细小,部分低渗透储层表现为亲水—强亲水特性,毛细管阻力大,潜在水锁伤害严重。减少进入储层的水量,增强返排驱替动力是降低压裂液对储层伤害的关键。对于水基压裂液体系,则应进一步减少稠化剂用量,开展配方优化,并采用氮气增能助排,即采用低泡沫质量(10%~20%)压裂,增强压后排液能力,研制低残渣低伤害、快返排水基压裂液体系。现以苏里格气田和大牛地气田为例来说明常规水基聚合物压裂液在实践中的新发展。

苏里格气田压裂液体系配方优化的具体做法是:(1)降低稠化剂浓度,从0.50%~0.55%降至0.40%~0.45%;(2)降低交联剂浓度,从0.3%~0.35%降至0.25%;(3)变交联比施工,交联比为0.25%~0.20%~0.15%;(4)变破胶剂浓度施工,破胶剂浓度为0.005%~0.01%~0.03%~0.06%~0.09%;(5)调整溶液pH值,溶液pH值为9.5~10~10.5~11.0;(6)动力助排,全程氮气助排。通过室内实验和现场实施,优选的压裂液配方不但能与储层很好地配伍,满足压裂工艺设计的要求,而且具有很好的操作性、实用性。

针对大牛地气田储层特点，形成了低稠化剂浓度+氮气增能助排压裂液体系、防止结垢压裂液体系、降低水锁伤害压裂液体系等。低浓度羟丙基瓜尔胶压裂液体系是指在保持压裂液的黏度满足施工条件的同时，降低稠化剂的浓度，减少压裂液残渣，降低其对支撑裂缝和储层的伤害。该体系中，将羟丙基瓜尔胶浓度降至0.45%；破胶剂使用0.01%~0.08%的过硫酸铵和0.01%~0.05%的胆囊破胶剂；伴注6%~9%的液氮。针对大1井区、大23井区、大35井区和大47井区山西组和太原组钡、锶离子含量较高的情况，优选出了阻垢率较好的硫酸锶钡阻垢剂，并与目前使用的低稠化剂浓度+氮气增能助排压裂液体系有很好的配伍性，形成了防结垢压裂液体系。现场100多井次的应用取得了明显效果。实验表明，大牛地气田储层的水锁伤害达69%~96.3%，水锁伤害较为严重，对此研制了解除气井水锁伤害的处理剂MGR-2，该处理剂与压裂液配伍性较好。将水锁伤害处理剂加入到前置液中，在返排过程中可有效地降低毛细管力，减少贾敏效应，提高了返排效率，降低了压裂液滤失对储层的伤害程度。

二、国外的新型无伤害压裂液

瓜尔胶以及其他天然植物胶作为压裂液稠化剂被广泛使用，但是它们所存在的主要问题是，为了满足施工性能要求需要加入多种添加剂，产生配制时间长、水不溶物含量高以及破胶后残渣较多等缺点，对低渗透储层的伤害较大，严重影响压裂效果。为了解决传统植物胶压裂液对油气层产生伤害，斯伦贝谢公司研制出一种无聚合物压裂液——黏弹性表面活性剂压裂液（VES），该公司称之为清洁压裂液。

它是在盐水中添加表面活性剂形成的一种低黏阳离子凝胶液体。黏弹性表面活性剂分子产生的胶束，可构成有助于支撑剂在低黏状态下运移的新型网络结构，其成分是由一种长链脂肪酸派生出来的季铵盐。在盐水中添加表面活性剂，形成高度缠绞形似蠕虫的胶束，胶束的总体结构与聚合物链相同，液体黏度取决于胶束的性能。当液体与油气接触或被地层水稀释时，便出现破胶。其主要优点是：(1) 低滤失量，滤失量要比常规压裂液少得多，尤其在低渗透地层中，滤失量更低；(2) 液体工作效率高，与聚合物压裂液相比，同样规模的施工其耗液量较少；(3) 减少不必要的缝高发育，因裂缝中无固相，所以用相当少的液量和支撑剂就可实现更有效的缝长和更高的产能；(4) 液体配制简单方便，现场不需要过多的设备。

清洁压裂液只由盐水和清洁压裂液表面活性剂组成。它利用井液或烃类破乳降解，无需聚合物水化剂、杀菌剂、交联剂及其他添加剂，因而在返排时不会滞留任何固相。存在的不足是：(1) 成本较高（是常规压裂液的5倍）；(2) 在高渗透地层可能出现压裂液滤失（可在多种降滤失剂中选择一种最有效的，以克服此不足）。到目前为止，国外用VES压裂液进行压裂作业已超过2400井次，在国内克拉玛依油田和长庆油田也进行了现场试验，效果显著，但由于其价格较高，因此，大面积推广应用还受到一定的限制。

三、泡沫压裂液体系

泡沫压裂液一般由气相和液相组成；可供选择的气相主要有空气、氮气及二氧化碳。考虑到气井作业的安全性，气相一般为10%~70%的二氧化碳或氮气，以气泡的形式分散在整个的连续相中。液相通常含有表面活性剂或其他稳定剂，以减少相分离。液相可以用水、水-甲醇混合物、凝胶水或凝胶油。它与地层接触的液体少，处理液返排快，一般不需要进行抽汲作业，适用的最高井底温度为150℃。

泡沫压裂液具有静液柱压力低、滤失量小、携砂性能好、返排能力强、对地层伤害小等优点，因而在世界各油气田广泛用它作为低压低渗、漏失和水敏性地层的钻井液、完井液、压裂液、砾石填充携砂液等。同时，泡沫压裂液又具有助排能力强等优点，因此用于低渗透、低压储层时，一般表现出极好的返排性能。

在国外，泡沫压裂液在20世纪80年代即达到成熟，并在德国的费思道尔夫石炭系士蒂凡组气藏的压裂改造中获得成功。该气藏埋深3400~3650m，压后产量增加近12倍。与此同时，在美国犹他州东部犹他盆地的瓦塞兹地层的压裂改造中，采用泡沫压裂液施工，单井产量比使用常规水基交联压裂液的产量平均高23%。

在国内，1988年5月，辽河油田与加拿大合作进行了中国第一口氮气泡沫压裂井的设计、施工，并获成功。2000年起，长庆油田分公司开展了CO_2泡沫压裂工艺的系统研究和试验，先后在榆林、苏里格、靖边等气田实施20多口井，气层深度3000~3500m，最大单井加砂量47.8m³，平均砂液比达29.5%，CO_2泡沫质量为25%~64%，取得了明显的增产效果。

尽管如此，国内CO_2泡沫压裂与国外相比还存在较大的差距，在国内还未得到广泛应用。主要原因有：起步比国外晚20~30年；设备少，有些装置不配套，价格比较高；机理研究比较薄弱，特别是对泡沫压裂液的流变性及摩阻等有待进一步认识，因而对泡沫压裂液的流变特性不能精确测量，导致质量控制和压力分析比较困难。

四、线性类泡沫压裂液

线性类泡沫压裂液是一种介于常规水基压裂液和泡沫压裂液之间的新型配方，同时具有水基压裂液的经济性和泡沫压裂液的许多优点：自动增压，地下自动形成类似"泡沫压裂液"的混合物，具有优良的携砂性能、降滤失性能和低温破胶性能，岩心伤害低，自动增压助排，腐蚀性低，施工方便等优点。

泡沫压裂液由基液和酸性液两部分组成。该压裂液体系是通过在水基压裂液中加入优选的生热剂QA和QB形成基液，在施工时，将基液和酸性液按比例泵入。在地面上，它是一种纯液体的压裂液，配液方便，施工简单（与常规压裂液相同）；在地下，它逐渐自动发泡变成类似"泡沫压裂液"的混合物，具有泡沫压裂液的优良性能。

对川西中浅层气藏的8口井进行了试验，加砂量15~45m³，施工成功率100%，压后返排率在68%~93%，增产效果明显。

第三节 压后评估

通过压后评估，可以认识和了解压后裂缝及地层情况，对提高压裂施工质量和设计水平可产生重大的促进作用。对于压后裂缝及相关参数，可以通过现场直接测量得到，也可通过有效的分析解释得到。

一、水力裂缝诊断技术

水力压裂是近几十年新兴的一项现代技术，石油工业自1948年开始应用该项技术。从20世纪70年代开始，这项技术开始应用于致密砂岩气藏，并在此应用中得到了全面而迅速的发展，使其广泛应用于低渗透油气田的勘探、开发及其他工业生产领域。

水力压裂是通过地面高压泵组，将黏性流体以超过地层吸收能力的排量经井筒注入地层，当压力达到地层破裂压力时，井壁岩石发生破裂，继续泵入液体，裂缝不断延伸；同时，压裂液将支撑剂带入裂缝，停泵后可在地层中形成具有一定长度、宽度和高度的填砂裂缝。由于压裂形成的裂缝具有很高的导流能力，能有效地改善气层的渗流条件，降低流体渗流阻力，从而可以大幅度提高油气井产量。

现场有一些测试方法，可以直接得到压裂井裂缝和压后储层的相关参数，下面介绍几种常用的方法[17]。

1. 小型测试压裂法

在进行大规模压裂前，需要进行一次小规模的压裂测试。小型测试压裂的方法是：选用与压裂施工前置液相同的液体，按压裂设计所设定的排量泵注，注入量达到使缝长与缝高之比超过2∶1后停泵，关井监测停泵后压力递减数据和曲线，应使压力递减至裂缝闭合以后，根据压力递减速度，利用曲线拟合求得裂缝长度、宽度、闭合时间、压裂液效率、滤失系数等裂缝和压裂液参数。然后利用这些资料及时修改大规模压裂设计，以保障大型压裂的成功。

2. 井温测井

井温测井是确定压开层位及裂缝高度的简便易行的有效方法。该方法起始于20世纪60年代，至今仍在广泛应用。

无论是使用冷的或热的液体进行压裂，压裂后压开层位的温度都会出现异常，可利用这种异常来解释压开裂缝的位置及垂直缝的高度。压前井温曲线与正常的地层温度梯度一致，为一斜线。压裂后，由于裂缝中进入大量的冷压裂液，造成压开井段温度明显下降，并且温度回升是一个缓慢的过程，因此，在压后的井温曲线上，压开部位温度降低。

采用井温测井确定裂缝高度应考虑以下因素：从井温测井中得到的裂缝高度是压裂液达到的高度，与支撑高度有一定的差别；当井筒中有流体流动时，会影响井温测井，对其测试结果可能难以作出解释；当井筒中有支撑剂沉积砂埋油气层时，无法进行井温测井。

采用井温测井可大致判断裂缝的形态，但无法测试出裂缝方位和几何尺寸。

3. 同位素测井

压裂施工时，在压裂液中或压裂支撑剂中添加带放射性元素的物质，压裂后进行放射性测井，并与压前的放射性测井曲线进行比较，根据伽马射线异常段来确定裂缝高度。如果在压裂液中加入放射性物质，那么伽马射线异常段反映的是放射性液体造缝高度，如果在支撑剂中加入放射性物质，则反映的是支撑缝高。

4. 微地震监测

近几年出现的多波多分量微地震监测技术，主要用于测试低渗透储层的裂缝方位、条数、延伸长度等参数。该方法的基本做法是：通过在井中或地面布置检波器排列（图7-3），接收生产活动所产生或诱导的微小地震事件，通过对这些事件的反演求取微地震震源位置等参数。通过这些参数的变化规律分析，得到裂缝方位等（图7-4）。

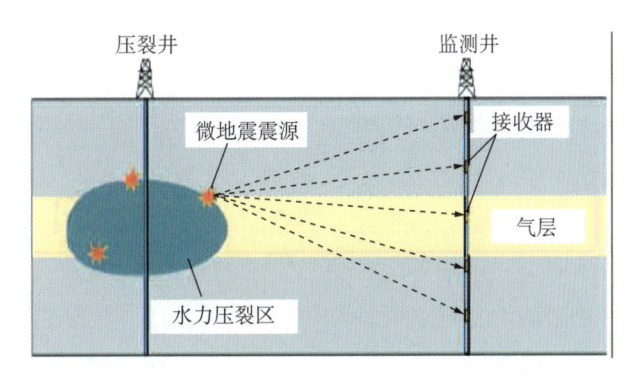

图7-3 微地震监测技术示意图

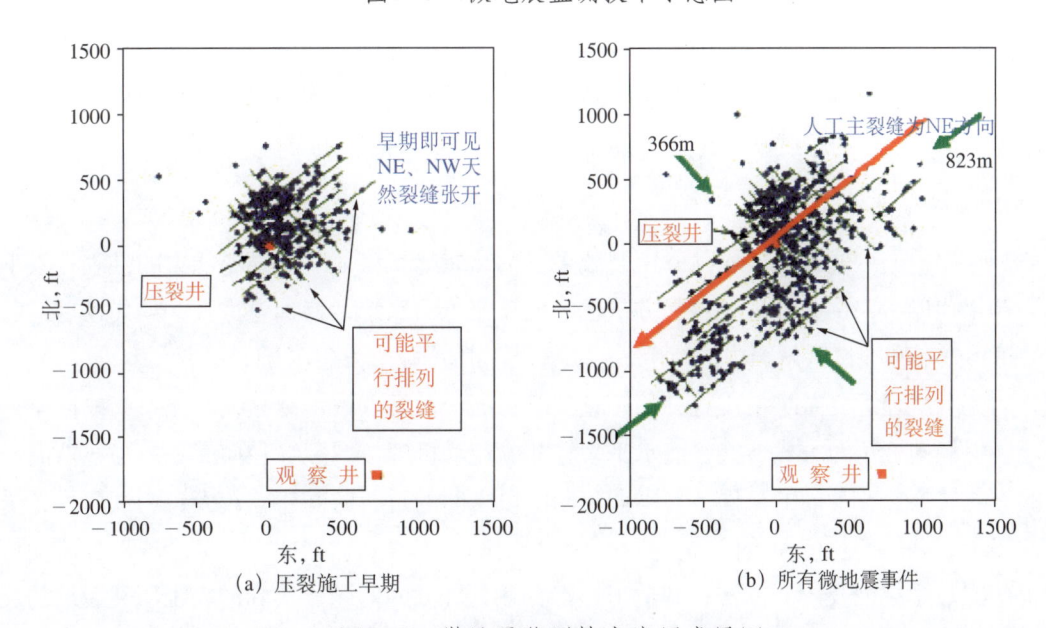

图7-4 微地震监测技术应用成果图

二、压后效果分析方法

由于地层和水力压裂参数不能直接测量，导致认识和了解地层、分析和评估压裂施工质量的难度很大，因此，运用一些分析方法来评价压后效果势在必行。压裂分析评估技术主要包括压裂后压力降落分析技术、垂直裂缝井试井分析技术、裂缝延伸模拟技术、施工过程压力分析技术等，其中压裂后压力降落分析技术和垂直裂缝井试井分析技术是核心。

1. 压裂后压力降落分析技术

虽然地层和水力压裂参数不能直接测得，但油气井压裂停泵后的压力变化能反映裂缝本身及其周围地层的情况，因此可以利用压裂后压力测试资料来分析并求出有关参数。

利用压裂后压力降落分析技术，可在压裂后确定水力裂缝参数，科学合理地评估压裂施工质量，准确可靠地分析有效程度及失效原因，进而指导其他压裂井进行施工设计和施工材料的选择；也可在正式加砂压裂前通过小型压裂测试，确定加砂压裂的关键性参数，指导并及时修正加砂压裂设计参数，提高压裂设计水平和施工效果；还可用于重复压裂前诊断地层及裂缝情况，合理选择井层，有针对性地选择压裂工艺，为重复压裂设计提供可靠依据；与垂直裂缝井试井分析技术联作，或从不同角度验证同一问题，或从某一侧面刻画问题实质，为认识和了解地层、分析和评估压裂施工质量提供准确可靠的系统方法。

压裂后压力降落分析技术是由Nolte于1979年第54届SPE年会上首次提出的。随后，Nolte发展了他原来仅适用于PKN模型的压力降落分析方法，使之通用于PKN模型、KGD模型和Radil模型。所有这些模型都是基于裂缝高度为定值的二维分析模型。裂缝二维模型的基本特点是假定裂缝高度不随时间和位置发生变化，并总是大于或等于产层厚度。虽然大量的室内实验和矿场试验已经表明：地层压裂所产生的裂缝高度往往并不是定值而是随着时间和位置的不同而发生变化的，但由于裂缝二维模型具有理论成熟、要求输入的参数少和计算简便等特点，因此在某些地层条件下（如地应力分布均匀且岩石力学参数变化不大的情况）仍被广泛应用。自1978年Simonson等研究了压裂压力、岩石性质和应力对裂缝垂向增长及产状的影响以来，国内外已经提出了多种拟三维裂缝延伸模型和全三维裂缝延伸模型。但由于全三维裂缝延伸模型的复杂性、计算工作量大等问题，不太适用于矿场应用，因此它主要用于检验各种拟三维模型的精度和研究各种参数对压裂施工结果的影响[19]。

2. 垂直裂缝井试井分析技术

试井分析是评价低渗透致密砂岩气藏压裂效果，估算裂缝长度、裂缝导流能力的唯一有效手段。进入20世纪70年代以后，试井理论和解释方法已经比较完整和系统，特别是进入80年代以后，随着计算机技术的迅猛发展和在试井解释中的应用，试井分析和解释技术发生了质的飞跃。

压裂井的流动机理远复杂于常规直井。垂直裂缝井的流动机理按"裂缝线性流—双线性流—地层线性流—地层拟径向流"的方式转换，而水平裂缝井的流动机理按"裂缝径向流—地层线性流—地层径向流"的方式转换。在不同的条件下，不同流动阶段之间的过渡时间相差较大；测试压力还受到井筒干扰，使得压裂井的各个流动阶段的压力特征不一定都能观察到，因此根据某个或部分流动机理下的压力特征建立数学模型及解释方法，其适用性都存在着较大的问题。实际的人工压裂裂缝的裂缝表面很粗糙并且含有大量支撑剂，不同裂缝面位置的地层渗流流线模式不同，以及裂缝内的流动存在阻力和压降，从而导致沿裂缝流动方向上由地层流入裂缝的流量（或流率）分布不同。但是，从物理模型和数学简化处理角度出发，一般将人工压裂裂缝系统划分为3种：均匀流率裂缝、无限导流裂缝和有限导流裂缝。均匀流率裂缝忽略裂缝内的流动阻力，沿裂缝流动方向上由地层流入裂缝的流量（或流率）处处相同，其模型数学处理最简单；无限导流裂缝忽略裂缝内的流动阻力，沿裂缝流动方向上由地层流入裂缝的流量（或流率）不同，高砂比压裂产生的短裂缝可以近似地视为无限导流裂缝；有限导流裂缝以裂缝渗透率考虑裂缝内的流动阻力，沿裂缝流动方向上由地层流入裂缝的流量（或流率）不同，有限导流裂缝模型最接近实际。

对于垂直裂缝井的试井，传统的试井解释方法是特征直线法和典型曲线拟合法。特征直线法是利用早期纯井筒储存阶段的45°斜率压力线关系估算井筒储存常数，利用裂缝和地层双线性流动阶段的双对数压力1/4斜率线关系确定裂缝导流能力，利用地层线性流阶段的双对数压力1/2斜率线关系获得裂缝长度，利用拟径向流阶段的压力导数水平段关系得到地层渗透率。

典型曲线拟合法是指根据模型及其所考虑的因素，预先作出典型曲线，即所谓的样板曲线，靠人工操作和肉眼判断去拖动实测曲线以拟合预先作出的样板曲线。随着电子计算机的迅速发展和广泛应用，求解复杂数学模型成为可能，这使得试井分析可以处理更复杂的油藏模型的试井资料，也使得可以根据拟合者的需要随时作出样板曲线，同时，许多成熟的试井软件都可以实现自动拟合，使得拟合快速而准确，从而使典型曲线拟合法得到了广泛应用。

一条完整的有限导流裂缝模型的典型曲线，应该存在以下4个流动段：（1）早期井筒储存效应段：表现为在双对数图上斜率为1的直线；（2）裂缝线性流段：表现为双对数图上呈1/2斜率的直线；（3）裂缝—地层双线性流段：表现为1/4斜率的直线；（4）拟径向流段：表现为压力导数曲线呈现1/2斜率的直线。西南石油大学肖昆等人通过对现场的实测资料进行分类，将低渗透气藏压裂气井试井曲线大致分为以下5种类型[20]。

（1）人工裂缝类试井曲线。绝大多数压后试井曲线表现为这一特征。出现这类试井曲线的气井，一般是低渗透压裂井，裂缝壁面未受伤害，井筒储存效应很小的气井，呈现压力曲线与压力导数曲线平行攀升的特征，如图7-5所示。

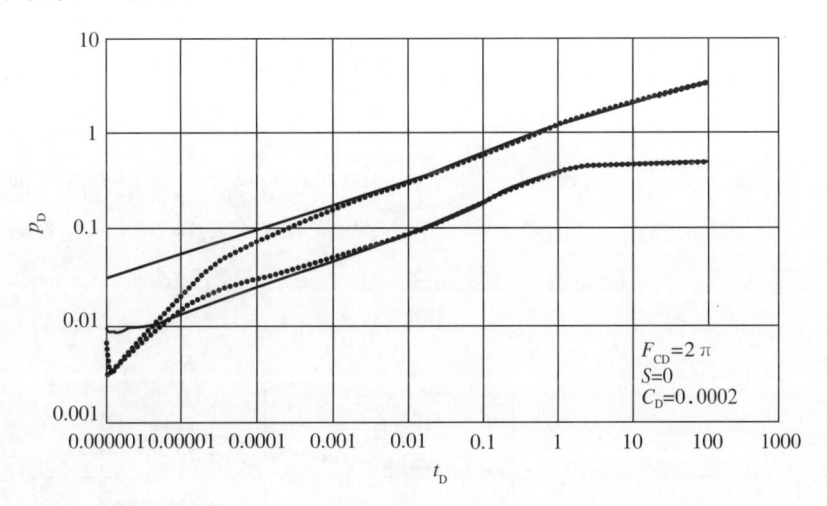

图7-5　低渗透致密砂岩气藏压裂气井人工裂缝类试井曲线

（2）河道砂类试井曲线。在压裂井试井曲线中，常见这类试井曲线，出现这类试井曲线的情况是：压裂井裂缝壁面受伤害小，但存在一定的井筒储存效应，由于井筒储存效应不严重，只掩盖了压裂井的早期试井曲线。即在试井早期，存在压力和压力导数重合且成45°线，稍后压力和压力导数呈现平行攀升，如图7-6所示，类似于河道砂类油气井的试井曲线。

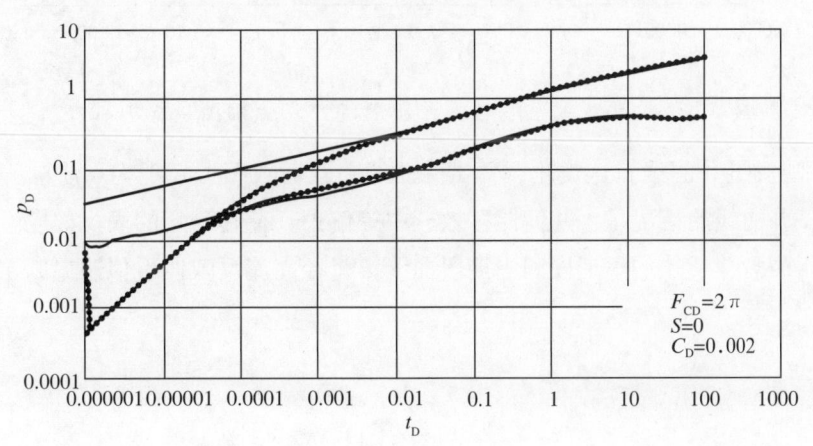

图7-6　低渗透致密砂岩气藏压裂气井河道砂类试井曲线

（3）均质油气藏类试井曲线。这类试井曲线，根本没有裂缝类的试井曲线特征，而是表现为均质油藏的试井曲线特征。出现这类试井曲线的主要原因是受到比较严重的井筒储存效应的影响，井筒储存效应掩盖了整个裂缝反映期，井筒储存效应结束后反映的是地层径向流动期，如图7-7所示。

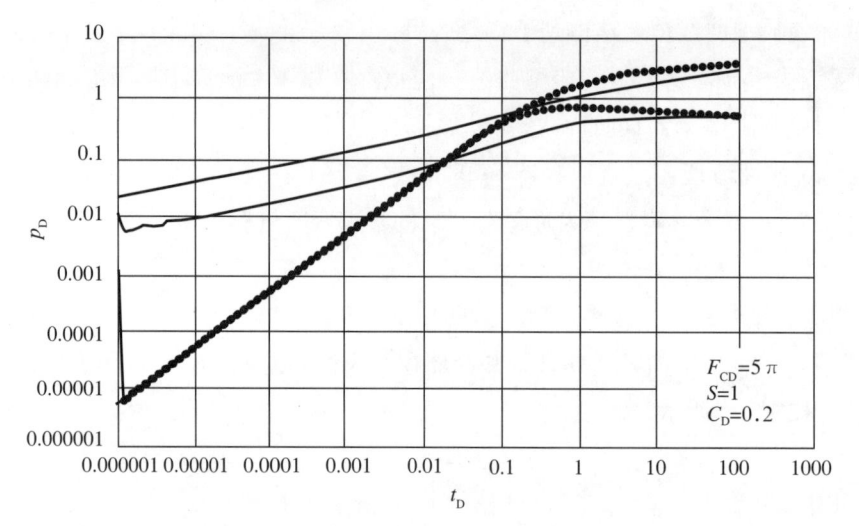

图7-7　低渗透致密砂岩气藏压裂气井均质油藏类试井曲线

（4）复合油气藏类试井曲线。这类压裂井试井曲线在双对数图上表现为复合油藏类试井曲线特征。出现这类试井曲线的情况是：存在一定的井筒储存效应和表皮效应，井筒储存效应和表皮效应的存在影响了压裂裂缝反映的早期段曲线，井筒储存效应消失后，还反映了一部分裂缝的存在，如图7-8所示。

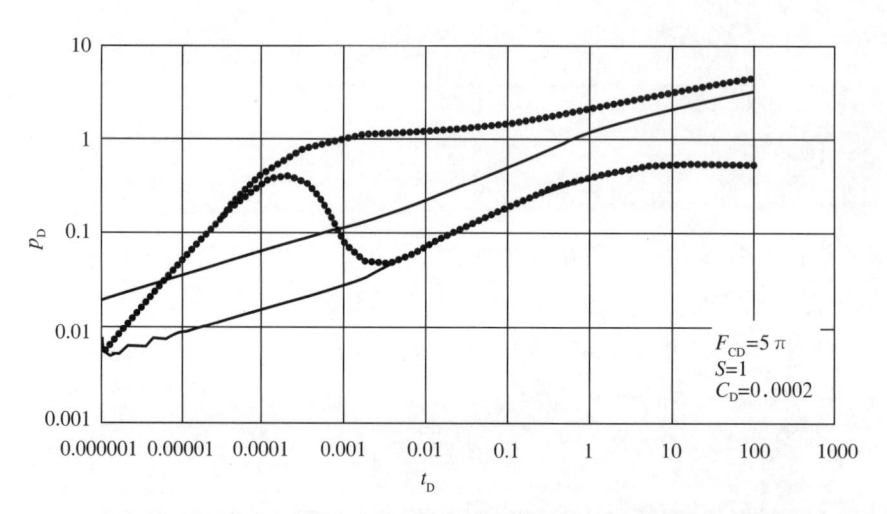

图7-8　低渗透致密砂岩气藏压裂气井复合油藏类试井曲线

（5）边界反映类试井曲线。这类压裂井试井曲线在双对数图上表现为均质油气藏加断层边界的特征，出现这类试井曲线的情况是：井筒储存效应中等偏大，存在一定的表皮效应，井筒储存效应和表皮效应影响了压裂裂缝反映的早期段和中期段曲线，将径向流反映段看似边界断层的反映段，如图7-9所示。

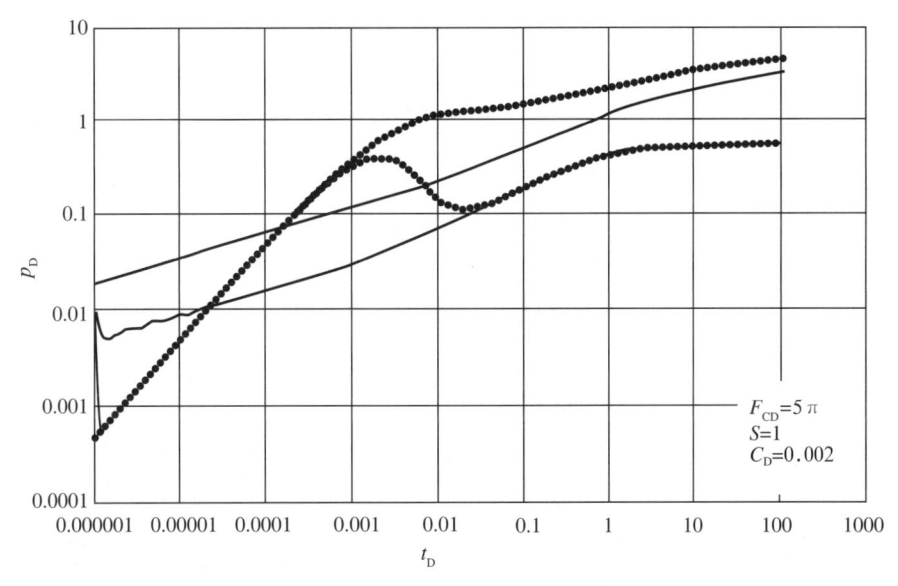

图7—9　低渗透气藏压裂气井边界反映类试井曲线

参考文献

[1] 李兴煜. 苏10区块单井压裂优化设计方法研究与实施 [J]. 油气井测试, 2008, 6 (17): 46-48.

[2] 万仁溥, 罗英俊. 采油技术手册（第九分册）: 压裂酸化工艺技术. 北京: 石油工业出版社, 1998.

[3] 牟凯, 李勇明, 郭建春. 压裂缝高控制技术与通用设计计算方法 [J]. 重庆科技学院学报（自然科学版）, 2009, 11 (4): 28-32.

[4] 韩慧芬, 陈明忠, 杨淑珍. 变排量压裂技术在白马—松华地区的应用: 钻采工艺, 2005, 28 (2): 46-48.

[5] 刘新全, 刘新生, 赵炜, 等. 水层或衰竭层上方产层压裂缝高的控制技术 [J]. 国外油田工程, 2001, 17 (9): 7-10.

[6] 敖西川. 多层水力压裂裂缝延伸数学模型研究与应用 [D]. 成都: 西南石油学院, 2004.

[7] 蒋廷学, 胥云, 李治平, 等. 新型前置投球选择性分压方法及其应用 [J]. 天然气工业, 2009, 9 (29): 88-90.

[8] 崔明月, 丁云宏, 张守良, 等. 四川八角场低渗气田大型水力压裂应用实例研究及启示 [J]. 低渗油气田, 2000, 4: 51-54.

[9] 徐胜强, 温庆志, 曹辉剑, 等. 低渗透气田大型压裂工艺技术研究与应用 [J]. 河南石油, 2005, 4 (19): 55-57.

[10] 康毅力, 罗平亚. 中国致密砂岩气藏勘探开发关键工程技术现状与展望 [J]. 石油勘探与开发, 2007, 2 (34): 239-245.

[11] 张矿生. 压裂水平井生产动态数值模拟研究 [D]. 成都: 西南石油学院, 2004.

[12] 熊湘华. 低压低渗油气田的低伤害压裂液研究 [D]. 成都: 西南石油学院, 2003.

［13］ 王晓泉. 苏里格气田压裂改造适应性研究［D］. 北京：中国石油勘探开发科学研究院，2004.

［14］ 邢景宝，靳宝军，郑锋辉，等. 大牛地低压致密气田压裂工艺技术［M］//张士诚. 低渗油气藏增产技术新进展——2008年油气藏增产改造学术研讨会论文集. 北京：石油工业出版社，2009.

［15］ 文果. 二氧化碳泡沫压裂的摩阻研究［D］. 西安：西安石油大学，2008.

［16］ 任山等. 线性类泡沫压裂液研究与现场试验［M］//张士诚. 低渗油气藏增产技术新进展——2008年油气藏增产改造学术研讨会论文集. 北京：石油工业出版社，2009.

［17］ 文浩，杨存旺. 试油作业工艺技术［M］. 北京：石油工业出版社，2002.

［18］ 吴钢. 水力压裂压后评估技术研究与应用［D］. 成都：西南石油学院，2002.

［19］ 肖昆. 低渗致密砂岩气藏压裂效果评价方法研究［D］. 成都：西南石油学院，2003.

第八章 低渗透致密砂岩气藏提高采收率技术

在北美地区，低渗透致密砂岩气藏的储层累计厚度大、储量丰度高，直井密井网与多层改造是其主体开发技术。井网密度可达10口/km^2，单井压裂层数可达20层以上，气藏采收率可达75%。

国内低渗透致密砂岩气藏储层条件复杂，纵向上产气层位多，横向非均质性较强，开采难度较大，储量动用程度和采收率受多种因素的影响，比如储层本身地质条件、工艺技术水平、经济环境、开发政策等。如果只是采用井网加密提高采收率，当井网加密到一定程度后，难以确保单井经济极限采出量，如苏里格气田井网为600m×800m时，采收率为30%左右，井网加密到300m×400m，采收率为65%左右，但单井累计采气量低于经济极限采气量。

低渗透致密砂岩气藏在采用井网加密提高采收率的同时，需要强化气藏描述，精细刻画有效砂体大小、形状及展布方向，充分利用动、静态资料并考虑经济因素，研究井网加密技术和加密方式。另一方面，需要探索直井、水平井、多分支水平井多种井型混合井网的配套开发工程技术来提高储量动用程度和采收率。另外，开发后期多面临低压开采、井底积液等问题，需要开展低压开采、增压开采和排水采气等配套技术，延长气井寿命，提高采收率。

气藏采收率的确定方法有很多，根据方法的特点和资料来源，可划分为微观分析法和宏观分析法进行采收率的概算。具体方法主要有物质平衡法、产量递减法、平均产率法、罗杰斯蒂函数法等，这几种计算方法中，都涉及废弃条件的确定问题。不同地区、不同市场价格以及不同地质开采条件，相对应的废弃条件不同，通常按各气田的输压条件和实际开采情况确定。

第一节 井网密度与采收率

低渗透致密砂岩气藏一般没有明显边界，广泛分布。由于渗透率低、储层横向连续性和连通性差等原因，造成单井控制面积小和单井控制储量低，所以低渗透致密砂岩气藏不宜采用常规气藏的大井距开发，而是需要采用较密的井网来开发，以提高地质储量的动用程度和采收率。

一、井网加密

国外大型致密气藏的开发实例表明，井网加密能够有效提高储量动用程度和采收率，是实现此类气藏有效开发的重要途径。如美国Anadorko盆地的Cherokee致密砂岩气田，1981年开发投产时井网密度为2.6km²/井。1986年后，在美国税收政策和油气价格的刺激下，不断打加密井，1994年井网密度达到1.3km²/井。Texas地区的Bradford和 Ellis Ranch两个致密砂岩气田，20世纪50年代末投产时井网密度采用2.6km²/井，后加密到1.3km²/井，近年加密为0.65km²/井。美国Texas西部的Ozona气田，原来大约有75%的井的单井控制面积小于0.32km²，目前已逐步把单井控制面积缩小到0.16km²。通过不断进行井网加密，取得了较好的开发效果，为低渗透致密气田提高采收率提供了成功的经验。

1. 美国Taxas的Ozona气田

该气田在60年代开发初期，单井控制面积为1.0km²，通过两次加密后，单井控制面积达到0.65km²和0.32km²，1995年主力区加密到0.16km²，气田大约52%的井的单井控制面积小于0.16km²，23%的井的单井控制面积为0.16~0.32km²（图8-1）。

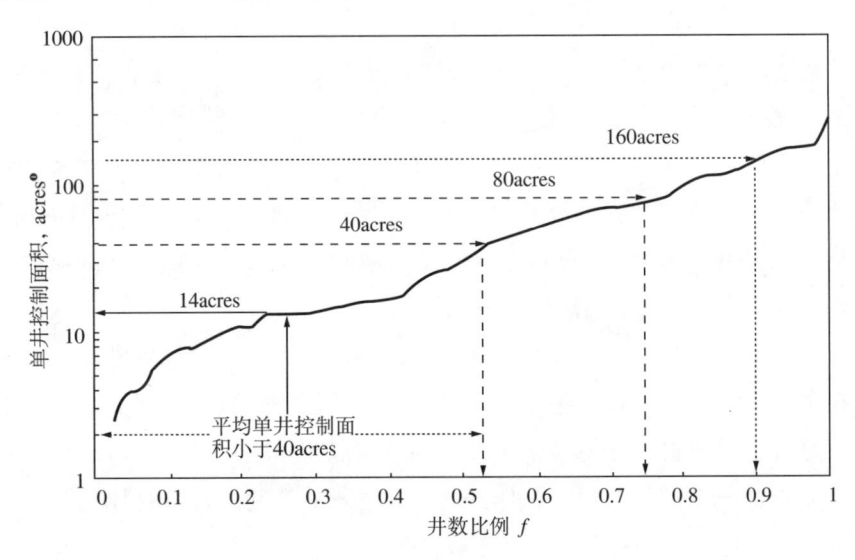

图8-1 Ozona气田井网密度分布

2. 美国Piccance盆地Rulison气田

该气田通过多次井网加密，逐步提高了气田采收率。当井网密度为0.64km²/井时，采收率为7%；当井网密度为0.16km²/井时，采收率为21%；当井网密度为0.04km²/井时，采收率为75%。

3. 苏里格气田

苏里格气田目前采用的开发井网为600m×800m，方案生产期末的采收率为30%左右。而精细地质描述认为，气田有效砂体宽度为300~500m，长度为400~700m；数值模拟表明井间无干扰的极限井距为500m×700m，单井控制面积为0.35km²，井网密度为2.8口井/km²。已知气田储量丰度为$1.4×10^8m^3/km^2$，单井累计产量为$2200×10^4m^3$，计算气田采收率为44%。说明苏里格气田的开发井网仍然存在较大的加密空间。

二、合理井网密度

采用密井网开发，并非越密越好，在评价气田采收率的同时，也要分析气田和气井的经济效益。

---

❶ 1acre=4046.856m²

不同的气田存在相对应的合理井网密度，研究气田的合理井网密度需要从地质模型、泄气半径、干扰试井、数值模拟和经济效益5个方面研究论证[1]。

根据地质特征评价认为，苏里格气田的井距小于600m，排距小于1000m较为合理；气井的试井解释结果表明，气井的泄气半径为400～600m，井距控制在400～600m较为适宜；气井的干扰试井试验结果表明，井距大于400m、排距600m可作为气田的合理井网；数值模拟结果表明，500m×700m是最优的井网，该井网可将600m×800m井网下30%的采收率提高到45%；经济评价结果表明，井网密度要小于3口/km^2，经济上才是有效的。

综合上述5种评价方法的结果，认为在目前经济技术条件下，苏里格气田采用500m×700m井网开发是合理的，该井网可以提高采收率15%。随着今后经济条件的不断改善和技术的不断进步，合理的井网密度和采收率将会不断地变化。

第二节 气井类型与采收率

气田开发采用的井型主要有3种：直井、丛式井组、水平井。对于含气砂体小而分散、多层分布的气田，开发初期多采用直井或丛式井组，随着对气田认识的逐步深入以及水平井开发经验的不断积累，开发井型有可能由直井转变为水平井。对于储层连续性较好、分布较为集中的气田，可以采用丛式水平井开发，水平井水平段穿过多个阻流带，在增大气井的泄气面积的同时，增加了气井的动用储量，获得了较高的采收率，取得了较好的开发效果。下面以苏里格气田和长北气田为例，分析直井与水平井对气田采收率的影响。

一、阻流带成因与分类

苏里格气田的储层是由大型辫状河复合砂体形成，储层内部存在明显的阻流带。根据辫状河体系复合砂体的内部结构，由大到小将其划分为4级构型（图8-2）：一级辫状河体系复合砂体，二级辫状河河道单砂体，三级心滩内加积体和四级岩石相。

根据辫状河体系复合砂体不同构型单元的沉积特征及规模尺度，阻流带的形成可划分为两个级次：一级阻流带，主要发育在二级构型单元（河道或心滩砂体）的边缘，岩性以泥质砂岩、泥岩为主，为储层中的泥质隔层，厚度一般为几米到几十米级；二级阻流带主要发育在三级构型单元内，即心滩内披覆层，岩性以泥岩、粉砂岩、细砂岩为主，为储层内的物性夹层，厚度为几米级。

二级构型成因"阻流带"主要由水动力条件减弱沉积下来的泥质等细粒沉积物形成"阻流带"。该类型阻流带已经在现代辫状河——永定河的沉积研究中发现[2]，从其顺流沉积剖面可以看出，在心滩上部及辫状河道与心滩交接处存在由泥质沉积为主的隔夹层，构成阻流带（图8-3）。

通过密井网区密井排地质解剖，在河道的翼部，与心滩衔接的地方，通过测井GR曲线的变化，证实了阻流带的存在（图8-4）。二级构型成因阻流带一般规模较大，从水平井轨迹剖面也可识别出（图8-5、图8-6）。

在前人研究成果的基础上，综合露头、密井网直井和水平井资料的储层构型分析成果，建立了砂质辫状河心滩坝顺流加积演化模式（图8-7），认为辫状河心滩内部存在多个加积体，为洪水期顺流

加积作用形成。辫状河顺流加积作用主要与洪水期快速沉积作用有关，洪泛的周期性变化形成多个加

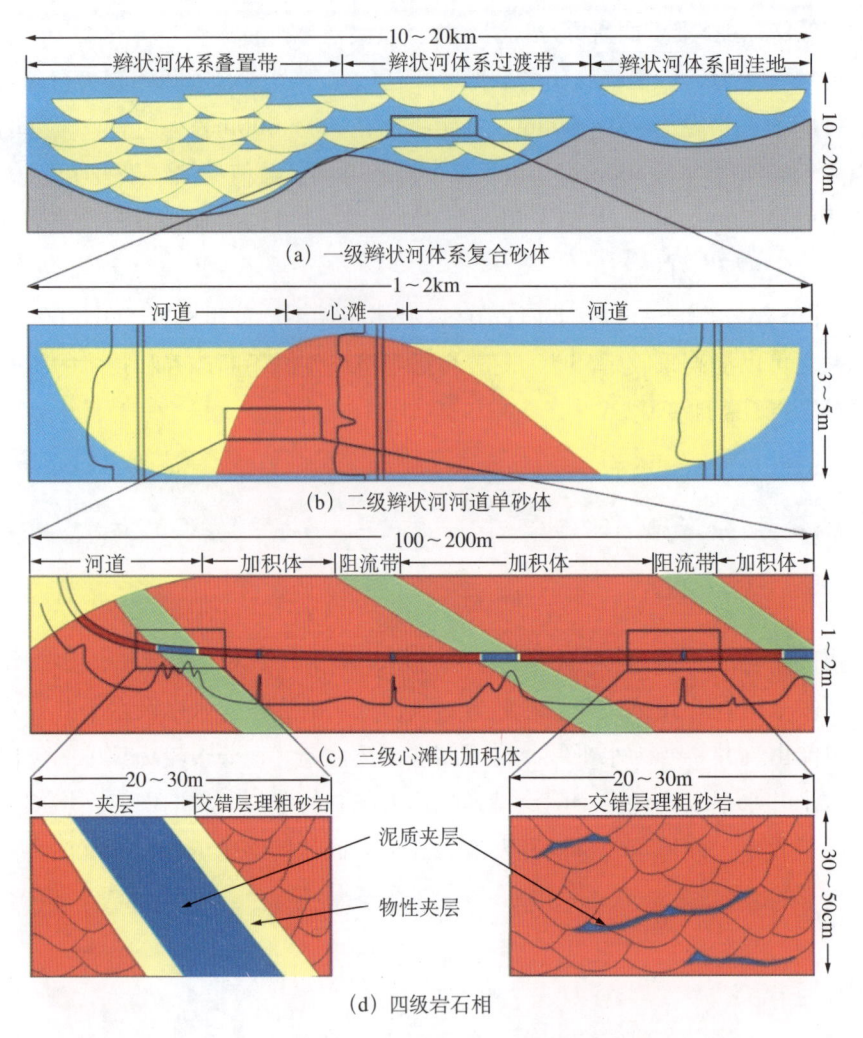

图8-2 苏里格气田辫状河体系界面分级系统

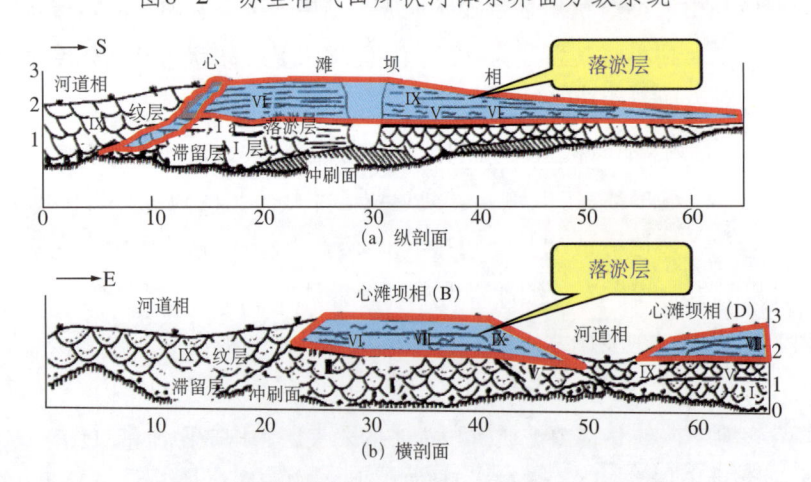

图8-3 现代辫状河——永定河沉积研究模式图

积体，至下一次大洪泛期河道迁移为止，而若干加积体的顺流叠加最终构成单个心滩有效砂体。各加积体间由洪水间歇期垂向加积作用形成的落淤夹层所分隔开，构成单心滩有效砂体内部阻流带。间歇期形成的落淤层在下一次洪泛期内其迎水面遭受冲刷，使落淤层减薄或消失；而背水面得以保存下来，到一期心滩沉积结束时，阻流带呈斜列式顺流展布。

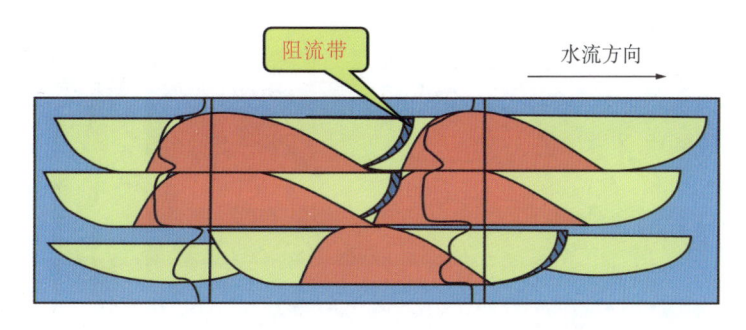

图8-4　阻流带二级构型成因模式图

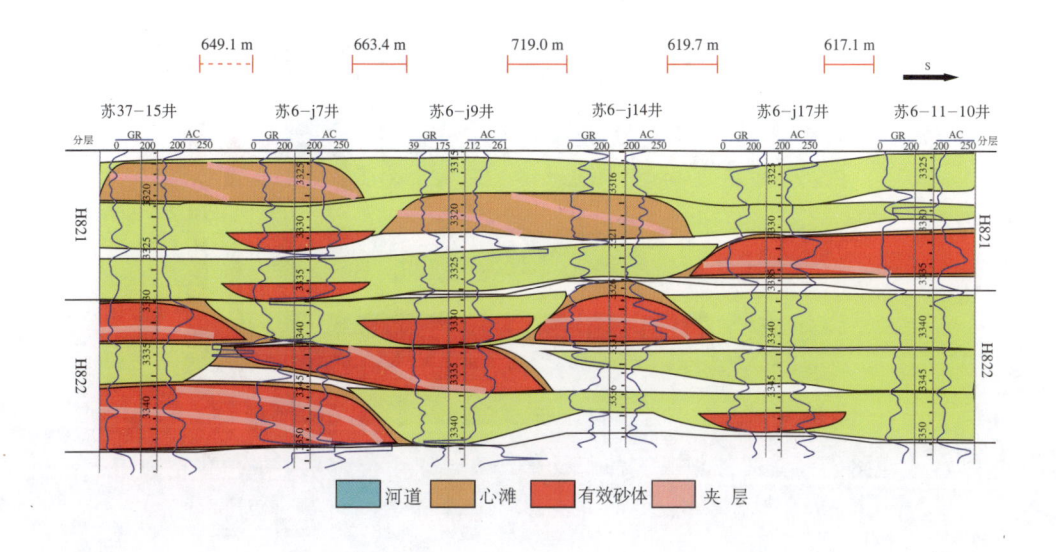

图8-5　苏37-15井—苏6-11-10井连井剖面（纵向）

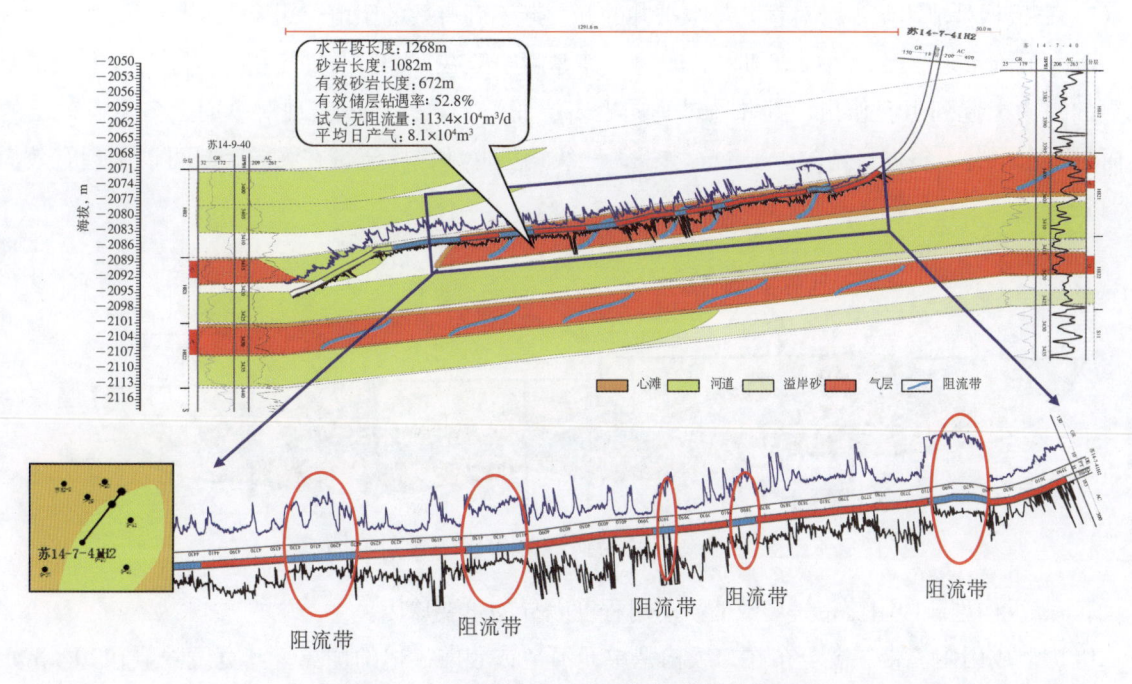

图8-6　苏平14-7-41H2井实钻轨迹剖面图

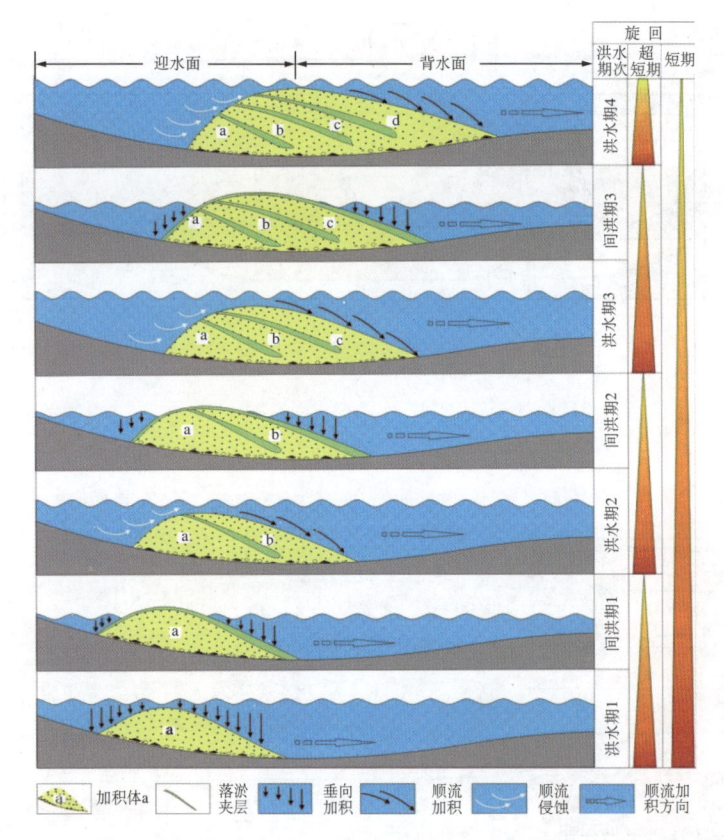

图8-7 单心滩坝顺流加积及落淤夹层（阻流带）形成演化剖面

二、阻流带对储量动用程度的影响

（1）三级构型成因阻流带对直井与水平井的开发起不到有效的阻流作用。

心滩内阻流带是心滩砂体顺流加积的产物，其厚度一般在1~3m；在气井的实际生产中，主要是在储层的纵向上起到阻流作用。直井通过垂向上多层压裂工艺，可以实现对纵向上多个有效层的动用；而对于水平井，根据目前的压裂工艺水平，三级构型心滩内阻流带在纵向上是可以实现有效沟通的（图8-8）。

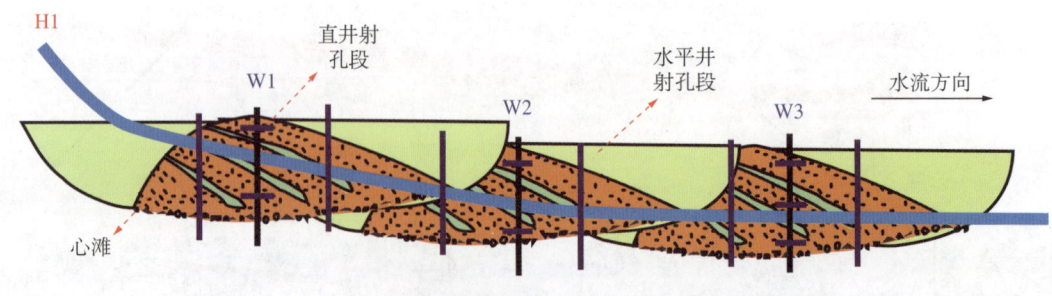

图8-8 直井与水平井钻遇心滩内阻流带射孔示意图

（2）二级构型成因阻流带是导致储量动用程度差异的重要原因。

二级构型成因阻流带主要分布在二级构型单元河道或心滩砂体的侧翼，其宽度一般在20~30m；实际生产中，主要是在储层的横向上起到阻流作用。二级构型阻流带限制了直井的层内储量动用范围，水平井通过多段压裂工艺，可以克服阻流带的影响，提高层内储量动用程度（图8-9）。

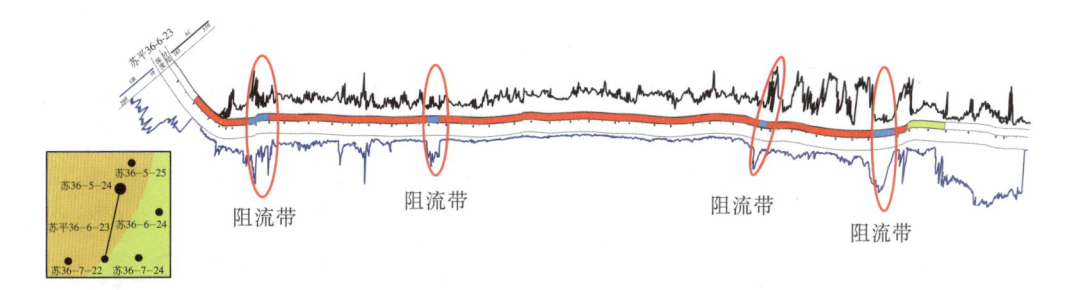

图8-9 苏平36-6-23井水平段钻遇阻流带剖面图

三、气井类型对采收率的影响

在直井开发方式下，压裂缝东西向展布，难以克服南北两侧阻流带的影响，储量动用程度不充分；水平井可以钻穿东西向展布、南北向排列的阻流带，提高储量的动用程度。数值模拟计算表明，水平井有效控制层段的采收率达80%以上，其动态储量是直井动态储量的2～3倍以上。

水平井分段压裂技术虽然可以提高有效砂体钻遇率及邻近井筒有效砂体的动用程度，但在垂向上仍会剩余部分厚度较大的泥岩所隔开的气层，这部分气层的储量又难以满足双分支水平井的经济要求，可以考虑水平井与定向井的组合使用来提高整体储量动用程度。

为了分析水平井提高层内储量动用程度的情况，对苏里格气田4个井组建立了地质模型（表8-1），并开展直井600m×800m井网、水平井600m×1600m井网的数值模拟研究，预测开发指标。直井按600m×800m井网开发，井网完善的井组利用已钻井数据，井网不完善的井组增加新钻井，预测单井累计产量和区块采出程度；水平井按600m×1600m井网整体开发，在直井建立的地质模型基础上，把直井全部替换掉，整体部署水平井，根据有效砂体的分布情况，设计水平井的井位和井轨迹。首先基于初始的地质模型，对气井进行历史拟合，然后不断地修改模型，为以后的模拟预测提供可靠的地质模型。

表8-1 模拟井组方案新钻井数

模拟井组	面积 km²	已有井数 口	新钻井数 直井井网开发 600m×800m	新钻井数 水平井井网整体开发 600m×1600m
苏36-8-21井组	4.54	7	2	5
苏10-38-24井组	5.01	8	2	6
苏6-J16井组	3.08	7	—	3
苏14井组	2.84	6	—	3

（1）苏36-8-21井组面积4.54km²，地质储量$9.48×10^8m^3$，储量丰度$2.088×10^8m^3/km^2$。先对7口现有的生产井进行历史拟合，然后分别采用直井井网和水平井井网开发。该井组采用直井开发时需要新钻两口直井（图8-10、图8-11），采用水平井井网开发时需要新钻5口水平井（图8-12、图8-13）。预测结果表明：采用直井井网开发时，最终累计采气量$56578×10^4m^3$，采用水平井井网开发时，最终累计采气量$57293×10^4m^3$。

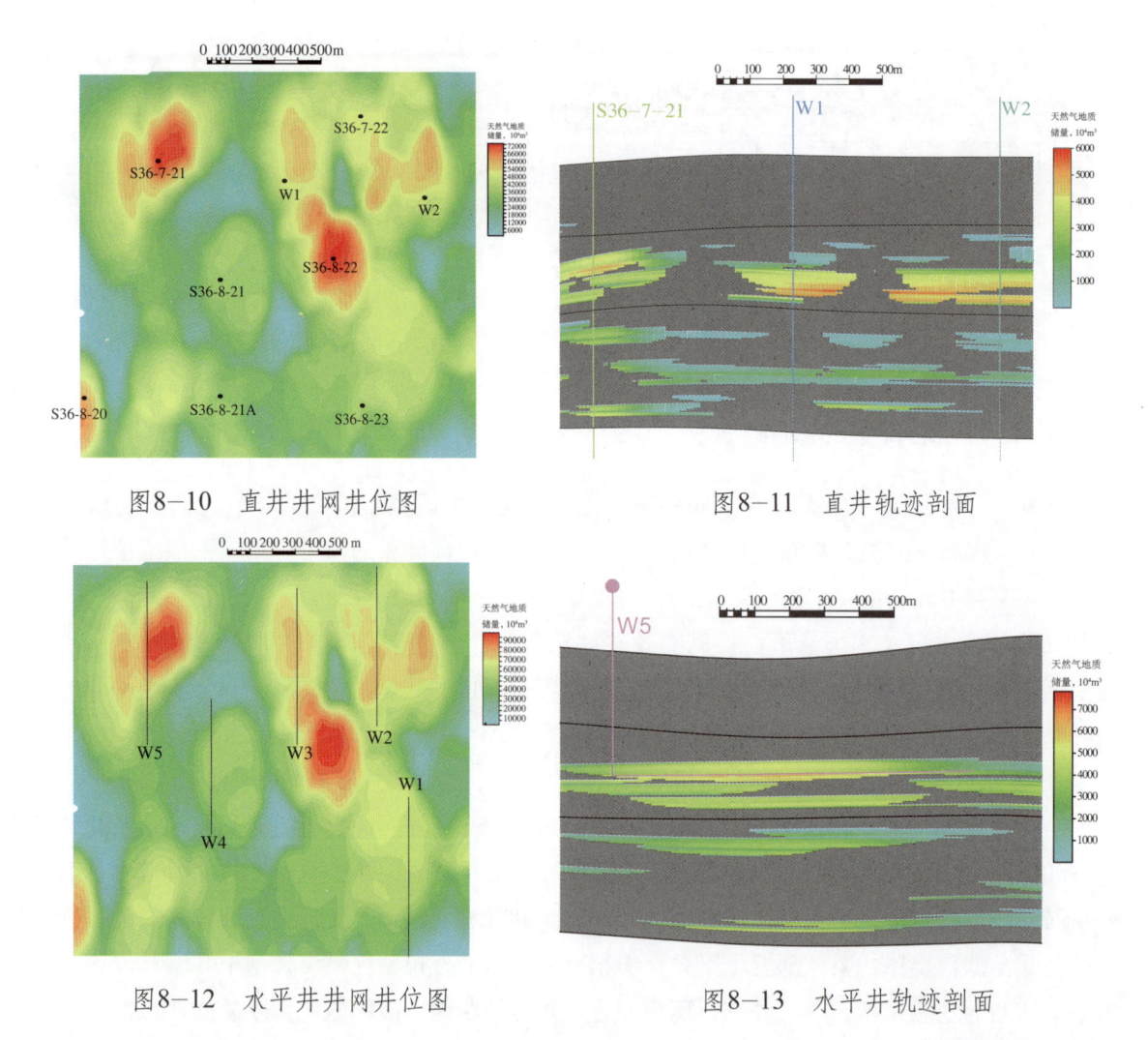

图8-10　直井井网井位图

图8-11　直井轨迹剖面

图8-12　水平井井网井位图

图8-13　水平井轨迹剖面

（2）苏10-38-24井组面积5.1km²，地质储量8.06×10⁸m³，储量丰度1.58×10⁸m³/km²。先对8口现有的生产井进行历史拟合，然后分别采用直井井网和水平井井网开发。该井组采用直井井网开发时需要新钻两口直井（图8-14、图8-15），采用水平井井网开发时需要新钻6口水平井（图8-16、图8-17）。预测结果表明：采用直井井网开发时，最终累计采气量为22036×10⁴m³，采用水平井井网开发时，最终累计采气量为33333×10⁴m³。

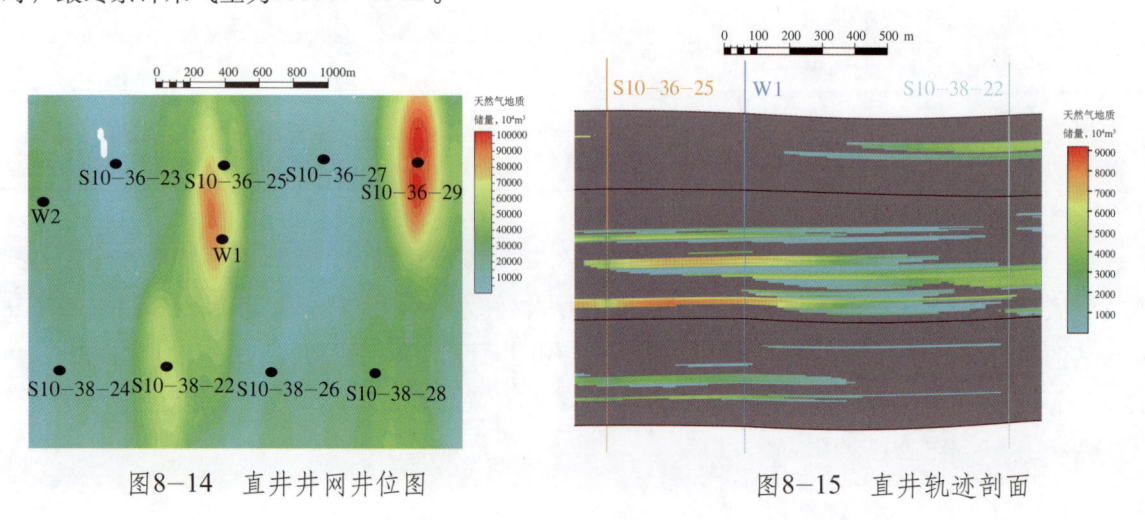

图8-14　直井井网井位图

图8-15　直井轨迹剖面

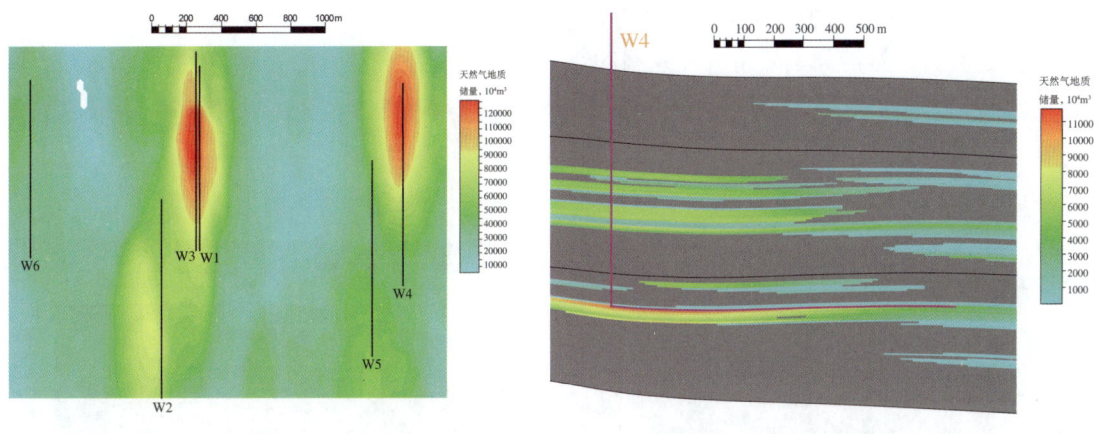

图8-16 水平井井网井位图

图8-17 水平井轨迹剖面

(3) 苏6-J16井组面积3.08km², 地质储量6.63×10⁸m³, 储量丰度2.15×10⁸m³/km²。先对7口现有的生产井进行历史拟合，然后分别采用直井井网和水平井井网开发。该井组采用直井井网开发时不需要钻新井（图8-18、图8-19），采用水平井井网开发时需要新钻3口水平井（图8-20、图8-21）。预测结果表明：采用直井井网开发时，最终累计采气量为21690×10⁴m³，采用水平井井网开发时，最终累计采气量为14489×10⁴m³。

图8-18 直井井网井位图

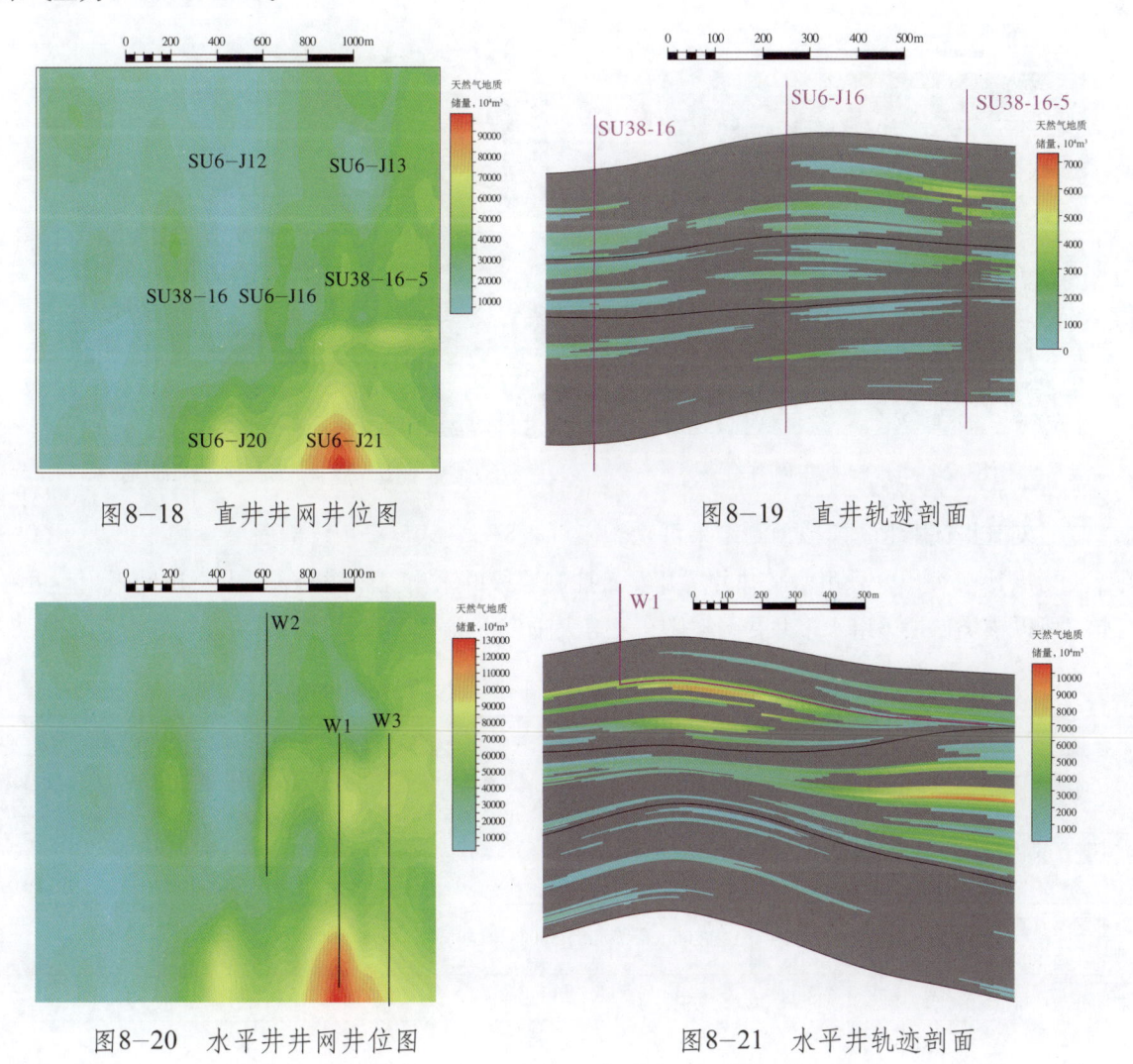

图8-19 直井轨迹剖面

图8-20 水平井井网井位图

图8-21 水平井轨迹剖面

(4) 苏14井组面积2.84km², 地质储量5.56×10⁸m³, 储量丰度1.96×10⁸m³/km²。先对6口现有的生产井进行历史拟合，然后分别采用直井井网和水平井井网开发。该井组采用直井井网开发时不需要新钻直井（图8-22、图8-23），采用水平井井网开发时需要新钻3口水平井（图8-24、图8-25）。预测结果表明：采用直井井网开发时，最终累计采气量为15794×10⁴m³，采用水平井井网开发时，最终累计采气量为13934×10⁴m³。

图8-22 直井井网井位图

图8-23 直井轨迹剖面

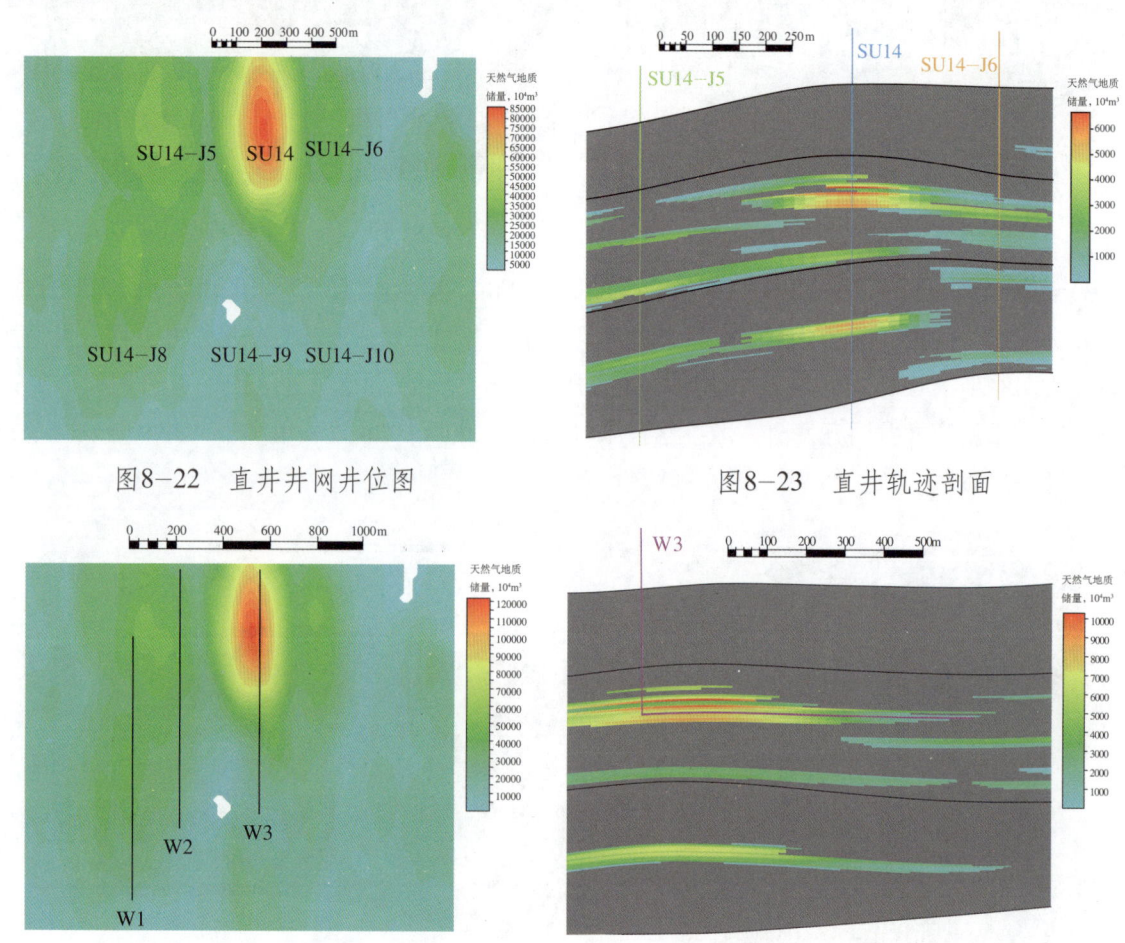

图8-24 水平井井网井位图

图8-25 水平井轨迹剖面

通过对比4个井组的模拟预测结果可以看出（表8-2、表8-3），剖面储量集中度大于60%的井组，主力层比较突出，采用水平井井网开发，控制层段的采出程度达65%以上，层间采出程度在40%以上，所以该类储层采用水平井井网整体开发可大幅度提高采收率。

表8-2 直井井网与水平井井网采出程度数值模拟评价结果表

砂组组合模式	模拟井组	地质储量 面积 km²	地质储量 10⁸m³	储量丰度 10⁸m³/km²	600m×800m井网 累计产气量 10⁸m³	600m×800m井网 采出程度 %	水平井井网整体开发 累计产气 10⁸m³	水平井井网整体开发 采出程度, %
单期厚层块状型	苏36-8-21	4.54	9.48	2.0881	5.6578	59.68	5.7293	60.44
多期垂向叠置泛连通型	苏10-38-24	5.10	8.06	1.5804	2.2036	27.34	3.3333	41.36
多期分散局部连通型	苏6-J16	3.08	6.63	2.1526	2.1690	32.71	1.4489	21.85
多期分散局部连通型	苏14	2.84	5.56	1.9577	1.5794	28.41	1.3934	18.76

表8-3 水平井层间采出程度数值模拟评价结果表

砂组组合模式	井 组	剖面储量集中度，%	水平井控制层段采出程度，%	层间采出程度，%	水平井部署方式
单期厚层块状型	苏36-8-21	80.09	75.47	60.44	水平井井网整体开发
多期垂向叠置泛连通型	苏10-38-24	61.63	67.11	41.36	
多期分散局部连通型	苏6-J16	36.71	59.52	21.85	加密水平井开发
	苏14	37.77	49.67	18.76	

对于剖面储量集中度小于60%的井组，剖面上储量分布比较分散，水平井控制层段的采出程度小于60%，层间采出程度小于25%，不适合水平井井网整体开发，可在井位优选的基础上采用加密水平井开发。

由此可以看出，对于储层连续性较差的气田，在储层分布相对集中的区域可适当地采用水平井井网整体开发，而对于储层分布较分散的区域，可局部采用水平井和直井联合开发，从而可获得较高的采收率。

四、长北气田气井类型对采收率的影响

长北气田位于长庆靖边气田东北部，产气层为上古生界二叠系山西组山$_2$段，三角洲辫状河内切河沉积，平均孔隙度为5%，渗透率为1.3mD。根据沉积和试井解释结果可知，石英砂岩储层中存在渗透性阻流带，储层单元以三维复合阻流带结构为边界，纵向和横向储层单元在成因上都与阻流带类型的作用有关（图8-26）。总之，该气田具有低渗透率、存在阻流带、气田厚度不大的特点。

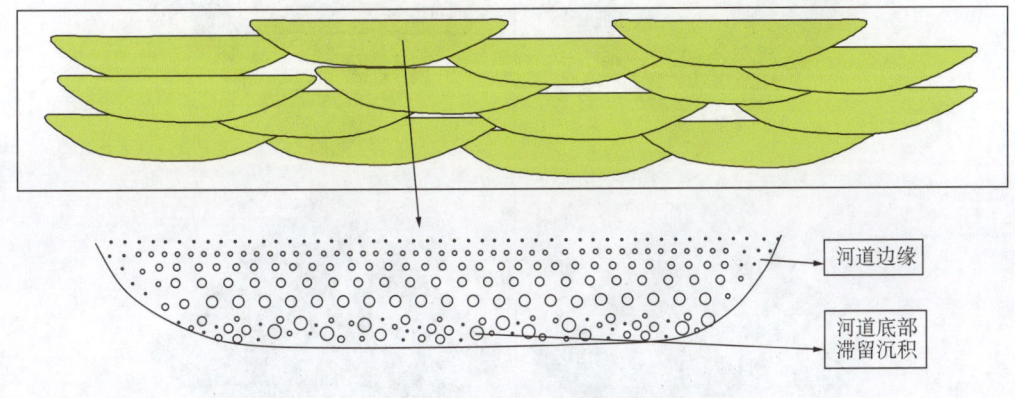

图8-26 长北气田阻流带模式图

对于该类气田，采用水平井方案是优选方案。相对直井来说，水平井可以增加气藏内产气层段，同时还可以有效地降低垂向阻流带对气体流动的障碍，可以显著增加单井产量和提高采收率。而采用直井开发时，只有有限的几个流动单元参与生产，气井的控制储量有限，产量低。

为了分析水平井和直井对开发效果的差别，选用面积为30.25km^{2}的一区块进行模拟论证。采用直井开发时，区块内可部署9口直井，采用水平井开发时，区块内可部署4口水平井（图8-27）。从图上能看到模型中已设立了阻流带。

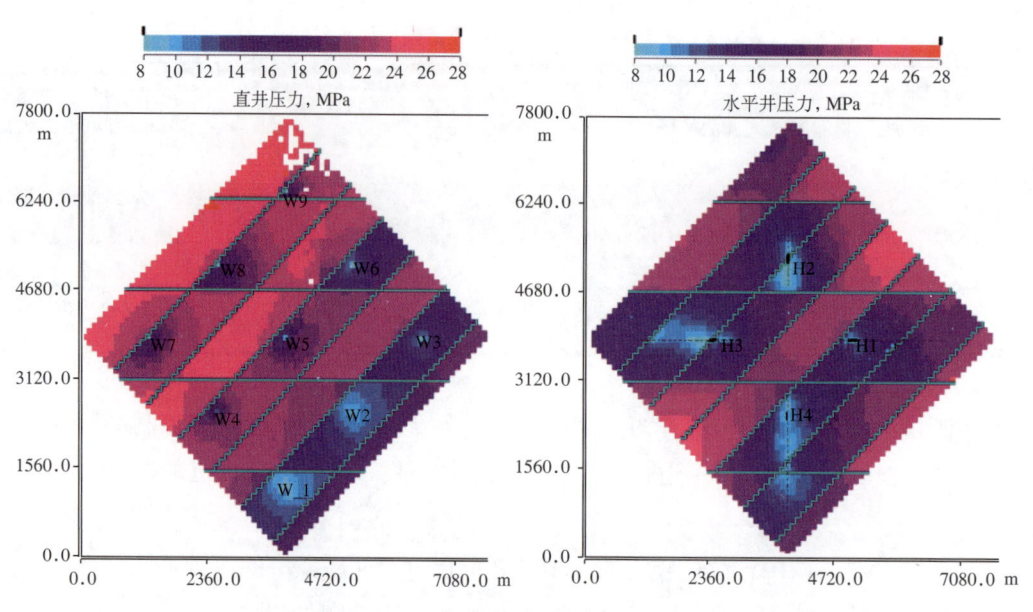

图8-27 直井和水平井的井位图

从生产1年的压力分布图上可以看出（图8-28），阻流带起到了边界作用，气井控制不到的封闭区域内的压力没有发生变化，生产10年后，压力缓慢下降，有明显的泄压现象。

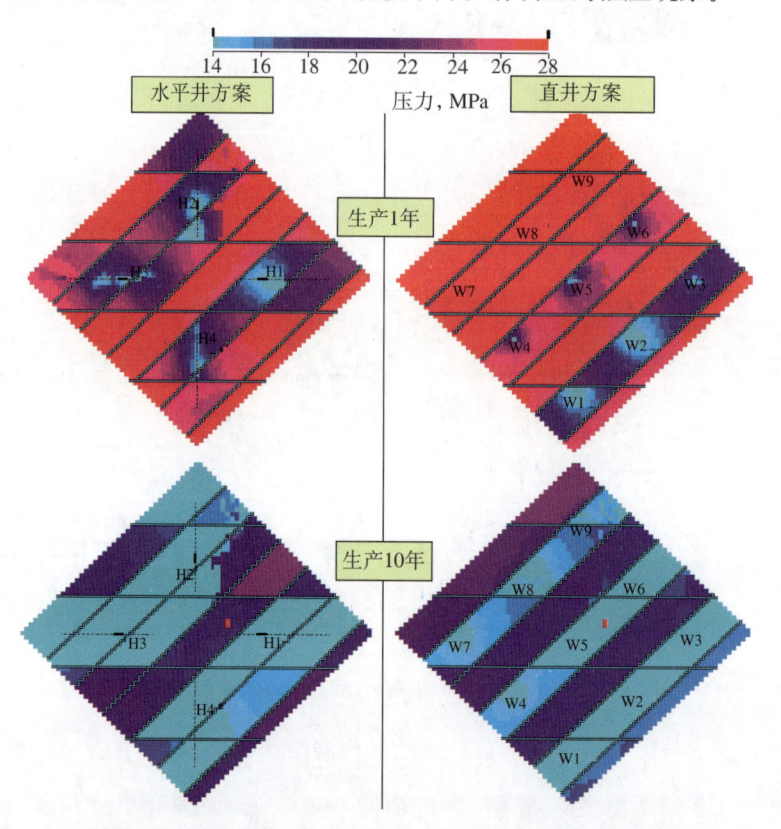

图8-28 直井和水平井生产1年和10年的压力分布

图8-29和图8-30分别为直井和水平井生产1个月、5年、10年和最终技术采出量对比图。与直井相比，水平井的产量提高3~4倍，最终采出量提高2~3倍，采收率提高5%~15%。由此来看，在采用直井和水平井优选井网的基础上，水平井既可以提高单井产量，又可以提高采收率，具有较好的开发效益。对于储层连续性较好，阻流带发育的气田，采用水平井井网开发可大幅度提高采收率。

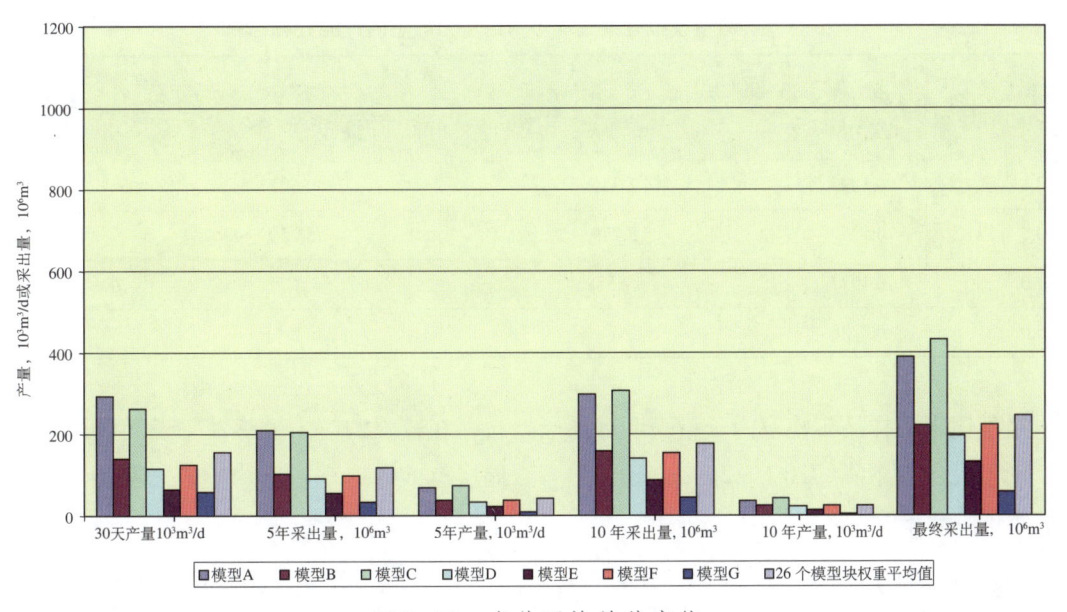

图8-29 直井平均单井产能

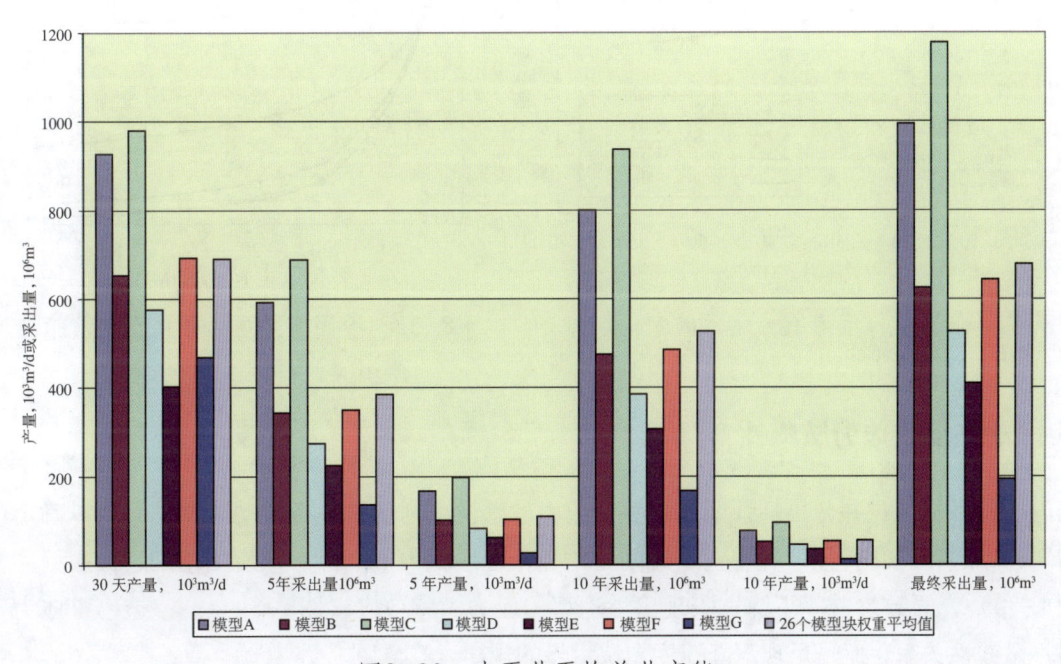

图8-30 水平井平均单井产能

第三节 气井工作制度与采收率

一、应力敏感性

室内实验与理论计算表明，开发过程中，岩石的应力敏感性将大幅度降低储层有效渗透率，进而降低气井产能与气藏采收率，而且随着有效渗透率的降低，岩石的应力敏感性对气井产能的影响越大（表8-4）。

表8-4 实验室模拟开发过程中考虑应力敏感的产能计算结果

有效渗透率 mD	应力敏感系数	仅考虑上覆压力影响的无阻流量q_1 $10^4 m^3/d$	考虑应力敏感的无阻流量q_2 $10^4 m^3/d$	$\dfrac{q_1-q_2}{q_1}\times 100\%$
0.1	0.1895	1.756	0.605	65.53
0.5	0.1277	8.779	5.250	40.20
1.0	0.1077	17.558	11.378	35.19
5.0	0.0726	87.789	65.541	25.34

苏里格气田岩心样品实验室内分析表明，储层岩石存在较强的应力敏感性，当气藏开采至后期低压阶段，储层孔隙度下降约10%～20%（图8-31），储层有效渗透率降低约20%～50%（图8-32），主要储层渗透率降低34.5%。

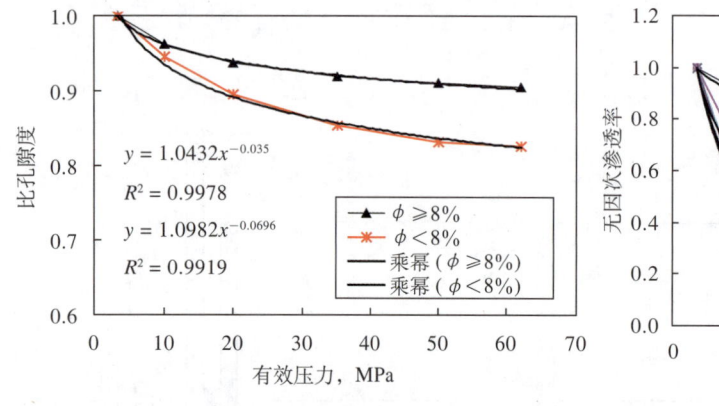

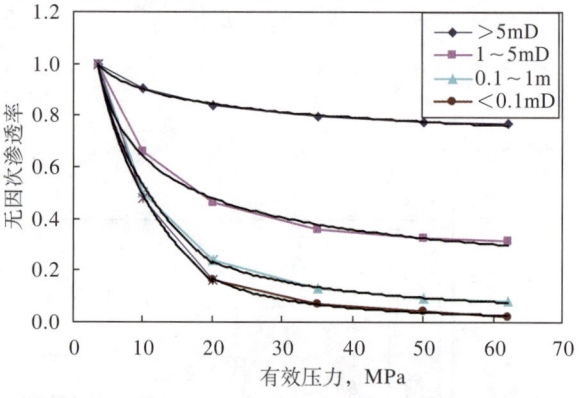

图8-31 储层孔隙度随有效压力的变化规律

图8-32 不同有效压力下的无因次渗透率

二、生产动态反映应力敏感性

室内实验和数值试井分析均证明储层存在应力敏感性，利用试井拟合动态数据，可以确定不同时间下储层的渗透率变化特征。随着生产时间的增加，地层压力下降，有效应力增加，微裂缝闭合或堵塞（图8-33），导致渗透率下降，表现出渗透率的应力敏感效应（图8-34）。渗透率整体为下降趋势，但不是线性关系，而是呈现下降速度先快后慢的规律。

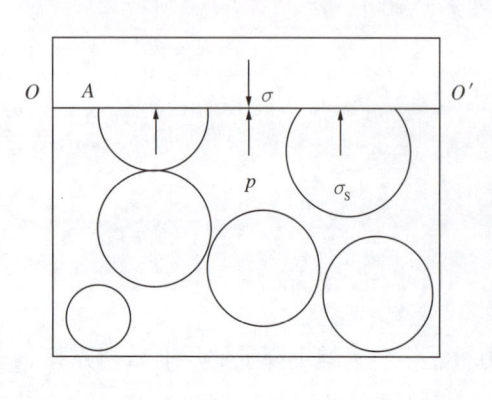

图8-33 储层应力敏感示意图

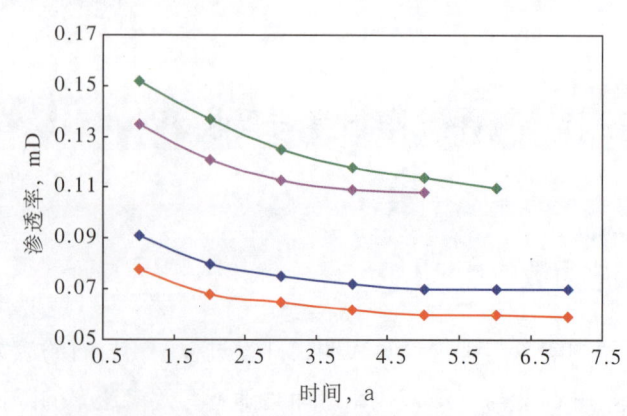

图8-34 渗透率的变化趋势图

对于应力敏感比较严重的气井，初期不宜配产过高，压差越大，应力敏感对气井的影响越明显，地层压力越低，应力敏感对气井产能影响越严重（图8-35）。

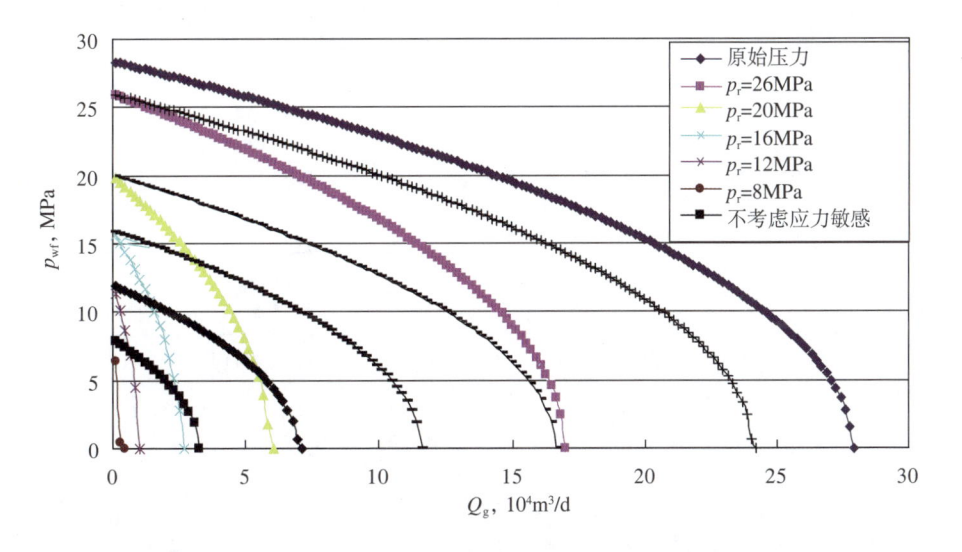

图8-35 不考虑应力敏感与考虑应力敏感气井流入动态曲线对比

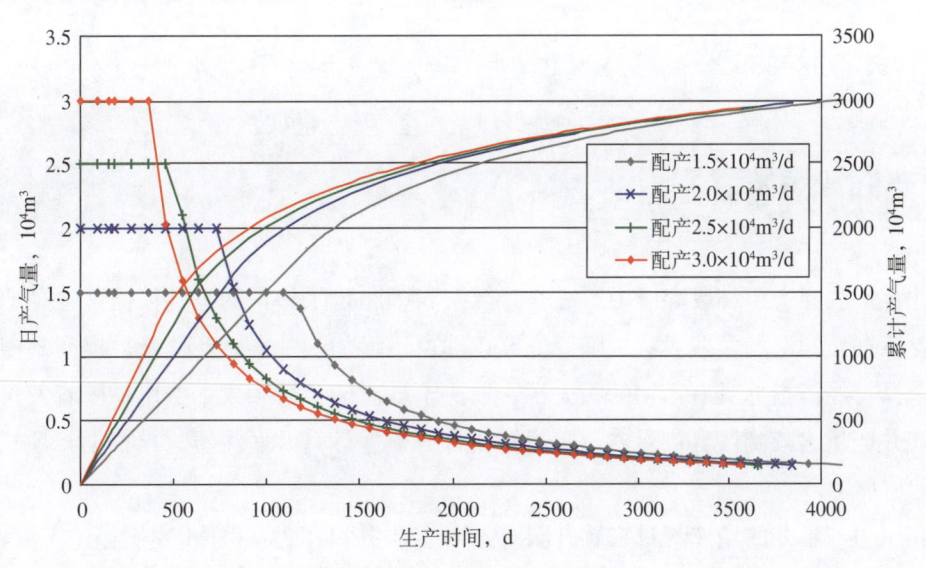

利用数值模拟软件，模拟了苏里格气田3种类型气井不同的配产对气井采收率的影响。Ⅰ类井按照$1.5×10^4m^3/d$、$2.0×10^4m^3/d$、$2.5×10^4m^3/d$和$3.0×10^4m^3/d$的配产进行模拟预测，结果表明，配产低的井比配产高的井采收率提高3.45%（图8-36）。Ⅱ类井按照$0.6×10^4m^3/d$、$1.0×10^4m^3/d$、$1.5×10^4m^3/d$和$2.0×10^4m^3/d$的配产进行模拟预测，结果表明，配产低的井比配产高的井采收率提高2.9%（图8-37）。Ⅲ类井按照$0.4×10^4m^3/d$、$0.6×10^4m^3/d$、$0.9×10^4m^3/d$和$1.3×10^4m^3/d$的配产进行模拟预测，结果表明，配产低的井比配产高的井采收率提高3.02%（图8-38）。由此可以看出，优化工作制度，可提高3%～5%的采收率。

图8-36 考虑应力敏感Ⅰ类井不同方案气井生产动态预测曲线

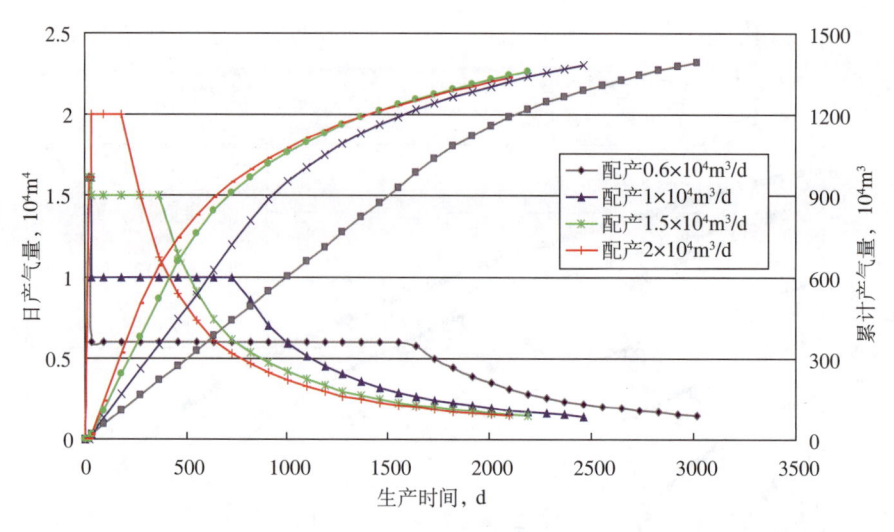

图8-37 考虑应力敏感Ⅱ类井不同方案气井生产动态预测曲线

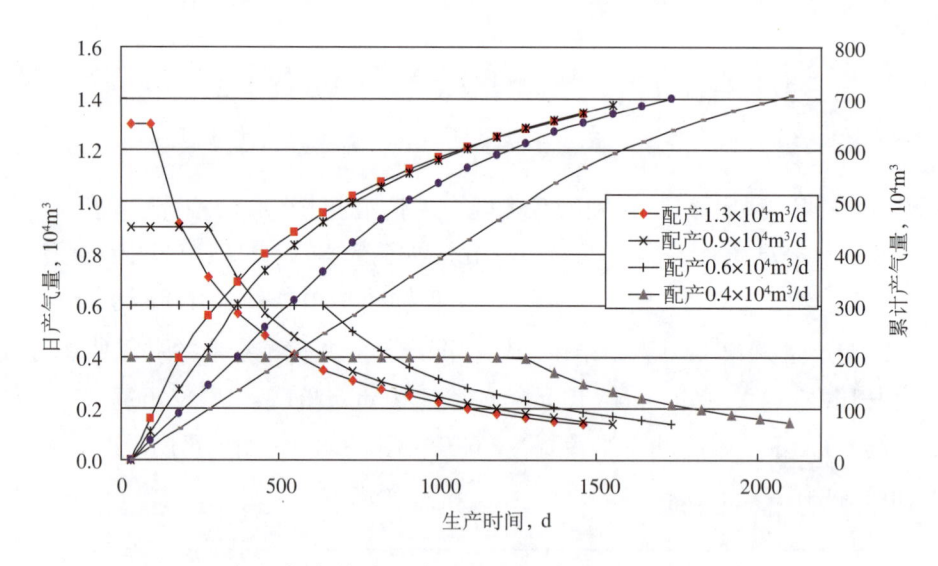

图8-38 考虑应力敏感Ⅲ类井不同方案气井生产动态预测曲线

第四节 气井废弃条件与采收率

废弃条件包括废弃产量和废弃压力,它是计算采收率和可采储量的基础数据,也是地面工程论证和设计的重要依据。理论和实践表明,降低废弃条件可以增加气井累计产气量,提高气田采收率。但废弃条件的选择与经济指标具有密切的相关性,取决于即时的气价和成本费用,随着气价的上涨会不断下降。当气井产量递减到废弃产量时,采用管流计算模型计算井底流压,再根据二项式产能方程,可求取废弃地层压力。

根据废弃压力与单井的增产气量来看(图8-39),当井口压力从0.3MPa降至-0.5MPa时,Ⅰ类井增加采气量$26.72 \times 10^4 m^3$,Ⅱ、Ⅲ类井分别增加采气量$12.3 \times 10^4 m^3$和$6.4 \times 10^4 m^3$。采收率增加幅度小于0.5%。因此,降低井口压力尽管可以增加气井的累计采气量和采收率,但当井口压力降到一定程度时,再进行井口压力降低,增加幅度有限。

苏里格气田气井产量递减符合衰竭递减规律，气井的年递减率与其累计产量呈良好的线性关系，且递减率逐年降低。经计算，废弃产量从目前的 $0.14×10^4m^3/d$ 降至 $0.10×10^4m^3/d$（图8—40），单井累计产气量可增加 $156×10^4m^3$，采收率提高3.1%。从能源价格的长期走势看，国内的气价必然是上升的，这为进一步降低井口废弃产量提供了现实的基础。

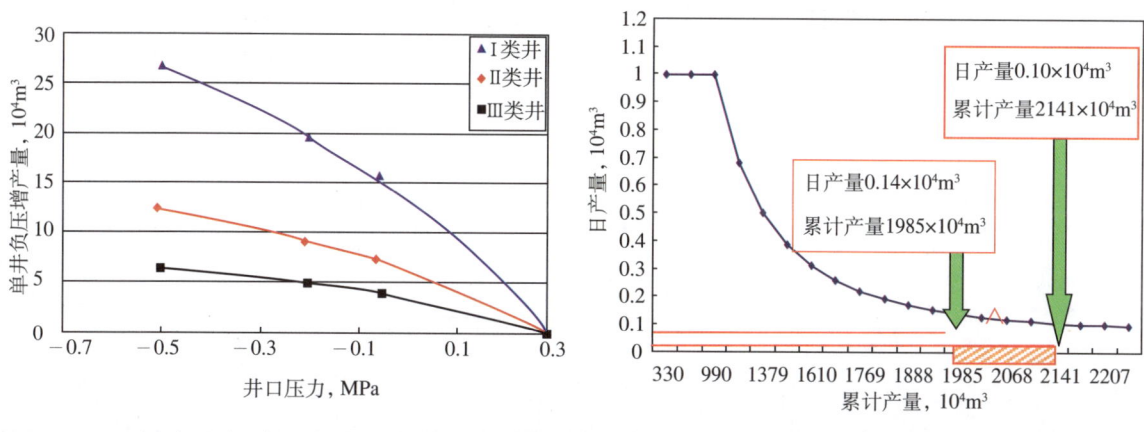

图8—39 不同类型气井平均单井负压增产趋势图

图8—40 气井日产量与累计产量关系曲线

第五节 工艺技术与采收率

国内外低渗透砂岩气藏的开发经验表明，多层多段压裂、致密层改造、排水采气等工艺的应用均能大幅度提高气藏的储量动用程度。下面介绍两种主要的工艺措施：储层压裂改造和排水采气。

一、压裂改造工艺

1. 压裂改变储层流体的流动形态

一般气藏生产过程中，如果没有进行压裂，储层中的流体是通过径向流进入井筒，而压裂后由于地层中形成一条从井底延伸到地层深处的高导流能力的填砂裂缝，所以流体首先以储层线性流的形式进入裂缝，然后在裂缝中以裂缝线性流的形式进入井底，由原来的径向流转变为裂缝和地层之间的双线性流，最终减少了油气从储层进入井筒的阻力，增加了气井的产量。

2. 裂缝增加气井的控制储量

由于储层的非均质性，地层中的有些有效砂体不一定与井底相连通。压裂形成的人工裂缝可以在有效砂体与生产井之间建立流体渗流通道，从而使气井提高产气能力（图8—41）。大型压裂形成裂缝较长，可以将多个类似的砂体连通，从而大幅度增加油气井的控制储量。

3. 裂缝穿越阻流带提高储量动用程度

复合砂体中存在较多的阻流带，造成阻流带间的储量无法采出。压裂造成的人工裂缝，可以穿越阻流带，使流体通过裂缝传到井底，提高了储量的动用程度（图8—42）。

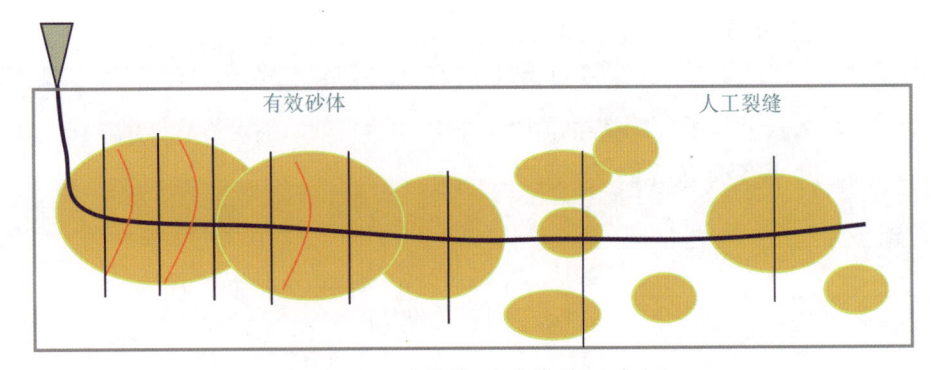

图8-41 裂缝沟通砂体的示意图

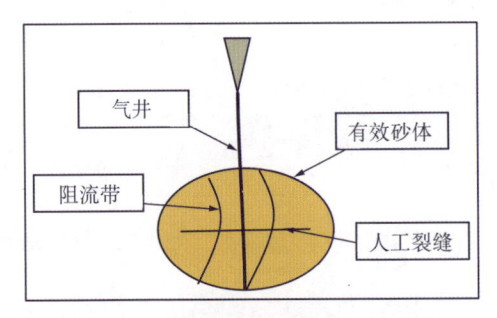

图8-42 裂缝穿越阻流带示意图

随着压裂技术的不断进步，多层分压、水平井压裂和体积压裂等技术的不断应用，大大提高了气藏的开发效果，提高了气田的采收率。

二、排水采气工艺

低渗透砂岩气藏的气井产能低，携液能力差，尤其是生产后期，井筒积液明显，影响气井的正常生产。排水采气是提高气井生产能力，增加气井累计产量，提高气藏采收率的主要工艺手段。常用的工艺有：优选管柱、速度管柱、泡沫排水采气、柱塞气举、合理携液生产制度优化等[3]。

1. 优选管柱

为确保连续携带出地层流入井筒的全部液体，在自喷管柱中气流速度必须达到排液的临界流速。优选管柱排水采气工艺就是针对气井的产水及生产情况，通过研究分析，优选出不同尺寸的生产管柱，提高气井的携液能力，保证气井连续携液生产。

产水气井中气液两相流态主要可分为：雾状流（环雾流）、过渡流、段塞流和泡流。针对气液比不小于1400m³/m³，流态为雾状流的产水井，目前计算临界流量的模型有Turner模型、Turner模型改型和椭球形模型。应用各种模型计算结果差异较大，根据产水井拟合的结果来看，采用椭球形模型计算的临界携液流量相对较合理。不同油管尺寸和压力下的临界携液流量计算如表8-5所示，当井口压力降至6MPa时，ϕ73.0mm油管的最小携液流量为1.7192×10^4m³/d，ϕ60.3mm油管的最小携液流量为1.1457×10^4m³/d，后者较前者容易携液。苏里格气田大部分气井需要分层改造，采用ϕ73.0mm油管，因此，在现有工程条件下，优化确定ϕ60.3mm和ϕ73.0mm两种规格油管完井生产管柱。虽然优化后的管柱有利于提高气井的携液能力，但由于气井产量很低，优化后的管柱也不能完全满足携液生产的要求。

表8-5 不同井口压力下气井临界流量表[4]

油管直径 mm	不同井口压力下的最小携液流量，m^3/d				
	2MPa	4MPa	6MPa	8MPa	10MPa
42.2	3148.5	4474.6	5519.8	6408.2	7182.2
48.3	4266.6	6069.9	7490.2	8697.2	9748.7
60.3	6516.3	9280.6	11457	13305	14916
73.0	9765.2	13923	17192	19969	22388
88.9	14654	20908	25823	29998	33634

注：本表按照气层中深3400m，平均气液比24139m^3/m^3，天然气相对密度0.6计算。

2. 速度管柱

速度管柱排水采气技术是采用在原有生产管柱内下入小直径连续油管作为生产管柱，减小流动面积，增大流体流速，提高气井的排液能力，使气井恢复自喷。

依据临界携液流量理论，优选较小的油管用于提高气井携液能力，应用Turner模型计算出不同管径、不同井口压力下气井的临界携液流量和摩阻压降（表8-6）。

表8-6 不同管径和不同井口压力下气井临界流量表[5]

井口压力 MPa	临界携液流量，m^3/d				摩阻压降，MPa			
	ϕ73.0mm	ϕ60.3mm	ϕ38.1mm	ϕ31.8mm	ϕ73.0mm	ϕ60.3mm	ϕ38.1mm	ϕ31.8mm
1	5218	3479	1919	1244	0.01	0.14	0.89	1.90
2	7366	4911	2709	1755	0.02	0.07	0.57	1.37
4	10381	6920	3817	2474	0.02	0.04	0.32	0.84
6	12668	8445	4657	3018	0.03	0.04	0.25	0.61

由表8-6可知，在相同压力条件下，ϕ38.1mm油管临界携液流量和摩阻均较理想。当管径小于ϕ38.1mm时，临界携液流量未明显降低，而摩阻明显增大，因此优选ϕ38.1mm×3.18mm连续油管作速度管柱。该技术能够解决产气量在$0.3\times10^4m^3/d$以上的气井稳定携液生产问题。

实现速度管柱在采气树上的密封悬挂是速度管柱排水采气技术的核心。目前采用的方法是利用专用悬挂器悬挂速度管柱（图8-43），施工后的井口如图8-44所示。速度管柱密封悬挂工艺：先在井口主阀上依次安装悬挂器、操作窗、封井器，然后利用速度管柱作业车进行下管作业；当下到预定深度后，将速度管柱悬挂在井口，并且将原有油管和速度管柱间的环形空间密封。在合适的位置切断速度管柱，拆去操作窗，恢复井口主阀上的原有连接装置[4]。

2009—2011年，速度管柱排水采气技术在苏里格气田推广应用62口井，平均单井增产$0.4\times10^4m^3/d$，速度管柱成本降低10%。该技术适合于产气量大于$0.3\times10^4m^3/d$的积液井排水采气。

3. 泡沫排水采气

泡沫排水采气是向井底注入某种能够遇水产生泡沫的表面活性剂，当井底积水与化学剂接触后，大大降低了水的表面张力，借助于气流的搅动，把水分散并生成大量低密度的含水泡沫，从而改变井

图8-43 速度管柱悬挂施工现场　　　　图8-44 施工结束后的井口

筒内气水流态，在地层能量保持不变的情况下，提高气井的带水能力，把地层水举升到地面。同时，加入起泡剂可以提高气泡流态的鼓泡高度，减少气体滑脱缺失[6]。

泡沫排水采气技术具有施工容易、收效快、成本低、不影响日常生产等优点，从而提高气井开井时率，有效地降低井筒中积液的存在，确保气井压力的回升，为气井稳定、连续生产奠定了基础。该技术适用条件：井深不大于3500m，井底温度不大于120℃，空管气流线速度不小于0.1m/s，日产水不大于100m³，液态烃含量不大于30%，产层水总矿化度不大于10g/L，硫化氢含量不大于2g/m³，二氧化碳含量不大于86g/m³。

泡沫排水采气管理模式采用五步法（图8-45），即积液井识别、积液位置确定、积液量计算、泡沫排水采气措施优选及泡沫排水采气制度确定。

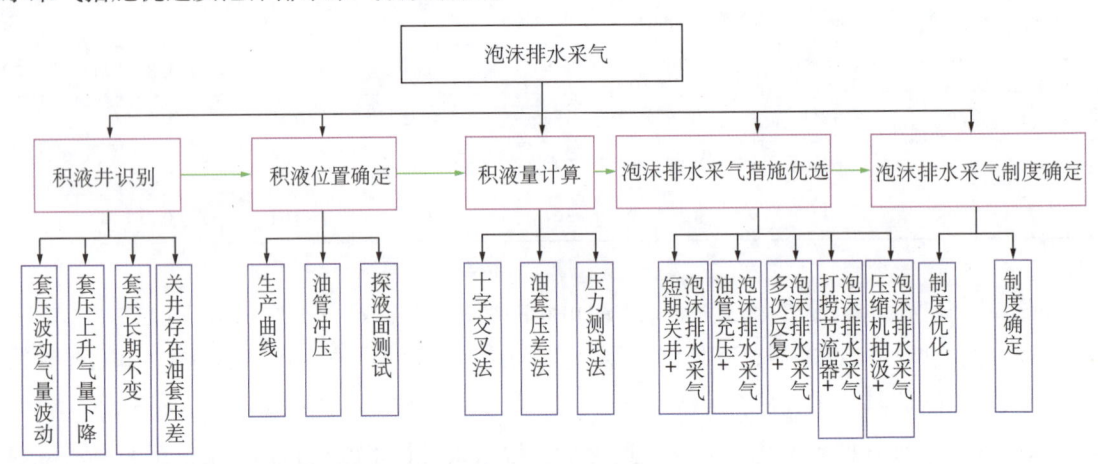

图8-45 泡沫排水采气工艺技术流程图

苏4井在进行泡沫排水采气前日产气0.5×10⁴m³左右，水气比0.686m³/10⁴m³，油套压差2.3MPa。进行泡沫排水采气后，气井产量由积液阶段的0.59×10⁴m³/d恢复到维护阶段的1.01×10⁴m³/d，油压得到恢复，油套压差进一步缩小[7]，详见表8-7、图8-46。

表8-7 苏4井泡沫排水采气对比表

泡沫排水采气阶段	时间	平均油压 MPa	平均套压 MPa	平均压差 MPa	平均日产气 10⁴m³	平均日产水 m³	水气比 m³/10⁴m³
积液阶段	2006.05.01—2006.08.14	2.6	4.9	2.3	0.59	0.132	0.223
排液阶段	2006.08.15—2006.09.11	3.4	5.1	1.7	0.89	0.048	0.054
维护阶段	2006.09.12—2006.09.30	3.4	5.2	1.8	1.01	0.207	0.206

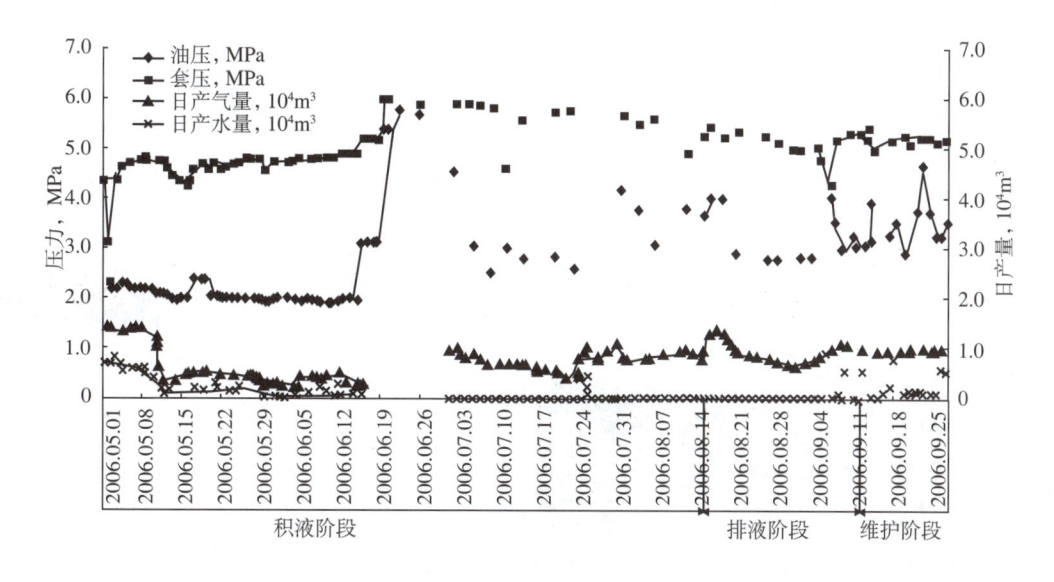

图8-46 苏4井泡沫排水采气效果图

针对泡沫排水采气技术人工投放工作量大、作业成本高、管理难度大的问题，长庆油田分公司研发了液体、固体起泡剂的智能加注系列化装置（图8-47），实现智能化控制。每补充一次药剂（排液棒）可使用20d左右。累计推广应用94口井，有效地降低了人员劳动强度，节约了生产操作成本。

(a) 自动投棒　　(b) 智能注剂　　(c) 自动投球

图8-47 智能加注系列化装置

4. 柱塞气举

柱塞气举是将柱塞作为气液之间的机械界面，利用气井自身能量推动柱塞在油管内进行周期性的举液，能够有效地阻止气体上窜和液体回落，增加间歇气举效率[8]。

适用条件：油管内壁规则，采用通井规通井畅通无阻；气井自身具有一定的产能、带液能力较弱的自喷生产井；合适的气液比，如苏里格气田气液比大于2000m³/m³；井底具有一定深度的积液；井底清洁，无钻井液等污物。

现场试验表明，该工艺施工方便，设备投资相对较少，无动力消耗，易于管理，适用于生产过程中逐渐积液的弱喷井。苏37-15井试验前油压2.9MPa，套压8.0MPa，产气量0.6839×10⁴m³/d，产水量0.288m³/d；试验后油压4.6MPa，套压6.6MPa，产气量0.9512×10⁴m³/d，产水量0.318m³/d，表现出良好的生产趋势。

针对间歇气井逐年增多的问题，在苏里格气田建立了数字化柱塞气举示范区（图8-48），开发了柱塞气举控制平台（图8-49），实现了间歇气井柱塞气举排水远程诊断、分析、优化的智能化控制；累计开展42口井进行试验，开井时率提高35%，单井增产0.15×10⁴m³/d。

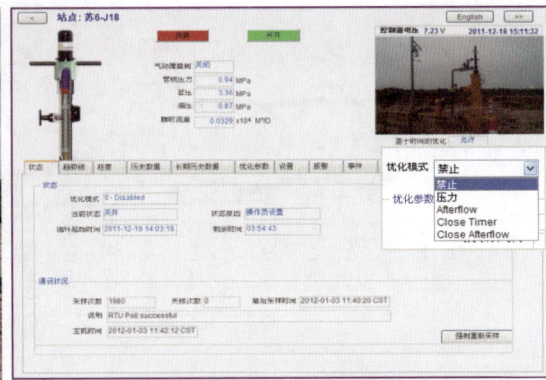

图8-48 柱塞气举现场安装图　　　　图8-49 柱塞气举站控软件图

5. 合理携液生产制度优化

气井合理携液生产制度优化是针对不能连续生产气井在不采取其他助排措施的情况下，通过调整气井的产气量、开井时间，达到正常携液生产。其特点就是根据气井压力变化，确定瞬时流量，优化开井时间，减少井底积液回压，释放储层产能，增加气井产量。气井生产一段时间后，产量因递减而达不到最小临界携液流量，在井筒逐渐形成积液而影响气井的正常生产，严重时可导致停产。间歇生产的关井阶段，可以使近井地带的地层压力得到一定的恢复，再次开井生产后能够以大于临界携液流量的产量生产，排出井筒积液，改善气井生产状况。

根据各井生产情况确定间歇生产制度，合理安排气井生产（图8-50），以单井月度产量任务为目标，调整生产制度；利用进站压力变化来确定气井间歇生产制度。

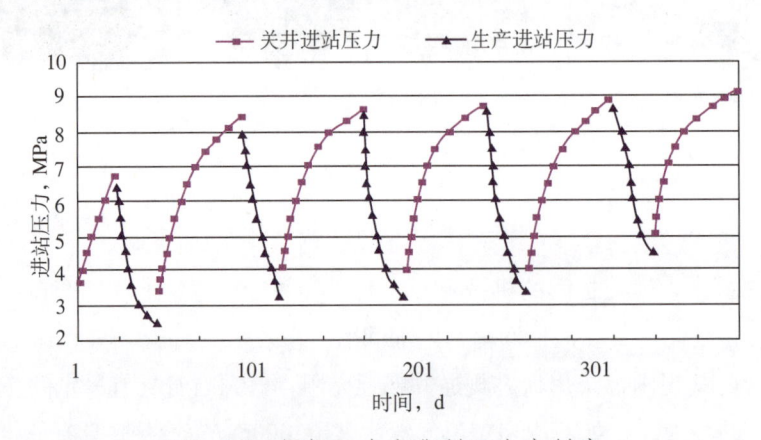

图8-50 根据压力变化制订生产制度

由于产量递减，2004年7月份苏里格中区苏6井平均日产气0.50×10⁴m³，未达到携液流量，全月仅产气15×10⁴m³。开展间歇生产，关井恢复压力24h后生产24h，尽管生产时率由100%下降到50%，但日产气由0.50×10⁴m³提高到1.67×10⁴m³左右，月产气增加到23.87×10⁴m³，效果十分明显，间歇生产与连续生产效果对比详见表8-8。

表8-8　苏6井间歇生产与连续生产效果对比表

时 间	平均油压 MPa	平均套压 MPa	生产时间 d	日产气 $10^4 m^3$	月产气 $10^4 m^3$	生产制度
2004.07	2.58	3.56	30.92	0.45	15.06	小产量连续生产
2005.04	2.06	2.38	14.30	1.67	23.87	间歇生产

配合间歇生产制度，形成低产、低效井开发管理模式（表8-9）。

表8-9　低产、低效井分类开发模式

井类型	细化分类	生 产 制 度
ⅢA	连续生产	低配连续生产，适时开展泡沫排水采气，合理注醇工艺技术措施
ⅢB	长开短关	低配、定压间开生产，适时开展泡沫排水采气，合理注醇工艺技术措施
	长关短开	
	冬季关井夏季间开	冬季关井测井，夏季间开生产

通过以上工艺对策及生产制度优化的实施，能够实现低产、低效气井开发的8个"有利于"，即有利于提高气井的"三率"（即开井时率、采气时率和气井综合利用率）；有利于保护储层（减小压敏、速敏、水敏效应）；有利于合理利用地层能量，减小非达西效应；有利于提高低产、低效井的储量动用程度及最终采收率；有利于减少井堵次数和防冻剂消耗；有利于降低解堵作业量及劳动强度；有利于降低井口作业风险，有利于降低气井综合开发成本，达到低产、低效气井高效、合理开发的目的。

三、井下节流技术

井下节流技术不仅可以解决井筒积液问题，还可以有效地防治水合物对气井生产的影响。从图8-51可以看到，苏39-14-2井节流前，气井产量、压力波动较大，生产稳定能力差。2004年2月实施井下节流，产量和压力变化平稳，日产水平提高近一倍，生产时率由88.44%上升至97.55%。

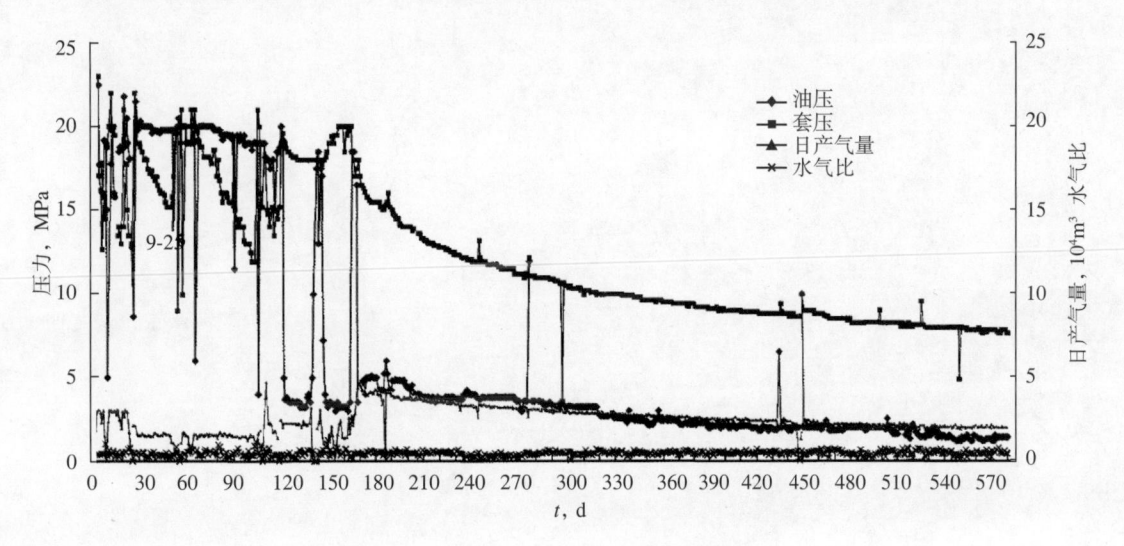

图8-51　苏39-14-2井生产动态图

目前，苏里格气田新井投产均投放了井下节流器。通过冬季运行证实，该技术可实现中低压集气模式安全平稳运行，有利于降低地面建设成本，使地面投资降低50%；提高气井携液生产能力，有效防止水合物形成，使气井开井时率由以前的67%提高到97.2%；有利于防止地层激动，保护气层，稳定生产；有利于节能降耗。

综上所述，选择合理的井网形式与井网密度，合理应用水平井，优化气井工作制度，降低气井废弃条件，提高多层多段压裂能力，采用排水采气、井下节流等一系列采气新技术，都可以在一定程度上提高低渗透致密砂岩气藏的采收率，而提高井网密度、选择合理的井型、提高压裂的效果是提高采收率的关键因素。

参考文献

[1] 何东博，王丽娟，冀光，等.苏里格致密砂岩气田开发井距优化[J].石油勘探与开发，2012，39（4）：458-464.

[2] 廖保方，薛培华.辫状河现代沉积研究与相模式：中国永定河剖析[J].沉积学报，1998，16（1）：34-39.

[3] 李安琪.苏里格气田开发论[M].北京：石油工业出版社，2008.

[4] 张书平，白晓弘，等.低压低产气井排水采气工艺技术[J].天然气工业，2005，4（25）：106-109.

[5] 赵彬彬，白晓弘，陈德见，等.速度管柱排水采气效果评价及应用新领域[J].石油机械，2012，11（40）：62-65.

[6] 李安建，王京舰，李建奇.泡沫排水采气工艺技术在苏里格气田的应用[J].内蒙古石油化工，2008（23），72-73.

[7] 张啸枫，唐俊伟，位云生，等.苏里格气田单井生产动态分析与管理[J].西南石油大学学报（自然科学版），2009，3（31）：110-114.

[8] 徐勇.低压低产气井排水采气工艺技术研究[D].西安：西安石油大学，2006.

第九章　低渗透致密砂岩气藏开发地面工程管理

近年来，在低渗透致密砂岩气藏大规模开发建设中，由于地质条件、开发方式和建设环境的变化，地面工程建设难度增大。主要表现在：

（1）产量低、投入大，建设投资控制压力大。优质储量缺乏，单井产量低，平均$1\times10^4 \sim 1.5\times10^4 \mathrm{m}^3/\mathrm{d}$，建设投资控制难度大。

（2）速度快、规模大，设计和建设任务繁重。每年将新建产能$40\times10^8 \sim 50\times10^8 \mathrm{m}^3$，年钻井近8000口，年新建各类场站150座，井场1000座以上，设计、施工和建设管理面临严峻的考验。

（3）周期短、节奏快、变化大，建设难度大。勘探开发一体化是低渗透致密砂岩气藏大规模开发的重要技术政策，通过勘探开发一体化运作，缩短了勘探开发周期，实现了随发现、随评价、随开发。滚动勘探开发对地下认识不断清晰，开发部署的井位、井数和产能规模不断优化调整，给地面站场布局、站场选址和设计规模的确定带来新的挑战，对地面建设的灵活性、适应性和快速响应能力提出更高的要求。

（4）建设工程量集中，有效建设时间短，均衡组织困难。"当年部署、当年建设、当年投产"使地面建设的工程量集中、有效建设时间短、生产组织难度大。

（5）点多面广，管理难度增加。随着大规模建设，工程区域迅速扩大，井站数量急剧增加，生产管理难度日益增大。

针对以上地面工程建设的特点和难点，推广"标准化设计、模块化建设、数字化管理、市场化运作"的管理模式，适应低渗透致密砂岩气藏开发大规模建设和管理的需要。

第一节　标准化设计

标准化设计是针对具备条件的同类型场站、装置和设施，以安全可靠、经济适用、节能减排要求为前提，以优化简化为基础，设计出技术先进、通用性强、相对稳定、可重复使用的系列设计文件，达到建设内容、建设标准和建设形式的协调统一。

一、主要做法

标准化设计主要由标准化站场设计图集、标准化模块单体图集、配套技术标准和电子模板构成，形成以"六统一"为原则，以"十化"为核心内容的标准化设计主要做法。

"六统一"为统一工艺流程、统一平面布局、统一建设标准、统一模块划分、统一设备选型、统一配管安装。

"十化"为站场规模系列化、工艺流程通用化、井站平面标准化、工艺设备定型化、设计安装模块化、管阀配件规范化、建设标准统一化、安全设计人性化、设备材料国产化、生产管理数字化。

1. 站场规模系列化

根据地面系统总体布局及建设规模，确定合理的井站规模系列。该井站规模系列应该尽量全面覆盖，适合开发建设需要。

确定规模系列取决于站场工艺和设备定型化的程度，关键的工艺设备如分离器、压缩机、储罐等直接决定了站场种类和能力，因此以具有代表性关键设备的规格系列作为规模确定的基准形成系列。通过调整关键设备的数量组合和参数，形成不同的衍生系列，满足不同需求。

2. 工艺流程通用化

采用先进技术优化、简化工艺流程，统一系统布局和生产工艺，使井、站的工艺流程基本一致，为地面标准化设计奠定基础。

先进合理的工艺技术是优化、简化工作的核心，是高水平标准化设计的前提和基础。结合现场应用情况，优化形成一批实用、有效、节能、经济、成熟、简洁的工艺，实现工艺流程的通用化。

3. 井站平面标准化

在减少占地和满足功能需要的基础上，统一规划井、场布局，统一相同功能工艺装置区的大小和方位。

标准化的井站平面是各工艺模块布置的基础。平面布局遵循"工艺流程顺畅、站场布局安全、管理维护方便、合理节约用地"的基本原则，做到布局定型、风格统一。

井场简化井口设施、控制用地面积。以电子巡井技术为支撑，实现无人值守，采用铁栅栏围护。

站场布置流程化、设备露天化。按流程紧凑布置工艺设备，节省占地；设备露天布置，减少建筑物，利于防爆，降低投资。

集中控制和管理。集气站具备生产过程实时监测、关键流程远程切换等6大功能，实现"无人值守、远程监控、紧急关断、人工恢复"；中心管理站对集气站现场全面监控管理，并通过整合生产监控岗、强化应急维护大班，优化劳动组织架构和人力资源配置；以达到"减员增效、降低成本、安全生产、节能环保"的目的。

考虑地形限制、进出站流向、进站道路方向、盛行风向、建筑朝向等因素，站场平面可进行旋转、镜像翻转或局部调整。

4. 工艺设备定型化

统一站场设备的技术参数、外形尺寸、订货标准，保证质量安全可靠、造价合理，为规模化采购提供依据。

优先采用先进、高效、节能、环保、维护方便的设备；注重现场实践，优选成熟的工艺设备；标准设备参数定型；非标准设备尺寸定型（外形和接口）；设备的连接方式和执行标准统一，便于替换和维修。

在标准化设计中强化设备定型化工作，对于自加工的容器、储罐等设备要按照与工艺、配管相协调的原则，优化结构和外部接口，编制标准化设备定型图库；对于外购的设备如分离器、压缩机、收发球装置等，要明确接口方位、规格和标准。

5. 设计安装模块化

模块化是以模块为基础，综合通用化、系统化、组合化的特点，解决复杂系统问题的一种标准化方法。模块化是多种标准化形式在产品总体标准化上的综合运用，是现代标准化的前沿技术。

标准化设计采用模块化的方法。通过灵活运用基本模块单元进行有机组合，既解决了复杂站场的标准化设计需要，又提高了设计和建设单位快速完成生产任务的能力。

模块化设计的总体思路：以工艺流程为主线，按功能分解模块，根据压力、规格、材质等参数使模块形成系列，将系列化模块内的流程、配套设施、安装尺寸固化形成定型图，根据需求将系列化的模块进行组合、拼装，形成完整的设计文件。

（1）模块分解。

将站场模块由复杂到单一、由整到零地逐级分解，直至零部件层。模块分解如图9—1所示。

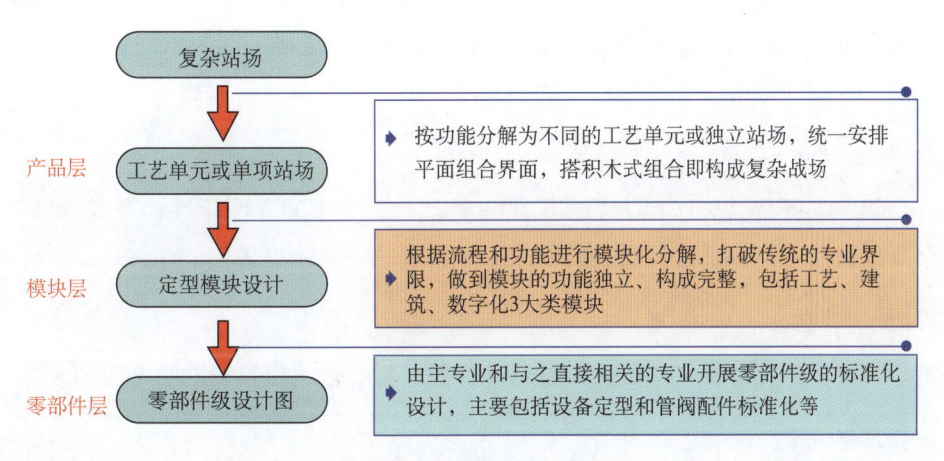

产品层　工艺单元或单项站场　▶ 按功能分解为不同的工艺单元或独立站场，统一安排平面组合界面，搭积木式组合即构成复杂战场

模块层　定型模块设计　▶ 根据流程和功能进行模块化分解，打破传统的专业界限，做到模块的功能独立、构成完整，包括工艺、建筑、数字化3大类模块

零部件层　零部件级设计图　▶ 由主专业和与之直接相关的专业开展零部件级的标准化设计，主要包括设备定型和管阀配件标准化等

图9—1　模块分解示意图

（2）模块定型。

模块定型是模块化设计的核心内容，是模块组合的基础。定型模块可以看作一个独立、完整的设计单元，可以整体使用。

模块定型化的要求：符合总体布局，内部功能和布局定型，外部接口方位和方式固化。

内部功能和布局定型：功能一致、布局一致、风格一致；设备定型化、系列化；配管标准统一。

外部接口方位和方式固化：外部接口的位置固化、外部接口标准统一。

模块组合是分解的逆过程，定型的模块单体以上级布局模板为基础，定位拼接（图9—2）。

6. 管阀配件规范化

针对目前国内管道器材标准众多、互换性差的现状，统一配管标准，对管材、管线规格、管件标准、法兰标准、支管形式、连接形式等内容进行明确规定，方便采购和使用。

7. 建设标准统一化

统一井站标识、环保措施、道路、自控、供电等配套系统建设的标准，反映企业整体形象、节约投资、讲求实效，达到企业与周围环境的和谐统一。

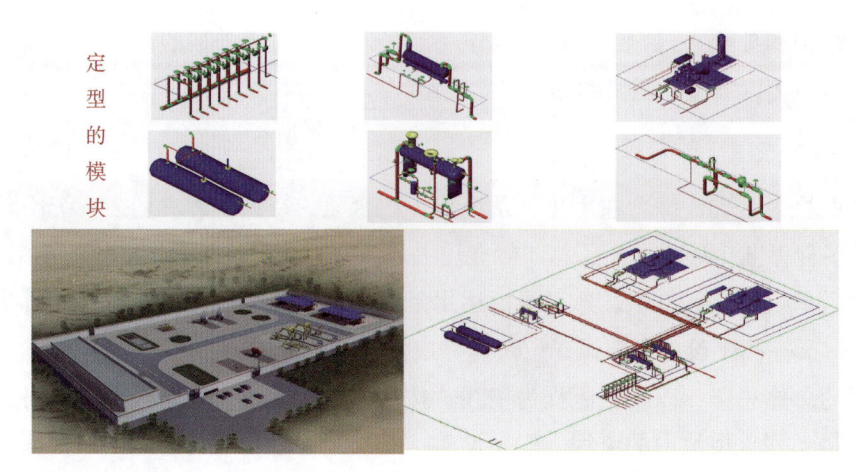

图9-2 定型模块示意图

标识统一：井站标识、道路标识。

环保措施统一：井场钻井液池无害化处理、井场植被恢复标准、施工作业带植被恢复标准、集气站周围植被恢复标准、道路绿化标准、施工便道与钻前道路建设标准；

配套标准统一：道路标准、土建结构、防腐保温、供电方式、通信方式。

8. 安全设计人性化

坚持"安全第一、环保优先、以人为本"的设计理念，定型的标准化设计及其选择工艺设备和材料须达到安全高效、节能环保、经济适用的要求，严格遵守安全、消防、节能、环保的标准规范。

9. 设备材料国产化

采用符合需要的国产化材料，减少进口材料的使用，是降低建设投资的重要手段。

10. 生产管理数字化

数字化管理充分利用自动控制技术、计算机网络技术、油藏管理技术、数据整合技术、数据共享与交换技术，结合气田地理环境和地质特点，集成、整合现有资源，创新技术和更新管理理念，提升工艺过程的监控水平、提升生产管理过程智能化水平，建立全气田统一的生产管理、综合研究的数字化管理平台，实现"同一平台、信息共享、多级监视、分散控制"，从而达到强化安全、过程监控、节约人力资源和提高效益的目标。

二、应用效果

标准化设计已经全面运用于低渗透致密砂岩气藏的产能建设中，适应了大规模建产及滚动开发的需要；提高了生产效率（表9-1）、建设质量；降低了安全风险、综合成本；有利于坚持以人为本，均衡组织生产。

表9-1 标准化实施效果预测表

序号	考核项目	2011年	2012年
1	设计工期	与常规设计相比同比缩短66.7%	与常规设计相比同比缩短66.7%
2	建设工期	与常规设计相比同比缩短45%	与常规设计相比同比缩短45%

续表

序号	考核项目	2011年	2012年
3	新井时率	与常规设计相比同比提高5%	与常规设计相比同比提高5%
4	地面工程投资	与常规设计相比同比降低5%	与常规设计相比同比降低5%
5	标准化设计覆盖率	小型站场100% 中型站场100% 大型站场80%	小型站场100% 中型站场100% 大型站场80%
6	规模化采购率	80%	85%
7	预制化率	85%	95%
8	土地利用系数	中型站场68% 大型站场73%	中型站场68% 大型站场73%

第二节 模块化建设

模块化建设是在标准化设计的基础上，通过对站场各个工艺环节的划分，对不同的单体设备、不同规模的处理模块采用预制化、组装化、橇装化相结合的方式进行预制，现场进行组装的施工方法。

模块化施工技术，将场站分解成多个功能区块，每个功能区块又划分为既相互独立又相互联系的小型标准模块，进行机具设备的配置，实行模块化车间式的流水作业生产方式，解决了现场施工条件差、施工劳动强度大的问题，减少现场施工周期，提高了地面建设的灵活性、主动性，为气田大规模开发，提供了技术保障。

模块化施工利用三维预制软件形成管段图、单线图指导施工，应用管线自动切割、坡口加工、自动气体保护焊等施工设备，研制工装机具和自动化作业线，形成了模块工厂预制和模块现场快速拼装技术，实现了工程建设工厂化、机械化、装配化、模块化。

一、主要做法

1. 组件工厂预制

建立模块化预制工厂，按照标准设计划分预制模块，实现自动化和机械化工厂作业。

工艺模块预制采用橇装化、预制化、组装化相结合的方式：（1）对于功能相对独立的小型设备遵循"功能合并、整体采购"的原则，采用橇装化设计，要求结构紧凑、功能完整、现场拼接。（2）对于进站区、总机关等重量轻、焊接点多、并列重复安装的设备采用工厂预制。（3）对于重量和体积较大、配管较简单的设备，遵循"提前预配，现场组装"的原则，对其设备接口、配管安装等进行全面的规范定型。

2. 工序流水作业

按照施工工艺，合理组配流水资源，达到工序衔接、流向顺畅、操作简捷、高效可靠的目的。

3. 过程程序控制

编制程序化过程控制文件，健全组织机构，职责明晰、流程顺畅、规范操作、统一标准、统一标识。

4. 模块成品出厂

组件装配成便于运输的最大模块出厂，转运方便，产品系列化，互换性强。为了避免预制产品发生变形或损坏，要研制相应的配套工具及防变形工艺。

5. 现场组件安装

在现场以插件形式安装模块，现场作业量小，适应快速建站需要，便于维护抢修。

6. 施工管理可控

统一数据模型，整合项目管理系统，满足施工过程数据的可追溯性及标准规范要求。

7. 模块化预制厂建设

预制生产线的配置以自动化设备为主，按照工序流程进行合理布置，使生产达到流水化作业。

二、应用效果

（1）保证质量。

工厂化制造程度高，通过流水作业、分段组装、流程作业程序固化，采用先进的施工和检测工艺，有效控制了组件的焊接变形和整体组装精度，确保工程质量。

（2）提高速度。

施工工序深度交叉，安装、土建、电仪等工序协同作业，现场施工工程量和施工时间大幅压缩，加快了建设进度，节省人力资源。

（3）降低成本。

模块化标准件互换性强，适合规模化生产，可通过规模采购、批量预制、现场组装，确保建设成本得到有效控制。

模块化施工使得工艺模块预配深度达到70%～85%，焊接一次合格率高达96%，现场安装有效施工周期可缩短35%，整体施工周期缩短20%以上，缩短了建设周期，提高了工程质量。

第三节 数字化管理

减员增效只有靠管理创新、技术进步、市场化运作来保障。在管理上需要建设适合气田开发的集生产指挥、综合分析决策、措施方案自动生成的生产管理系统。通过数字化管理，达到发展方式、生产组织的转变，实现按生产流程设置劳动组织架构的扁平化管理。数字化已成为气田发展强有力的支撑点。

数字化气田生产管理系统是将后端的决策支持系统向生产前端的过程监控延伸，提高了工作效率和安全生产管理水平。该系统由数据传输系统、远程开关井系统、自动配产与动态预测系统、生产管理系统4部分组成。实现了数据自动录入、方案自动生成、异常自动报警、运行自动控制、单井自动巡井、资料安全共享和流程化应急指挥7大功能，同时形成了与新型地面建设模式、劳动组织架构相适应的管理体系，取得了明显成效。

一、主要做法

1. 前端建设

前端以站为中心，辐射到单井和单井管线的基本生产单元，站场控制系统是前端基本生产单元的核心。通过电子巡井、站控技术等数字化技术和设备的推广应用，使得数万口气井、上百座场站实现远程管理，把没有围墙的工厂变成有围墙的工厂。

（1）井场数字化建设。

井场数字化建设以确保井场各生产设施正常生产运行为重点，达到井场生产数据实时采集、电子巡井、危害识别、风险预警、工况智能诊断、远程调节的目的。主要包括设置井场RTU、气井关键参数（油压、套压、流量、温度等）采集、气井高低压自动截断保护、视频监视与入侵报警、井场通信等内容。

（2）站场数字化建设。

站场数字化建设以确保站场平稳安全生产为重点，完成站内生产运行和站外所辖井场的电子巡井。主要包括关键生产数据的集中监视、重要生产过程实现自动控制、重要生产设施的视频图像采集、站内实现电子巡井、集输管网的智能预警报警等内容。

（3）作业区监控系统。

在作业区建设调度值班室，实现生产过程监视、气井动态分析、电子值勤、应急辅助、预警报警等功能，及时地调度和指挥现场作业。

2. 中端建设

利用前端采集的实时数据，构建集输、安全环保、重点作业现场监控、应急抢险一体化为核心的运行指挥系统（图9–3），实现"让数字说话，听数字指挥"。

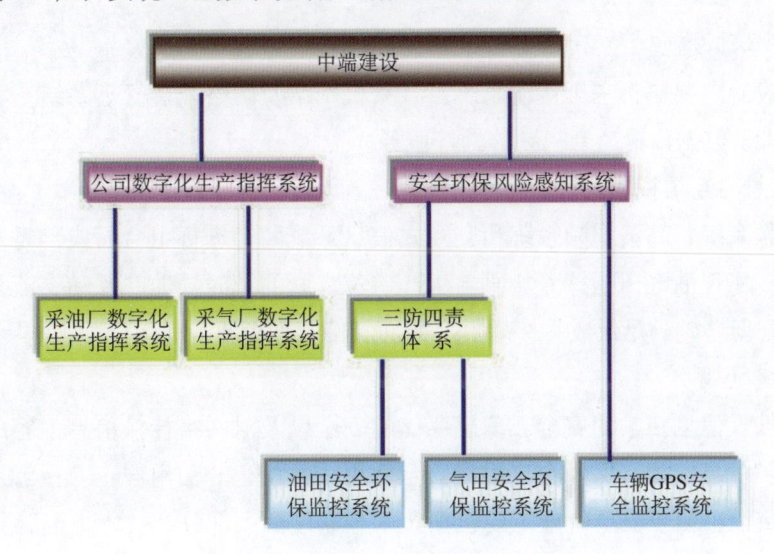

图9–3　数字化中端建设构成图

采气厂数字化生产指挥系统主要包括生产运行管理、采气工程子系统、地质专家子系统、电子自动巡井、远程紧急关井。实现对气田井、站、处理厂以及管网等生产装置运行情况的监视,当生产设备(装置)运行出现异常时,能实施单井、管线和处理厂的紧急关断。在厂、区两级平台实现同一平台,信息共享,多级监视,分散控制。

采油厂数字化生产指挥系统主要包括生产在线监控、集输在线监控、产能建设动态管理、重点油气田监控、安全环保监控、应急抢险指挥及矿区综合治理等,实现了生产运行的实时监控,作业队伍的科学调度,应急抢险的在线指挥。

安全环保风险感知系统以采集的实时数据为基础,实现危险预警、紧急停车、视频监控、应急车辆调度、信息管理等功能,以确定因素应对不确定因素,确保公司重要设施安全环保目标的全面受控。它主要包括安全环保监控系统、车辆GPS安全监控系统。

安全环保监控系统按照天然气集输流程,突出天然气净化厂、处理厂、集配气总站及大口径集输管道等重点监控对象,将整个气田生产集输过程模拟为"气田工厂"进行管理,形成完整的监控网络体系。

车辆GPS安全监控系统具有车辆状态及时显示、实时跟踪、超速报警、危险点提醒、轨迹回放、日志查询等12项功能。实现对车辆速度、行驶路线的实时调度监控,变事后教育为事前预防;当遇突发事件时可快速就近调度车辆。

3. 后端建设

后端以前端和中端为基础,以油气藏研究为中心,多学科协同,实现一体化研究,重点是以油气藏精细描述为核心的经营管理决策支持系统,配套推进企业资源计划系统(ERP)、管理信息系统(MIS)。

油气藏经营管理决策支持系统以油气藏精细描述为核心,涵盖油气藏勘探、评价、开发、稳产阶段所有业务。充分利用现有软硬件资源,搭建集数据流、工作流、软件集成于一体的多学科协同工作环境,达到数据收集自动化,业务运作流程化,成果展示直观化,生产、研究和决策工作协同化。

全面推广应用企业资源计划系统(ERP),将财务、采购、销售、生产、库存等业务综合集成,提升企业的经营管理水平。

以标准化体系建设为龙头,建立统一的信息管理平台,实现企业资源共享、集成与互动。

4. 三辅助系统

(1)通信网络基础设施。

通信网络基础设施主要包括主干传输系统、计算机网络及网络配套管理系统。为油气田生产、生活提供宽带网络接入及数据传输、音视频传输等服务。

(2)交互式信息与高清视频系统。

交互式高清视频系统将高清视频系统和交互式信息系统两者进行组合而成,是图像、语音和交互式功能的综合应用。实现油气田指挥、科研与生产单位之间的及时异地"互动交流",突破信息沟通和共享的时间、空间壁垒,满足低成本、高效率的油气田管理需要。

(3)信息安全管理系统。

信息安全主要涉及信息传输的安全、信息存储的安全以及对网络传输信息内容的审计三方面。安全的最终任务是保护信息资源、保障合法用户安全使用,并禁止非法用户、入侵者、攻击者和黑客非法偷盗、使用信息资源。信息安全管理主要包括技术和制度两大部分。技术方面,指通过安全产品和技术手段对信息网络的硬件、软件及其系统中的数据进行保护,使之不受偶然的或者恶意的原因而遭到破坏、更改、泄露，保障系统连接可靠地运行，信息服务不中断；制度方面，建立完善的企业信息安全管理制度，对使用信息的人员行为可控。

二、应用效果

（1）精简了地面系统。

通过油气田数字化建设，优化了地面系统工艺参数，简化了站场设施，提高了装置设备集成度。

（2）提高了工作效率。

电子巡井代替人工巡井，电子值勤代替人工值守，电子报表代替人工报表。按照"重复性好的工作机器做，重复性差的工作员工做"的思想，采用智能化设备代替人工操作，将员工从驻井看护、气区巡护、资料统计等简单、重复性劳动中解脱出来。

（3）革新了组织架构。

通过油气田数字化建设，形成了中小型站场无人定岗值守、大中型站场少人集中监控的中心站管理模式，助推了劳动组织架构的转变。简化了组织层级，实现了组织机构扁平化，建立了按流程管理的新型劳动组织模式，使行政管理与生产管理相统一。通过推行数字化集气站，在气田构建了"作业区—监控中心—单井"的生产管理模式，将作业区生产管理终端直接由区域监控中心延伸至气井井口，管理层级简化为二级。

（4）提升了安全水平。

建设数字化油气田，实现了对井、站主要设备运行状态和系统关键参数进行实时监控，对关键设备或装置实行自动控制，使系统更加平稳、高效地运行。同时，针对突发事件和不可控系统异常，建设油气集输、安全环保、应急抢险一体化的安全环保风险感知和预警系统，加强安全环保风险控制和应急处置能力，实现环保安全、控制环境污染的目的。

（5）数字化管理被认为是企业最大的"民生工程"。

数字化管理将员工从复杂繁琐的工作中解放出来，提高了工作效率、降低了劳动强度，从传统的劳动组织模式下"独守山头"的驻井看护方式转变为集中工作、集体生活，提高员工生活质量，真正体现"以人为本"的现代管理理念。

第四节 地面管理模式

气区开发建设以提高经济效益和社会效益为核心，对气区地面建设进行总体规划，降低工程造价和运行费用，简化工艺流程，结合气区不同区块的地质特点，对地面建设工艺进行深化和研究，逐步形成了适合低渗透致密砂岩气田的中低压开发集输工艺模式及地面配套工艺技术。

一、工艺模式

中低压开发集输工艺模式（图9—4），具有"不加热、不注醇、中低压集气、带液计量、井间串接、常温分离、二级增压、集中处理"的特点，适合于"三低"气藏。

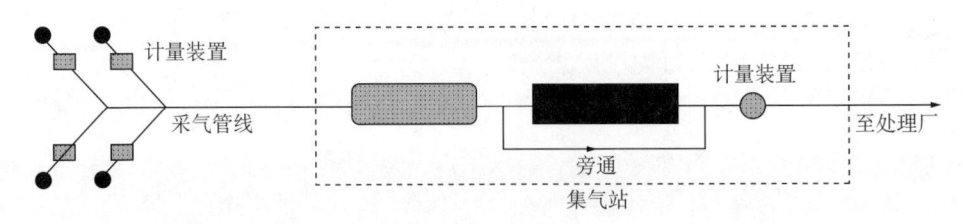

图9-4 中低压开发集输工艺模式气田地面工艺流程图

二、地面配套工艺技术

1. 多井高压集气工艺

传统多井集气工艺比较复杂，为了节流降压，多在井口建加热设施以防止形成天然气水合物。为了尽量减少井口设施，采用多井高压集气工艺，使高压气流经采气管线直接输送到集气站集中加热。多井高压集气工艺是一项综合配套技术，技术关键是选择合理的集气半径、管线规格和站场所辖的井数，集气半径一般控制在6km以内。采用多井高压集气工艺可最大限度地简化井口，井口无需维护，主要设施全部集中到了集气站，井口不再需要供电、供水、通信、自控等辅助系统。

2. 多井高压集中注醇工艺

采用甲醇作为天然气水合物抑制剂。高压集气管线易形成天然气水合物，为防治天然气水合物，需从井口注入甲醇。采用与采气管线同沟敷设的注醇管线向气井油管、套管或采气管线注入防冻剂（甲醇）。多井高压集中注醇工艺是实现高压集气和二级布站的关键技术，生产实践表明，其工艺运行可靠，能有效简化井口，使设备集中，便于管理。

3. 多井集中加热节流工艺

降压常伴随着急剧的温降，高压天然气进入集气站后，需要节流降压以满足集输系统要求，为防止降压过程中生成天然气水合物，集气现场采用水套加热炉加热，以提高节流前的气流温度。为减少站内设备及提高热效率，采用多井式加热炉，可同时实现1~8口井共同加热。多井加热节流是多井高压集气工艺的有效补充，既满足开发工艺要求，又减少了站内设备数量，是提高设备利用率的有效手段。

4. 周期性间歇计量工艺

气井产量是进行地质分析的重要依据，根据储层低渗透致密、单井产量稳定的特点，在集气站内设生产分离器和计量分离器，单井产量采用轮换间歇计量，打破了气井连续计量的常规。间歇计量就是单井产气量采用周期性轮换的方式计量，计量分离器配合孔板流量计用于单井产量计量，不计量的气直接进生产分离器。周期性间歇计量工艺减少了大量的计量装置和仪表，简化了集气站工艺流程，降低了投资，采用间歇计量工艺完全满足资料录取要求。

5. 小型橇装脱水工艺

集气站脱水的目的是为了减缓集气管线的腐蚀。集气站脱水采用橇装三甘醇脱水装置，三甘醇脱水具有吸湿性好、蒸汽压低、露点降大、操作平稳可靠等优点。橇装化脱水装置加热、脱水、溶剂再生、计量一体化，不需外接电源，适合比较恶劣的自然环境。小型橇装脱水装置具有建设速度快、自动化控制程度高、不需要外界动力、投资低、运行维护和管理方便的特点，简化了工艺流程，缩小了配套系统规模，脱水后的天然气水露点可降到−13～−10℃，集气干线无凝析液析出，延长了集气干线的使用寿命。

6. 低温高效聚结分离工艺技术

采用节流膨胀制冷低温分离工艺技术来脱水脱烃。集气站应用强制旋流气液分离器加上气液聚结分离的两段式分离工艺，气液聚结分离分为前置预过滤和聚结过滤两部分，通过高效聚结分离器中的纤维介质，对亚微米的液滴进行高效聚结分离。低温高效聚结分离工艺技术的集气站外输天然气水露点在−8～13℃之间，满足国家二类气质要求。

使用高效聚结分离工艺技术在脱除水的同时，也脱除了凝析油，简化了天然气的净化处理工艺，出口天然气满足外输气质量标准，节约了一次投资费用。

7. 小型高效设备应用技术

小型甲醇雾化装置可防止集气站内发生天然气水合物堵塞，保证低温分离效果。它能使甲醇与气流充分混合，增强对天然气水合物的抑制效果，降低甲醇消耗量。采用强制旋流气液分离器进行气液分离，与重力分离器相比分离效率提高了10%左右。应用疏水阀排液，有效解决了电动球阀自动排液系统故障率高、运行费用高的问题。

8. 井下节流工艺技术

井下节流工艺技术不仅是高压气田防止天然气水合物生成、排出井筒积液的有效手段，更是简化地面工艺、实现中低压集气模式的技术关键。试采资料显示，低渗透致密砂岩气藏多具有高压稳产期短、中低压稳产期长的特点，井下节流降压工艺技术使地面建设投资降低50%。

9. 井口湿气带液计量工艺技术

低渗透致密砂岩气田井数多、产量低，气井具有不确定性带水含油和生产压力下降快的特点，通过大量的流量计现场比对试验，选用旋进旋涡流量计对单井气量进行连续带液计量。流量计工作压力为4.0MPa，流量计量范围为 (0.6～9.0)×10^4m³/d，可显示瞬时工况流量和累计工况流量。井口湿气带液计量工艺技术简化了地面工艺，单井气量计量误差小于10%，满足气田开发计量规范要求。

10. 常温分离中、低压湿气输送工艺

该工艺采取单井不加热、不注醇，经井下节流、井口在线湿气计量后进入采气干管，输送至集气站，经过常温气液分离后增压至3.5MPa，湿气输送至处理厂集中脱水脱烃后增压外输。夏季运行时充分利用气井压力，停止压缩机运行，节省运行费用。中、低压湿气输送工艺将气田地层能量与开发条件、自然环境相结合，不同的季节采用不同的分离输送工艺，保证气田低成本开发。

11. 二级增压工艺技术

增压是低压气田开发的核心技术。为优化气田地面压力系统，合理分配增压压比，采用集气站、处理厂"两地两级"增压方式，可以降低采气管线的运行压力，提高气井的生产时率，降低管网建设投资，提高管线运行的安全性。

参考文献

徐勇,穆谦益,杨亚聪,等.长庆气区开发模式及地面配套工艺技术[J].天然气工业,2010,2(30):102-105.

第十章 低渗透致密砂岩气藏典型开发实例

第一节 苏里格气田

一、气藏概况

1. 勘探开发概况

苏里格气田位于长庆靖边气田西侧的苏里格庙地区，行政区属内蒙古自治区伊克昭盟乌审旗和鄂托克旗所辖。勘探范围西起内蒙古鄂托克前旗，东至桃利庙，北抵鄂托克后旗的敖包加汗，南至陕西安边，勘探面积约$5.0×10^4 km^2$。自1989年发现苏里格气田后，于2001年及2003年先后提交探明储量$2205×10^8 m^3$和$3132×10^8 m^3$，2007—2011年连续5年每年新增基本探明储量超$5000×10^8 m^3$。截至2012年底，累计探明天然气（含基本探明）储量$34943.4×10^8 m^3$。

苏里格气田是目前中国陆上发现的一个特大型气田。主力产层为下二叠统山西组山$_1$段至中二叠统下石盒子组盒$_8$段，埋藏深度约3200～3500m左右，厚度约80～100m，为砂泥岩地层，是一个低渗透、低压、低丰度、以河流沉积砂体为主体储层的大面积分布的致密岩性气藏。

苏里格气田产能建设始于2006年，经过7年的规模建设，截至2012年底，中区、东区、西区、南区均已先后投入开发，累计钻开发井6000余口，建成天然气生产能力$210×10^8 m^3/a$。全气田累计投产气井5862口，日均开井5566口，日产水平$5867×10^4 m^3$，平均单井日产量$1.1×10^4 m^3$。2012年，生产天然气$169.27×10^8 m^3$，占长庆气区天然气年产气量的58.6%，已成为长庆气区产量最大的气田。

苏里格气田水平井开发经过5年持续攻关，水平井数量和应用规模不断扩大，目前已实现以水平井为主开发。截至2012年12月年底，苏里格气田共投产水平井388口，平均套压10.8MPa，平均单井压降速率0.018MPa/d，单井日均产气量$4.4×10^4 m^3$，平均单井累计产气量$1466.0×10^4 m^3$。

2. 气藏基本特征

1) 大面积、低丰度、低渗透、低压、低产的岩性气藏

（1）含气面积大、储量丰度低。

截至2012年底，经国家矿产储量委员会审批，苏里格气田累计探明天然气地质储量达$12725.79×10^8 m^3$，经中国石油审批苏里格气田累计基本探明天然气地质储量$22217.62×10^8 m^3$，叠合含气面积超过$2.7×10^4 km^2$。气田范围内气层钻遇率在95%以上，展示出大面积、普遍含气的特征。根据目前的钻探情况来看，气田不同区块含气丰度存在差异，局部区块丰度相对较高，可以达到

$1.7\times10^8m^3/km^2$左右，而局部区块仅为$1.1\times10^8m^3/km^2$左右。全区平均储量丰度为$1.43\times10^8m^3/km^2$（小于$3\times10^8m^3/km^2$），属于低丰度气藏。

（2）圈闭类型为岩性圈闭。

苏里格气田位于鄂尔多斯盆地二级构造带伊陕斜坡西北侧，钻井（结合地震）勾绘的目的层底部构造图揭示该区构造形态为由东北向西南倾斜的单斜，坡降大致为3～10m/km。气田区发育多个北东向的鼻状构造，宽度5～8km，长度10～35km，起伏幅度10～25m。研究表明，苏里格气田气藏分布受构造影响不明显，主要受砂岩的平面展布和储集物性变化所控制，属于砂岩岩性气藏。

（3）储层普遍低孔隙度、低渗透。

岩心分析统计结果表明，苏里格气田气层段孔隙度范围为3.0%～21.84%，平均孔隙度为8.95%，主要分布范围为5%～12%；渗透率范围为0.0148～561mD，平均渗透率为0.73mD，主要分布范围为0.06～2.0mD，占全部样品70%以上。总体上看，属于低孔隙度、低渗透率致密气层。

（4）压力系数偏低。

气田原始压力数据主要来源于试气资料和系统试井资料，气藏压力系数在0.771～0.914之间，平均0.86，属于低压气藏。

（5）气井产量低、稳产能力差。

苏里格气田除了少部分井（约10%）试气无阻流量大于$15\times10^4m^3/d$，90%以上的井无阻流量小于$15\times10^4m^3/d$，且多数小于$5\times10^4m^3/d$，属于低产气藏。气井的生产动态进一步证实了这一特征，2002年在苏里格气田开辟了先导性开发试验区。试验区先后投入气井28口进行试生产，第一批（2002年9月）投产气井16口，初期日产$(1\sim6)\times10^4m^3$，单井平均日产气$2.6\times10^4m^3$；第二批（2003年9月）投产气井12口，初期日产气$(1\sim5)\times10^4m^3$，单井平均日产气$2.7\times10^4m^3$。目前这些试采井，平均单井日产气仅$0.3\times10^4m^3$，平均井口油压3.0MPa。

2）储层的沉积特征

苏里格地区盒$_8$—山$_1$段的沉积体系为大型河流—冲积平原沉积体系。通过对单井、剖面和平面沉积微相的研究，结合对具有相似沉积特征的现代沉积体系的研究，建立了苏里格地区盒$_8$—山$_1$段大型河流—冲积平原沉积体系的辫状河沉积模式和曲流河沉积模式。

（1）辫状河沉积模型。

苏里格气田盒$_{8上}$段和盒$_{8下}$段单井、剖面以及平面沉积微相的综合研究证实，该区目的层沉积时期，辫状河发育了一定规模的泛滥盆地和决口扇沉积，局部存在废弃河道沉积，被个别井钻遇。

同一沉积时期存在多条河道带，河道带之间存在交互、汇聚现象，尤其是盒$_{8下}$段沉积早期，河道带的交互汇聚频繁，形成了辫状的河道带网络；河道带之间存在相对的古地貌高地（泛滥平原），这些高地在洪泛时期有决口水道注入，形成了决口扇沉积；而在河道带内，心滩为河道所分隔，形成了辫状河道网络，其沉积模式如图10-1所示。

该模式强调：

①辫状河沉积砂体受河道带的宽度控制，而粗粒砂体分布主要受心滩分布控制，若考虑苏里格气田有效储集体多为粗粒沉积的事实，则心滩微相对有效储层的控制作用明显。

②辫状河的规模决定了形成心滩的规模，而辫状河交汇处易形成较宽的河道带和较大规模的心滩，因而是有利的沉积位置。

③心滩分布规模大小不一，这可能决定了形成的储集体的规模也存在较大变化。

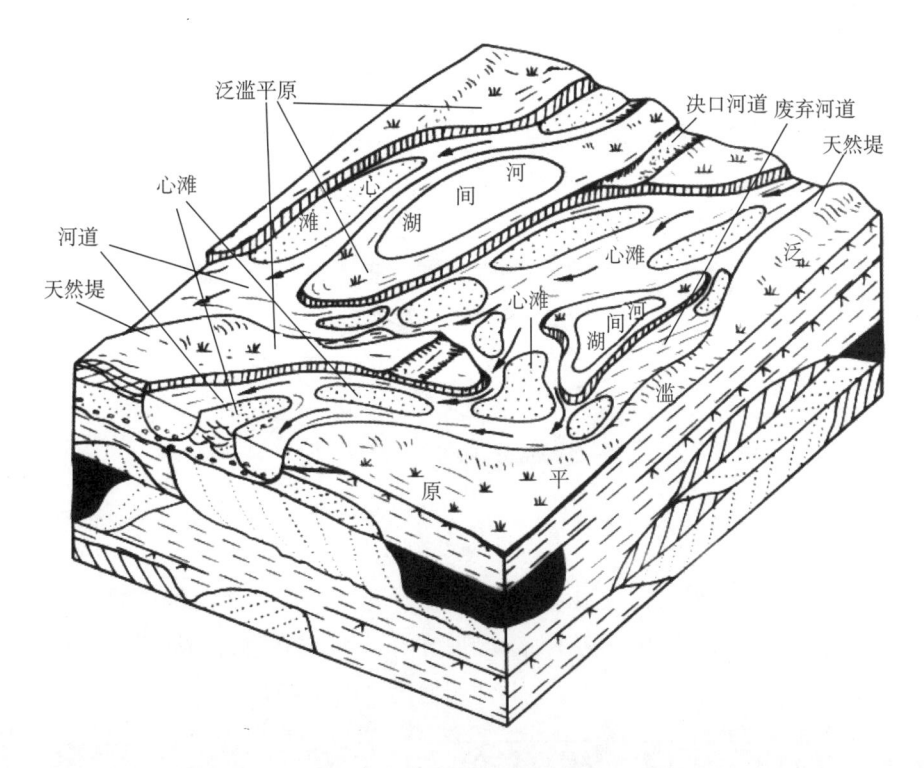

图10-1 苏里格气田盒$_{8下}$段辫状河沉积模式图

④在苏里格气田这样大的工区面积内，河道带不可能覆盖全区，河道带之间必定存在一定规模的泛滥盆地和决口扇沉积。

⑤辫状河砂体在侧向相互叠置的同时，废弃河道中充填的细粒沉积也使得其砂体的横向连续性受到限制，而一定规模的决口与泛滥沉积使得砂体在纵向上被分割。

⑥辫状河砂体横向上连片性好，但其内部砂体结构存在差异，表现为粗粒心滩沉积与细粒河道充填的交替。

(2) 曲流河沉积模型。

对照曲流河沉积模型，结合单井剖面和平面沉积微相的研究，苏里格地区的盒$_8$上段和山$_1$段不能用单河道曲流河沉积模式加以描述，而是具备多河道低弯度曲流河（或交织河）沉积特征，依据盒$_8$上段和山$_1$段主要含气层段的河道砂体与泛滥平原（河间湖泊）的平面展布特征，建立了图10-2所示的沉积模式。

该模式提示：

①曲流河以河道砂体成因类型较多，包括河床滞留砂体、边滩砂体、天然堤砂体和决口扇砂体，大河道中局部也可发育有心滩砂体，其中规模较大、粒度较粗、储层较厚的有利砂体主要为河床滞留砂体、边滩砂体，而天然堤砂体和决口扇砂体规模较小、粒度细、较薄，不利于储层发育。

②曲流河沉积砂体宽度受河道迁移的幅度控制，在构造运动稳定时期，河道以侧向迁移为主，可以形成宽度极大的河道砂体，在平面上可成片状。

③受河道摆动、侵蚀的影响，如果上部的天然堤被剥蚀，不同时期沉积的边滩砂体可以连续叠置在一起。

④曲流河冲积平原上，往往存在多条河流，河道之间的河漫沉积阻隔了砂体之间的连通性。

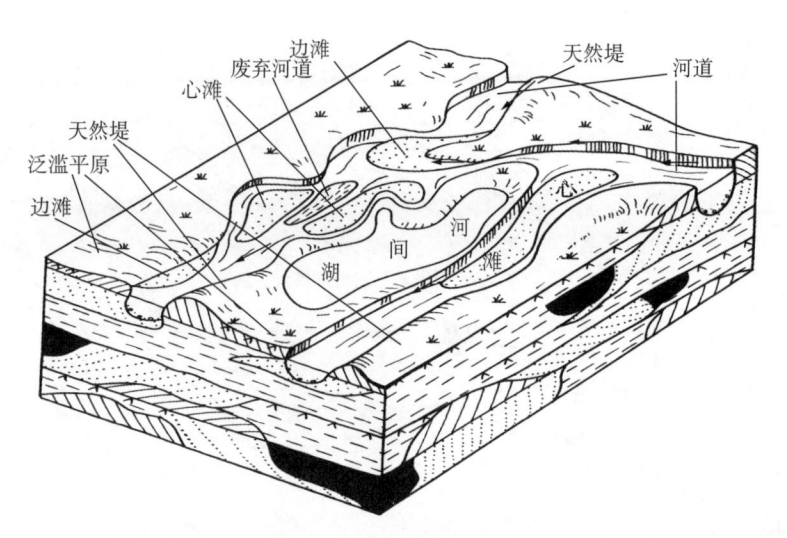

图10-2 苏里格气田多河道低弯度曲流河（交织河）沉积模式立体图

⑤该模式突出表现了苏里格地区盒$_8$上段和山$_1$段多河道低弯度曲流河构成的网状河道和大、小湖泊星罗棋布的沉积地貌格局，与现代长江中游荆江段的河—湖相间组合的冲积平原和河道间发育有星罗棋布的大、小湖泊为显著特征的地貌格局是非常相似的（图10-3）。

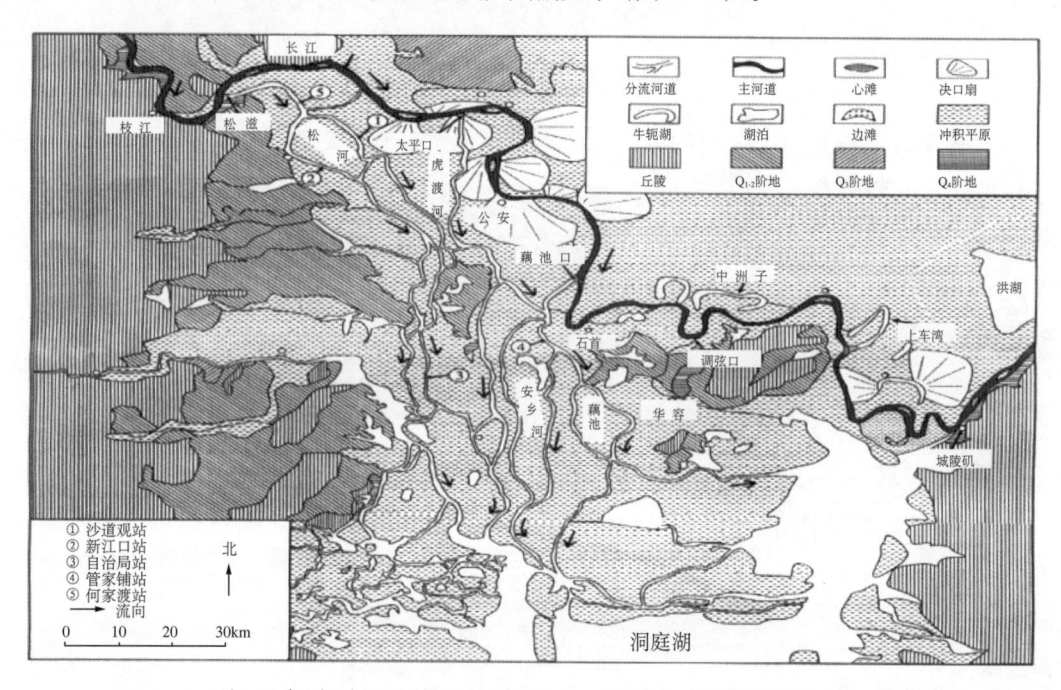

图10-3 长江中游荆江段分流河的地理—地貌特征（据王随继，2004）

3）储集砂体纵向上多期叠置、横向上复合连片

苏里格气田的沉积相类型决定了其砂体的发育类型和规模。辫状河沉积由于其河道的迁移性，砂体的宽厚比大（经验统计资料一般为80~120），且多个砂体的切割叠置，形成宽条带状或大面积连片分布的复合砂体。因此，钻遇率较高，一般大于60%，砂体的连续性也较好。

（1）上古生界气藏的地层和砂体划分。

苏里格气田上古生界气藏主要分布在下二叠统下石盒子组的盒$_8$上段、盒$_8$下段以及山西组的山$_1$段。为了更细地刻画小层（相当于砂层组）及精细描述砂体的展布，将下石盒子组盒$_8$上段、盒$_8$下段和山$_1$段进一步细分为7个小层（相当于砂层组）和14个砂体（表10—1），以小层和砂体的划分作为苏里格气田上古生界气藏早期描述的岩石地层单元依据。

表10—1 苏里格气田上古生界气藏地层及砂体划分表

系	统	组	段	小砂层	砂体编号
二叠系	中二叠统	下石盒子组	盒8上段	盒8上^1	1
					2
				盒8上^2	1
					2
			盒8下段	盒8下^1	1
					2
				盒8下^2	1
					2
	下二叠统	山西组	山1段	山1^1	1
					2
				山1^2	1
					2
				山1^3	1
					2

（2）砂体连续性表征方法。

砂体钻遇率和砂地比是揭示、描述砂体产出特征和砂体连续性的重要参数。艾伦（1979）根据众多现代沉积研究得出了砂体钻遇率、砂地比与储层发育的关系（表10—2）。这些论述也被苏里格气田大量的钻井所证实。通过对不同尺度砂体钻遇率的统计，可以进一步确定苏里格气田储层砂体在纵向上的叠置关系。

表10—2 钻遇率、砂地比与储层发育关系表

钻遇率，%	>90	65~90	40~65	<40
砂地比，%	>70	50~70	30~50	<30
砂体几何形态和连通性	大面积分布的连通席状和宽带状分布的稳定砂体	连通宽带状和带状分布的较稳定砂体	局部连通带状和窄带状砂体，分布不稳定	不连通的窄带状和孤立状、透镜状砂体
与沉积微相关系	辫状河心滩和曲流河边滩为主，次为河床的沉积区	辫状河和曲流河河床为主，次为辫状河心滩和曲流河边滩的沉积区	辫状河和曲流河河床与河漫滩交替发育的沉积区	决口扇和天然堤为主的河漫滩沉积区
与储层发育关系	最有利	有利	中等有利	不利

（3）储集砂体连续性。

根据苏里格气田实钻资料统计各砂层组的钻遇率（图10—4）表明：纵向上盒8下^{1}砂层组和盒8下^{2}砂

层组钻遇率最高,均达到95%以上,表明这两个砂层组的砂体在平面上是大面积连片分布的;而盒$_{8上}^1$、盒$_{8上}^2$及山$_1^1$、山$_1^2$四个砂层组砂体钻遇率在65%~90%之间,反映出砂体呈连续的宽带状和带状分布,山$_1^3$砂层组的钻遇率不到65%,这说明该砂层组的砂体规模相对较小,呈局部连通的带状和窄带状分布,横向不稳定。

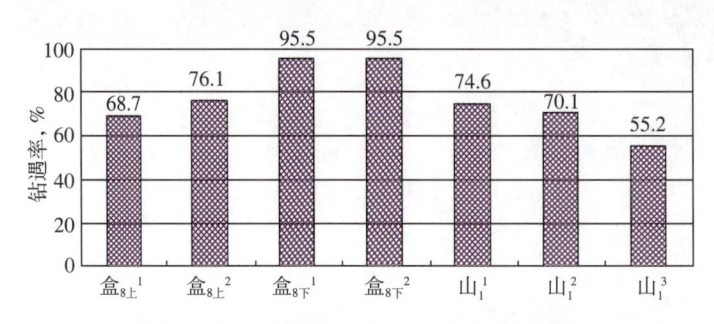

图10-4 苏里格气田各砂层组钻遇率

砂地比(或砂岩密度)表示某一层位(或相域)中砂、砾岩所占地层厚度的百分含量,该参数在描述砂体几何形态及砂体之间连续性特征上的应用非常有效。从完钻井砂地比统计结果(图10-5)可以看出:盒$_{8下}^1$砂层组和盒$_{8下}^2$砂层组砂地比较高,大约为60%,砂体呈宽带状和带状分布,分布稳定,连通性较好。而其余各小层的砂地比在30%~50%之间,结合盒$_{8上}$段和山$_1$段为曲流河沉积环境,说明这两个层段各砂层组砂体整体为窄带状砂体。

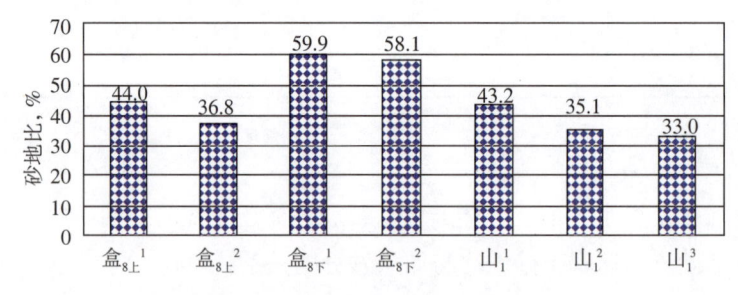

图10-5 苏里格气田各砂层组砂地比

通过进一步细分单砂体并进行统计可以看出(图10-6),除了盒$_{8下}^{1-2}$和盒$_{8下}^{2-2}$两个单砂体钻遇率大于50%以外,其余单砂体钻遇率均小于50%,这表明砂层组所表现出的连续性,是复合砂体的反映,掩盖了单砂体的分散性。

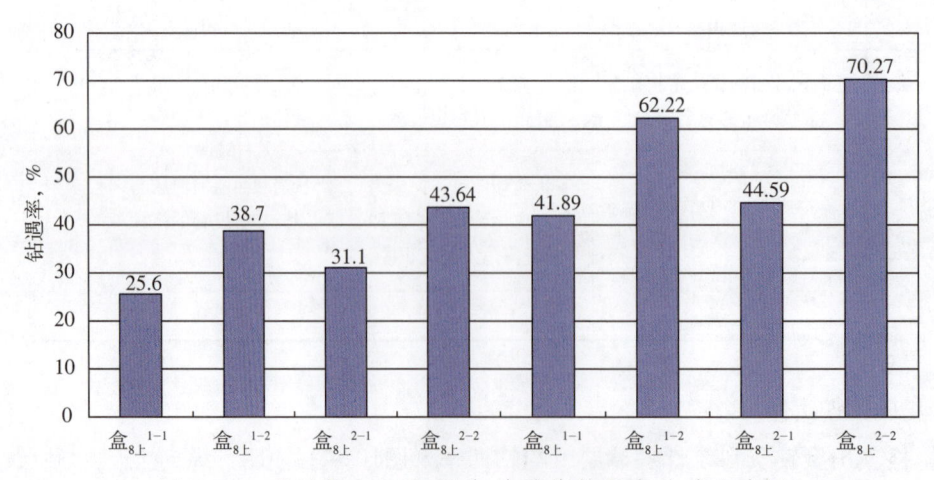

图10-6 苏里格气田盒$_8$段各单砂体钻遇率统计分布图

4）有效砂体规模小，横向连续性差

苏里格气田砂岩发育，但不是所有砂岩均可形成有效储层，有效储层仅为砂岩中的粗岩相；砂体是连续的，但有效砂体可能是孤立的、分散的；试气、试采过程中气井产量低、地层压力下降快，后期压力恢复慢，反映储层连通性差，单井控制储量低的特点。

有效砂体规模是指其在三维地质空间的分布范围，纵向规模通过厚度反映出来，而有效砂体横向规模则可以通过其宽度来表征。苏里格气田盒$_8$段和山$_1$段有效砂体在纵向上呈薄层多段分布，单期河道宽度0.1~1.5km，其有效储层主要为心滩、边滩成因的粗岩相。单期有效储层厚度主要为2~5m，宽度为300~500m，长度为400~700m。同时，盒$_8$段和山$_1$段河道经过横向反复迁移、纵向多期叠置，高能水道叠置带内可形成两三个有效砂体切割叠置，复合有效砂体厚度为5~10m，宽度为500~1200m，长度为800~1500m。

有效砂岩钻遇率统计表明：全区95%的井都钻遇盒$_8$段或山$_1$段气层，全井段有效层钻遇率较高。但各小层钻遇率均小于50%，一般为20%~40%，山$_1^3$小层和盒$_{8下}^1$小层的钻遇率相对较高，分别为46%和44%，反映出有效砂体呈孤立状或窄条带状分布。

有效砂体的叠置模式有以下3种类型：

（1）有效砂体以心滩为主，孤立状分布，横向分布局限，宽度在300~500m左右（图10-7）。

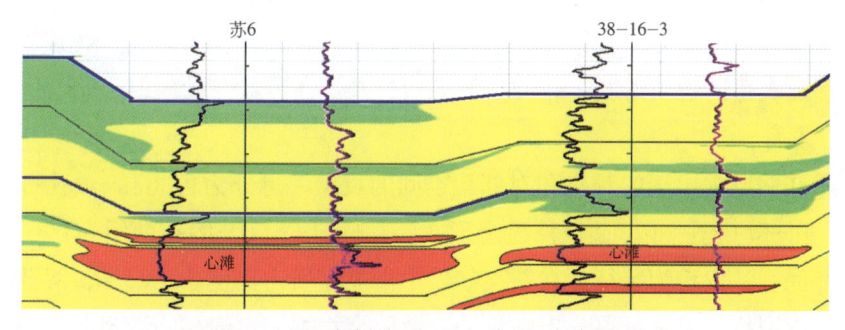

图10-7 心滩侧向独立、有效砂体规模小

（2）心滩与河道下部粗岩相相连，形成的有效砂体规模相对较大，主砂体宽度仍为300~500m，薄层粗岩相延伸较远，并有可能沟通其他主砂体（图10-8）。

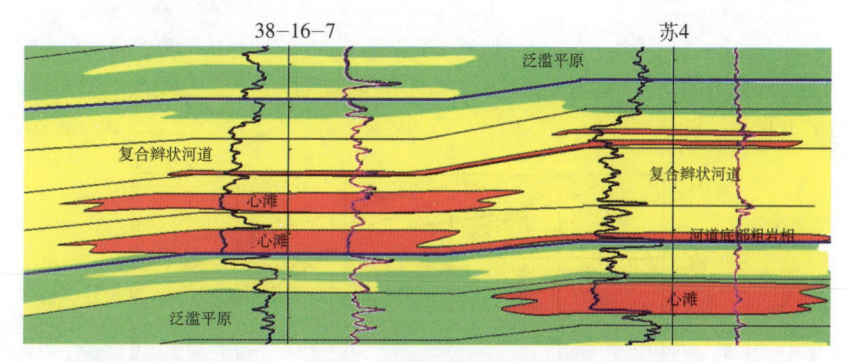

图10-8 心滩与河道充填有效砂体侧向连通

（3）心滩横向切割相连，局部可连片分布，有效砂体连通规模可能达1km以上（图10-9）。

5）储集空间以孔隙为主

储集空间以孔隙为主，主要孔隙组合类型为溶孔+微孔型和溶孔+微孔+粒间孔型，具有"大孔隙、小喉道、少裂缝、孔喉连通性差"的孔隙结构特点。

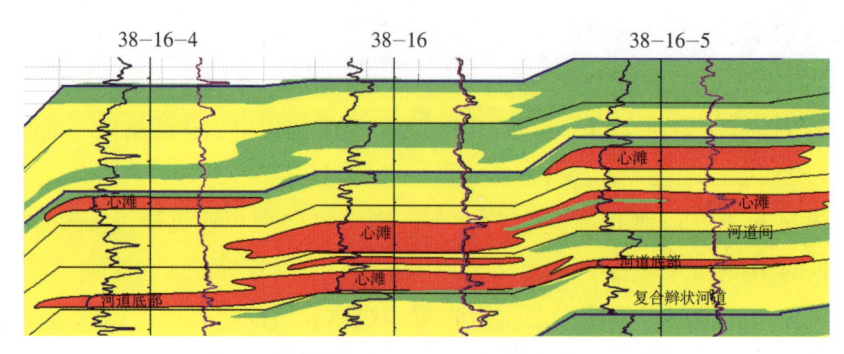

图10-9 心滩横向切割、有效砂体规模较大

苏里格气田上古生界气藏盒$_8$段储层储集空间主要是孔隙，微裂缝在岩样中占很少部分。储层岩样的孔隙度与渗透率之间呈现明显的正相关，且储层段岩心分析物性与测井解释物性参数间亦存在较好的相关关系，说明渗透率的变化主要受控于孔隙发育的程度，这是孔隙性储层的典型特征。

次生溶孔和高岭石晶间孔在孔隙构成中占主导地位，孔径在5~400μm之间，平均孔隙半径介于11.98~107.07μm之间。根据储层类别的不同，孔径分布的范围和集中程度存在差异。由于苏里格地区盒$_8$段储层埋藏深度大，埋藏历史长，经历了复杂的成岩作用改造，在强烈的压实—压溶作用和胶结作用改造下，使得大部分原生粒间孔丧失殆尽（对富含塑性软岩屑组分的岩屑砂岩，粒间孔丧失程度更大）；然而，储层砂岩在中晚成岩阶段的溶蚀作用，使其孔隙性得到了一定程度的恢复，各种岩屑和火山物质溶蚀形成大量的粒内溶孔、粒间溶孔及铸模孔；在颗粒溶蚀同时，形成了丰富的自生高岭石，其晶间孔十分发育。

根据各类孔隙在储层中出现的频率和对储集空间的贡献，可分为粒间孔+微孔+溶孔型、溶孔+微孔+粒间孔型、溶孔+微孔型、微孔型4种组合形式。粒间孔+微孔+溶孔型组合以残余粒间孔和微孔（主要是高岭石晶间孔）发育为特征，在石英砂岩中常见，所占比例小于15%。溶孔+微孔+粒间孔型组合属于复合型孔隙网络，是苏里格气田常见的孔隙组合类型，在岩屑石英砂岩中常见，所占比例达30%。其主要的孔隙类型为可溶组分所形成的溶蚀孔。由于蚀变作用形成的微孔（高岭石晶间孔）也占有重要的地位。溶孔+微孔型组合是研究区域最为常见的孔隙组合形式，在岩屑砂岩中发育这种孔隙组合，所占比例可达40%。微孔型组合的出现标志着岩性已致密化，物性明显变差，构成储层的比例不足15%。

盒$_8$段储层属典型的低孔隙度、低渗透储层，储层的毛细管压力普遍偏高，根据曲线的歪度和分选性可将曲线分为4类（图10-10）。

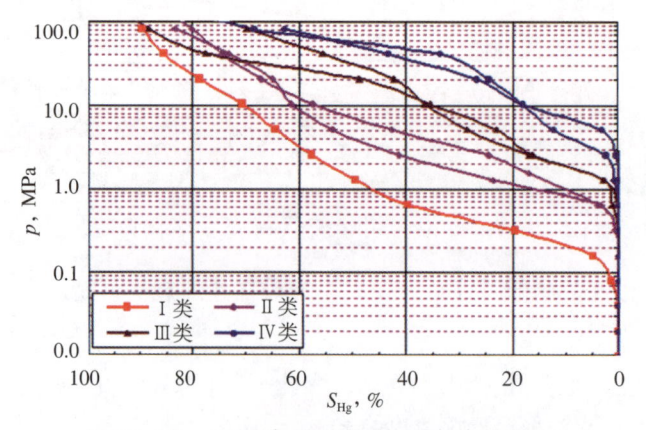

图10-10 不同类型毛细管压力曲线特征

Ⅰ类曲线为单平台型，孔喉分选较好，中偏粗歪度，排驱压力小于0.4MPa，中值半径大于0.5μm，喉道均值小于或等于10.5，分选系数大于2.6，主渗流喉道大于2μm，形成连续相饱和度小于20%。

Ⅱ类曲线一般都具有双阶梯型的孔隙结构特征，中偏细歪度，分选亦为中等，说明构成的孔喉主要为两类孔隙喉道，排驱压力在0.8MPa左右。中值半径为0.5~0.1μm，大于0.075μm的孔喉半径的进汞量在50%~70%左右。喉道均值在10.5~12.5之间，分选系数在2.5左右。主渗流喉道半径为0.3~0.59μm，相应的连续相饱和度在20%~25%之间。

Ⅲ类曲线仍为双台阶型，曲线歪度细偏中，分选中等。此类储层排驱压力在1~2MPa之间，中值半径在0.04~0.1μm，大于0.075μm的孔喉所对应的进汞量在35%~50%之间。喉道均值在13~14之间，分选系数在2.0~2.4之间。该类储层主渗流喉道峰值在0.15~0.3μm之间，主贡献喉道半径主要分布在0.3~0.6μm之间。

Ⅳ类曲线表现出双阶梯型和单阶梯型两种。其排驱压力一般都大于2MPa，主力喉道峰值在0.07~0.3μm之间。均值大于14，分选系数小于2，0.075μm孔喉半径所对应的进汞量一般都小于35%。

苏里格气田盒$_8$段不同物性储层的孔隙结构参数分布情况（表10-3）表明，盒$_8$段储层孔隙结构具有"大孔隙、小喉道、少裂缝、孔喉连通性差"的特点，这种孔隙结构的储层开发的主要难点在于：气田开发初期，油气渗流动用的范围有限，气体启动压差较大，如果储层不进行压裂改造，很难获得较高的产能。开发过程中，储层具有潜在的水锁伤害。

表10-3 盒$_8$段储层孔隙结构参数分布情况

样号	物性		毛细管压力参数				流动特征数据			评价
	孔隙度 %	渗透率 mD	p_d MPa	p_{c50} MPa	均值 ϕ	分选	主力喉道峰值 μm	连续相饱和度 %	主贡献喉道半径 μm	
1	10.92	11.0143	0.22	1.38	11.104	3.193	2.34	19.52	9.38	Ⅰ
2	8.22	1.6228	0.85	4.36	12.687	2.685	0.59	23.65	0.59	Ⅱ
3	8.78	0.9158	0.94	7.65	13.069	2.502	0.59	16.85	1.17	Ⅱ
4	12.05	2.4172	0.92	12.38	13.117	2.531	0.59	20.71	0.59	Ⅱ
5	7.65	0.4075	1.98	21.39	13.821	1.956	0.29	16.14	0.29	Ⅲ
6	7.08	0.9737	1.91	17.15	13.828	1.968	0.29	13.34	0.59	Ⅲ
7	7.84	0.9805	1.33	14.56	13.609	2.286	0.29	20.31	0.29	Ⅲ
8	10.47	1.2633	1.51	14.21	13.422	2.275	0.29	25.47	0.59	Ⅲ
9	5.37	2.3273	1.94	32.47	14.211	2.36	0.29	16.85	1.17	Ⅲ
10	2.79	0.1326	10.397	42.57	15.184	1.507	0.04	36.77	0.07	Ⅳ
11	5.38	0.1484	4.5	60.18	15.135	1.765	0.15	12.36	0.15	Ⅳ
12	6.34	0.2804	7.43	54.96	15.191	1.582	0.07	18.08	0.07	Ⅳ
13	4.73	0.3335	1.86	52.95	14.548	2.372	0.29	17.59	0.29	Ⅳ
14	8.05	0.3549	5.73	57.78	15.143	1.689	0.07	19.02	0.15	Ⅳ

6）气藏无边、底水

气藏无边、底水，气田中区基本不含水，西区及东区北部局部区域含水。区域"相对富水区"的形成是在成藏过程中，由于受储层非均质性和区域构造特征控制而形成的局部成藏滞留水，呈块状或透镜状分布。地层水具有化学组分稳定的地球化学特征，属氯化钙（$CaCl_2$）水型，总矿化度在20～55g/L，平均27.34g/L；地层水pH值在6.0～6.7之间，显示酸性水特征；阳离子以Na^+、K^+和Ca^{2+}离子为主，Mg^{2+}离子相对较少；阴离子以Cl^-为主。

气藏天然气相对密度为0.55～0.66，平均为0.59，甲烷含量为85.75%～99.18%，平均为95.90%，甲烷化系数大于0.95。气藏基本不含H_2S，在中区局部微含H_2S，分布范围为 0～19.53mg/m^3，为无硫—微含硫气藏。

二、勘探开发历程

1. 勘探阶段（1999—2000年）

鄂尔多斯盆地天然气勘探始于1976年，是伴随石油勘探进行的，当时以寻找构造气田为目标，先后在宁夏刘家庄构造与西缘横山堡冲断带发现一批小型气藏。1983年，以煤层气理论为指导，调整天然气勘探部署，实施从盆地边缘勘探向盆地腹地勘探的转移。1989年，以陕参1井为标志的下古生界奥陶系风化壳岩性气藏勘探取得了重大突破，靖边气田诞生。在下古生界气藏勘探过程中，发现盆地上古生界广覆式生烃，大面积含气，及时对上古生界气藏展开勘探。1996年，以陕141井为代表的上古生界山西组山$_2$段气藏勘探取得突破，榆林气田被发现。

苏里格气田勘探始于1999年，中国石油长庆油田分公司对盆地上古生界天然气展开规模勘探。2000年，从大的沉积格局、区域构造发育背景及气藏富集因素入手，确定了以大面积展布的上古生界二叠系石盒子组大型河流三角洲复合砂体为勘探的重要目标。8月26日，在盆地中部苏里格庙地区，苏6井喷出120.16×10^{4}m^3/d的高产工业气流，标志着苏里格气田的发现。2001年1月20日，中国石油天然气股份有限公司在北京举行新闻发布会，宣告中国陆上第一大气田——苏里格气田在鄂尔多斯盆地诞生。继苏6井获高产工业气流后，苏4井、苏5井、桃5井、苏10井等探井一点法试气都相继获得了中高产工业气流，大气田轮廓基本清晰。

2. 气藏开发评价阶段（2000—2004年）

2001—2002年，长庆油田分公司集中评价苏里格气田，完钻探井39口，2001年、2003年两次提交地质储量，通过国家矿产资源储量委员会认定，苏里格气田探明天然气地质储量5336.52×10^{8}m^3，并有更大的远景规模。

2001年，对苏里格气田5口气井作了修正等时试井，评价储量和单井产能。基于高产的思路，单井试采配产都在（20～40）×10^{4}m^3/d。结果发现，在开井工作制度阶段，气井油套压下降快，延续流量阶段压降也很快，关井一到两个月后，压力很难恢复到原始地层压力。初步认识到单井控制储量小、非均质性强、连通性差。

2001年8月，苏里格气田试验两口水平井，苏平1井、苏平2井于2002年4月完井。基于压力下降快、砂体连通性差的特点，希望通过水平井的水平段扩大渗流面积并沟通更多的含气砂体。苏平1井水平段869m，其中气层120.1m，含气层75.2m。实钻结果表明，盒$_8$段单个气层在横向几百米甚至几十米的情况下，储层物性就会发生很大的变化，含气砂体变薄，甚至尖灭。

2003年，在苏6区块沿东西向以800m井距部署了12口加密解剖井。同时，开展了地震攻关、欠平衡钻井、小井眼钻井、CO_2压裂等一系列新技术、新工艺试验。在储层宏观认识和工艺技术效果的基础上，进一步认识储层、检验工艺的适应性。结果表明：砂地比高，有效储层薄、变化大，气井稳产时间短、递减快，苏里格气田的复杂性和开发难度进一步显现。

2004年，长庆油田分公司转变思路，把苏里格气田定位为储量巨大、储层非均质性强、典型的"四低"气田，单井产量在$1×10^4m^3/d$左右。从单井"高产"到追求"整体有效"思路的重大转变，重新认识苏里格气田，对实现苏里格气田经济有效开发起到了重要作用。

在苏里格气田开发前期评价期间，累计钻开发评价井25口，开发井17口，开发试验井（加密解剖井）12口；开展二维地震614km，三维地震200km²，三维多波地震100km²，三维三分量VSP测井（井下地震测井）1口，水平井试验2口，大型压裂8口，CO_2压裂8口，欠平衡钻井试验4口，小井眼6口，分层压裂7口；进行了产能试井，产气剖面测试5口，压力恢复试井9口，干扰试井1个井组；以寻找高产富集区、提高单井产量、降低开发成本为目的进行了10多项专题研究，同时还开展了采气工艺、地面流程等试验。

2001—2004年，长庆油田分公司坚持"实践－认识－再实践－再认识"的思想方法，大胆探索，锲而不舍地开展前期评价和开发试验，逐步揭示了苏里格气田为典型的"低渗透、低压、低产、低丰度"气田，单井产量低，平均$1×10^4m^3/d$；稳产能力较差，采用常规方式开发地面投资大，难以有效开发。气田大面积含气，但有效储层预测难度大，找到砂层并不一定找到气层，局部存在富集区，通过技术集成创新可以实现苏里格气田经济有效开发。

通过气藏开发评价，解决了苏里格气田的认识问题，2004年6月6日，苏里格气田专题研讨会在陕西太白山落下帷幕。经过各方专家对苏里格气田评价结果的深入探讨，形成了"坚定信心，面对现实，依靠科技，创新机制，简易开采，低成本开发苏里格气田"的统一认识。

3. 探索"四化"模式阶段（2005—2008年）

2005年1月22日，在鄂尔多斯盆地勘探开发研讨会上，确定了由中国石油5家未上市企业参与苏里格气田合作开发。

2005年6月，长庆油田分公司召开苏里格气田开发技术交流会，同时邀请中国石油未上市企业合作开发苏里格气田。2005年8月，遵循着"互利双赢、共同发展、管理简单、运行高效、技术创新、成果共享"的原则，通过招标确定了与长庆石油勘探局、辽河石油勘探局、四川石油管理局、大港油田集团公司、华北石油管理局共5家未上市企业合作开发苏6等7个区块。长庆油田分公司为实现经济有效开发苏里格气田的"两大目标"（Ⅰ+Ⅱ类井比例大于80%，单井成本控制在800万元以内），开辟苏14重大开发试验区，引导合作开发，形成了第一期"5+1"开发模式。苏里格气田开发攻关目标从追求单井高产转变到立足单井日产$1×10^4m^3$而提高累计产气量，实现经济有效开发，进行针对性试验，探索苏里格气田有效开发的主体技术。

在长庆油田分公司的积极探索试验及参与合作开发的未上市企业的大力配合下，形成了苏里格气田"技术集成化、材料国产化、设备橇装化、服务市场化"的开发方略，配套形成"区块优选技术、井位优选技术、滚动建产技术、稳产接替技术、优化钻井技术、分压合采技术、快速投产技术、井下节流技术、排水采气技术、地面简化技术、增压开采技术、分类管理技术"的十二项开采技术，创造形成"统一规划部署、统一组织机构、统一技术政策、统一外部协调、统一生产调度、统一后勤支持"及实现"资源共享、技术共享、信息共享"的"六统一、三共享"的合作开发模式，实现了管理体制创新，使"5+1"合作单位结合为一个整体，形成了统一、竞争、示范、交流、提高的良性运行机制，加快了苏里格气田开发进程。

2006年9月31日，长庆油田分公司苏里格气田$30×10^8m^3$产能建设骨架工程顺利投产运行。2006年11月22日，苏里格第一天然气处理厂一期工程正式投产，各区块的天然气汇入苏里格第一天然气处理厂，经过多道工序净化处理后，输送到下游用户。苏里格第一天然气处理厂一期工程正式投产，标志着苏里格气田开发进入一个新的发展时期。2006年，苏里格气田累计钻井312口，具备了日产$300×10^4m^3$、年产$10×10^8m^3$的生产能力。各合作方生产建设进展顺利，Ⅰ+Ⅱ类井的比例超过80%，特别是在合作区内原来未探明储量的地区，滚动开发也钻出了一批高产井，进一步增加了储量；随着各合作方对苏里格气田认识的加深，开发速度逐步加快，PDC钻头应用提高了机械钻速，钻井周期缩短了1/2以上；应用快速产能评价技术，试气时间缩短了1/3以上；单井综合投资与评价初期相比降低1/3，单井地面投资降低1/2，单井综合投资控制在800万元以下，实现了有效益开发。2006年底，中国石油天然气集团公司决定进一步加强苏里格气田东、西区带砂体的勘探评价工作。

在2007年长庆油田分公司工作会议上，确定了"提高单井产量、形成完善配套技术"两大目标，形成了"探井探路、地震撒网选区、骨架井解剖有利区、开发井动用、加密井与水平井提高采收率"的技术方针，通过地震、地质、工艺、地面联合重大技术攻关，进一步优化、集成苏里格气田开发主体技术。2007年底，苏里格气田具备了$30×10^8m^3$的年生产能力。2007年起，每年新增基本探明储量超过了$5000×10^8m^3$。不断增长的储量为苏里格气田的发展奠定了坚实基础。

2008年5月，为加快苏里格气田开发，长庆油田分公司分别与川庆钻探工程公司、长城钻探工程公司、渤海钻探工程有限公司3家钻探公司及长庆石油勘探局、华北油田两家单位在苏里格气田东、西区6个区块开展第二期合作开发。形成了新的"5+1"合作开发模式，合作开发规模进一步扩大。苏里格气田单井综合成本由初期1300万元降低至800万元以内，下降了38%。

4. 建设现代化大气田阶段（2009年至今）

2009年以来，以提高单井产量、提高气田采收率为目标，在苏里格气田大力实施稳定并提高单井产量工程，井位优选、丛式井、水平井、分压合采等关键技术不段取得新的突破，实现了从直井开发到"丛式井、水平井为主，直井为辅"开发方式的转变，气田开发水平持续提升。

以"三个坚持、三个树立"为引领，坚持依靠技术创新、管理创新、市场开放降低成本，树立投资与成本在一定程度上可以控制和降低、勘探开发每一个环节都必须控制投资和降低成本、与单井有关的投资和成本都必须严格控制的思路。走低成本开发之路，稳步推进苏里格气田开发建设各项工作。

紧抓稳定并提高单井产量这一主题，深化低成本开发战略，实现气田整体开发、规模开发、效益开发。地球物理技术实现了"模拟到数字、二维到三维、叠后到叠前、砂层到气层"4大转变；井位优选技术提高了Ⅰ+Ⅱ类井比例，达到80%以上；快速钻井技术使直井钻井周期从45d降至15d，丛式井钻井周期平均19.63d，缩短了42.5%，丛式井比例达到66.7%，材料费用大幅度下降；水平井平均钻井周期63d，有效储层钻遇率60%。开辟水平井整体开发试验区，试验丛式水平井、长水平井、双分支水平井，开展工具国产化试验，形成具有国际先进水平的不动管柱水力喷射和压缩式裸眼封隔器水平井多段压裂技术，水平井一次分压达10段以上，单井产量达$5×10^4m^3/d$。自主研制耐高温高压系列化井下节流器，代替传统井口及集气站节流模式,实现整装大气田规模应用,开创了中、低压集气新模式。地面工艺优化,单井地面投资由初期200万元降到110万元。分压合采技术持续创新,研究形成直井机械封隔分层压裂工艺及配套工具,实现了一趟管柱由分压3层到7层的突破。研发形成阴离子表面活性剂、羧甲基和超低浓度瓜尔胶三套低伤害压裂液体系,增产效果较好。市场化运作降低了市场采购成本,钻、录井成本降低49%,地面建设投资降低4%~5%。实施数字化管理,优化了气田技术管理模式,有效控制用工量,构建了新型劳动组织架构。

立足于单井产量$1.0\times10^4m^3/d$,不断实现技术进步,实际单井产量达到$1.1\times10^4m^3/d$,压降速度控制在0.02MPa/d,以加密试验区砂体空间展布解剖为基础,结合现场干扰试井,优化、形成了600m×800m(直/丛式井)和600m×1800m(水平井)的开发井网,气井废弃条件降低和气井工作制度优化,进一步增加了气井的累计采气量,一次井网采收率由20%提高到35%。天然气生产能力连年快速攀升,2012年底已具备了年产$210\times10^8m^3$的生产能力,为实现苏里格气田$230\times10^8m^3/a$的开发规模提供了有力的技术支撑。通过关键技术集成创新,提高气田开发水平和管理水平,保持长期稳产,保障苏里格气田规模有效开发。

三、气田开发经验与认识

苏里格气田是中国陆上最大的气田,也是致密砂岩气藏的典型代表,具有"低渗透、低压、低丰度、薄层、强非均质"的特征,单井产量低、压力下降快、稳产难度大,开发难度世界罕见。苏里格气田的开发经历了一个实践—认识—再实践—再认识的曲折而又科学的发展历程,经历了4个发展阶段,开发水平和开发效益逐渐提高。苏里格大型致密砂岩气田的成功开发给我们带来了丰富的经验与认识。

1. 积极评价和认清气田本质

"解放思想、实事求是、一切从实际出发"既是我党正确认识人类活动和社会发展的基本思想路线,也是科技工作者认识自然现象、遵循自然规律、解决自然矛盾的正确认识观和方法论。2000年8月26日,苏6井喷出了$120.16\times10^4m^3/d$的高产工业气流,标志着苏里格大气田的发现。继苏6井获得高产后,一批探井相继获得中—高产工业气流,当时普遍认为苏里格气田是一个储层连通性好的优质高产气田。但在2001年动态评价中,初步认识到苏里格气田单井控制储量小、非均质性强、连通性差,压力恢复缓慢。2002年进行水平井开发试验、大规模压裂改造储层,希望达到沟通含气砂体、增强连通性、提高单井产量的目的,但水平井开发和大规模压裂沟通多个砂体的预期目标没有实现。2003—2005年,长庆油田实时开辟了苏6开发试验区,部署了加密解剖井,开展了大量的地震攻关、欠平衡钻井、小井眼钻井、CO_2压裂、分层压裂、产能试井、压力恢复试井和干扰试井等一系列新技术、新工艺试验。

通过一系列艰苦卓绝的现场试验和攻关研究,终于"才识庐山真面目",认识到苏里格气田具有以下5点基本特征:(1)储量落实;(2)砂体多期叠置并复合连片;(3)储层含气性横向变化大,非均质性强;(4)储层大面积含气、局部相对富集;(5)典型的"低渗透、低压、低丰度"的岩性气藏。"如何认识苏里格气田"是苏里格气田开发进程中的一个重要环节,特别是寻求苏里格气田单井实际产能的过程,集中地体现了认识转变、思路转变的发展过程。从单井"高产"到"低产"思路的重大转变，对于深化苏里格气田开发技术研究，促进苏里格气田开发成本降低，实现苏里格气田经济有效开发起到了重要的作用。

2. 发挥市场配置资源作用

2004年6月6日，中国石油召开了苏里格气田专题研讨会，会议形成了"坚定信心，面对现实，依靠科技，创新机制，简易开采、低成本开发苏里格气田"的认识。这是苏里格气田开发史上具有里程碑意义的会议，实现了苏里格气田开发形势的转折。

2005年6月，长庆油田分公司召开苏里格气田开发技术交流会，同时邀请中国石油天然气集团公司内部未上市企业合作开发苏里格气田。年底，长庆油田分公司遵循"互利双赢、共同发展、管理简单、运行高效、技术创新、成果共享"的原则，引入中国石油长庆石油勘探局、辽河石油勘探局、四川石油管理局、大港油田集团公司、华北石油管理局5个单位合作开发苏里格气田的7个区块，并与各合作方签订了《苏里格气田合作开发合同》，形成"5+1"、"六统一、三共享、一集中"合作开发模式和苏里格气田"技术集成化、建设标准化、管理数字化、服务市场化"的开发方略。通过市场化的手段，调动各参战单位的人力、物力来开发苏里格气田，这种作法既有传统的"大会战"优势，又有现代市场经济下市场化的特点，充分发挥了市场配置资源的巨大力量，有百余部钻机、上万人云集在苏里格气田会战。因此，在2006—2012年合作开发7年时间内，建成了$210 \times 10^8 m^3$的年生产能力。

苏里格气田开发的市场化是全方位的市场化，无论在钻井、井下作业、地面施工方面，还是在科研、技术攻关和设备定型、选型方面，都是按市场化来运作的。市场化明显地提高了开发速度、工程质量，同时降低了开发成本。因此，管理的创新加强了苏里格气田的开发力量，加快了苏里格气田的开发进程。可见，市场配置资源的力量是十分巨大的。

3. 集成创新与技术突破

集成创新是利用各种技术与工具，对各个创新要素和创新内容进行选择、集成和优化，形成优势互补、有机整体的动态创新过程。苏里格气田的技术集成化即从工艺技术角度，针对苏里格气田开发技术难题，采用集成创新的方法，解决制约苏里格气田开发的技术难题。从而形成苏里格气田"井位优选技术、快速钻井技术、储层改造技术、丛式井水平井技术、井下节流技术、排水采气技术、井间串接技术、数字化管理技术、滚动建产技术、快速投产技术、增压开采技术、稳产接替技术"共12项开发配套技术，突破了制约苏里格气田经济、有效开发的技术瓶颈，气田开发的成本显著降低，开发管理水平得到大幅提升。

1）富集区筛选及井位优选配套技术

地质与地震相结合，二维地震撒网、骨架井先行，预测河道带和砂体展布，筛选富集区；三维地震精细刻画有效储层分布，部署丛式井和水平井井位。明确了苏里格气田适合实施水平井、丛式井部署的地质条件，形成了富集区整体部署、潜力区评价部署、已建产区加密部署的布井技术思路、"六图一表"的水平井设计标准和"两阶段、三结合、四分析，五调整"的水平井随钻地质导向技术。

2）丛式井钻完井配套技术

通过平台井数、井身剖面、钻具组合、PDC钻头个性化设计等关键技术研究，形成了丛式井组钻井配套技术，钻井周期不断缩短，达到了降低开发成本，保护生态环境的目的。

3）直井多层压裂配套技术

研究形成了直井机械封隔分层压裂工艺及配套工具，实现了一趟管柱由分压3层到7层的突破，研制了测试控制器，实现了分层压裂、分层试气一体化作业，探索试验了套管滑套、连续油管分层压裂两种新型多层连续分压技术；针对苏里格东区储层特征研发形成了阴离子表面活性剂、羧甲基和超低浓度瓜尔胶3套低伤害压裂液体系。应用增产效果好。

4）水平井钻完井配套技术

优化确定了水平井主体井身结构和井身剖面，形成了长半径水平井、斜井段、水平段PDC钻头个性化设计与优化技术，井眼轨迹控制技术，斜井段防塌技术和水平段储层保护技术，钻井周期大幅度缩短。形成了不动管柱水力喷射和压缩式裸眼封隔器两项水平井多段压裂技术，实现了一趟管柱$4\frac{1}{2}$in套管一次分压9段、6in裸眼封隔器一次分压15段，单井产量大幅提高，是直井的3~5倍。

5）气藏提高采收率技术

以加密试验区砂体空间展布解剖为基础，结合现场干扰试井结果，以目前经济条件为约束，进行开发井网优化，形成了600m×800m（直丛式井）和600m×1800m（水平井）的开发井网，进一步提高了储量动用程度；井位优选和压裂改造技术的应用，使Ⅰ+Ⅱ类井比例大幅度提高；气井废弃条件的降低和气井工作制度的优化，进一步增加了气井的累计采气量。气田采收率由开发方案预测的20%提高到目前的约35%。

6）井下节流工艺技术

通过气井生产规律、临界流动特性、节流器结构等研究，研制了适合水平井、定向井、直井的2个系列4种规格12种产品，井筒及地面水合物堵塞问题迎刃而解，创新形成了苏里格气田的中、低压集气模式，有效防止了井筒及地面管线水合物堵塞，节省了加热炉和注醇系统，投资大幅度降低。

7）低压、低产气井排水采气配套技术

研发配套了泡沫排水、速度管柱、柱塞气举、压缩机气举等排水采气技术系列，形成了苏里格气田排水采气指导意见和不同类型积液气井的排水采气技术对策。

8）标准化、模块化、数字化的地面建设工程配套技术

形成了一套数字化生产管理系统，实现数据自动录入、方案自动生成、异常自动报警、运行自动控制、单井自动巡井、资料安全共享和流程化应急指挥7大功能；数字化集气站建设形成8项关键技术，实现无人值守；形成基础无固定连接式压缩机技术；地面优化简化技术使集气半径由5km优化为目前的7km，减少布站数量。

4. 坚持低成本战略

由于苏里格气田的大面积、低丰度储量与气井低产能力，因此必须实施低成本开发战略，才能实现气田的经济效益开发。思想、技术与管理创新为低成本开发注入了活力，带来了保障。天然气田的建设费用构成中，钻井和地面建设占最重要比重。PDC钻头的应用提高了机械钻速，钻井周期缩短了1/2以上；应用快速产能评价技术，试气时间缩短了1/3以上；简化地面流程，单井地面投资降低了1/2左右。从开发效益来看，通过技术进步和成本降低，单井综合投资与评价初期相比降低了1/3，各区块的单井综合投资控制在800万元以下，实现了有效益开发。

然而，建设现代化的气田，降低成本绝不是"因陋就简"，绝不能以牺牲安全为代价，而是要靠关键技术的革新、革命来实现。苏里格气田地面流程简化、优化的关键技术，就是"井下节流配套技术"。井下节流技术几十年以前就有，但是长期以来仅仅用在防止井下水合物的形成、影响气井生产方面。而在苏里格气田的开发中，改进了井下节流器的机械本体，拓展了这一技术的功能，使该技术

不仅能防止井下水合物的形成，提高井口天然气温度，更主要的是降低了地面集输的压力，让天然气在中、低压管网中集输，加上井口安装新研制的"自动安全截断阀"，保证了集输系统的安全，使该技术成为简化地面流程的关键配套技术。由此可见，只有技术集成创新才能发挥"1+1>2"的效应，也才能更好地促进低成本战略的实施。

第二节 川中须家河组气藏

一、基本情况

上三叠统须家河组在四川盆地分布广泛，面积可达$10\times10^4 km^2$，资源量达$35542\times10^8 m^3$。盆地中须家河组厚度呈西厚东薄，簸箕状分布，西部沉积中心的厚度在4000m以上，东部厚度为200～300m。2006年以前已探明气藏以八角场、遂南等小型气藏居多，单个气藏储量规模较小；2006年以后，川中地区须家河组有较大突破，发现广安、合川、安岳3个千亿立方米级储量区块，累计探明地质储量$6450\times10^8 m^3$，开发潜力巨大。

1. 构造特征

川中须家河组构造上处于川中古隆中斜平缓构造带，构造整体比较平缓，局部范围内发育有背斜构造。整体上具有东南高、西北低的特征。广安构造主体呈北西西向，为一平缓的低丘状长轴背斜构造，两翼不对称，构造闭合面积大，隆起幅度较高，区内共发育有多条逆断层，走向与构造的轴向基本平行，呈东西向延伸，为封闭性断层。合川须二段气藏内无断层发育，构造较平缓，由5个高点组成，以海拔–1840m计算，面积$689km^2$，闭合高度100m。

川中须家河组气藏以构造—岩性复合圈闭和岩性圈闭为主，含气层分布受构造控制。由于构造幅度低，天然气供给不足。川中天然气在局部构造高点富集，成为气层；在构造平缓及低洼处，储层含水饱和度高，主要为气水同层或水层。

2. 沉积特征

川中须家河组分布较为稳定，总厚度在465.5～527m间变化，自下而上划分为六段，各层段分层特征清楚，与邻区具有较好的可比性，其中须一段、须三段、须五段为湖沼相沉积，主要以黑色页岩和泥质粉砂岩为主，夹薄煤层或煤层，是须家河组的主要生油气层及各含油气层系的盖层。须二段、须四段、须六段为滨浅湖—三角洲前缘—三角洲平原相沉积，主要以灰、灰白色细—中—粗粒长石岩屑砂岩、岩屑砂岩和岩屑石英砂岩为主，夹薄层黑色页岩及煤层，是须家河组的主要储层。总体上看，广安地区须家河组纵向上生、储、盖配置关系较好，川中范围内须家河组不同段有10多个大大小小的气藏，其中广安须六段、须四段气藏，合川须二段气藏规模较大。

川中地区须家河组为浅水湖泊—沼泽背景下的辫状河三角洲沉积，辫状河道规模较小，且又经多期切割叠置，形成大套的砂岩复合体，细粒沉积主要为分流河道间的薄层泥岩和粉砂岩。表现在砂体分布上是储层累计厚度较大，平均67m。但储层厚度占砂岩厚度比例整体不到30%，储层中Ⅲ类储层所占比例较高，Ⅰ+Ⅱ类储层比例只有32%左右。单层厚度较薄，电测曲线揭示须六段储层平均单层厚度5.65m，须四段平均单层厚度4.41m，须二段平均单层厚度3.89m，须家河组平均单层厚度不足5m。

3. 储层特征

岩石粒度以中砂岩为主，其次为细砂岩，同一地区岩石粒度整体变化不大，广安地区粒度较粗，须四段、须六段主要为中砂岩，兼有含砾粗砂岩、细砂岩、粉砂岩；安岳、合川、潼南区块粒度相对较细，须二段、须四段、须六段均主要为细砂岩，与该区稍靠近湖盆方向有关。

砂岩主要为长石岩屑砂岩、岩屑砂岩，兼有岩屑长石砂岩、岩屑石英砂岩以及少量长石石英砂岩、长石砂岩、石英砂岩。从须二段至须六段，石英含量至须四段最高，长石含量逐步减少，岩屑含量逐步增加。砂岩胶结物均以硅质和碳酸盐为主，胶结物总含量一般小于5%。

储层性质具有低渗透致密特征。广安须六段孔隙度平均为9.41%，广安须四段孔隙度平均为8.93%，合川须二段孔隙度平均为8.5%，潼南须二段孔隙度平均为9.5%。砂岩基质渗透率多在0.2mD左右，广安须六段平均为0.24mD，广安须四段平均为0.37mD，合川须二段平均为0.27mD，潼南须二段平均为0.25mD。

须家河组砂岩孔隙度、渗透率关系较好，尤其在较高孔隙范围内，孔隙度、渗透率基本呈正相关，储层类型以孔隙型为主，局部发育裂缝—孔隙型储层[1]。

须家河组储层孔隙类型有残余粒间孔、微溶孔、粒内溶孔、粒间溶孔、铸模孔、杂基内溶孔等，其中残余粒间孔和粒间溶孔、粒内溶孔是主要孔隙类型，占总孔隙度的70%左右。喉道类型以缩颈型喉道、片状喉道为主，其次为管状喉道。储层（$\phi \geqslant 6\%$）中值压力在1.8~10MPa之间，平均为4.2MPa；中值半径在0.12~0.48μm之间，平均为0.458μm；孔喉分布均值系数（XP）在9.78~12.6之间，平均为11.2，表明其孔喉大小较均匀；变异系数（CC）在0.112~0.36之间，平均为0.237；分选系数（CS）在2.25~3.25之间，平均为2.65，表明孔喉分布相对集中，分选性好。毛细管排驱压力、中值压力及残余汞饱和度相对于常规孔隙型储层略偏高，孔喉中值半径小。

须家河组储层含水饱和度较高。由岩心分析得知，广安须六段含水饱和度一般在40%以上，须四段含水饱和度在50%以上，合川须二段含水饱和度在50%以上，潼南须二段含水饱和度在40%以上。随着孔隙度增加，含水饱和度有降低趋势。

4. 气藏压力系统及气藏性质

广安须六段气藏的气井产层平均深度为1900m左右，折算至气藏海拔中深（−1584m）的压力为19~22MPa，压力系数为1.0~1.09，属常压气藏。

广安须四段气藏的平均深度为2400m左右，压力系数为1.01~1.52，压力在平面上的分布具有分区性。西北部压力较高，折算到气藏海拔中深（−2020m）的压力为34~37MPa，压力系数为1.3~1.52，属高压区；中间的区域折算到气藏海拔中深的压力为31~32MPa，压力系数为1.21~1.32，属常压—高压气藏；南部和东部压力正常，折算到气藏海拔中深的压力为27~30MPa，压力系数为1.01~1.2，属常压区。

合川须二段气藏气井产层平均深度为2300m左右，压力系数为1.06~1.49，属常压—高压气藏，平面上分布不均，垂向上压力亦不统一，显示较强的储层不连通性。

川中须家河组除广安须六段气藏构造主体压力较统一外，其他区域压力分布不均，差异较大，显示出须家河组储层致密，连通性差，压力系统不统一。

在川中地区须家河组经过几十年的勘探，发现有多种圈闭类型的油气藏，但以构造—岩性复合圈闭油气藏为主。从目前发现的广安须六段气藏、合川须二段气藏、广安须四段气藏来看，须家河组储层横向上不连续，表现为单个砂体相互叠置，具有岩性油气藏的特征；而从气井测试和生产情况来看，在构造高部位的井其生产气水比相对较低，说明构造对油气富集具有一定的控制作用。

二、开发面临的主要问题

（1）须家河组大套砂岩沉积大部分为致密砂岩，有效储层分布模式不明。

须家河组气藏为岩性、构造—岩性气藏，储层展布复杂，纵横向非均质性强，整体上高渗透砂体散布于致密砂岩背景中，形成Ⅰ、Ⅱ、Ⅲ类储层，储层与大面积的致密层相互间隔分布，储层分布特征和模式不清，储层预测难度较大，给布井和射孔方案带来挑战。

（2）气藏产水量大，气水分布规律复杂，水淹问题突出。

气井产量低，平均单井日产气$2\times10^4m^3$，产水量较大，平均日产水$2.7m^3$，水气比高，同时出水规律比较复杂，没有明显的气水界面，局部地区上气下水的特征不明显。普遍出水，部分气井出水量较大，甚至难以维持生产，被迫关井。需要准确预测有效储层分布，探索气井出水规律，选择合理的排水采气技术，尽量避免气井暴性水淹。

（3）气藏多为低效储层，气藏效益开发需要合理的增产措施。

须家河组砂岩储层多为低渗透致密砂岩，储层基质物性差，具低孔隙度、致密、小喉道特征，裂缝总体不发育，气井自然产能低，压裂增产是必然选择；同时储层为多层薄层结构，压裂控制难度较大，需要探索经济、规模、有效的开发模式。

三、开发关键技术

1. 储层精细描述技术

采用精细地层对比和沉积微相、成岩作用、有效储层分布模式等关键技术，从细分层系入手，在小层格架内研究有效储层的沉积特征，建立沉积模式；通过成岩作用和孔隙演化特征研究，划分成岩相；综合沉积、成岩、构造、测试等资料分析有效储层主控因素，总结有效储层分布模式。川中须家河组气藏单井产能主要受构造和储层发育程度的影响，中、高产气井主要分布在构造主体高部位和储层集中发育叠置区。

2. 气水分布预测技术

根据川中须家河组储层静态和动态资料，总结出3种气水分布模式。

（1）相对高渗透储层受构造控制的气水分布模式。

这种分布模式形成于具有一定构造起伏，且无特低渗透区阻隔或断层封堵的相对高渗透层状储层中。储层内部连通性较好，构造幅度相对较大，总体表现为"上气下水"，气水分异的状态。从局部看，具有边、底水气藏的基本特征，但没有外部水体，不属于边、底水气藏。从整体看，这种构造高点，虽然顶部含水饱和度比底部低，但顶部气井仍有少量可动水产出，说明还未达到气水完全分异的程度，仍处于气水过渡带内，未形成纯气顶。采用合理的采气速度和生产压差，阻止与下部高含水饱和度层的连通，是有效开发的关键。广安气田须六段气藏A区顶部储层的气水分布就是这种气水分布模式。

（2）局部构造圈闭控制的气水分布模式。

这种模式形成于有特低渗透区阻隔和断层封堵的低渗透高含水饱和度储层中。受特低渗透区或断层阻隔，储层连续性和连通性变差，在被封堵的局部构造高点，形成小的圈闭，气水再次分异。若断距较小，上下盘没有完全错开，储层部分层位仍保持连通，断层周围储层的气水重新分布，构造高点的含水饱和度降低。这种气水分布模式的区块，构造高点圈闭局部分布，是有利的开发区块，如广安Ⅱ号区块须四段气藏西部的广安123井区。

（3）"储渗单元"控制的气水分布模式。

该模式以气水同层为主，气水分异整体不明显。储层由相互切割的储渗单元多期错位叠置而成。在不同储渗砂体或复合砂体内，气水会表现出一定的分异性，顶部含气饱和度较高，而下部含气饱和度较低；在不同储渗单元之间储层连通性差，非均质性强，同一小层内气水分布没有明显的对应关系，气层、低产层、气水同层交互分布，造成垂向和横向上气水分布关系复杂。这种气水分布模式在四川盆地中部须家河组分布较广。可以借助单砂体精细解剖和更先进的气水识别方法来研究这种气水分布关系。

3. 直井分层、水平井分段加砂压裂技术

（1）封隔器分层压裂。

在73mm油管内可以实现一趟管柱分层压裂4层以上，限制条件少，适用面广，然而加砂压裂后起管柱困难，如套管变形或"狗腿度"严重则不适合使用，且生产中观察不到套压变化。

（2）不动管柱水力喷射压裂。

在73mm油管内可以实现一趟管柱分层压裂4层，无封隔器，砂堵后可反循环洗井，管柱容易下入，受"狗腿度"影响小，生产中可以观察套压变化，然而工艺实施受环空承压强度限制。

2009年，须家河组合川须二段气藏累计进行压裂施工共23井次，其中两层压裂4井次，三层压裂17井次，四层压裂2井次，成功率均达到100%，累计注入陶粒1547.2m^3，平均单井注入陶粒67.27m^3，压后测试产量累计160.6×10^{4}m^3，平均单井压后测试产量6.98×10^{4}m^3/d。分层压裂平均单井测试产量是笼统压裂产量的2.4倍。

4. 优化射孔完井层段

须家河组气藏整体处于气水过渡带内，除广安须六段气藏A区主体部位全井段含水饱和度较小外，其他区域的气井均为气水同产，大部分气井上部只有一段含水饱和度较小的储层。在考虑携液能力的情况下，射开后下部层段不同的含水饱和度对生产的影响是不同的。存在一个临界饱和度值，该值受地层条件、井筒携液能力的影响。对于广安128井，下部层段含水饱和度大于65%，射开后对生产不利，受携液能力的制约；当小于这一值时，射开后对生产是有利的。因此，针对具体的井及不同的射孔厚度，这一临界饱和度值是不同的。如果射孔或压裂沟通了高含水饱和度层段，水气比会明显增加。对目前射孔层段与对应生产情况的关系分析，表明射孔层段的优化应有以下两个标准。

（1）上部低含水饱和度层段与下部高含水饱和度层段之间无隔夹层的情况。

从宏观的生产情况来看，射开含水饱和度大于55%的层段的气井，其产水量明显大于邻井；即使射孔层段含水饱和度小于55%，但压裂裂缝沟通了高含水饱和度层段，产水量也明显增加。故射孔时应避开含水饱和度大于55%的气水层或水层。

(2) 上部低含水饱和度层段与下部高含水饱和度层段之间有隔夹层的情况。

根据广安气田气水在纵向上的分布特征，上部储层含水饱和度较小，是射孔的首选层段，但在对上部储层实施水力压裂等增产措施时，必须控制裂缝高度，以避免沟通下部高含水饱和度层段。故在压裂层段射孔时，应尽可能选择上部低含水饱和度层段与下部高含水饱和度层段之间有隔夹层的储层段，以降低沟通高含水饱和度层段的可能。

5. 合理生产压差和产量的确定

控制合理的生产压差，合理配产，是确保稳产时间、提高累计产气量的有效措施。已有开发经验证实，对须家河组气藏不宜采取较高速度生产，在优质区块采气速度应控制在1.5%~2%，而在差的区块则应更低。亦不宜采用过低的生产压差，因为合理的压差下有利于带出井底及附近储层中的少量可动水，维持气井正常生产。

广安气田须家河组6口井的分析结果表明，气水同产井的合理生产压差在5~7.5MPa之间，除广安108井产量较高外（表10-4），其他井的产量在 (1.4~1.9)×10^{4}m^3/d之间。

表10-4 采气指数法确定合理压差和产量

井 名	广安128	广安126	广安106	广安108	广安101	广安111
合理生产压差，MPa	5	7	7	5.88	7.4	6
合理产量，10^{4}m^3/d	1.8	1.52	1.87	4.39	1.42	1.55

6. 排水采气技术

一旦气井进入带水采气期，应从气井动态特点出发，根据相关数学模型，计算出气井不同压力条件下的临界携液流量，确保气井实际产量大于临界携液流量，以便充分利用地层能量带出液体，使气井不至于形成积液。然而，气井出水后随着地层能量的降低，为了维护气井的正常生产，对气井进行强排水是不可避免的工作环节。

根据川中须家河组气井产气、产水的动态特征，结合现有排水采气工艺技术，摸索出须家河组气藏以泡沫排水为主的排水采气工艺。采用泡沫排水采气技术，广安气田日增气4.68×10^{4}m^3，月增气140×10^{4}m^3，除去药剂费用（10万元）及人工劳务费（2万元），月纯利润达128万元。

此外，管柱优选、柱塞举升工艺在现场试验取得初步成效。

(1) 管柱优选。

2008年，实施4口井的管柱优选现场试验，增产效果不明显，通过计算、分析认为气井产量低，更换小油管仍然不足以带出积液；优选管柱不能普遍推广应用，主要用于仍有较大生产潜力、原有生产管柱不能有效携液生产的气井。广安002-h1-2井原油管偏大（外径114.3mm），携液困难，通过临界流量计算表明，必须用小油管取代原油管才能解决问题。根据气井现状，决定在原油管中下入外径50.8mm、内径42.8mm的连续油管作为井下管柱生产。实施后，取得了明显的增产效果，遏止了措施前气井产量下降的趋势，产气、产水量明显增加，目前气井生产平稳。

(2) 柱塞举升。

广安111井施工前，日产气 (0.3~1.5)×10^{4}m^3，日产水3~10m^3，这说明井筒阶段性积液。2009年在该井实施柱塞气举工艺。施工前，工作制度为关井28h，开井20h，平均日产气0.5×10^{4}m^3，平均日产水1.5m³。施工后，工作制度为开井1h，关井3h，由薄膜阀自动控制。气井正常工作后，初期日产气$(0.7\sim1)\times10^4$m³，日产水6～10m³，排水效果显著。由于后期地层供给不足，油压、套压出现明显下降，工艺增产效果下降。由于地层能量下降较快，导致柱塞举升工艺有效期较短，因此在试验井选择时需要充分考虑气井的生产潜力。

7. 地面集输优化简化技术

井下节流工艺在川中须家河气藏的全面推广，带动了地面集输装置的优化简化，集输成本大大降低，形成了"井下节流、中压混输、单井无人值守、多井集气、集中分离、集中控制"的地面集输管理模式，单井建设周期平均5d，产能建设节约45d，单井站节约投资达60万元；节约动力、燃料10×10^4m³/a以上；单井无人值守，单位操作成本降低48%。

四、思考及启示

川中须家河组气藏开发经验表明：含水饱和度超过50%的储层中气体的相对渗透率极低，气井见水后，储层水锁效应加重，气井可能出现水淹，因此，排水采气工艺技术非常重要。

1. 对低渗透含水砂岩储层有效渗透率及产气的机理认识

越来越多的中外学者认识到，在储层含水饱和度大于40%～50%的时候，气体相对渗透率会急剧降低，以致在很宽的含水饱和度范围内，储层中的气和水事实上均产不出来。低渗透致密砂岩储层不产水并不代表岩石含水饱和度小于束缚水饱和度，它只是简单地表明含水饱和度小于临界可流动含水饱和度[2]。

低渗透砂岩储层具有陡峭的相对渗透率曲线，这意味着含水饱和度微小的差别可能导致相对渗透率的很大改变。也就是说，钻井可能钻到了非常接近有经济效益的渗透率地层，但由于水的相对渗透率高，但还是不能产天然气，或者压裂缝沟通了物性较好的局部水层时，气井也只产出地层水。由于低渗透储层在高含水饱和度时，几乎没有有效气相渗透率，在这些高含水饱和度地层中几乎无法采出天然气。

2. 对高含水气藏气井控水措施的认识

须家河气藏气井见水后，由于储层水锁效应等原因，气井可能会出现水淹等严重后果，故射孔时应避开高含水饱和度层段，而后期含水上升阶段则需主动采取排水采气措施。压裂时注意缝高和缝长的控制，避免压开下部高含水层或周边高含水区域。这就要求开发人员掌握气水分布规律，优选天然气富集区，在局部构造主体或者物性较好、含气较高的砂体内部布井，尽量避开高含水层段和高含水区域。针对长期带水生产的现状，结合气井产气、产水特征，采取合理的排水采气工艺措施，实现气藏的整体开发。

3. 关于高含水低渗透致密砂岩气藏低成本开发的认识

由于高含水低渗透储层特殊的岩石物理特征，气藏的可动储量远远低于地质储量；同时低渗透气田单井产量较低，采用较密井网进行开发是必由之路；排水采气进一步提高了开发作业成本。在这种条件下，气藏的低成本开发是气田开采的必然之路。因此，必然要求提高钻井速度，降低钻井费用，简化井身结构，简化地面流程，降低开发成本，才能使高含水低渗透致密砂岩气藏得以经济有效开发。

中国低渗透致密砂岩气资源丰富、分布广泛，在今后的开发实践中，要不断开展资源潜力研究，强化增产工艺技术，深化开发技术政策和配套技术，开展现场攻关试验，努力提高单井产量，提升开发效益，加大推进我国低渗透致密砂岩气藏规模化开发的快速发展。

参考文献

[1] 曾青高，龚昌明，李俊良，等. 川中地区须家河组气藏勘探成果及潜力分析 [J]. 天然气工业，2009（6）：13-18.

[2] Keith W Shanley, Robert M Cluff, John W Robinson. Factors controlling prolific gas production from low-permeability sandstone reservoirs: Implications for resource assessment, prospect development, and risk analysis [J]. AAPG Bulletin, 2004, 88 (8): 1083-1121.